After Effects
ユーザーのための

CINEMA 4D Lite入門

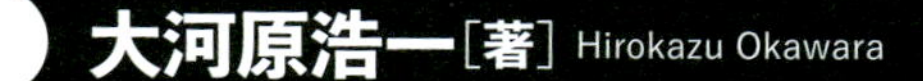

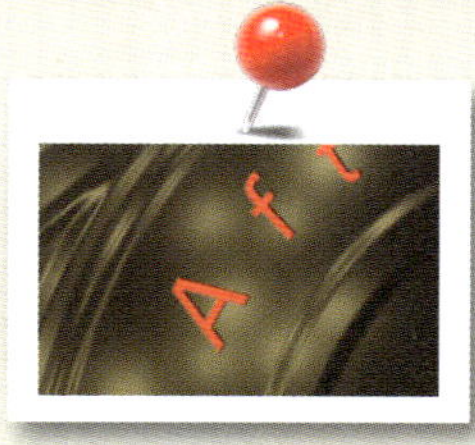

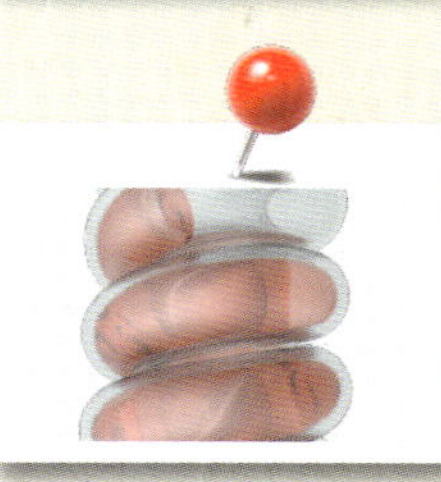

Rutles

はじめに

モーショングラフィックスや映像のコンポジット作業など、幅広い映像制作の現場で使用されているAfter Effects CCには、3DCGツール「Cinema 4D Lite R16」が同梱されています。

これまでAfter Effectsでモーショングラフィックスなどを作成しているときに、ちょっとした立体的なテキストを使いたいとか、簡単な立体形状をアニメーションさせたい場合、外部の3DCGアプリを立ち上げて、モデリングしてアニメーションを付け、レンダリングしてからAfter Effectsに読み込むといった、とても手間のかかる作業が必要でした。そもそも、3DCGはよくわからないから他の人に頼んでしまうという人も多いのではないでしょうか。

しかし、Cinema 4D Liteを使えば、時間のかかるレンダリングを経ずに、シームレスにフッテージとして3DCGのデータをAfter Effectsに読み込んで映像に利用することができます。こんな便利なツールがあるのに使わないのはもったいない。

本書は、After Effectsを使った映像制作は知ってるけど、3DCGはちょっと苦手という人でも、Cinema 4D Liteを使って簡単な3DCGを自身の映像に付け加えられるように、よく使うであろう機能を中心に簡単に解説しました。

簡単な3DCGのテキストアニメーションであれば、十分使える機能をCinema 4D Liteは持っています。工夫次第で様々な3DCGアニメーションを作成することができるでしょう。

もし、機能に不足を感じたらパッケージ版を購入することもできます。パッケージ版は現在R19がリリースされていますが、基本的なCGの制作方法は同じなので、問題なく作業できると思います。

本書がCinema 4Dを使った3DCG制作へのささやかな足がかりとなれば幸いです。

2017年秋　大河原浩一

第1章　Cinema 4D Liteを始めよう

第2章　形を作る

第3章　質感を設定する

第4章　ライトとカメラを追加する

第5章　アニメーションを作成する

第6章　After Effectsとの連携

第7章　Cinema 4D LiteとAEを使った作例

01

Cinema 4D Liteを始めよう

After Effectsには、Cinema 4D Liteという
統合3DCGツールが同梱されています。
このCinema 4D Liteを使って
After Effectsで使用する3DCGの素材を
作成してみましょう。

01 Cinema 4D Liteを起動する

Cinema 4D Liteは、After Effectsから起動します。

STEP 01 After Effectsを起動する

まずは After Effects を起動します。Cinema 4D Lite が同梱されているのは、After Effects CC からです。本書では After Effects CC（2017）を使って解説していきます。

STEP 02 コンポジションを作成する

次にAfter Effectsでコンポジションを作成します。[コンポジション]メニューから「新規コンポジション」を選択します。コンポジションは複数の映像素材（フッテージといいます）をレイアウトしたり合成してひとつの映像を作成します。合成=Composit（コンポジット）です。

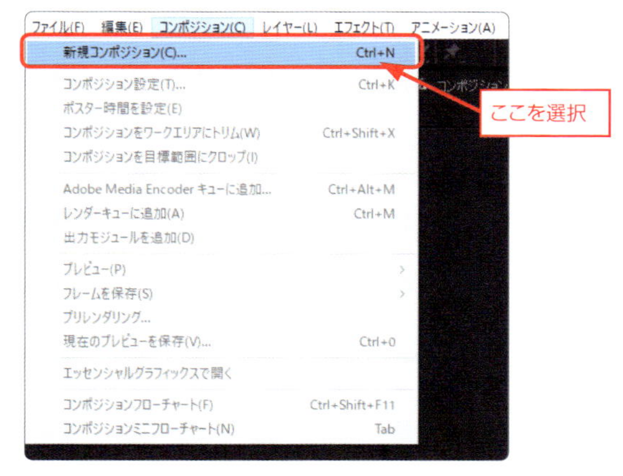

「コンポジション設定」のウィンドウが開くので、「幅」=「1280」、「高さ」=「720」、「ピクセル縦横比」=「正方形ピクセル」、「フレームレート」=「24」、「デュレーション」=「0:00:10:00」、「背景色」=「ホワイト」に設定して、OKボタンをクリックします。この設定でコンポジションを作成すると、720P 24fpsというハーフHDの解像度の映像を作成することができるようになります。フルHD（地上デジタル放送）の半分の解像度です。

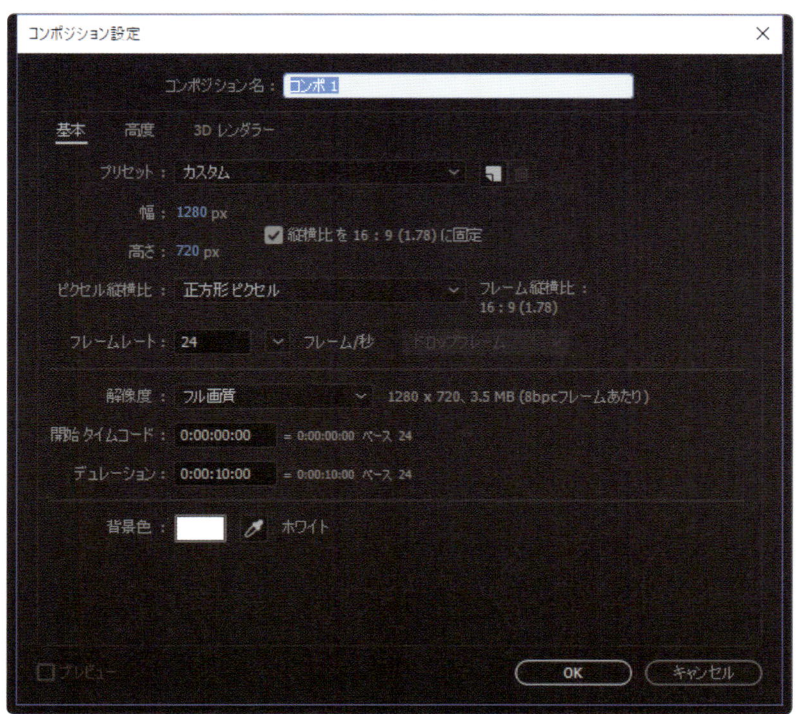

コンポジションパネルに新しいコンポジションが作成されました。

Cinema 4D Liteのアクティベーションと日本語化

Cinema 4D Liteを初めて起動すると、製品を登録（アクティベーション）する画面が表示されますので、記述に従って登録します。登録すると、「破砕」などの追加機能を使用することができます。
Cinema 4D Liteは初めて起動した状態では、メニューなどが英語表記になっていますが、以下の操作で日本語表記に変更できます。「HELP」メニューの「Check for Updates」を選択すると表示される「MAXON Online Updater」ウインドウで、リストにある「Japanese Language Pack」にチェックを入れ、「Install>>」ボタンをクリックします。つぎに表れるライセンスの確認で下部の「I have read and accepted the license」にチェックを入れて、「Install>>」ボタンをクリック、つぎに「Restert>>」ボタンをクリックしてCinema 4D Liteを再起動すると日本語表示になります。もし、再起動時にまだ英語表記の場合は、「Edit」メニューの「Preferences」にある「Interface」の「Language」で「Japanese」を選ぶと画面の表記が日本語に変更されます。
元の英語表記に戻したい場合は、Cinema 4D Liteの「編集」メニューから「一般設定」を選択し、表示されるウィンドウの「インターフェイス」にある「言語」から「English(US)」を選択して、Cinema 4D Liteを再起動させると英語表記に戻ります。
(Japanese Language Packが表れないときは、MAXON Online Updaterで、「CINEMA 4D Lite R16.038 Update」にチェックを入れ、上記と同様にアップデートを行います)

02
After Effectsのインターフェイス

ここで簡単にAfter Effectsのインターフェイスがどのような構成になっているか紹介します。

Aメインメニュー

プロジェクトを保存したり、保存されているプロジェクトファイルを開くなどファイル操作を行う「ファイル」メニューや、「編集」メニューなどAfter Effectsで使用するコマンドの多くがあります。

Bツールバー

コンポジションパネルで、レイヤーを加工するためのツールが集められています。

Cプロジェクトパネル

After Effectsに読み込まれた映像を作るための素材（フッテージ）が格納されます。

Dコンポジションパネル

フッテージを並べて映像をレイアウトする場所です。エフェクトなどもこのコンポジションパネルで確認しながら作業することができます。

E情報パネル

マウスの位置情報や、色情報などが表示されます。

Fプレビューパネル

コンポジションの再生に関するボタンが集められています。

Gエフェクト＆プリセットパネル

エフェクトやアニメーションのプリセットが集められています。使用したいエフェクトをここから、レイヤーへドラッグ＆ドロップします。

Hタイムラインパネル

フッテージをレイヤーとして配置して、再生される長さやタイミング、合成するためのモードを設定します。

03 Cinema 4D Liteを起動する

コンポジションが作成できたところで、Cinema 4D Lite（以下C4D LT）を起動します。

STEP 01 C4Dファイルを作成する

まずは、「レイヤー」メニューの「新規」から「MAXON CINEMA 4Dファイル」を選択します。

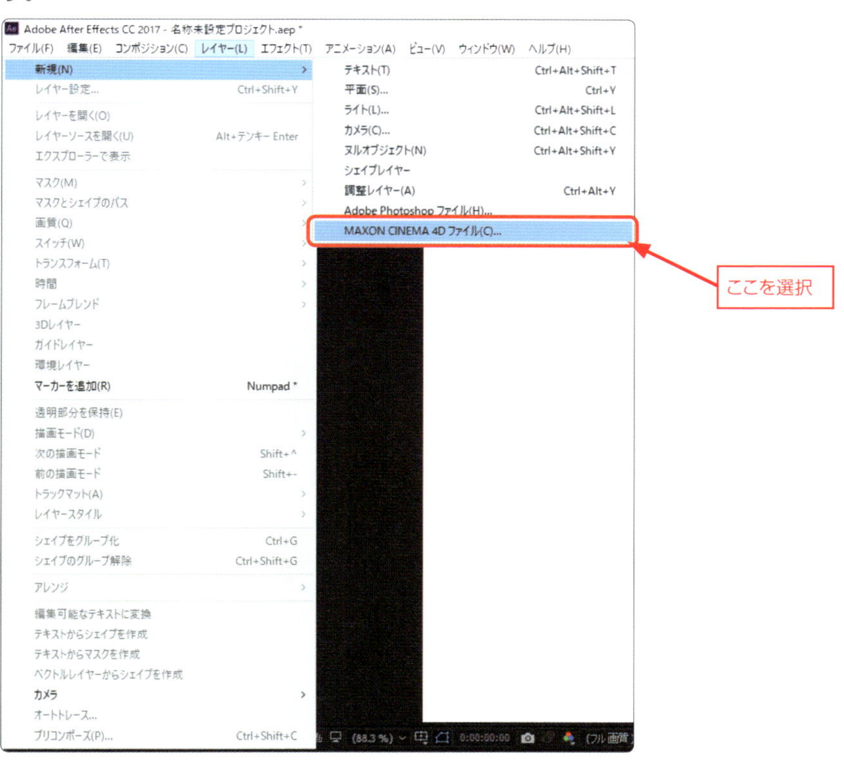

STEP 02

ファイル名を付けて保存する

ファイルを保存するウィンドウが表示されるので、保存する場所を選択してファイルに名前を付けて「保存」ボタンをクリックします。

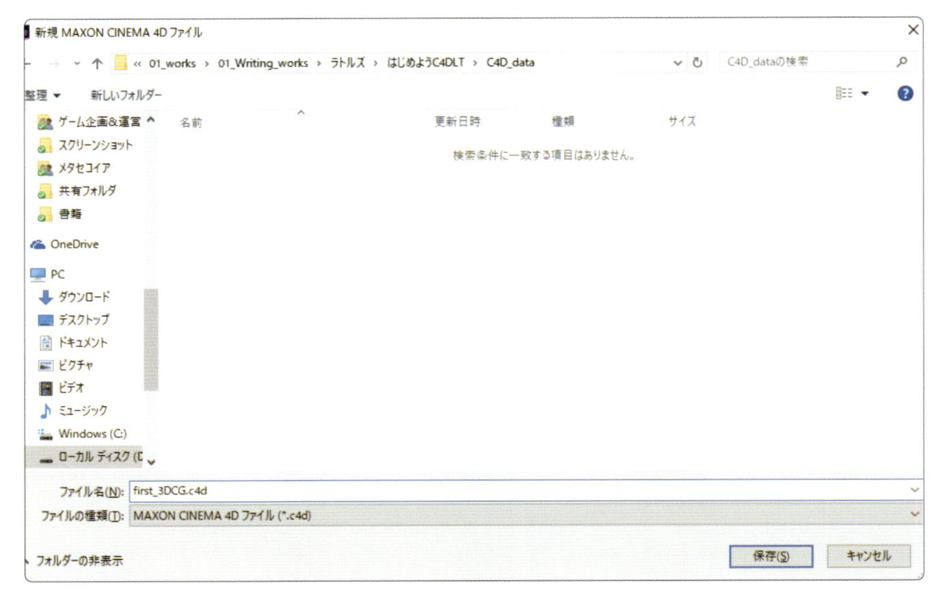

C4D LTが起動します。

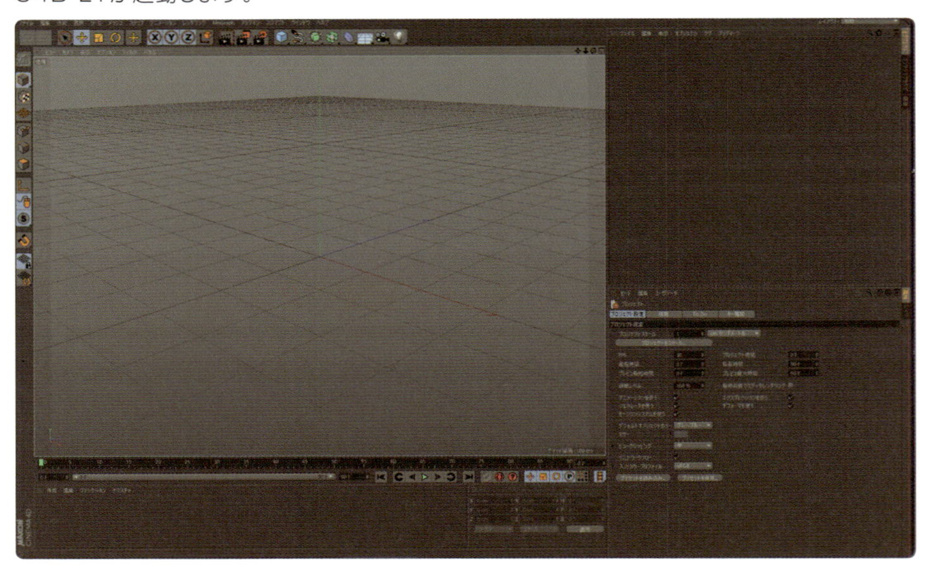

04 C4D LTのインターフェイス

C4D LTを起動したところで、簡単にC4D LTのインターフェイスを説明しておきます。

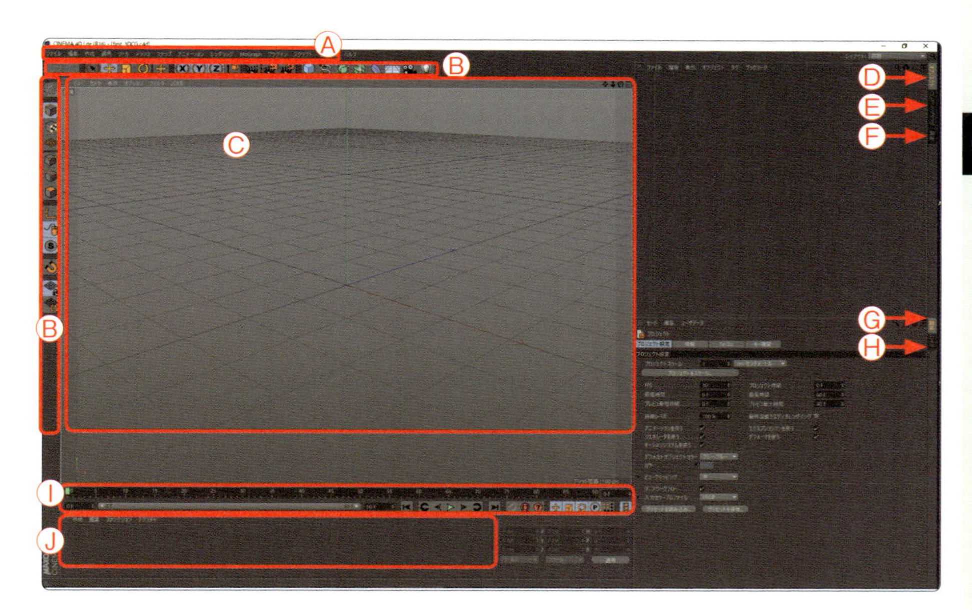

Aメニュー

「ファイル」メニューなどシーンの保存や読み込みや、C4D LTを操作するためのツールがまとめられています。

Bコマンドパレット

頻繁に使用されるツールがアイコンとしてビューの上部と左部にまとめられています。

Cビューパネル

オブジェクトやライト、カメラを配置してシーンを作成する場所です。

Dオブジェクトマネージャー

シーンに使用されているオブジェクトの一覧が表示されます。

Eコンテンツブラウザ

ファイルを読み込んだり、プリセットを読み込むなど、C4D LTで使用する素材を管理します。

F構造ブラウザ

選択しているオブジェクトの、構造が表形式で表示されます。

G属性マネージャー

選択しているオブジェクトの名前や、レンダリングの有無などオブジェクトに設定されている情報を表示編集することができます。

Hレイヤーマネージャー

C4D LTでは、シーンの配置したオブジェクトを複数のレイヤーで管理することができます。レイヤーマネージャーでは、各レイヤーの表示非表示、ロックのオンオフなど作業の内容に応じてレイヤーを操作することができます。

Iタイムライン

アニメーションの時間軸が表示されます。アニメーションを作成、編集する作業はタイムラインで行います。

Jマテリアルマネージャー

オブジェクトに質感を付けるマテリアルの編集、管理を行います。

05 簡単な形状を作ってみる

まずは、簡単な形状を作成して、ビューやオブジェクトの操作を覚えましょう。

▶▶▶立方体を選択する

立方体を作成してみます。立方体を作成するには、「作成」メニューから「オブジェクト」の「立方体」を選ぶか、「オブジェクトの作成」アイコンをクリックして、表示されるリストから「立方体」を選択します。

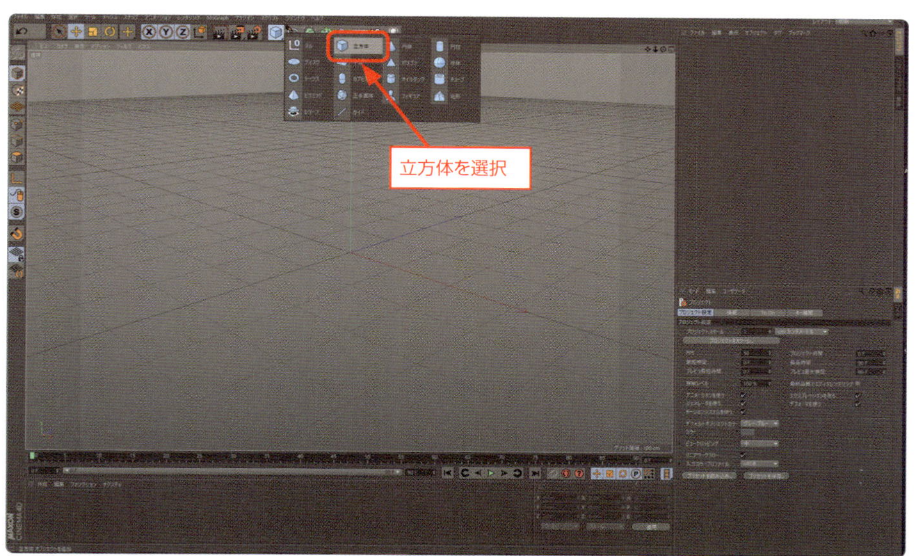

ビューに立方体が作成されます。

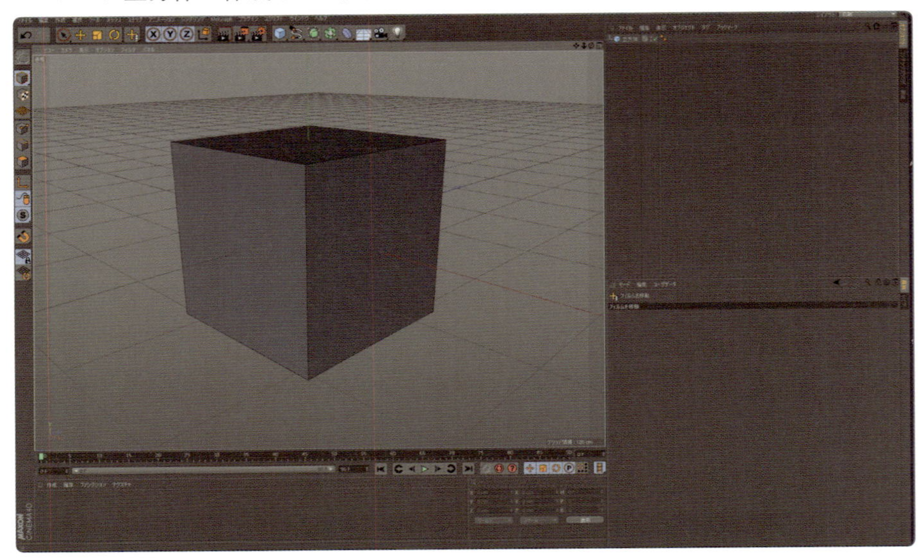

▶▶▶ビューを操作する

ビューに立方体がひとつ作成できたところで、ビューの操作を覚えましょう。

STEP 01 ビューを平行移動させる

まずは、ビューの視点を左右上下に動かしてみます。ビューを左右上下に動かしたい場合は、ビューポートの右上にある一番左のアイコンをクリック&ドラッグするか、Altキー+中ボタン(macOSではShiftキー+1)でドラッグします。

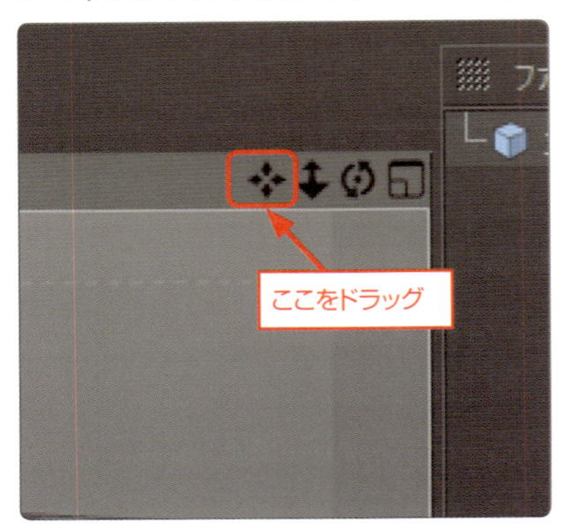

左右にドラッグするとビューが左右に移動します。

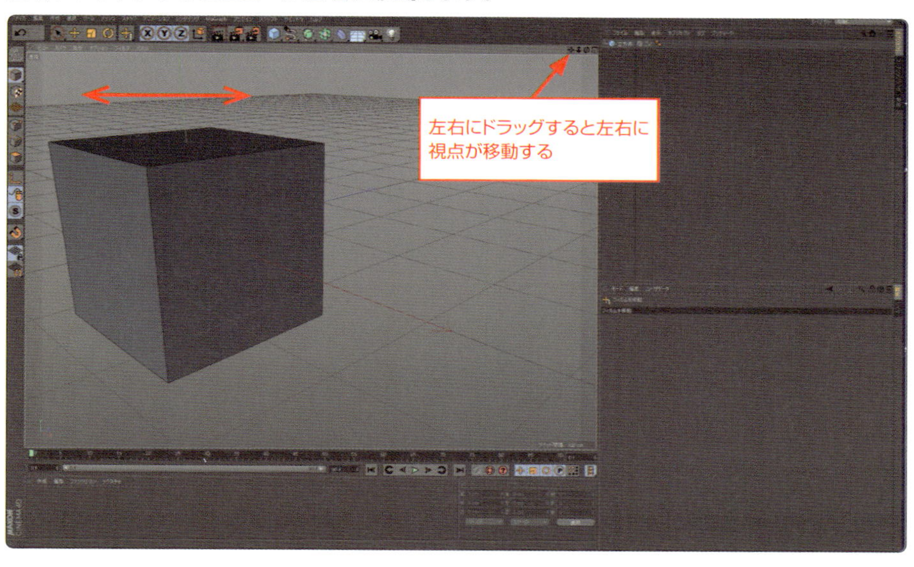

上下にドラッグすると上下に移動します。

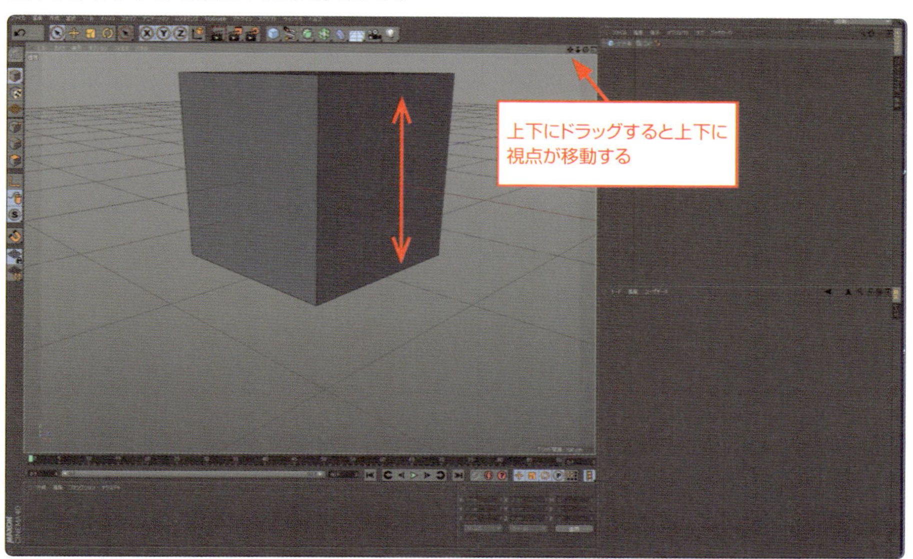

STEP 02

ビューをズームする

ビューをズームして、狭い範囲を拡大したり、より広い範囲を表示するには、ビューポートの右上にある左から二番目のアイコンをクリック&ドラッグするか、Altキー+右ボタン(macOSではShift+2キー)を押してドラッグします。

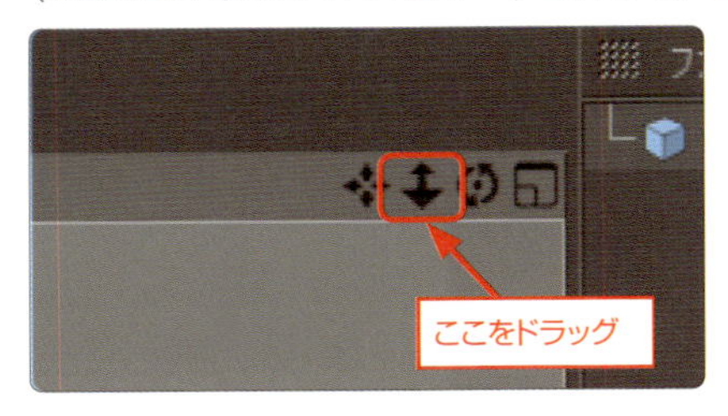

上にドラッグするとズームアップします。

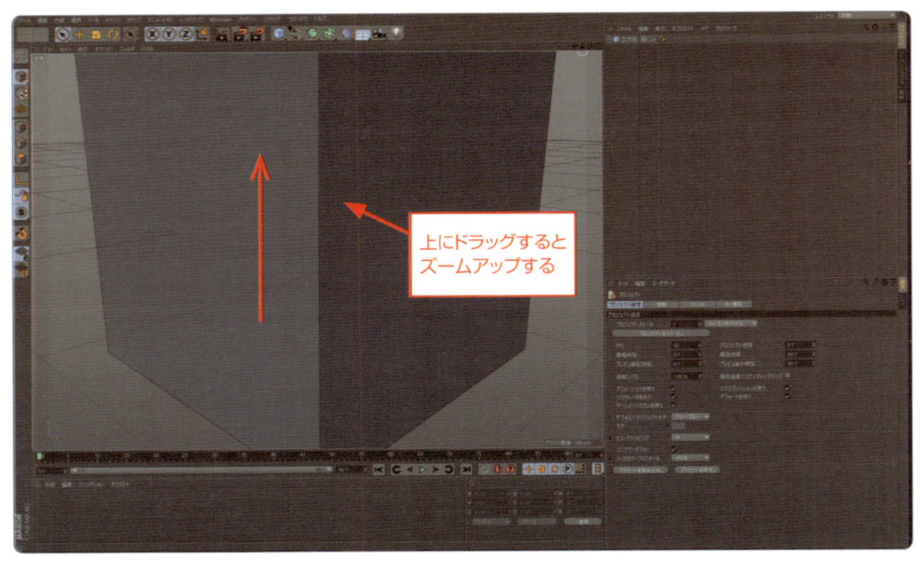

下にドラッグするとズームアウトします。

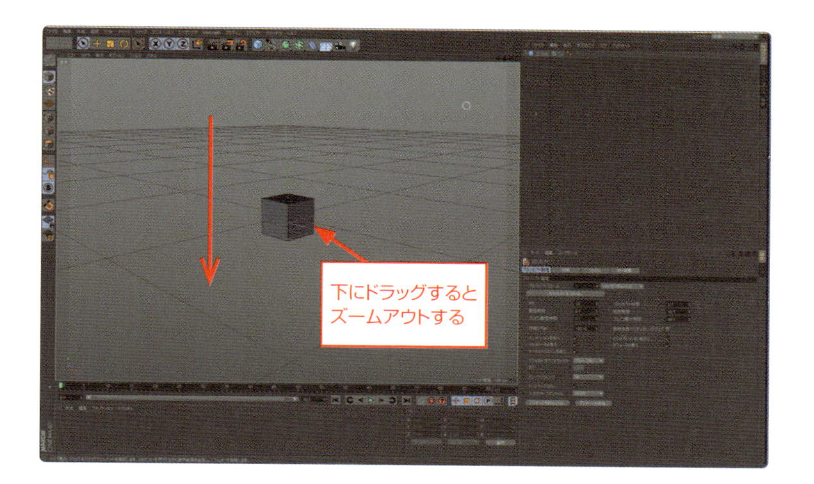

STEP 03

ビューを回転させる

ビューポートは、仮想の三次元の空間なので、回転させてオブジェクトの下部や背面を表示させることができます。ビューを回転させるにはビューポートの右上にあるアイコンから、右から2番目にあるアイコンをクリック&ドラッグするか、Altキー+ドラッグ(mac　OSではshiftキー+3を押しながらドラッグ)します。

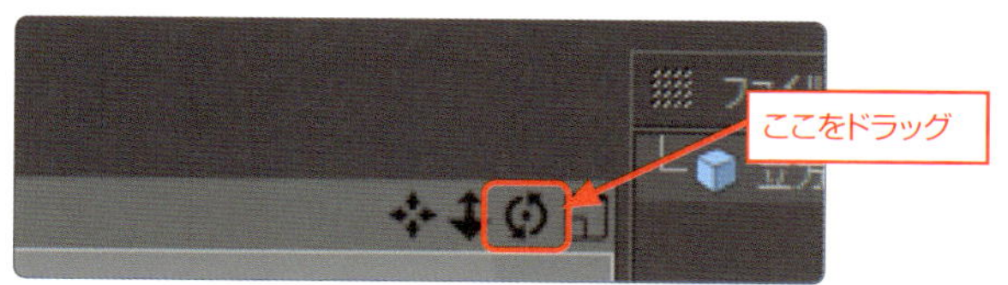

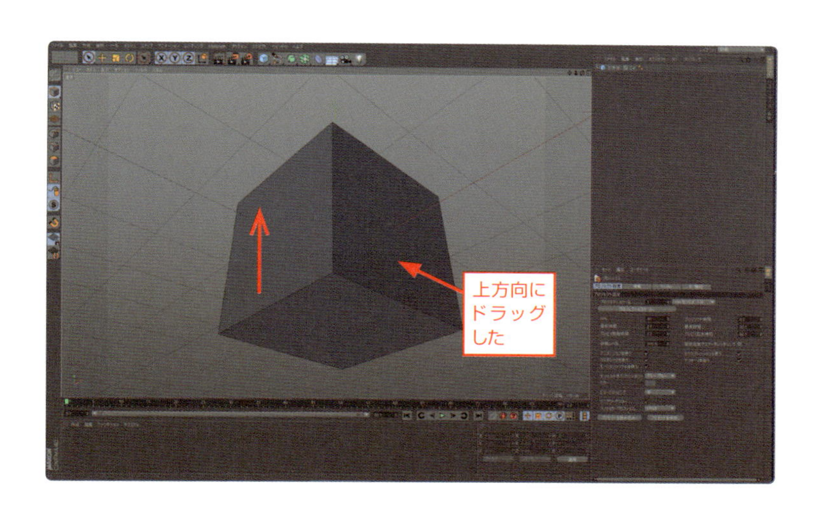

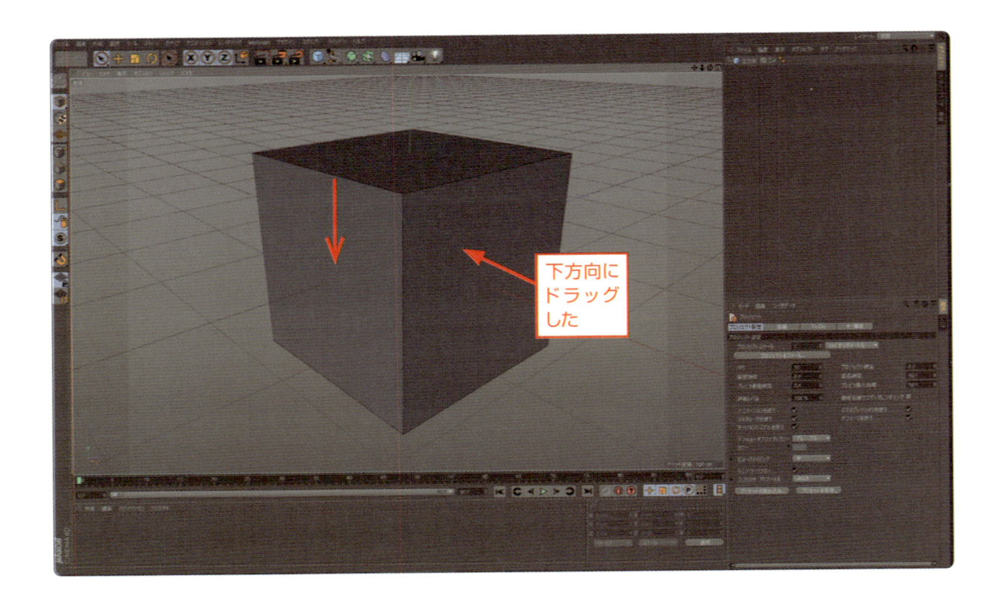

STEP 04 ビューのカメラを切り替える

デフォルトの状態では、ビューの視点は「透視」になっています。「透視」はパース（遠近感）の付いた状態でビューを表示します。このビューの視点は変更することができます。変更するには、ビューポートの「カメラ」メニューから表示したい視点を選択します。

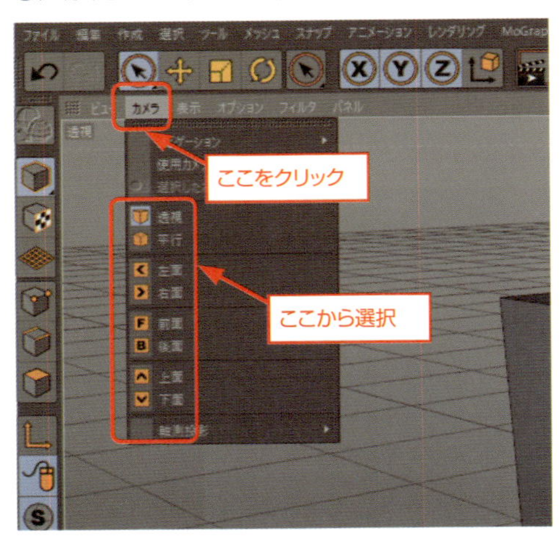

「平行」

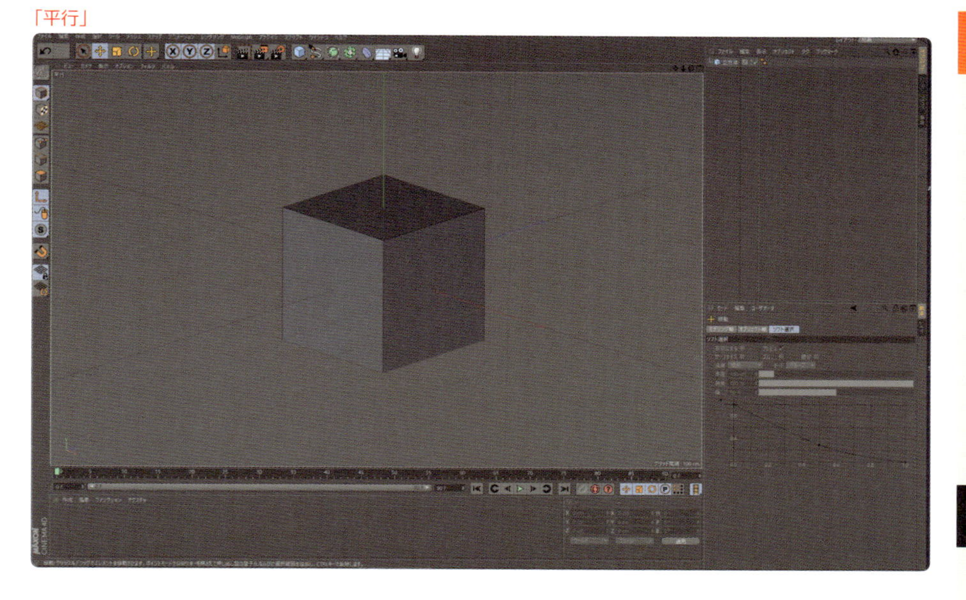

「左面」

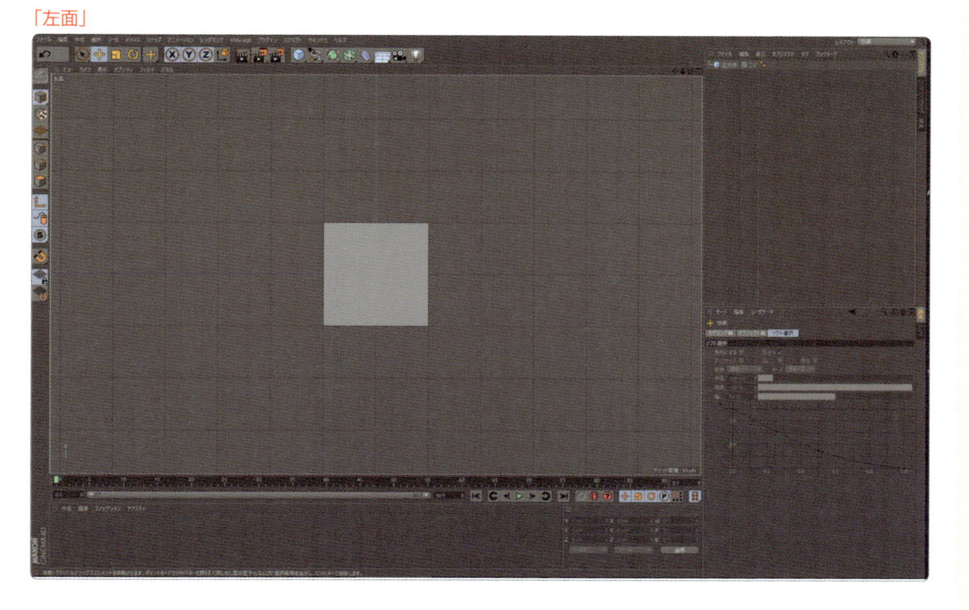

ビューポートを分割する

デフォルトでは1つのビューしか表示されていませんが、同時に違う方向から見た状態を表示してオブジェクト操作したい場合があります。そのような場合はビューポートを4画面に分割することができます。分割するときには、ビューポートの右上の一番右のアイコンをクリックするか、マウスの中ボタンでビューをクリックします。

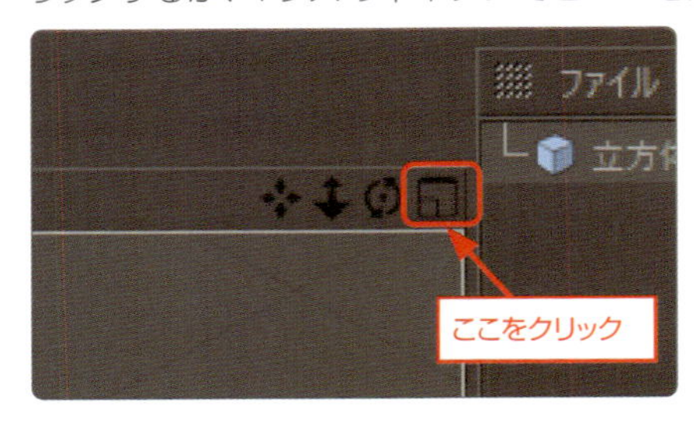

ビューが4つに分割されました。各ビューの方向は、各ビューの「カメラ」メニューから選択して切り替えることができます。

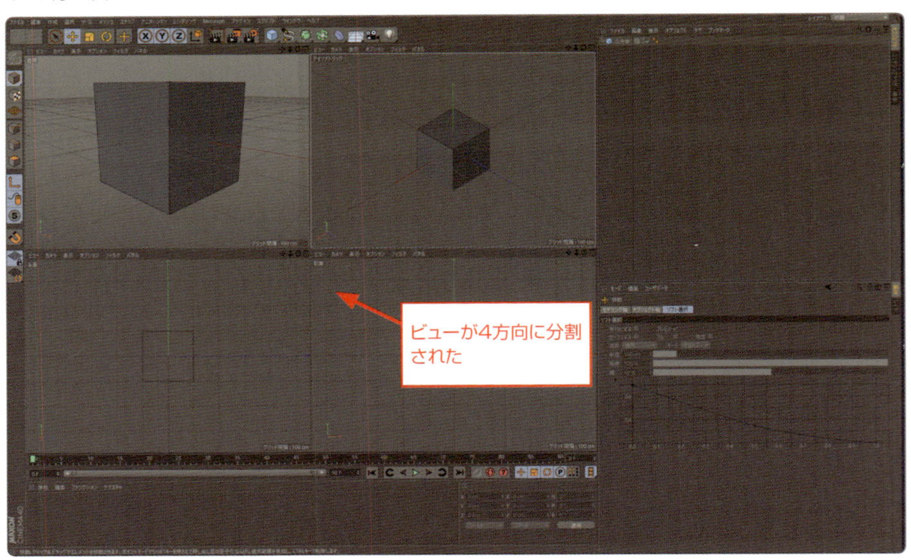

06 オブジェクトを操作する

ビューの操作ができたところで、オブジェクトそのものを操作してみます。

STEP 01 オブジェクトを移動する

オブジェクトを移動するには、オブジェクトをクリックして選択し、移動ツールを選択します。

選択したオブジェクトに移動の軸が表示されます。

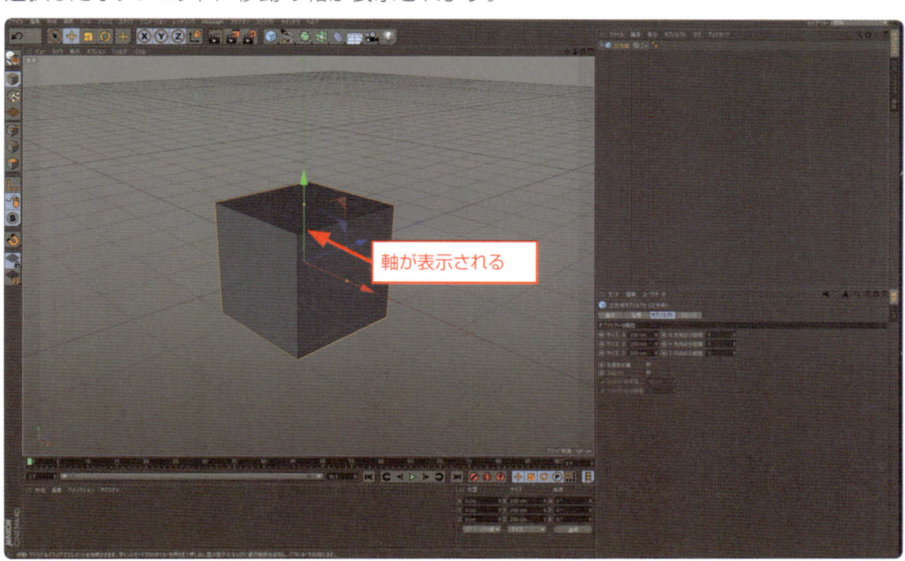

移動したい方向の軸をドラッグします。緑がY軸、赤がX軸、青がZ軸です。クリックして選択された軸はオレンジ色になります。

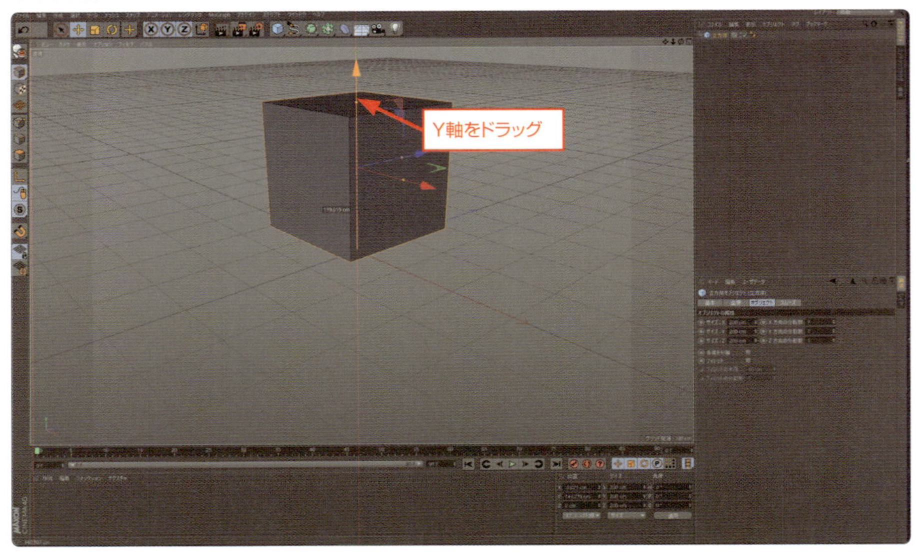

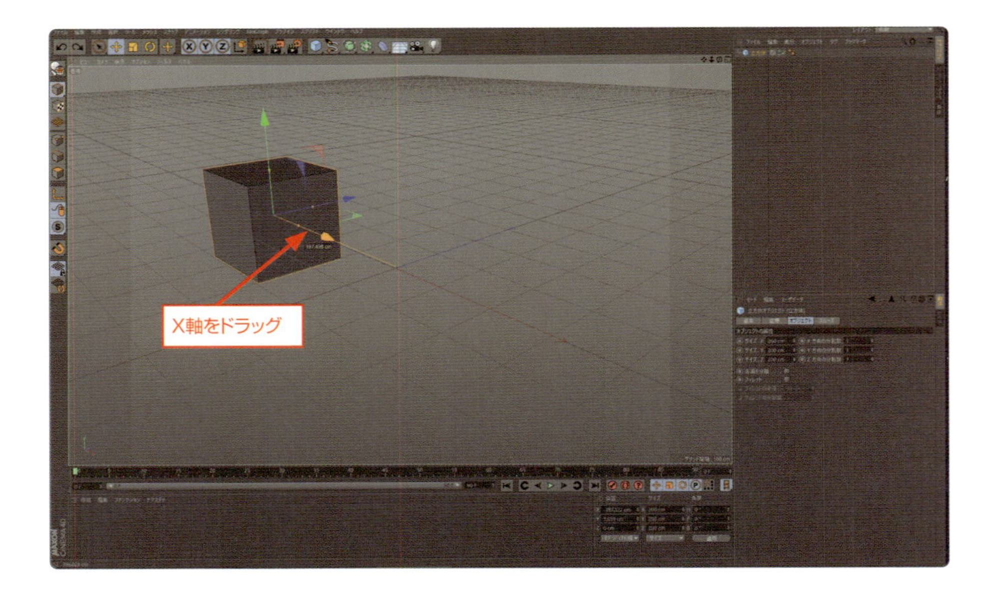

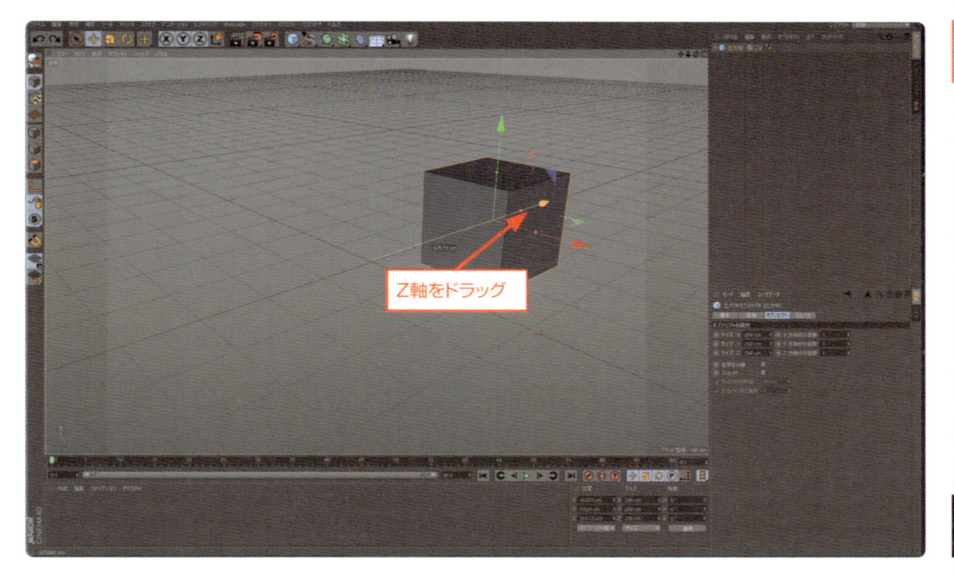

移動の軸に表示されているL字の軸(軸バンド)をドラッグすると、2軸で構成された平面上を移動させることができます。青はXY座標面、赤はYZ座標面、緑はXZ座標面上で動かすことができます。

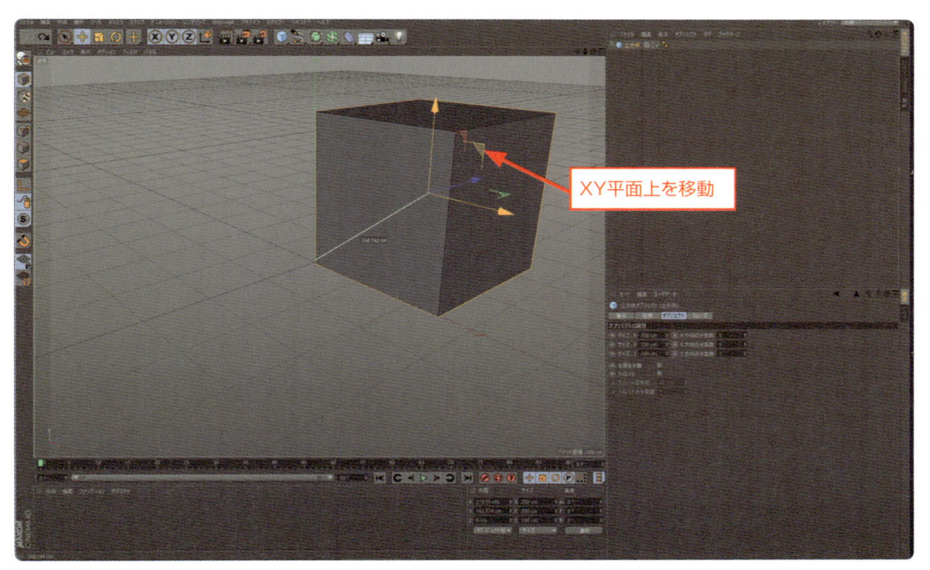

XY平面上で移動させる

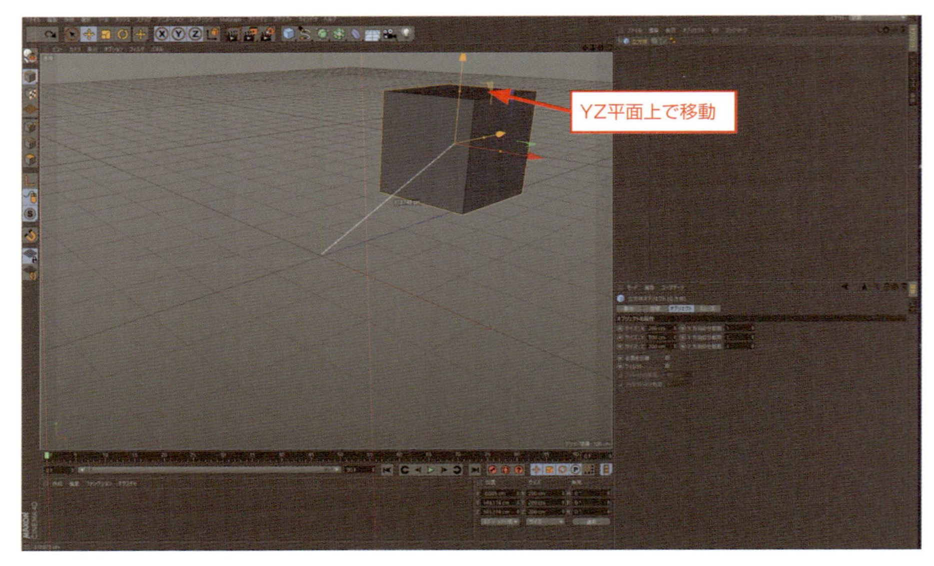

YZ平面上で移動させる

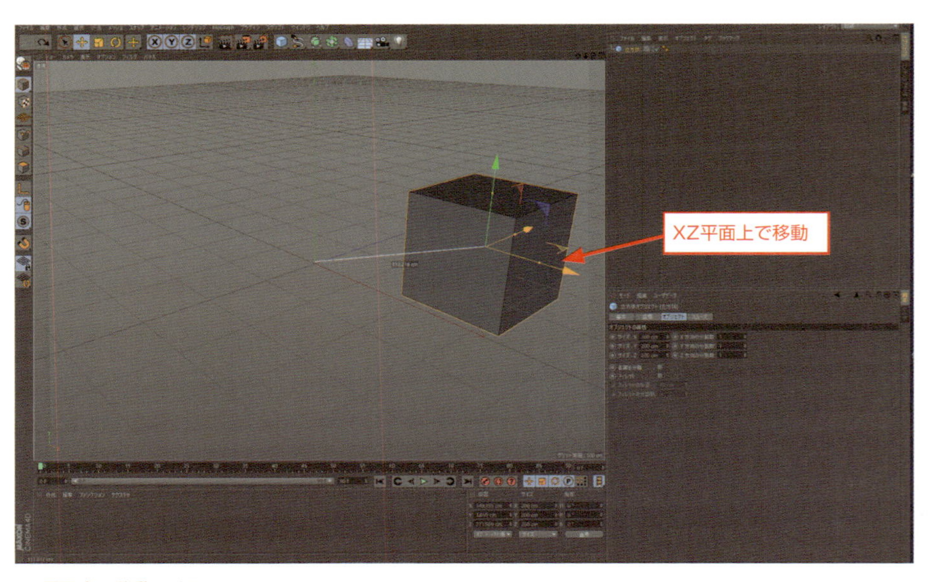

XZ平面上で移動させる

STEP 02 オブジェクトのスケールを変更する

スケールツールを使うと、オブジェクトの大きさを変更することができます。スケールを変更したいオブジェクトをクリックして選択し、スケールツールをクリックしてオンにします。

スケールツールを選択

3軸の先端にボックスがついた軸が表示されます。軸をドラッグするとスケールが変更されます。

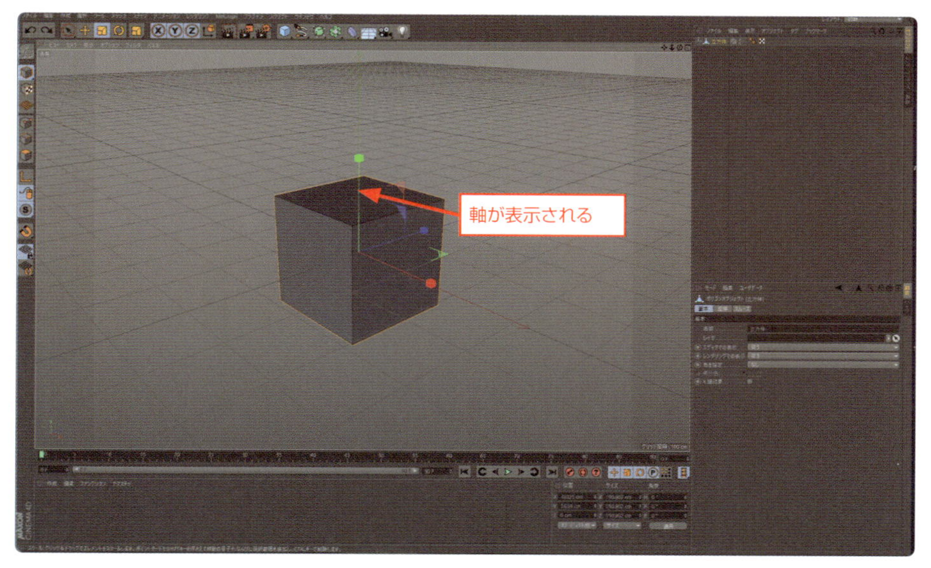

緑の軸をドラッグ

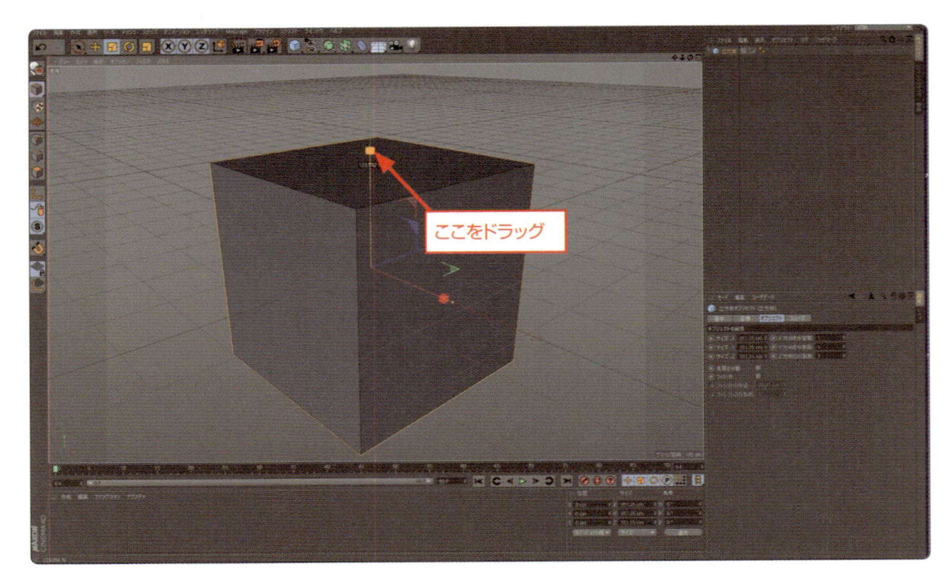

スケールが変更される

軸ごとにスケールを変更したい場合は、各軸の先端にあるボックスの下にあるオレンジ色の点をドラッグします。

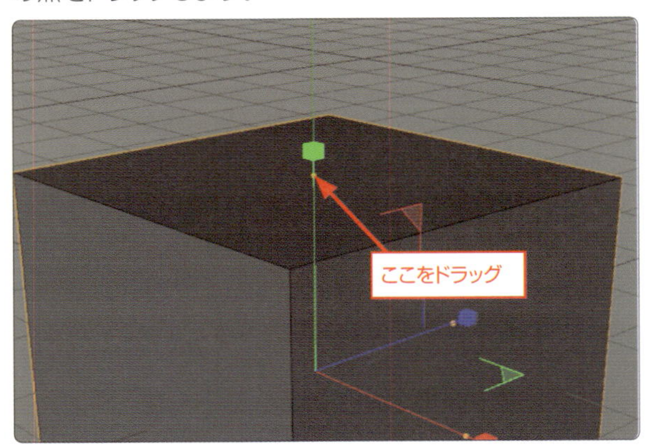

オレンジ色の点をドラッグ

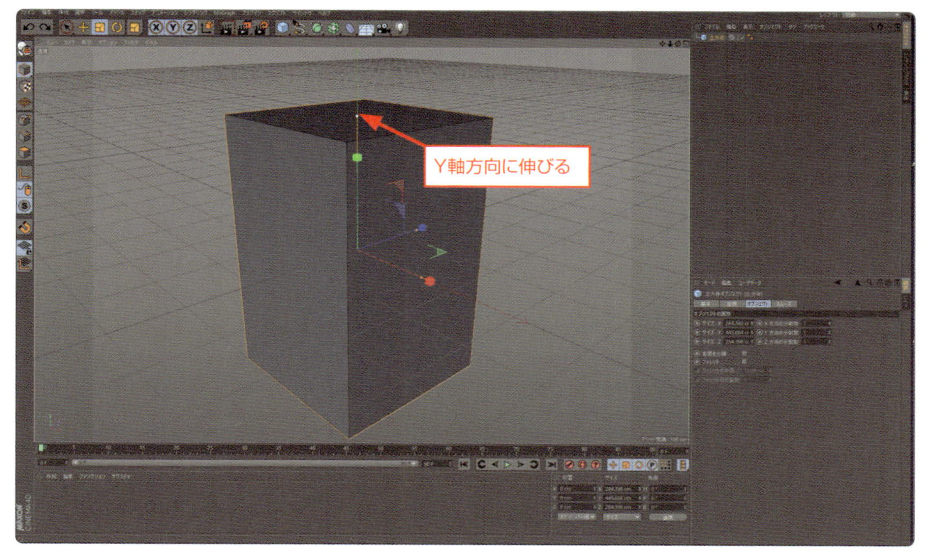

Y軸の点をドラッグ

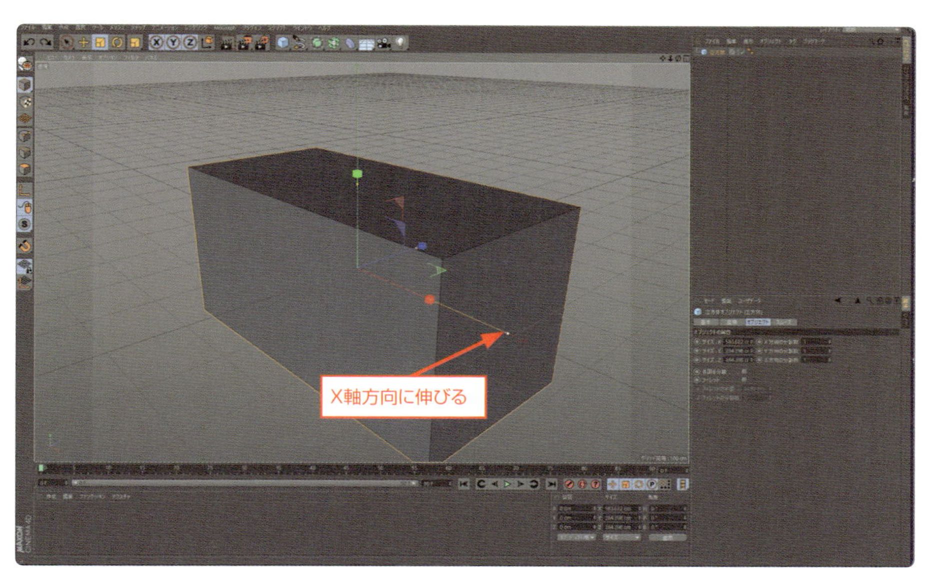

X軸の点をドラッグ

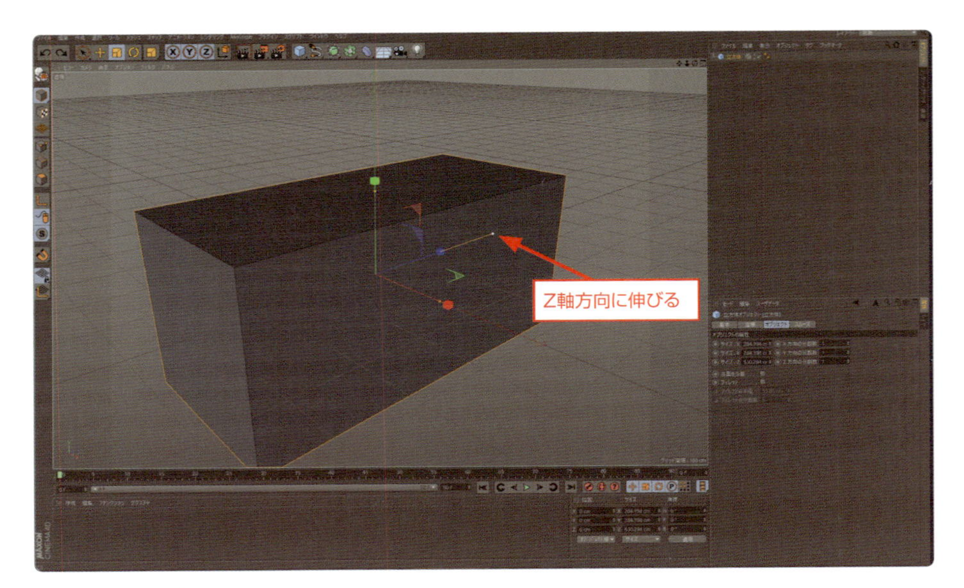

Z軸の点をドラッグ

STEP 03 オブジェクトを回転させる

オブジェクトを回転させるには、回転させるオブジェクトを選択して、回転ツールをクリックして選択します。

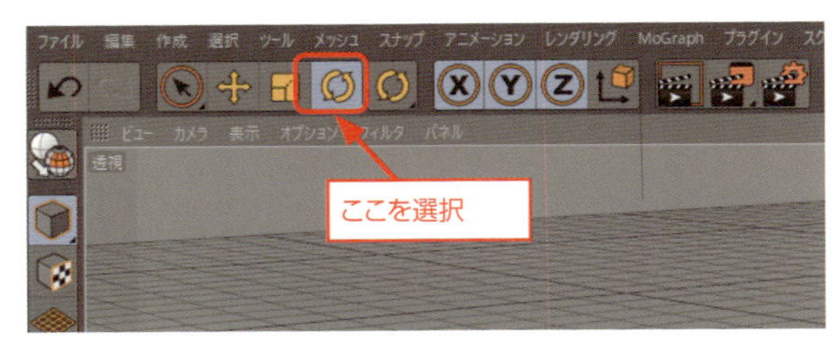

回転用の軸が表示されます。赤がX軸を中心に回転、緑がY軸を中心に回転、青がZ軸を中心に回転させます。

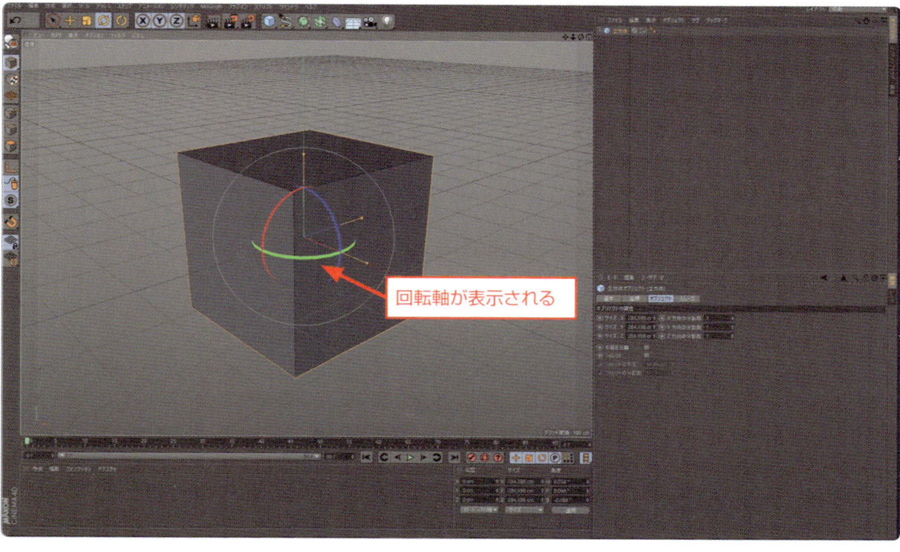

回転軸が表示される

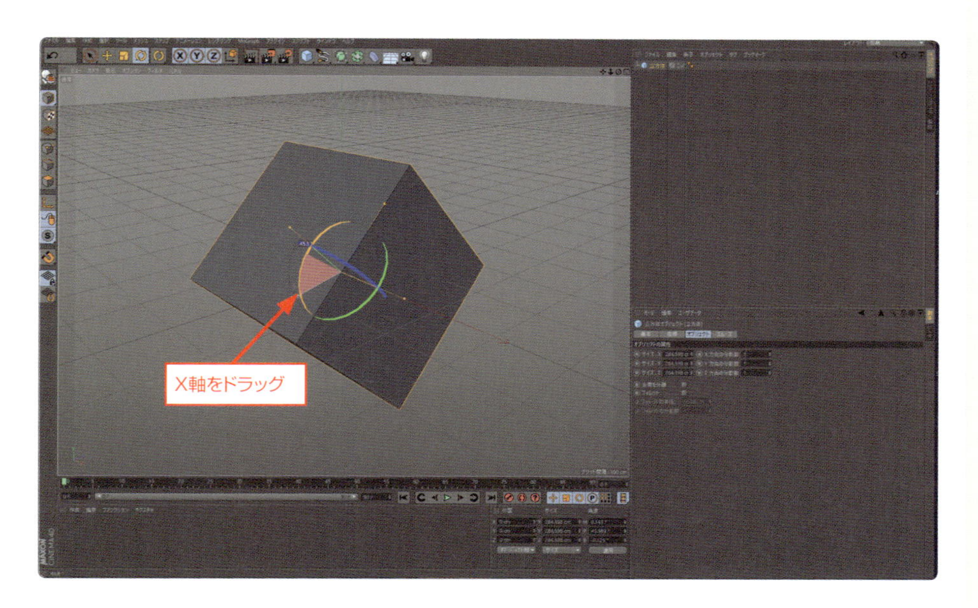

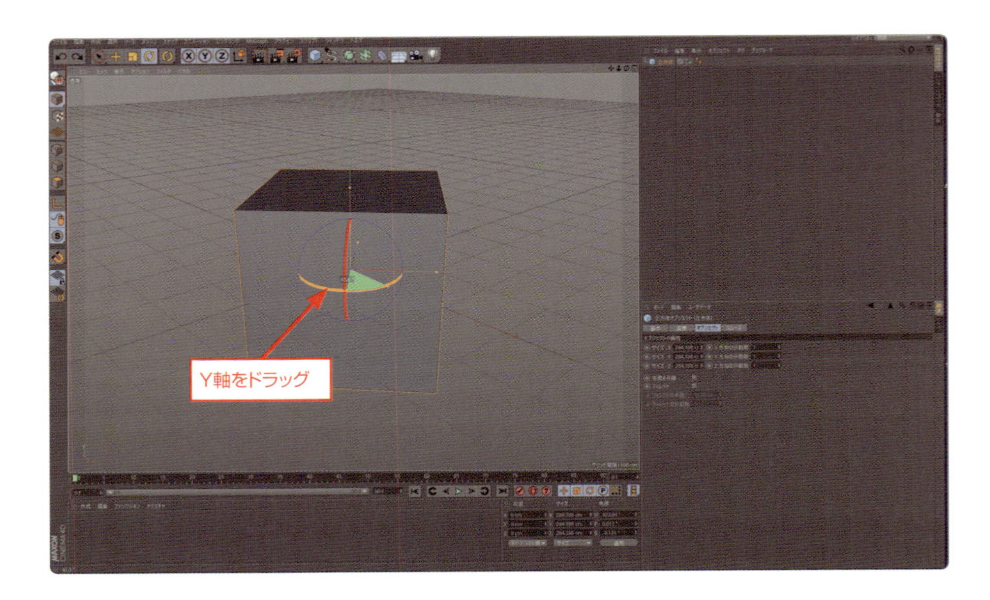
Y軸をドラッグ

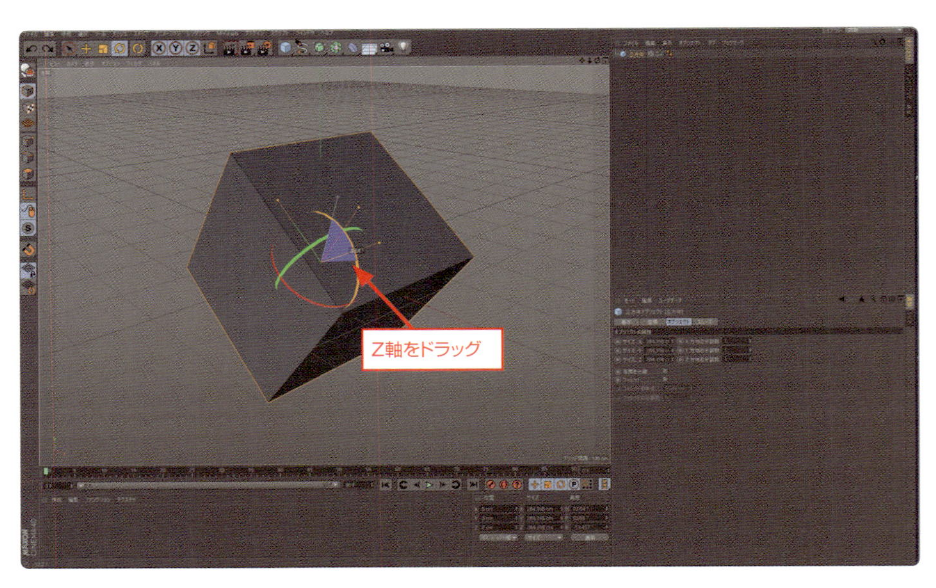
Z軸をドラッグ

回転軸ではなく、回転ツールを選択した状態で、ビュー上でドラッグするとビューを見ている方向の平面に垂直の軸で回転させることができます。

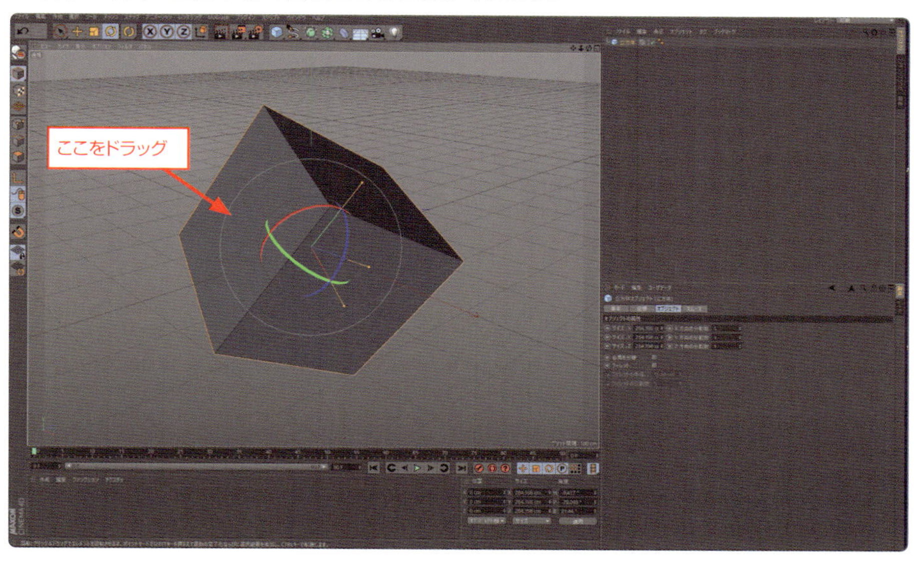

STEP 04 オブジェクトを削除する

作成したオブジェクトを削除するには、削除したいオブジェクトを選択して、Deleteキーを押します。

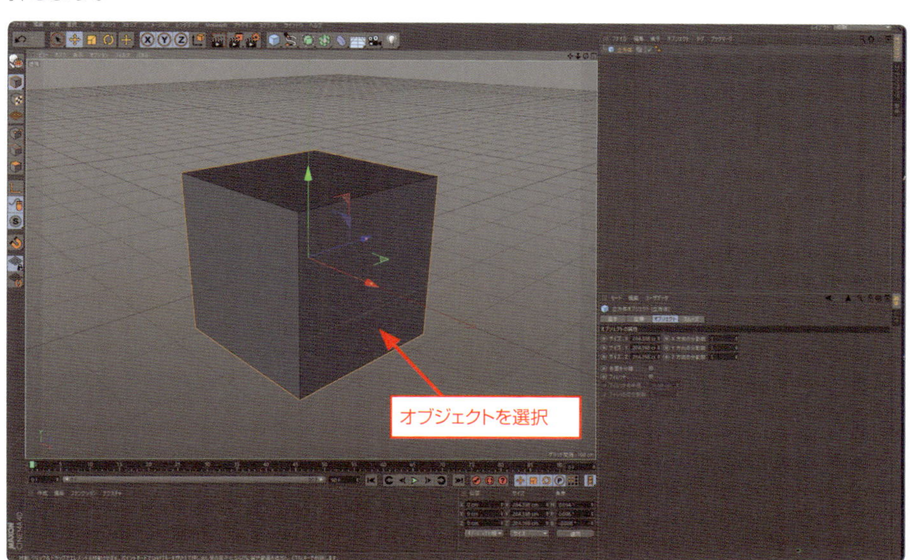

削除したいオブジェクトを選択する

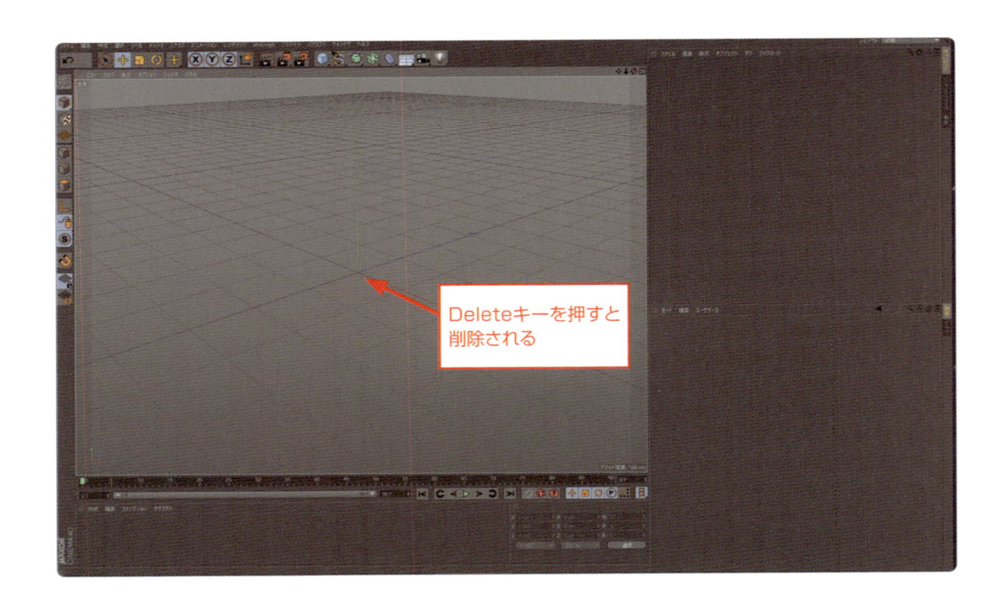

STEP 05 数値を使った操作

ここまでは、ツールを使ったオブジェクトの操作を紹介しましたが、数値を入力して正確に移動、スケール、回転を操作することもできます。操作したいオブジェクトを選択して、属性マネージャーで「座標」をクリックして、表示を切り替えます。「P」が位置、「S」がスケール、「R」が回転の値です。

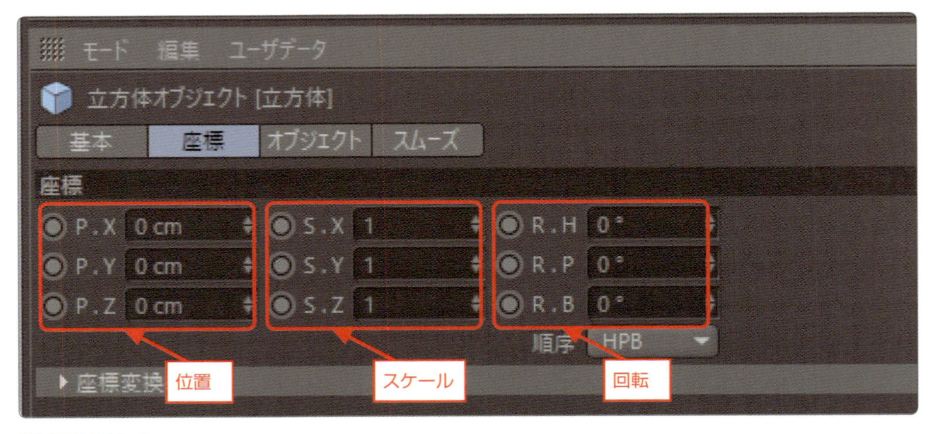

「座標」をクリック

「P」の値は、デフォルトではワールド座標（3次元空間の基準となるシーンの座標）で表示されています。動かしたい方向の軸に動かしたい量を入力します。図はY軸方向に100cmだけ動かした状態です。

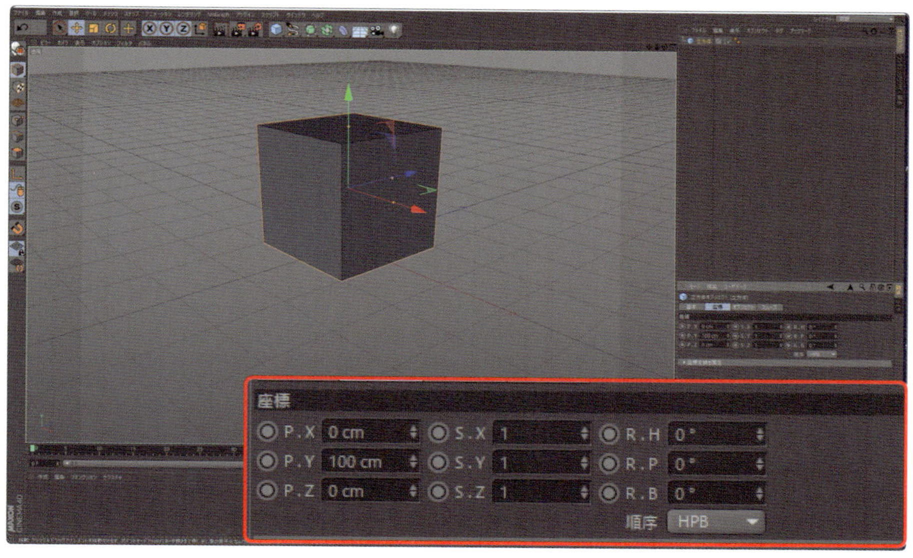

PのYに100を入力した

Sはスケールです。スケールは倍数で入力します。50%のスケールにしたいのであれば0.5、200%のスケールにしたいのであれば2を入力します。図はy軸に0.5を入力しました。

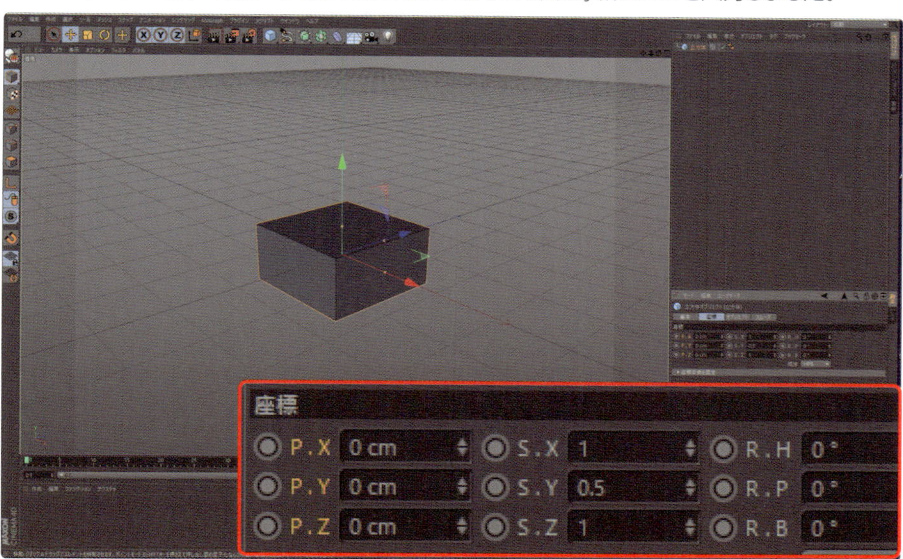

SのYに0.5を入力した

Rは回転です。回転は角度の値で入力しますが、軸の入力の方法に2つあります。HPBはHはヘディング、Pはピッチ、Bはバンクの角度を意味します。

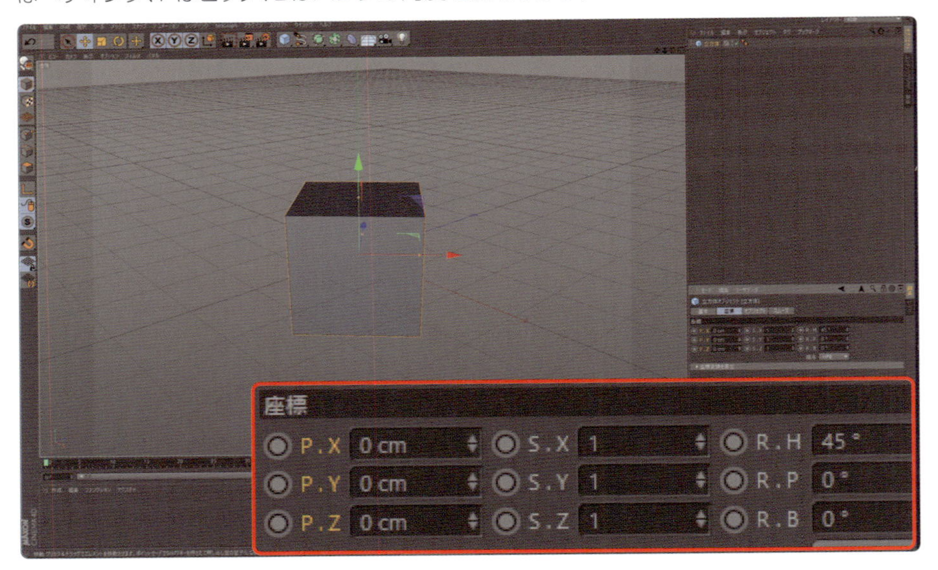

Hに45を入力

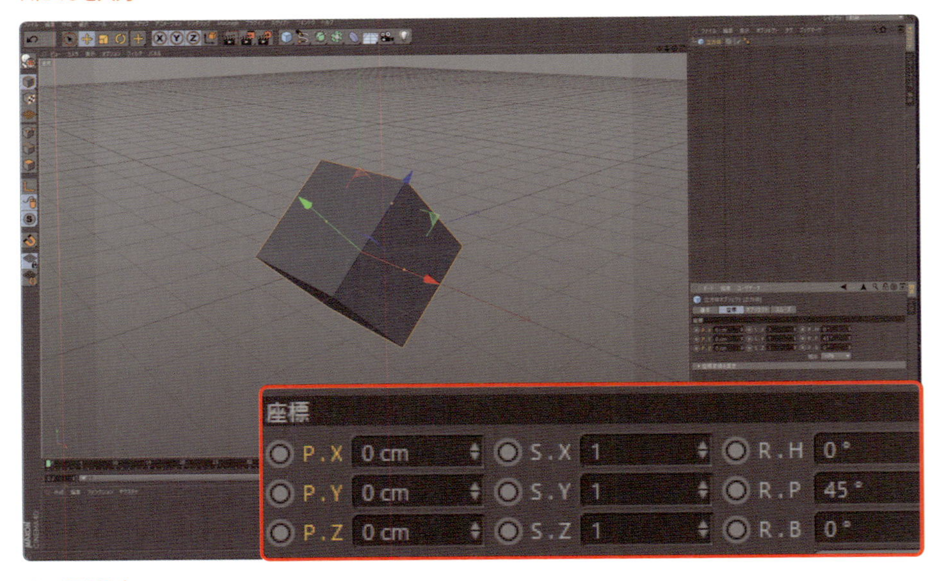

Pに45を入力

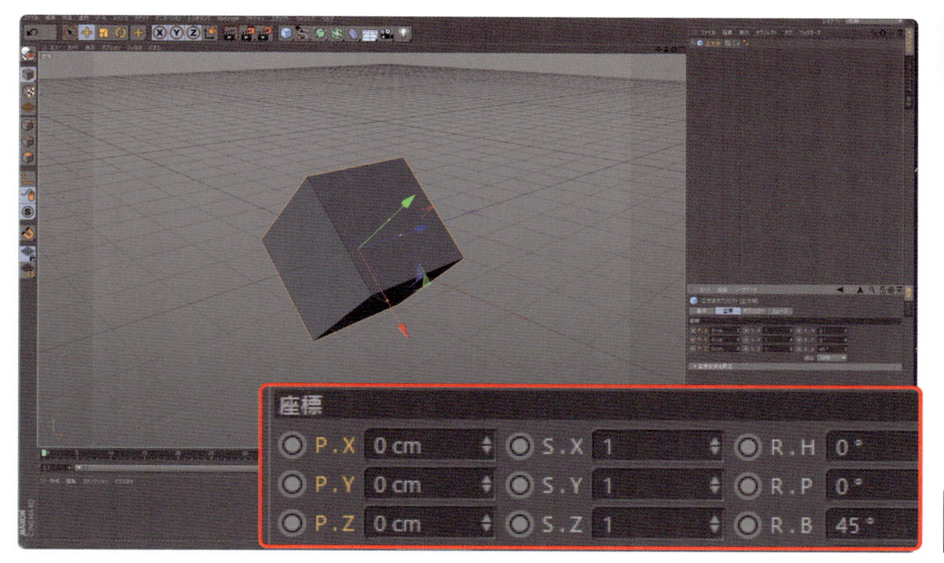

Bに45を入力

XYZの軸で回転させたい場合は、「順序」をクリックしてXYZ軸の順序を選択します。

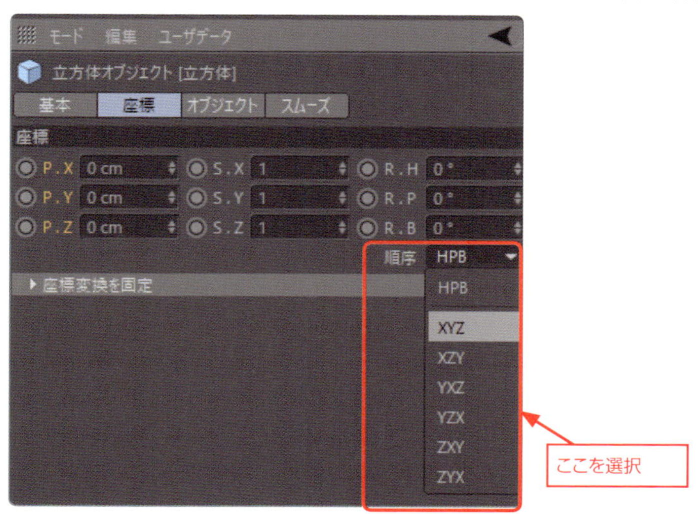

「順序」をクリック

切り替えるとXYZ各軸に角度を入れて回転させることができます。

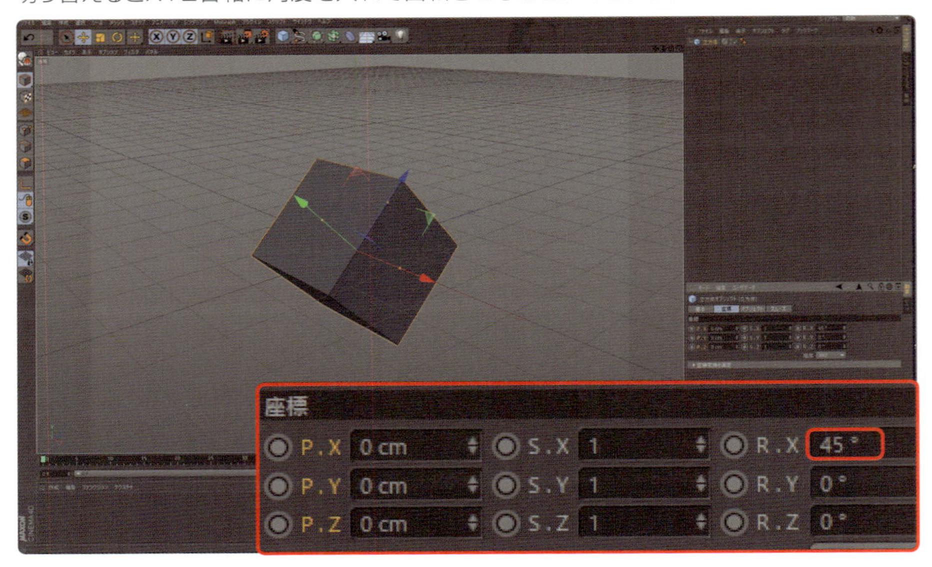

Xに45を入力

<HINT>Cinema 4D Liteでできることできないこと

Cinema 4D Liteは、After Effectsで気軽に3DCGのアニメーションを利用するためのツールです。立方体や球体、円柱といった基本形状や、ラインを使った形状作成、それらを使用したアニメーション作成など、After Effectsのフッテージとして利用するための3DCGアニメーションを、他の3DCGツールを用意しなくても作成することができます。ただし、Cinema 4D Liteは、Cinema 4D PrimeやBroadcastといった上位バージョンの機能限定版なので比べてしまうとできないことも多いです。特に、立方体や球体を構成する面や頂点を動かしてモデリングしていくモデリング機能では、頂点を動かしたり、面を小さくするなどの簡単な操作しかできません。なので、複雑な曲面をもったキャラクターのモデリングなどには不向きです。ただし、カーブを使ったモデリングでは、かなり自由な形状を作ることができるので、幾何学的な図形を使ったCGアニメーションなどは作成できます。各バージョンごとの細かい機能の違いは、MAXONのサイト（www.maxon.net/jp/製品/infosites/製品比較） に掲載されていますので、必要な人は確認するとよいでしょう。

02

形を作る

Cinema 4D Liteは、複雑な形状は
作成できませんが、基本形状やラインを使って
3Dの形状を作成することができます。
ここでは、基本形状とラインを使った
モデリングについて紹介します。

01
基本形状を作成する

基本的なC4D LTの操作がわかったところで、形状の作成方法を紹介します。基本形状は15種類用意されています。

▶▶▶シーンにオブジェクトを追加する

STEP 01 作成したいオブジェクトを選択する

シーンにオブジェクトを追加するには、「作成」メニューの「オブジェクト」から使いたい形状を選択するか、コマンドパレットから選択します。

「作成」メニューの「オブジェクト」から形状を選択

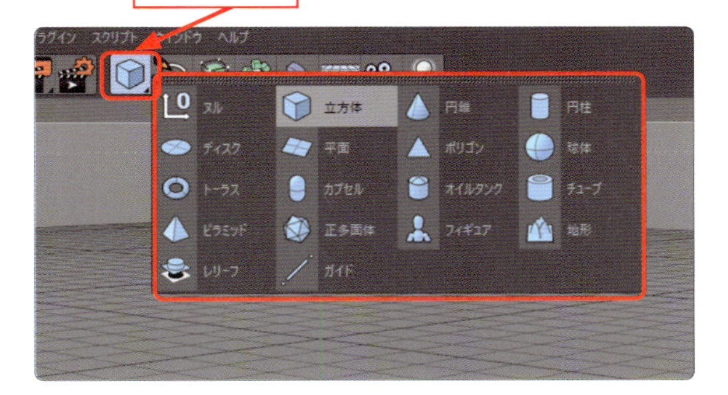

コマンドパレットからオブジェクトを選択

STEP 02 オブジェクトの属性を変更する

オブジェクトを選択すると、シーンにそのオブジェクトが作成されます。C4D LTは、一度オブジェクトを作った後で、属性マネージャで形状の大きさや分割数を調整していきます。形状の調整は、属性マネージャーの「オブジェクト」にあるプロパティ（形状を構成する各要素の値）で調整しますが、形状によって調整できるプロパティの種類は変化します。図は立方体のプロパティです。XYZ軸方向のそれぞれのスケールと、XYZ軸方向の面の分割数を設定することができます。

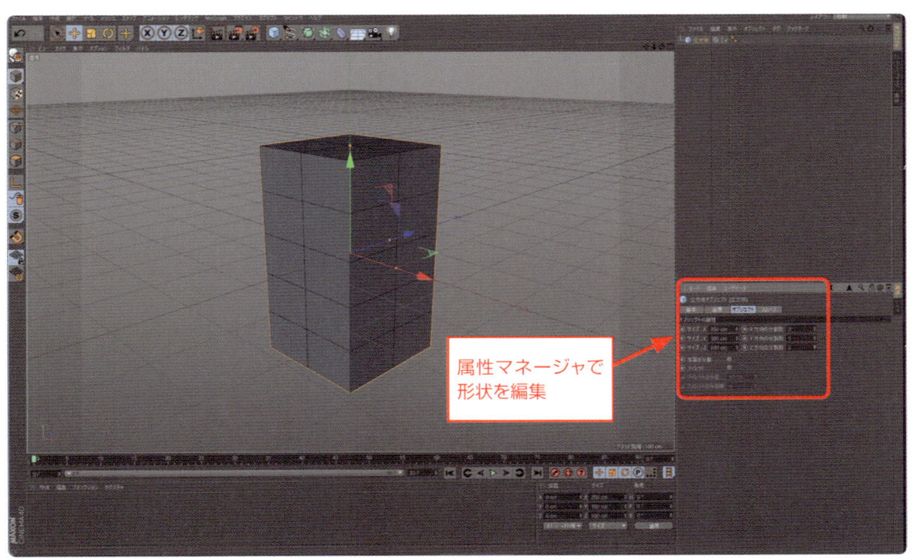

属性の変更で形状が変化するオブジェクトをいくつか紹介します。ビューの表示はわかりやすいように、グーローシェーディング(線)に切り替えて作業します。

●円錐

円錐を作成すると、図のようなオブジェクトが作成されます。

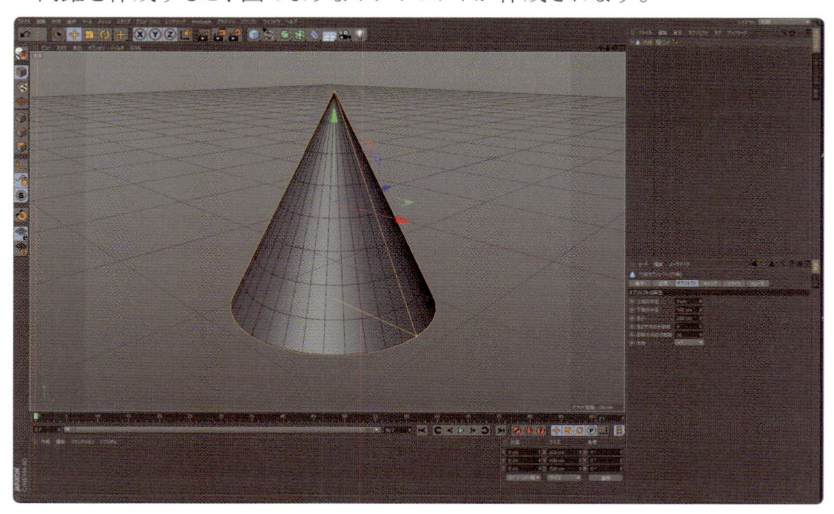

デフォルトの円錐の形

円錐の属性には、「上端の半径」、「下端の半径」、「高さ」、「高さ方向の分割数」、「回転方向の分割数」、「方向」があります。これらの属性を調整することで、バリエーションを作成することができます。

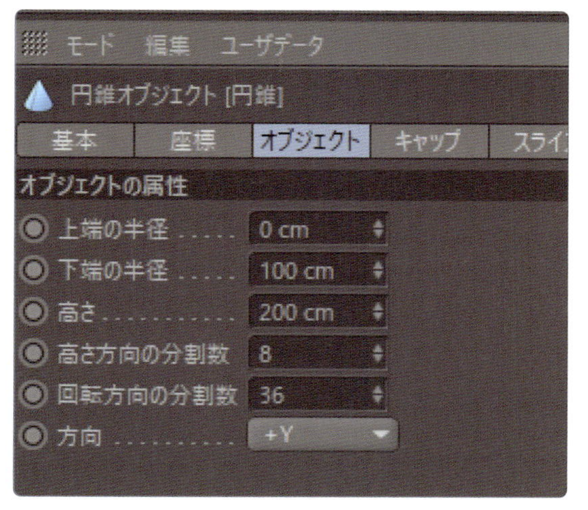

円錐の属性

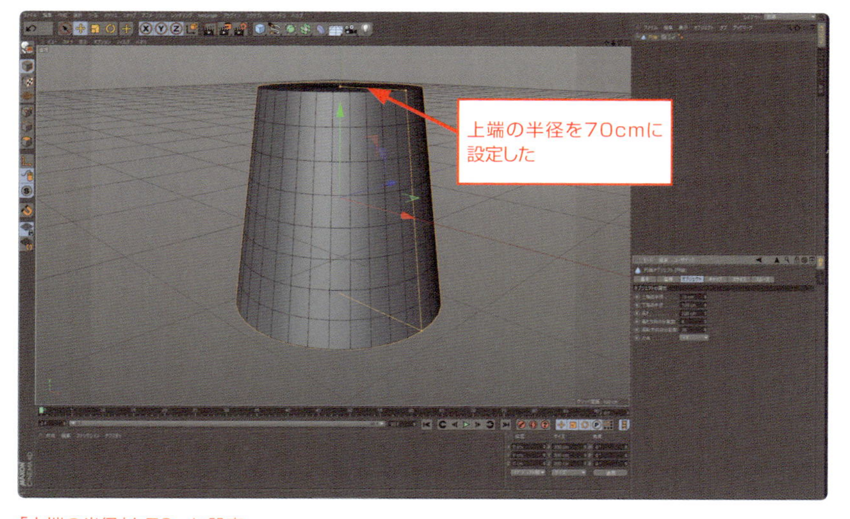

「上端の半径」を70㎝に設定

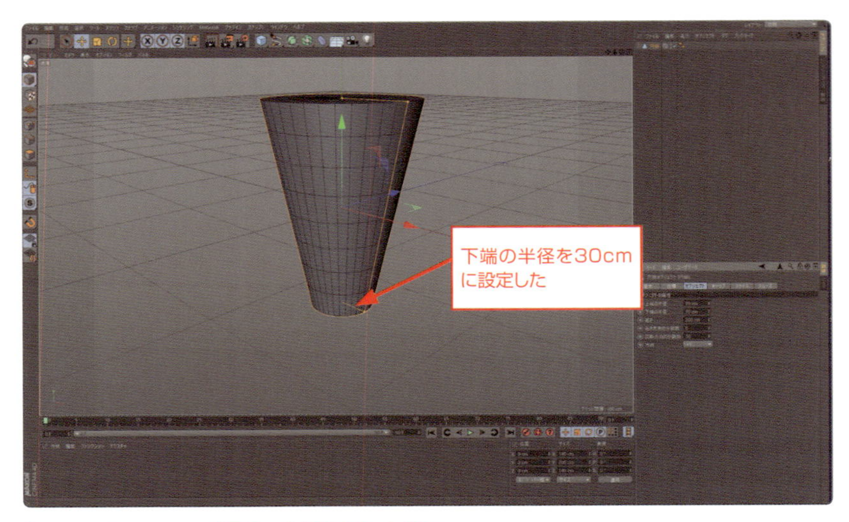

「上端の半径」を70cm、「下端の半径」を30㎝に設定

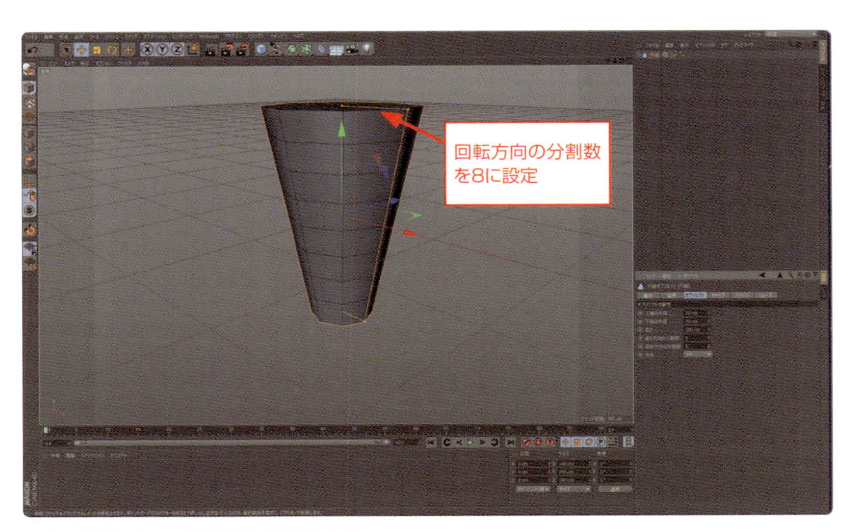

さらに、「回転方向の分割数」を8に設定した

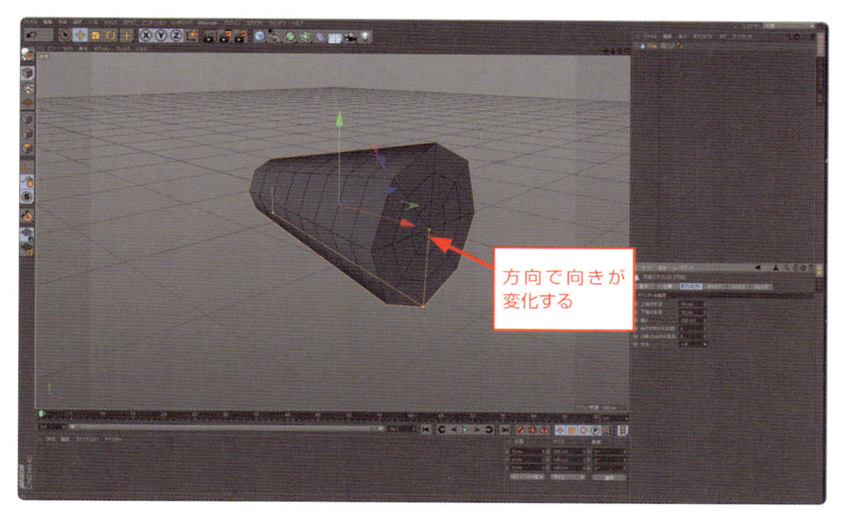

「方向」を設定すると、オブジェクトの向きを設定できる。+Xに設定した

トーラス

トーラスはドーナツ形状を作成します。トーラスには「リングの半径」、「リングの分割数」、「パイプの半径」、「パイプの分割数」、「方向」といった属性があります。特に「リングの半径」と「パイプの半径」はトーラスの大きさや太さを設定する大事なものです。

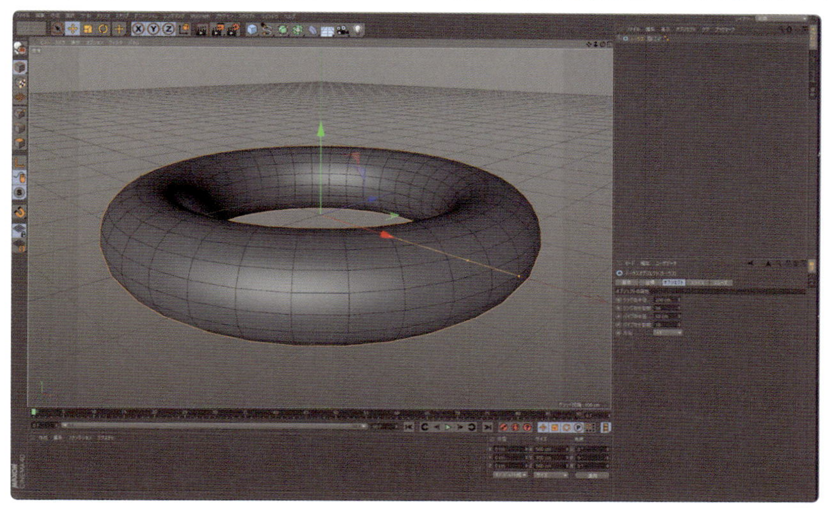

トーラス

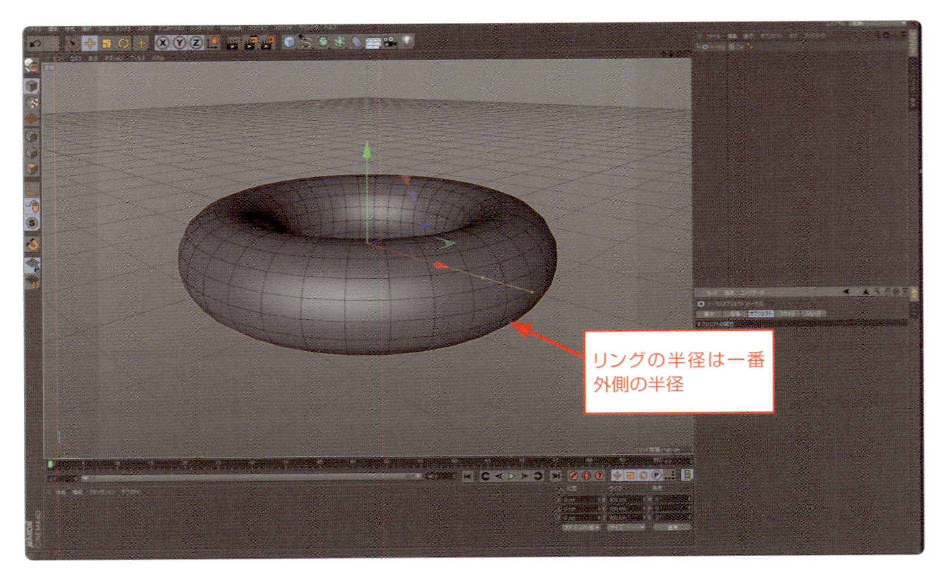

「リングの半径」を150cmに設定

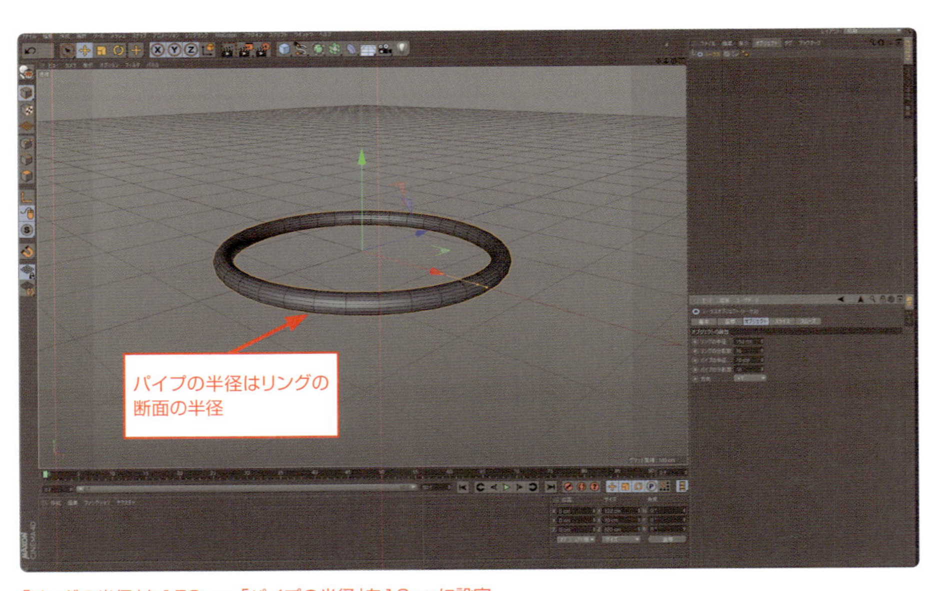

「リングの半径」を150cm、「パイプの半径」を10cmに設定

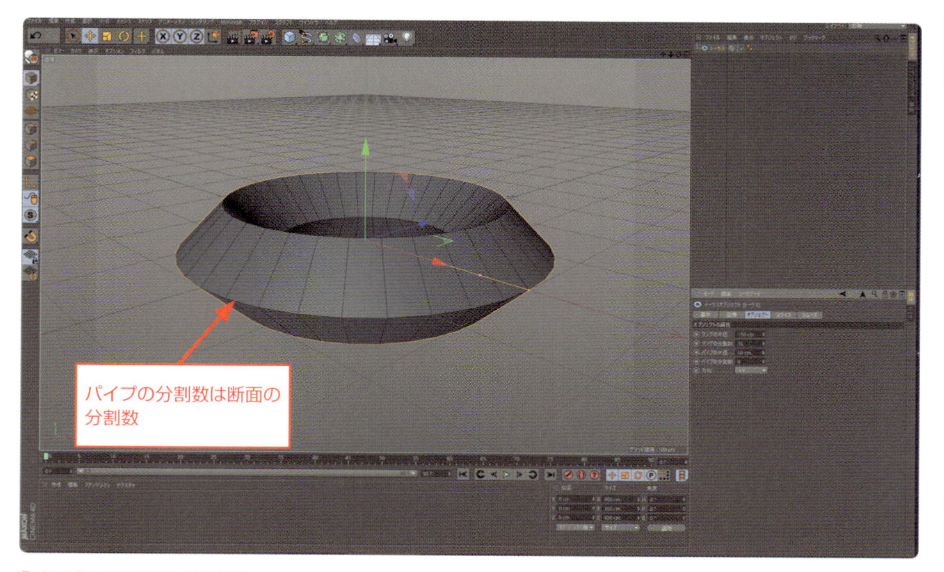

「パイプの分割数」を4に設定

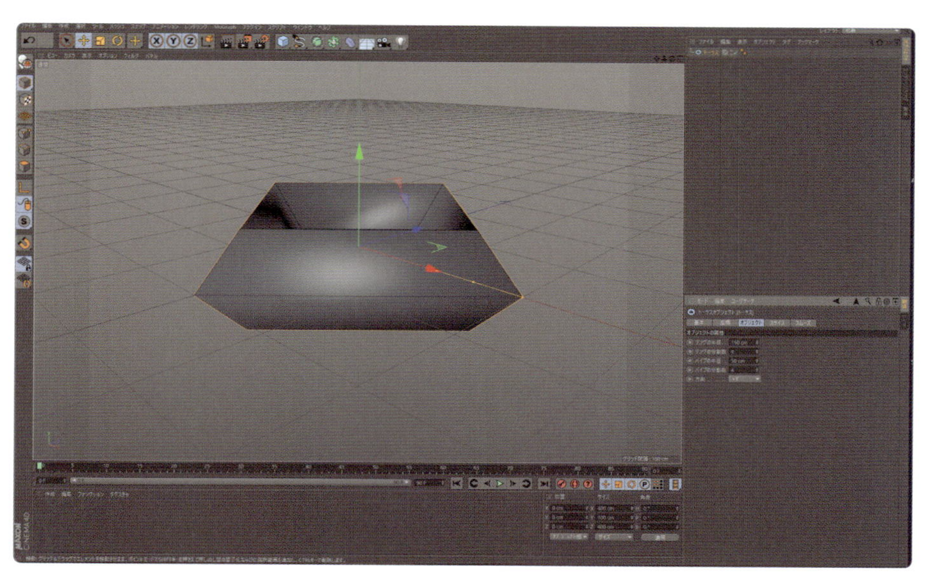

「パイプの分割数」を4、「リングの分割数」を4に設定

チューブ

チューブは、中心が中空になっている円柱を作成します。チューブの属性には「内側の半径」、「外側の半径」、「回転方向の分割数」、「キャップの分割数」、「高さ」、「高さ方向の分割数」、「方向」、「フィレット」があります。「フィレット」をオンにすると、角を落とした形状を作成することができます。

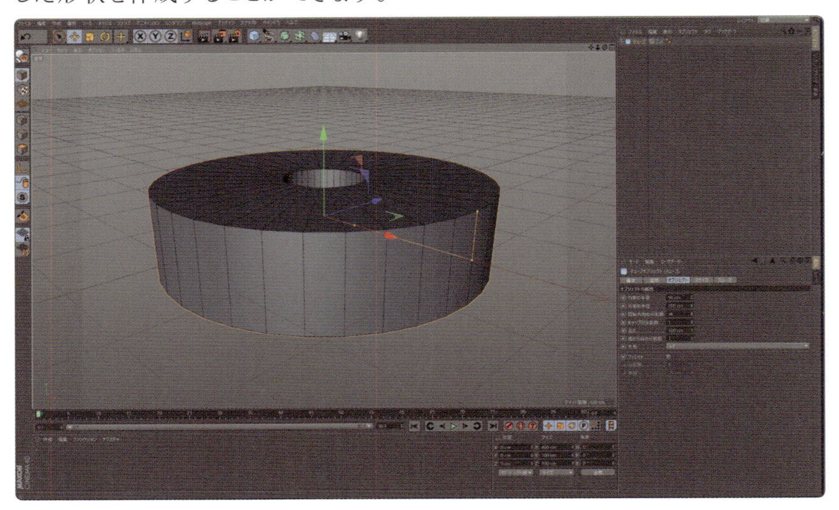

チューブを作成

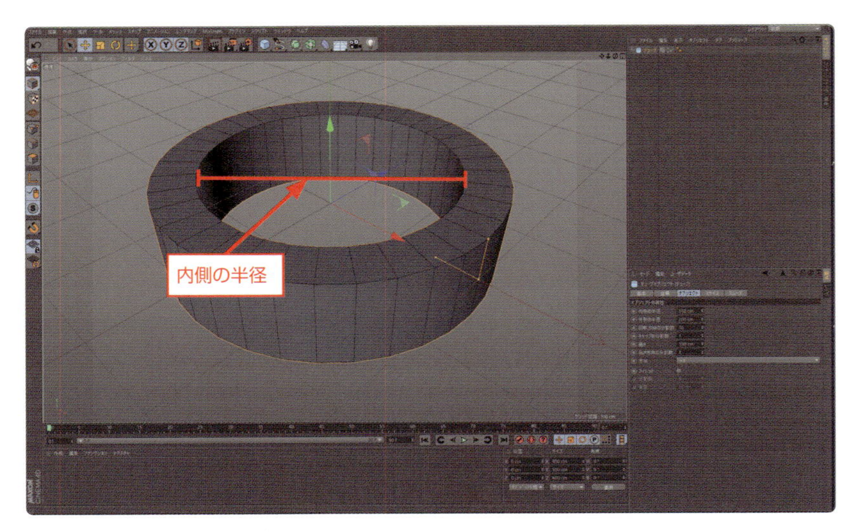

「内側の半径」を150cmに設定

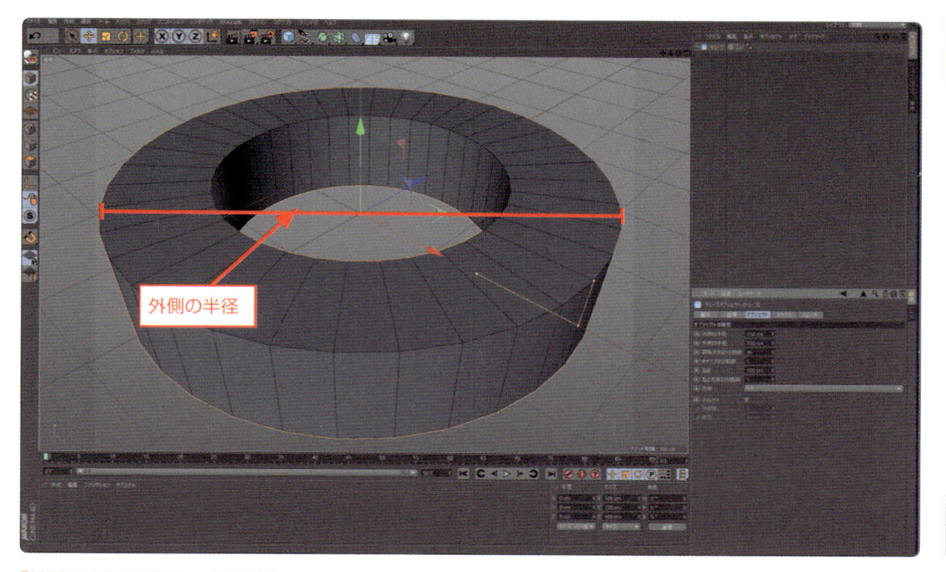

「外側の半径」を250cmに設定

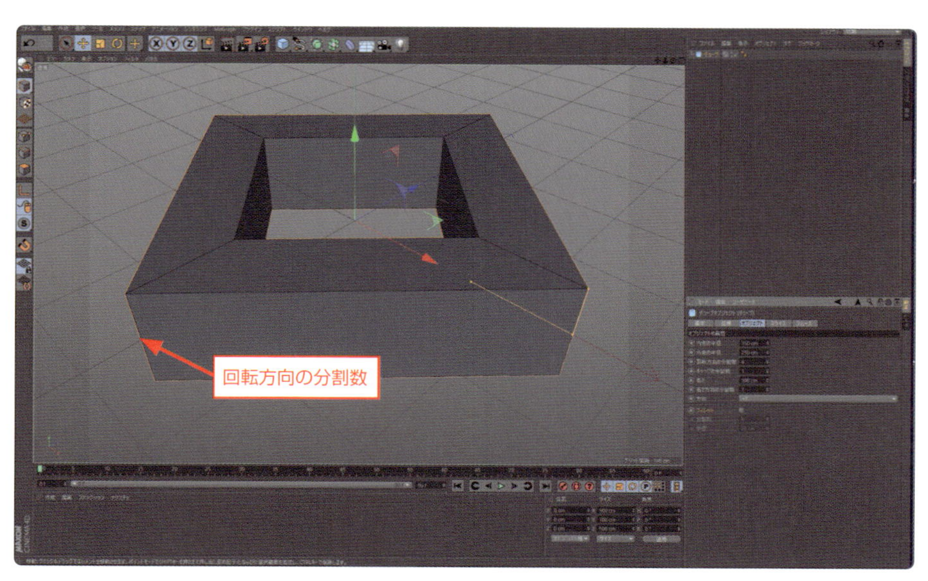

「回転方向の分割数」を4に設定

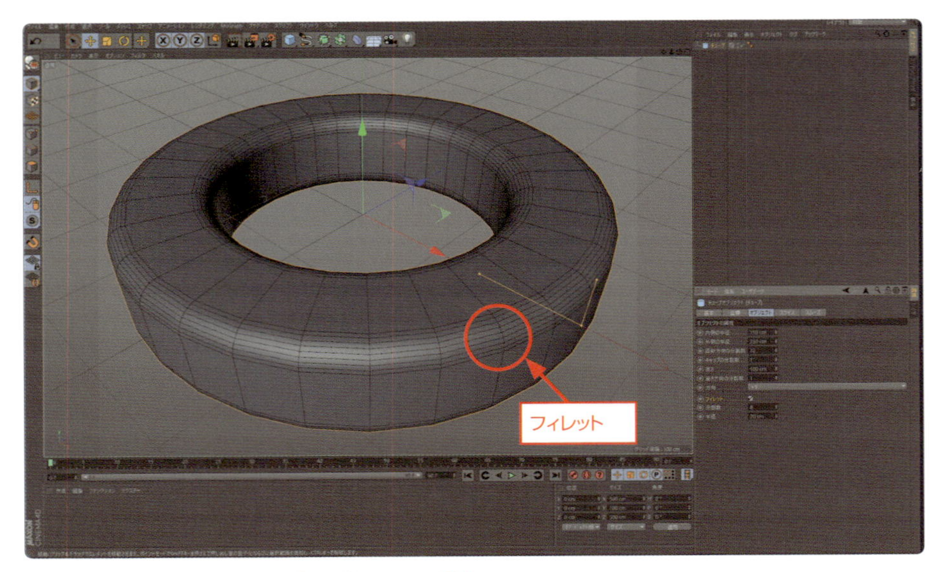

「フィレット」をオン。「分割数」を8、「半径」を20cmに設定

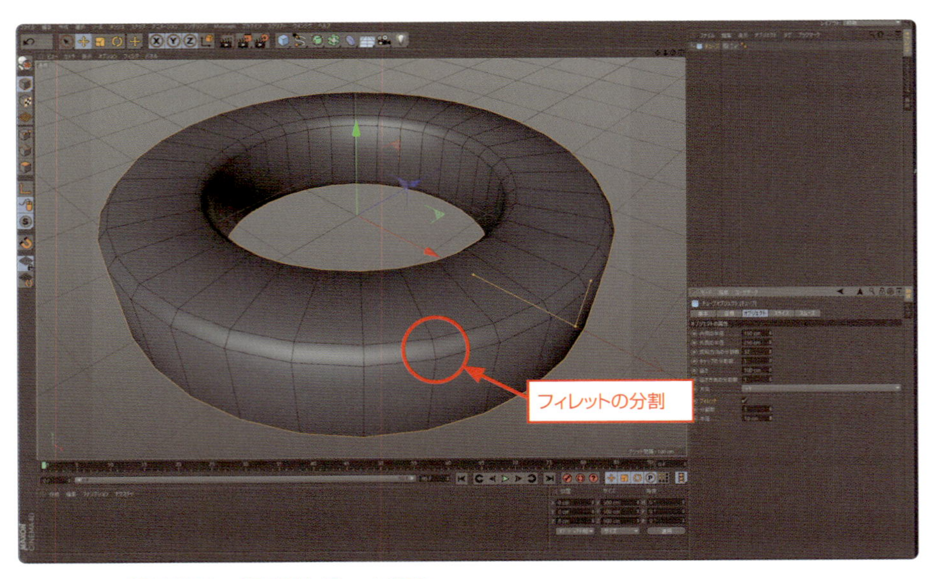

「フィレット」の「分割数」を1、「半径」を10cmに設定

●正多面体

正多面体は、正三角形もしくは正方形を組み合わせた形状を作成します。属性は「半径」と「分割数」、「分割タイプ」しかありませんが、「分割タイプ」を切り替えることで、バリエーションを作成することができます。

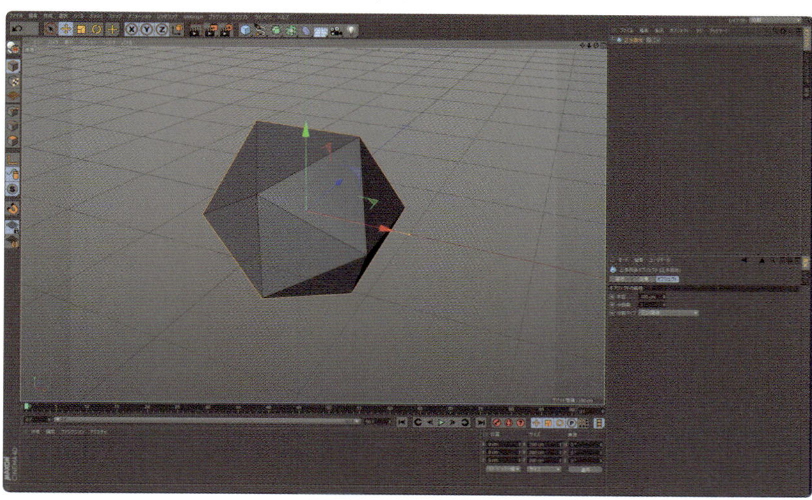

正多面体「正20面体」

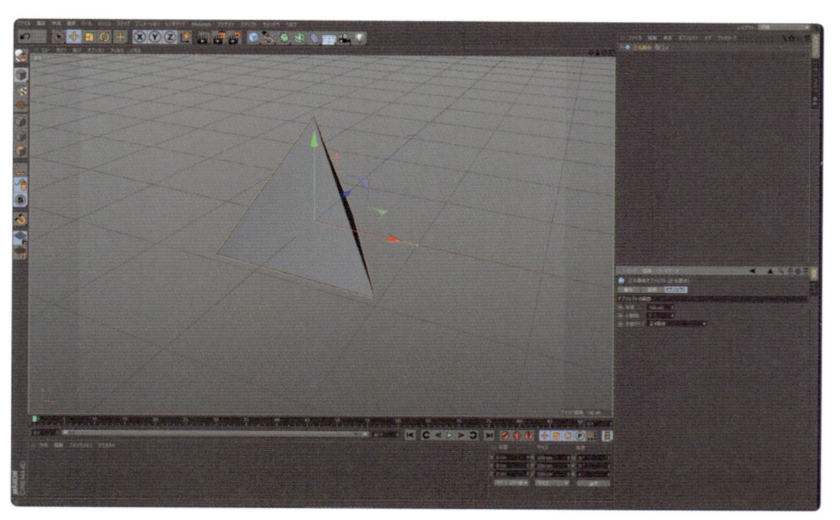

正4面体

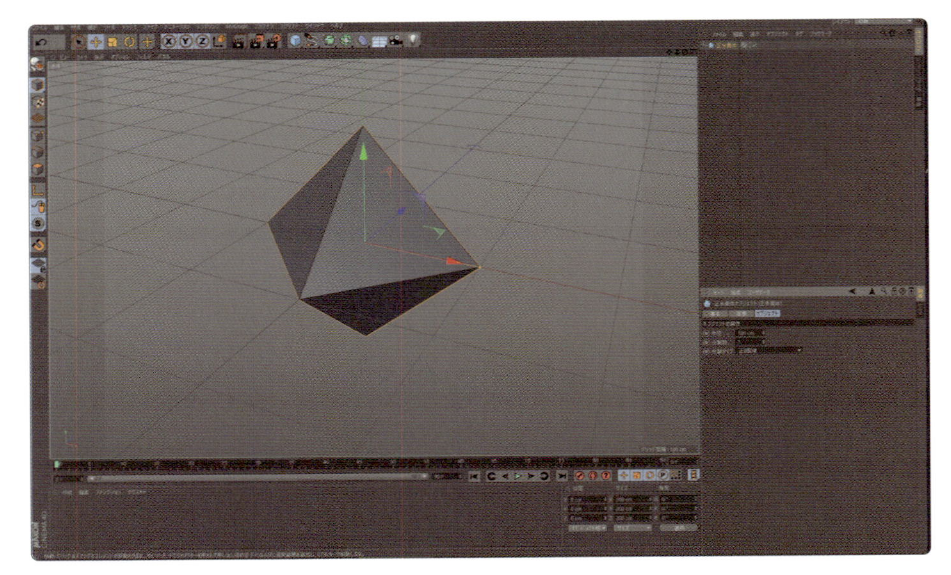

正8面体

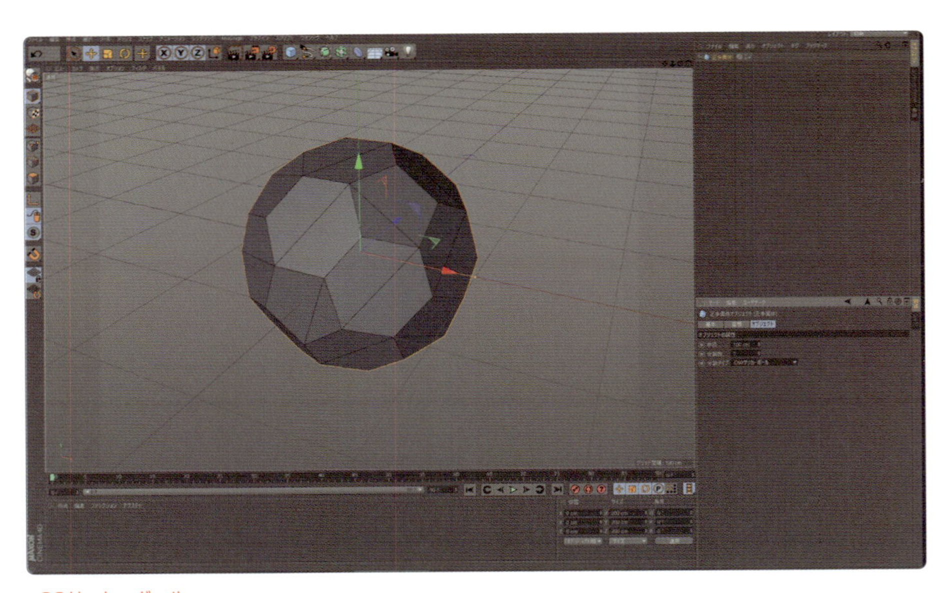

c60サッカーボール

●フィギュア

フィギュアはデッサン人形のようなヒト型の形状を作成します。「身長」のプロパティを変更することで、大きさを変えることができます。

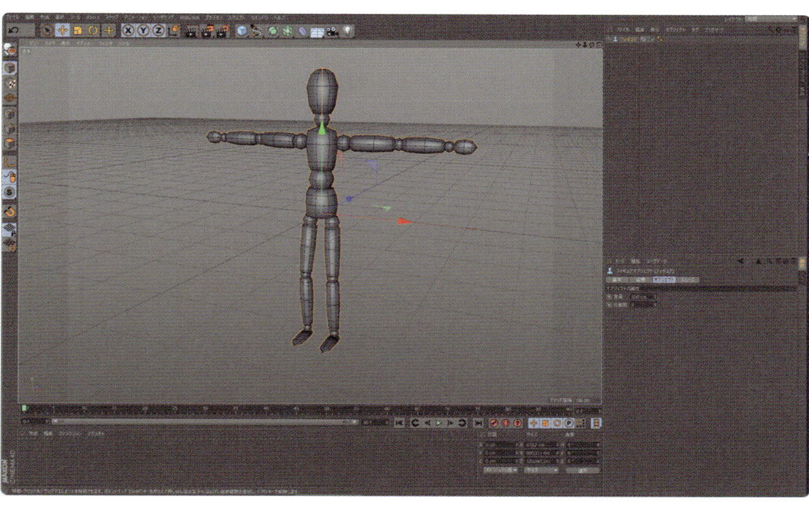

フィギュア

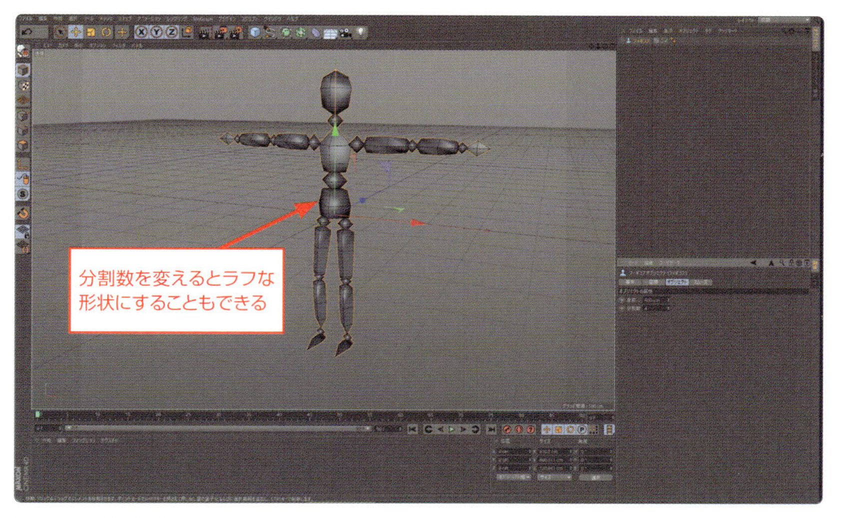

「分割数」を4に設定

●地形

　地形は、平面に凹凸を与えて、山岳地帯のような地形を作成します。「海面の高さ」や「台地の高さ」で起伏を調整し、「シード」でバリエーションを作成します。

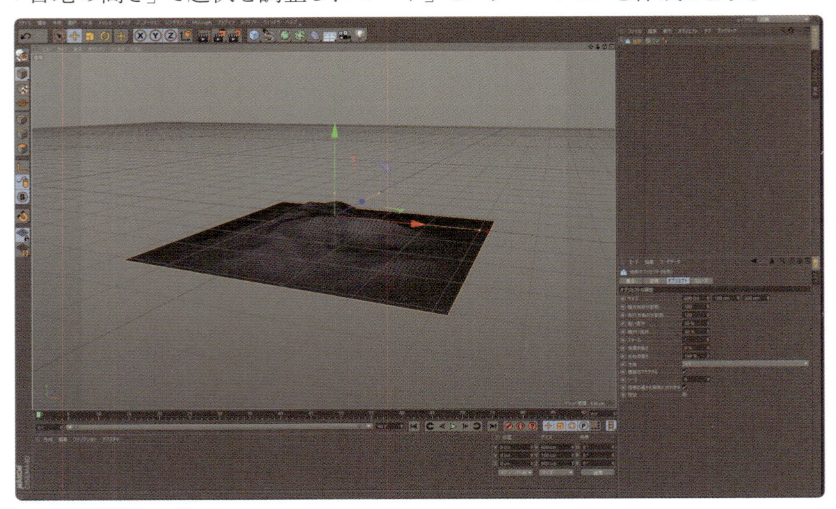

地形

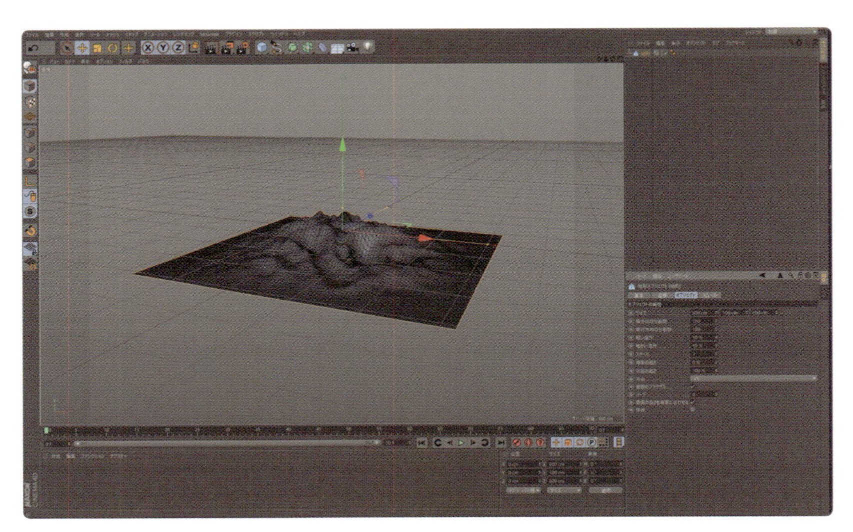

「スケール」を3に設定

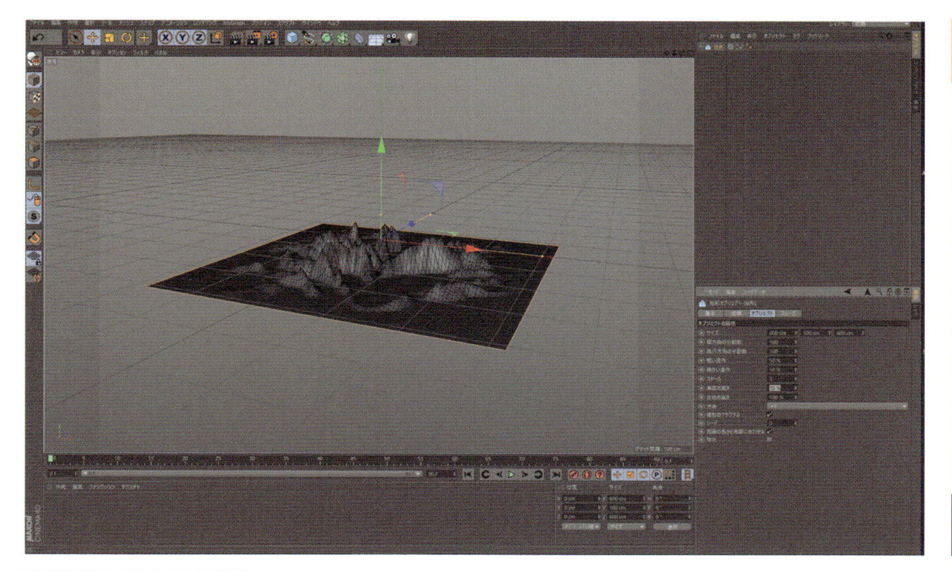

「海面の高さ」を70%に設定

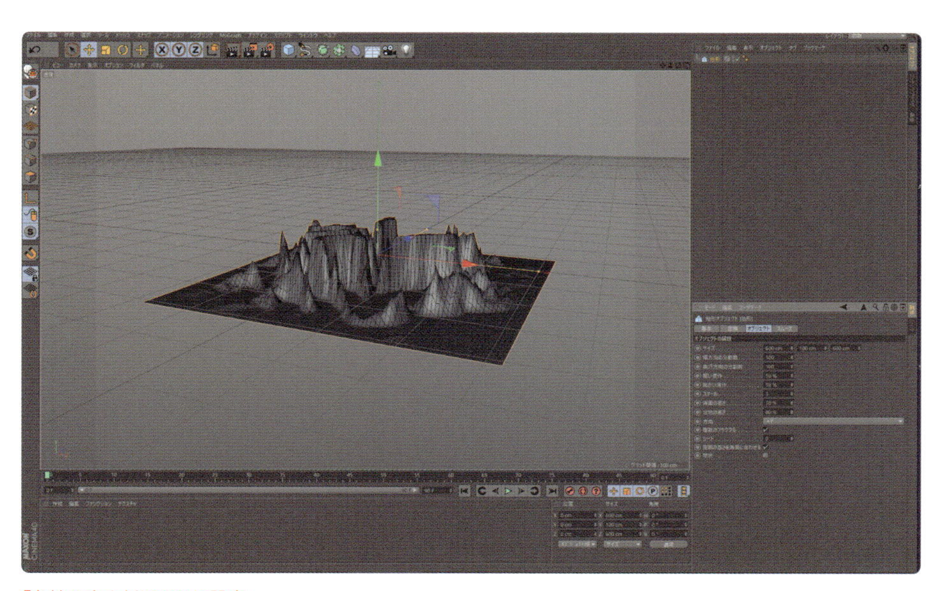

「台地の高さ」を80%に設定

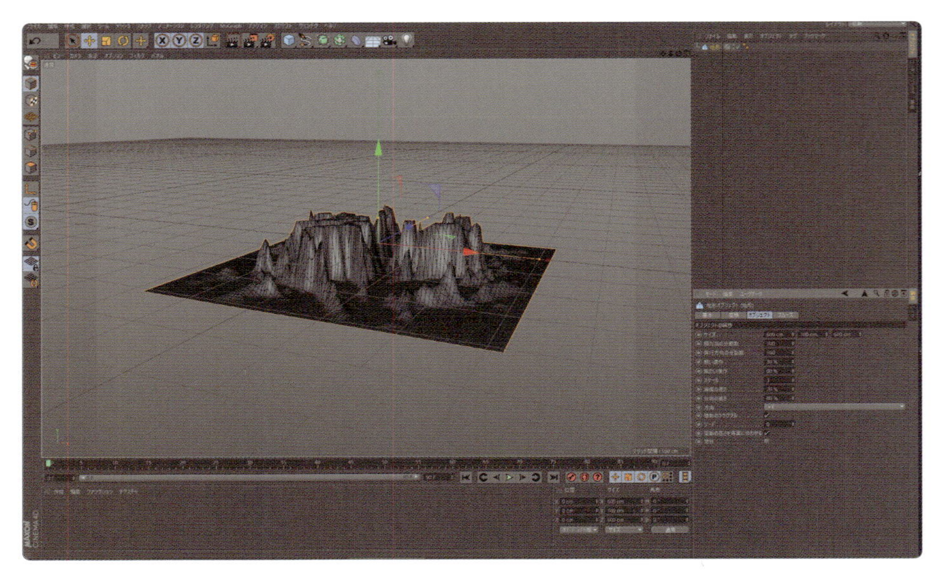

「粗い造作」を30%、「細かい造作」を80%に設定

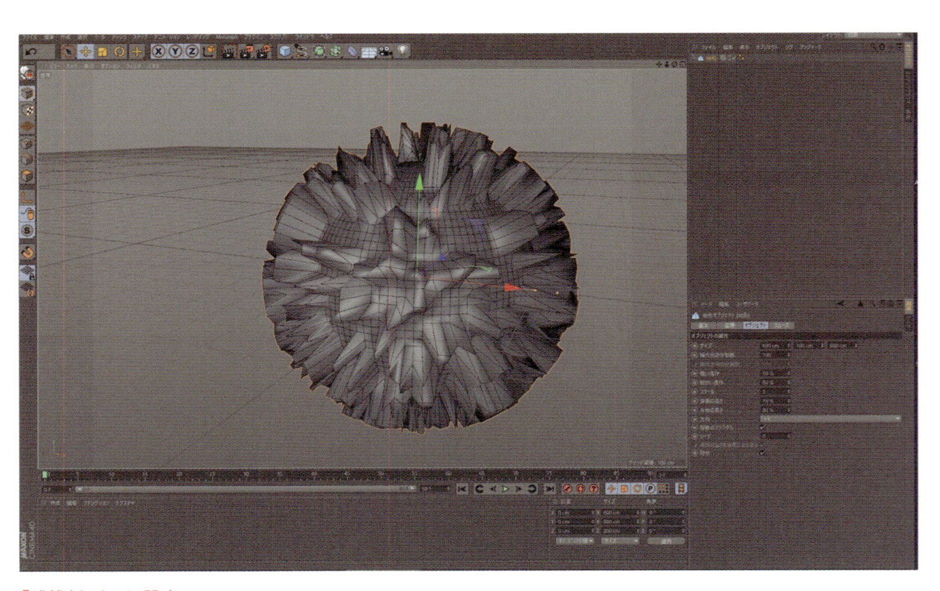

「球状」をオンに設定

02 定型スプラインを作成する

C4D LTは、3Dの基本オブジェクトのほかに、スプラインを使って形状を作成してくことができます。

基本オブジェクトよりも、自由な形状の編集ができるので、幅広く応用することができます。スプラインは大きく分けて 2 種類あります。フリーハンドやベジェのように自由に曲線を描いていくスプラインと、円形や螺旋、長方形のような定型の基本形状のスプラインです。まずは、定型のスプラインから紹介します。

STEP 01 スプラインを選択する

スプラインを作成するには、「作成」メニューの「スプライン」から使いたいスプラインの形状を選択するか、コマンドパレットから使いたいスプラインを選択します。

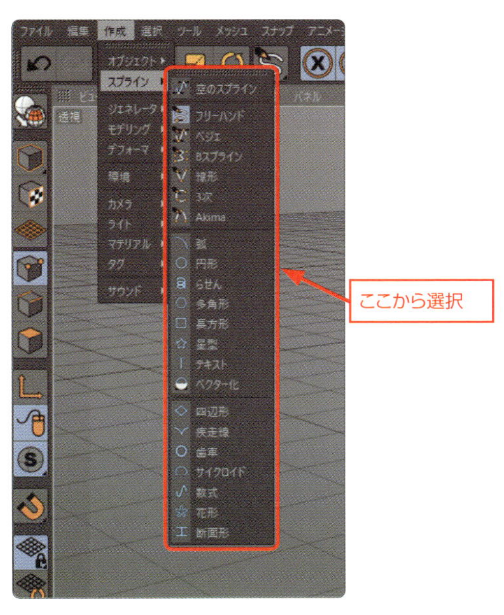

「作成」メニューから選択

コマンドパレットから選択

手始めに「円形」を選択しました。スプラインはデフォルトではXY平面に作成されます。

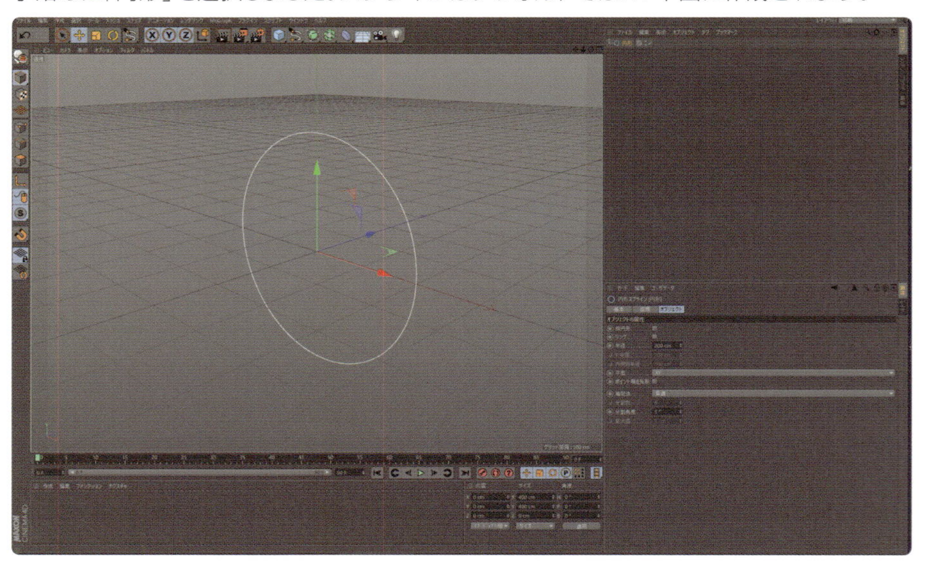

円形のスプラインが作成された

定型のスプラインでも属性の値を調整することで、バリエーションを作成することができます。図は「リング」をオンにして、「分割角度」を60°に設定したものです。

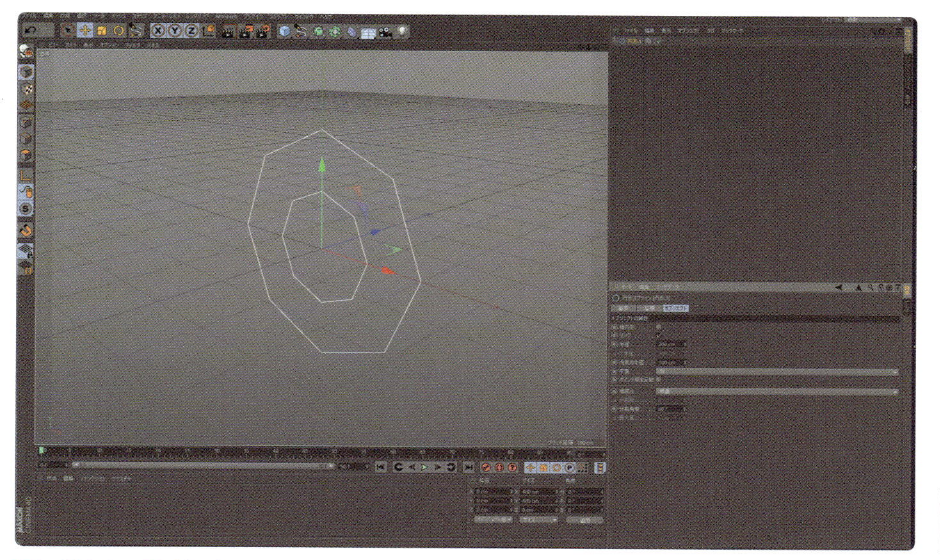

「リング」をオン、「内側の半径」を100cm、「分割角度」を60°に設定

STEP 02 定型スプラインの種類

用意されている定型スプラインの形状は、15種類になります。ここでは代表的なスプラインの形状を紹介します。

●弧

円弧を作成します。「半径」で弧の半径を設定し、「開始角度」でスプラインが始まる角度、「終了角度」でスプラインの終端の角度を設定します。

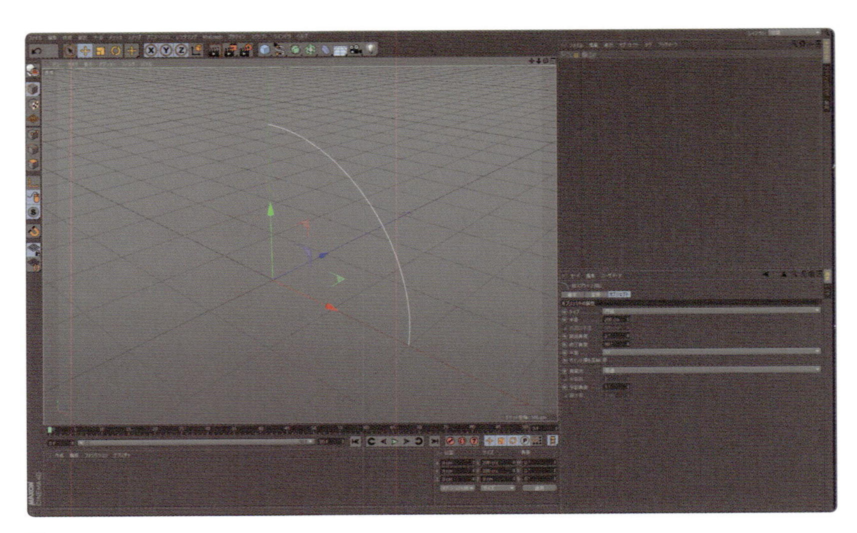

弧

●らせん

らせんは高さを増加させながら、円弧が伸びていくようなスプラインを作成します。バネなどの形状に使用します。

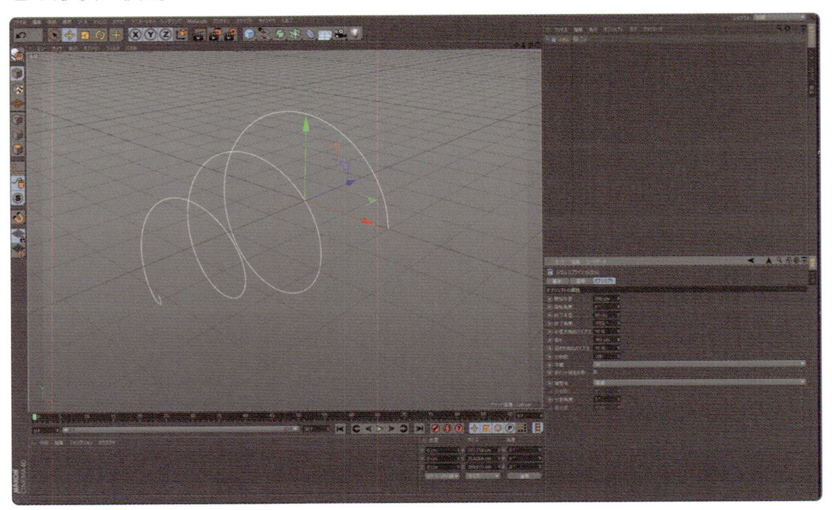

らせん 「終了半径」を60cm、「終了角度」を1058°、「高さ」を387cmに設定した

●多角形

多角形は、2角以上の角を持った閉じたスプラインを作成します。「角の数」を設定することで、さまざまな多角形を作成することができます。

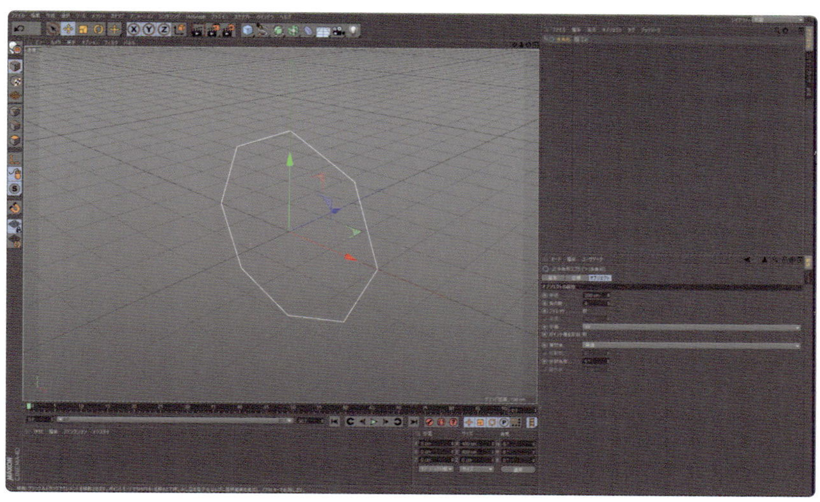

多角形。「角の数」を8に設定

●長方形

長方形は4つの角を持った閉じたスプラインを作成します。「フィレット」をオンにすると、角に丸みを持った長方形を作成することができます。

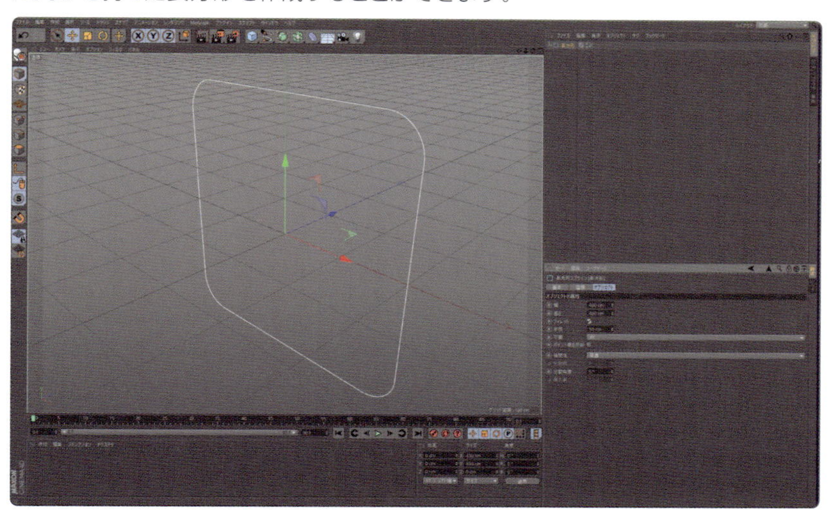

長方形。「フィレット」をオン、「半径」を50cmに設定

星形

星形は、外縁にあるポイントと、内縁にあるポイントをつないでギザギザとした閉じたスプラインを作成します。

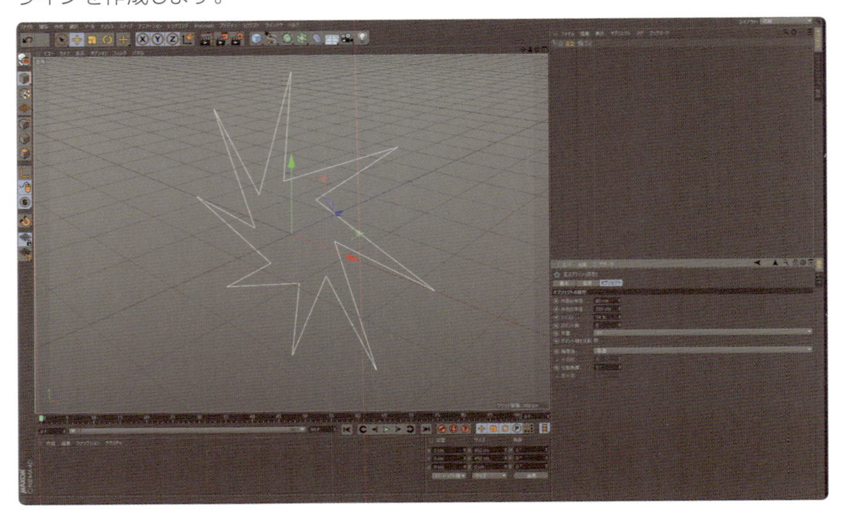

星形。「ツイスト」の値を74%に設定

テキスト

テキストは、文字のアウトラインをスプラインで作成します。作成する文字やフォントなども自由に設定することができます。

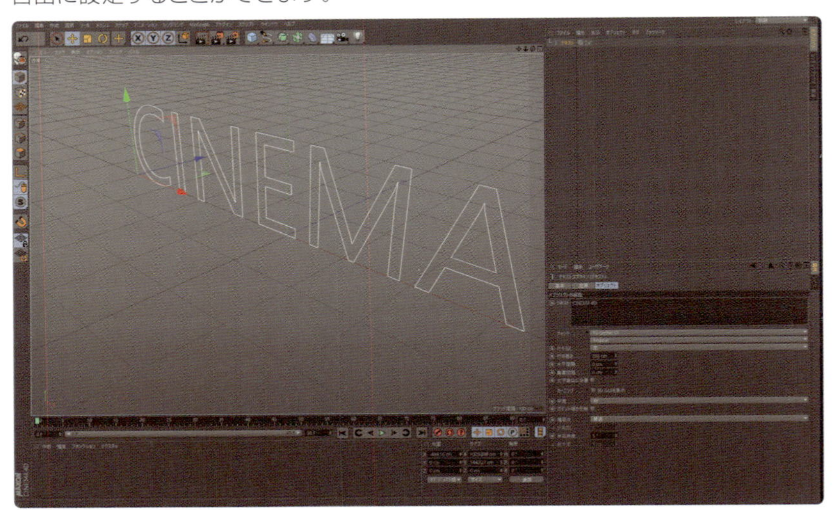

テキスト

●ベクター化

ベクター化は、モノクロ2階調のビットマップファイルの輪郭を検出して、スプラインを作成します。絵柄に厚みを付けたりする場合に使用します。

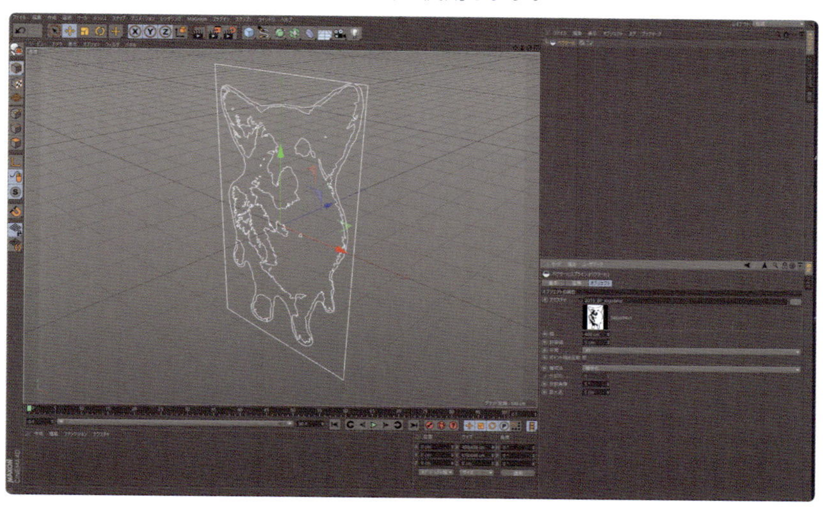

ベクター化

●四辺形

4辺で構成された閉じたスプラインを生成します。「タイプ」を切り替えることで、バリエーションを作成することができます。

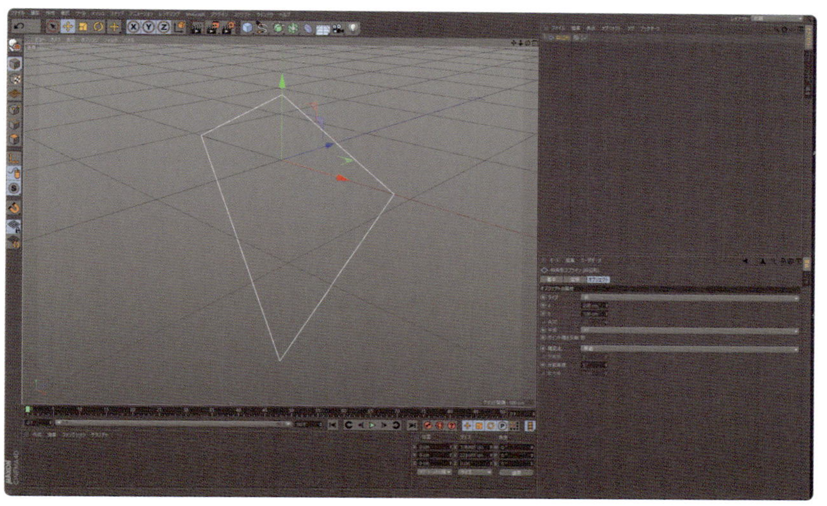

四辺形

疾走線

疾走線は、デフォルトでは2つの円弧を組み合わせたようなスプラインが作成されます。「タイプ」を切り替えることでバリエーションを作成することができます。

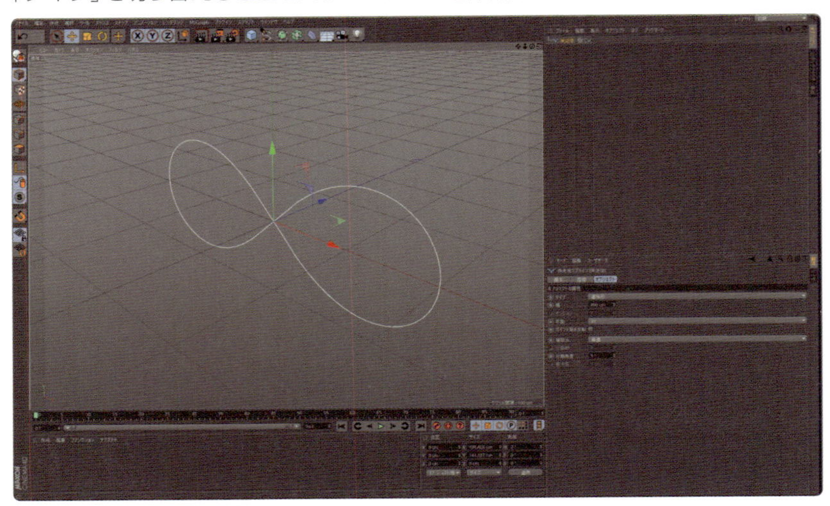

疾走線。「タイプ」を連珠形に設定した

歯車

歯車は簡単に歯車の形状を作成することができます。

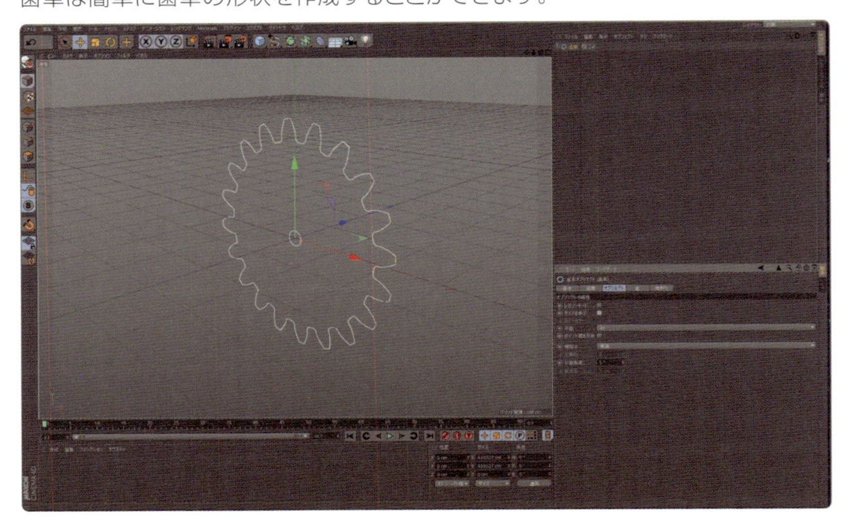

歯車

サイクロイド

サイクロイドは円を転がした時にできる頂点の軌跡を曲線化した形状をスプラインで生成する。回転させる円の半径「半径R」の値と「偏差a」の値でバリエーションを作成することができる。

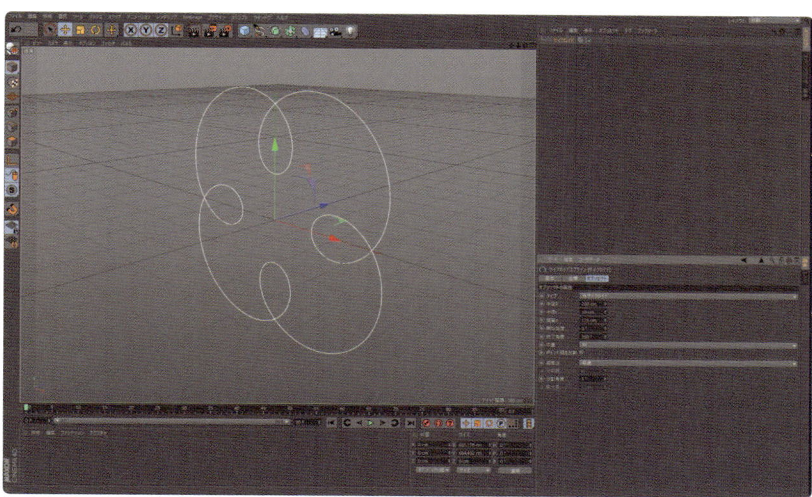

サイクロイド。「タイプ」を外サイクロイド、「半径R」を200cm、「半径r」を50cm、「偏差a」を126cmに設定

数式

数式は、「X(t)」、「Y(t)」、「Z(t)」に入力した数式から得られるカーブをスプラインで作成します。

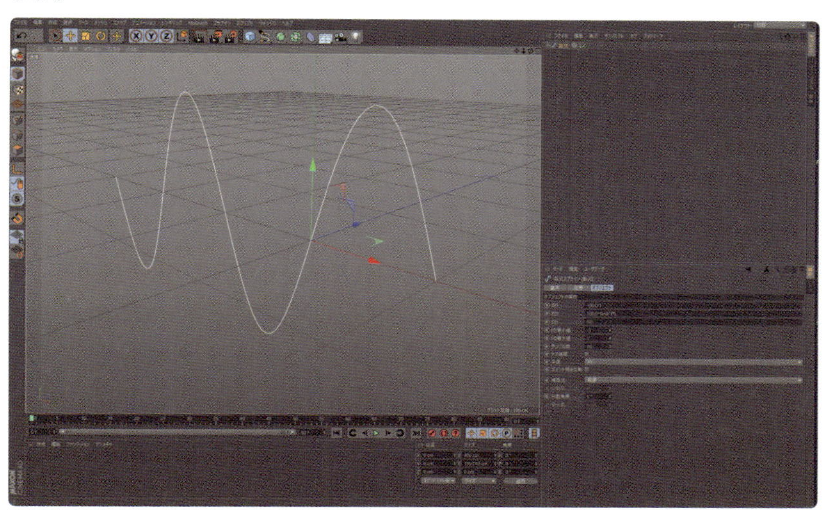

X(t)=100.0*t、Y(t)=100.0*Sin(t*PI)、Z(t)=0.0、「tの最小値」を-3、「サンプル数」を70に設定

花形

花形は、内側、外側の半径と花びらの数を組み合わせて花形のスプラインを作成します。

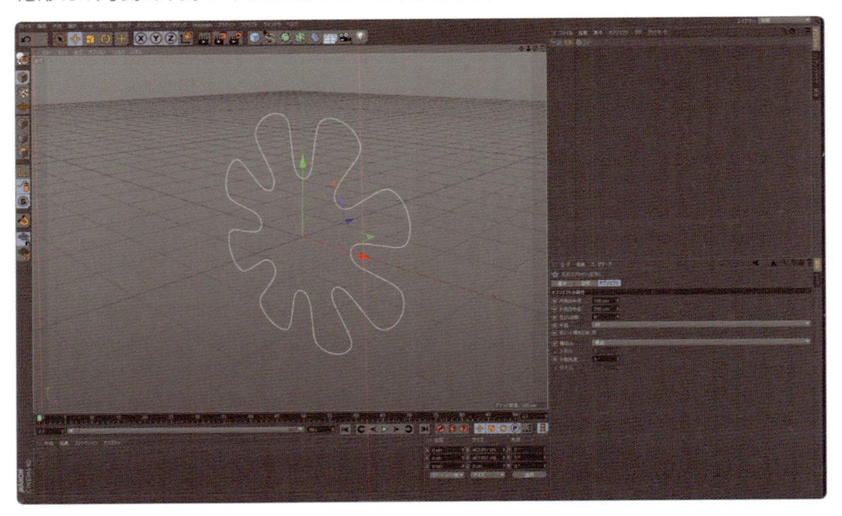

花形

断面型

断面型は、よくある鋼材の断面の形状をスプライン化したものです。タイプを切り替えることで、H型、L型、T型、U型、Z型を作成することできます。

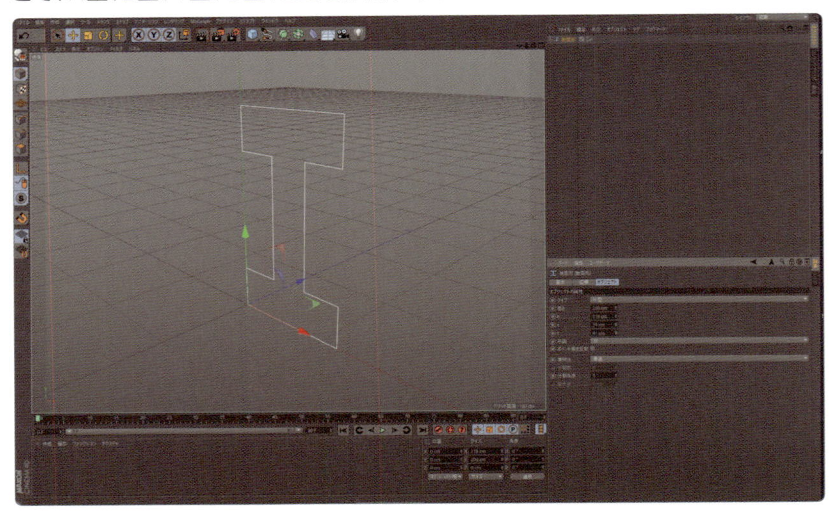

断面型

03 自由な形状でスプラインを作成する

定型のスプラインでも、様々なバリエーションを作成することができますが、フリーハンドやベジェ、Bスプラインを使うと、自由な曲線をスプラインで作成することができます。

▶▶▶フリーハンドでスプラインを描く

まずは、フリーハンドでスプラインを描いてみます。

STEP 01 フリーハンドを選択する

フリーハンドでスプラインを描くには、「作成」メニューの「スプライン」から「フリーハンド」を選択するか、コマンドパレットから「フリーハンド」を選択します。

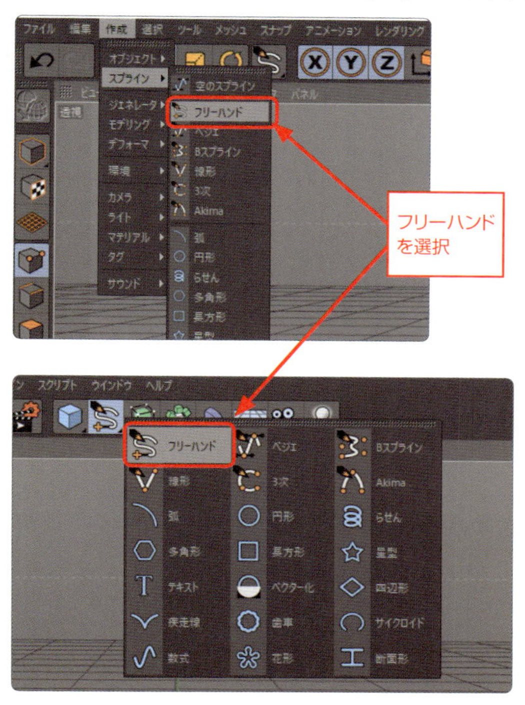

STEP 02 ビューにスプラインを描く

フリーハンドを選択したら、ビュー上をドラッグして作成したい曲線を描いていきます。

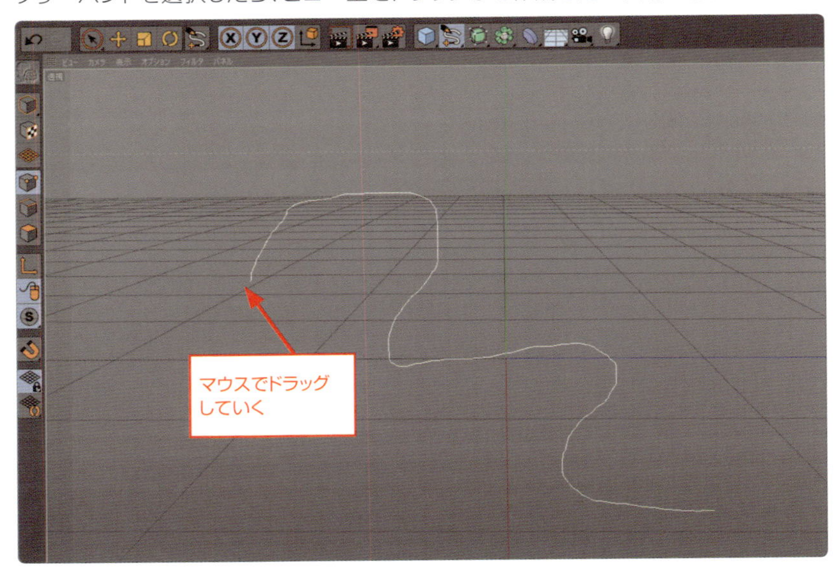

ビュー上をドラッグ

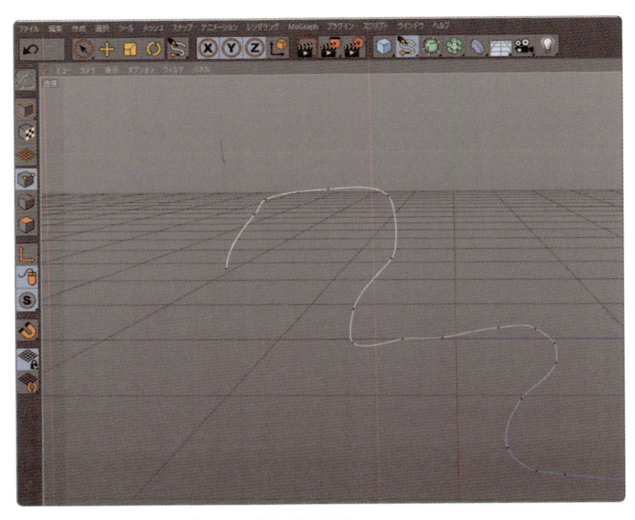

ドラッグをやめるとスプラインが作成される

スプラインはビューを見ている方向の平面に作成されます。図では透視ビューで描いているので、ビューを回転させると、空間に対して斜めにスプラインが作成されているのがわかります。

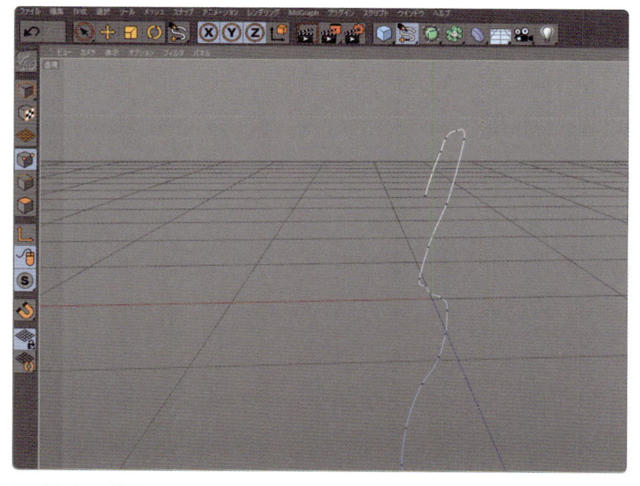

スプラインが斜めになっている

スプラインが斜めになっていると、あとで修正が難しくなるので、スプラインを描くときは、透視ビューではなく、「カメラ」メニューから「前面」や「上面」を選択して、ビューの方向を切り替えてから描いていきます。

ビューを「前面」に切り替える

ビューが「前面」に切り替わるので、ビュー上をドラッグしてスプラインを描いていきます。

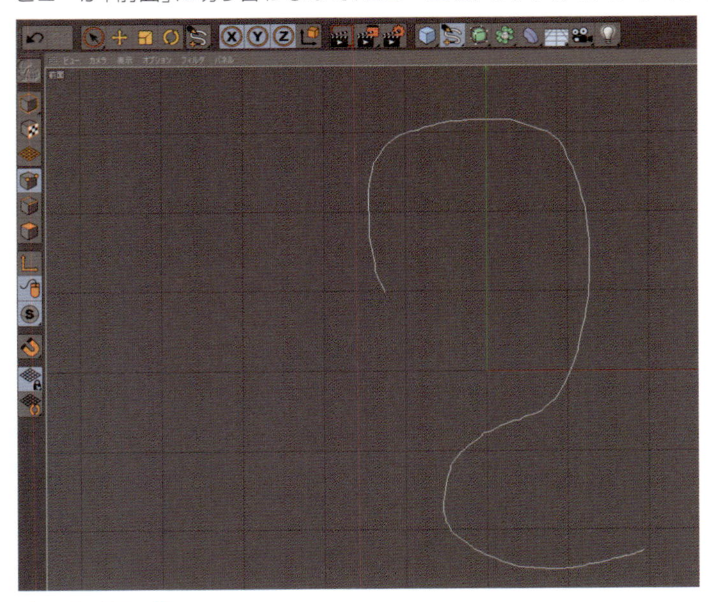

ビュー上でドラッグ

ビューを「透視」にして回転させると、スプラインがXY平面上に作成されています。

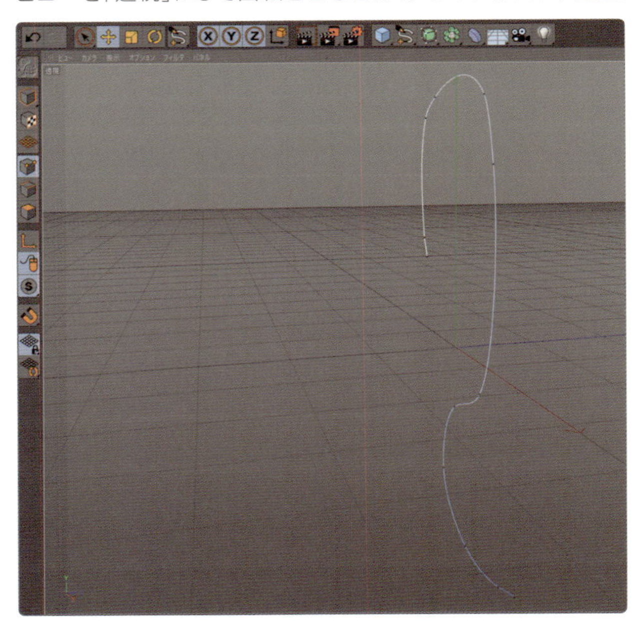

STEP 03 スプラインの形状を修正する

作成したスプラインは、形状を修正することができます。形状を修正するには、修正したいスプラインを選択して、「ポイントモード」に切り替えます。

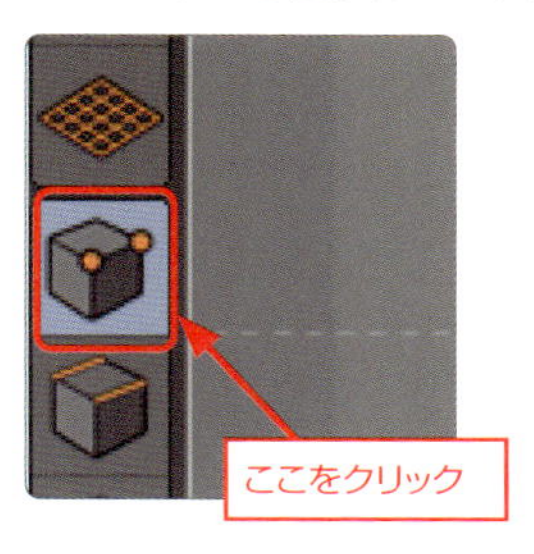

ポイントモードをクリック

ポイントモードにすると、スプラインにポイントが表示されるので、修正したい部分のポイントをクリックして選択します。

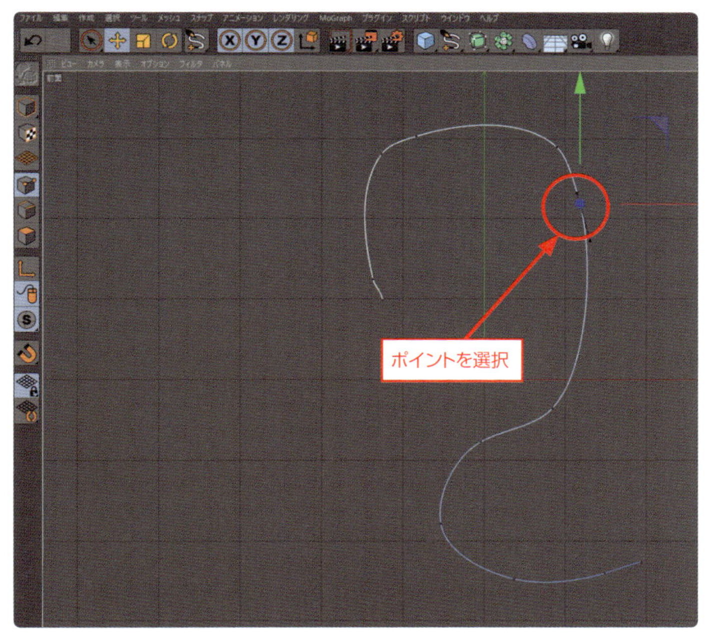

スプラインのポイントをクリックして選択

ポイントを移動ツールを使ってドラッグして、形状を修正します。

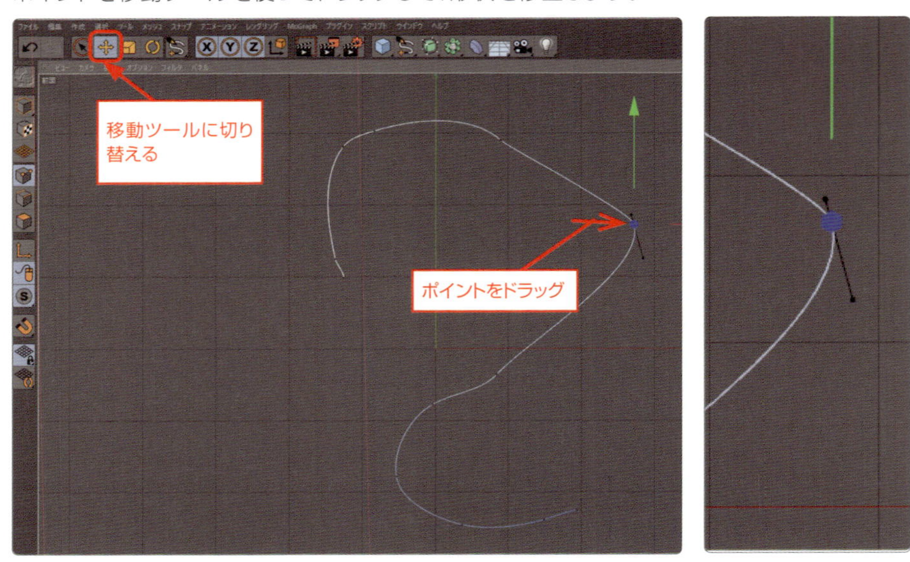

ポイントをドラッグ

曲線の曲率を変更するには、ポイントから伸びているハンドルをドラッグします。

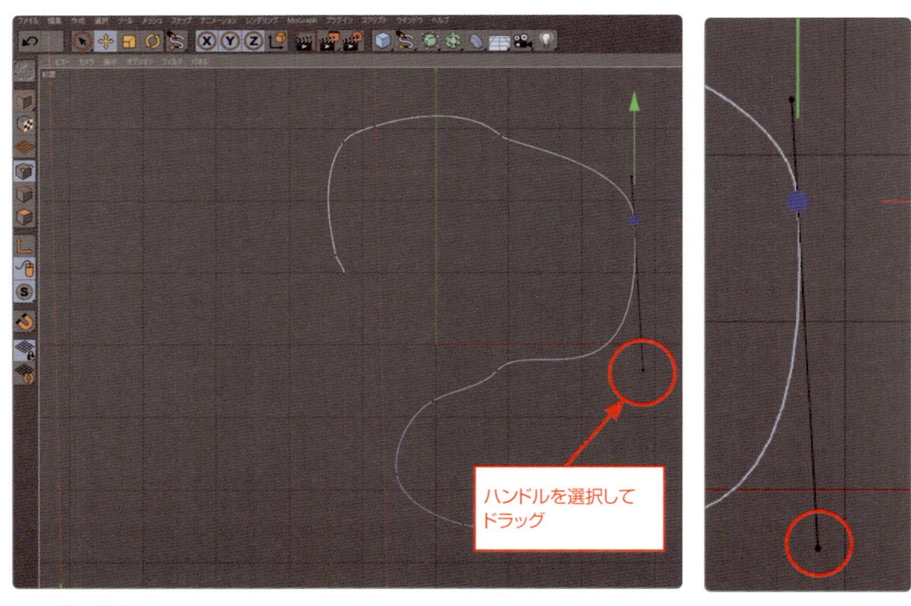

ハンドルをドラッグ

選択したポイント上でドラッグすると、奥行き方向に移動させることもできます。

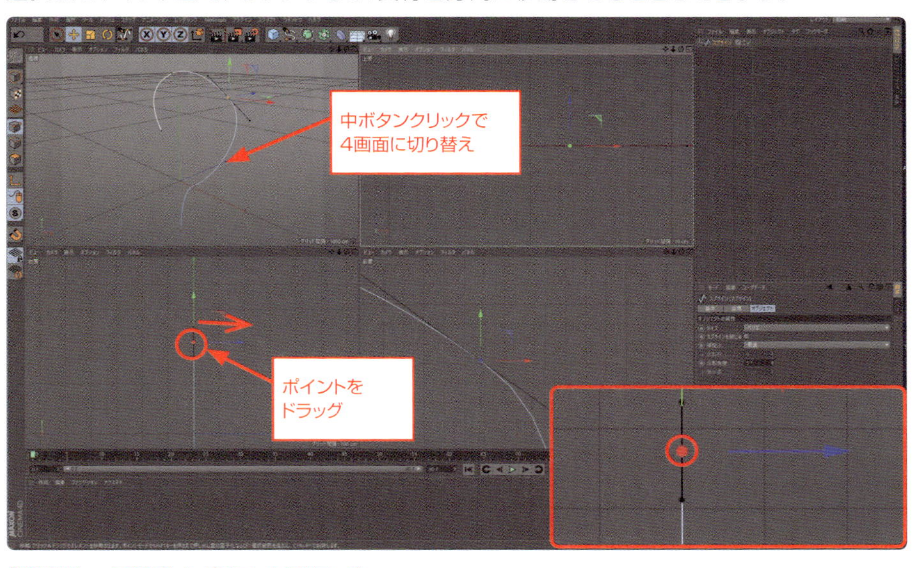

「前面」ビューで選択したポイント上をドラッグ

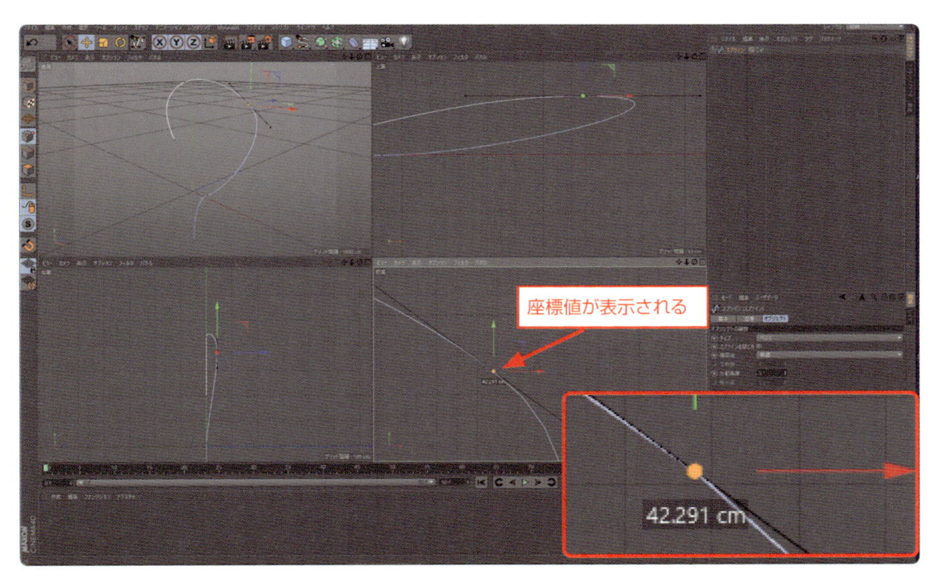

ドラッグすると奥行き方向の座標値が表示される

▶▶▶ベジェでスプラインを描く

スプラインのベジェは、ハンドルの付いたポイントを作成しながら、スプラインを描いていきます。

STEP 01 「作成」メニューの「スプライン」から「ベジェ」を選択する

「作成」メニューの「スプライン」から「ベジェ」を選択するか、コマンドパレットから「ベジェ」を選択します。

STEP 02 スプラインを描いていく

ビューを「前面」に切り替えて、スプラインを開始したい位置で、クリックしてスプラインを延ばしたい方向へドラッグしてハンドルを延ばします。

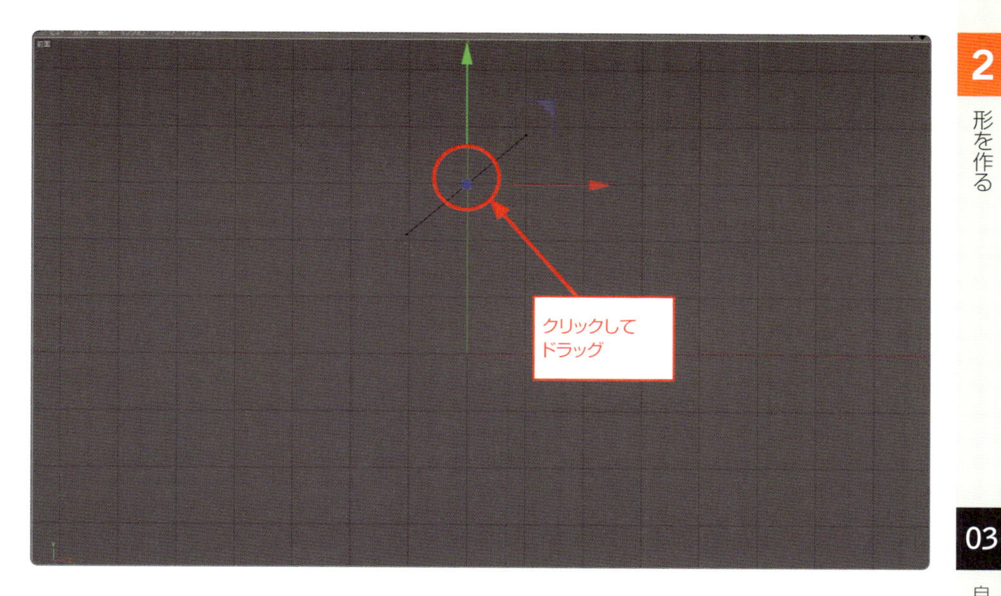

スプラインを延ばしたい位置で、クリックして再びスプラインを延ばしたい方向にドラッグしてハンドルを延ばします。スプラインを作成したあとの修正方法はフリーハンドの修正と同様です。

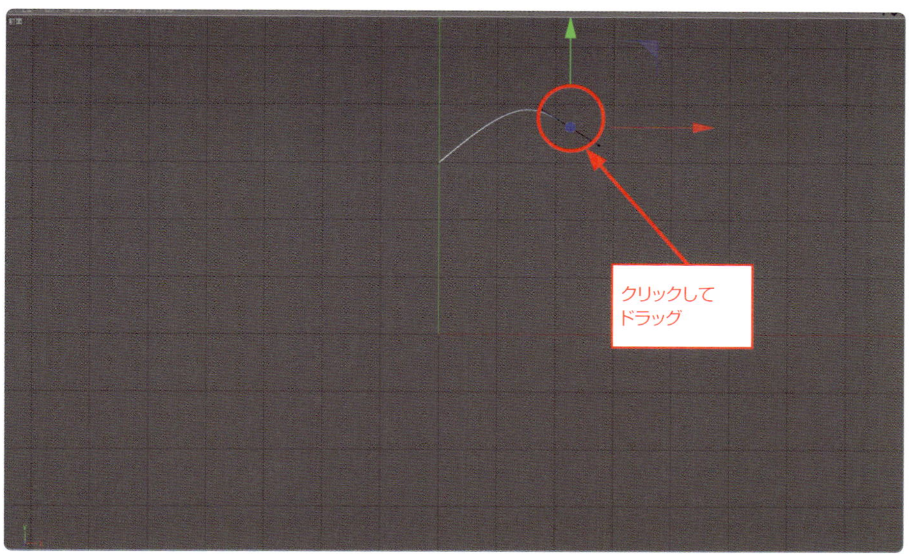

再びクリックし、ドラッグしてハンドルを延ばす

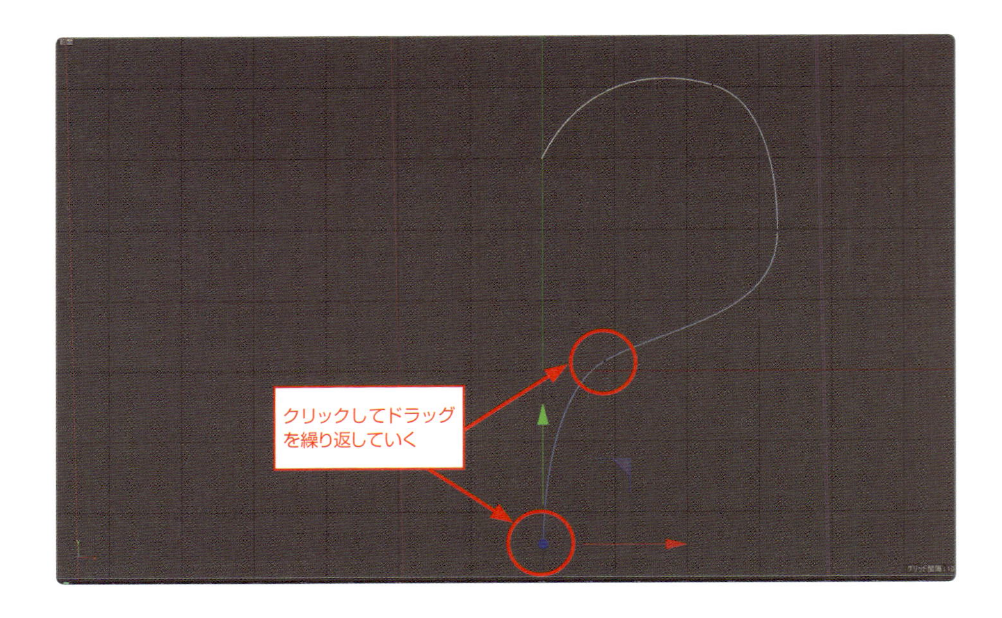

▶▶▶Bスプラインでスプラインを描く

Bスプラインは、2点以上のポイントの位置を調整しながらスプラインを描いていきいきます。

STEP 01 Bスプラインを選択する

「作成」メニューの「スプライン」から「Bスプライン」を選択するか、コマンドパレットから「Bスプライン」を選択します。

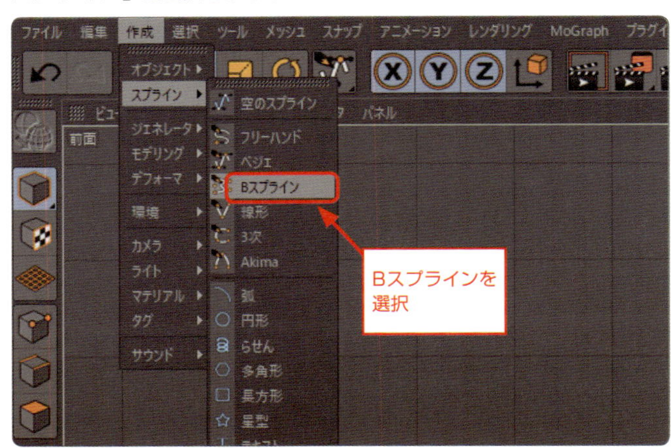

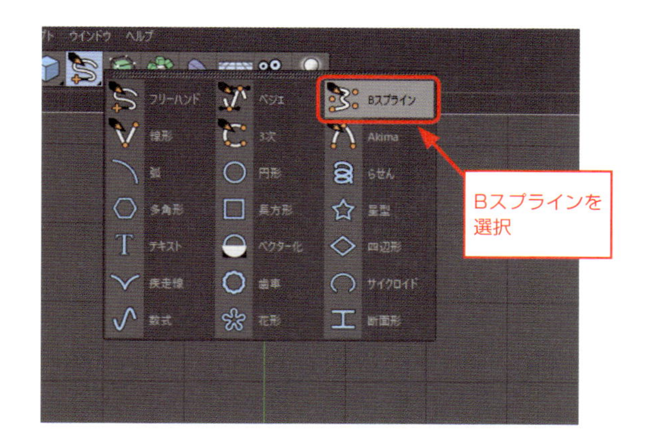

STEP 02

Bスプラインを描いていく

まずは、スプラインの開始点をクリックしてポイントを作成します。

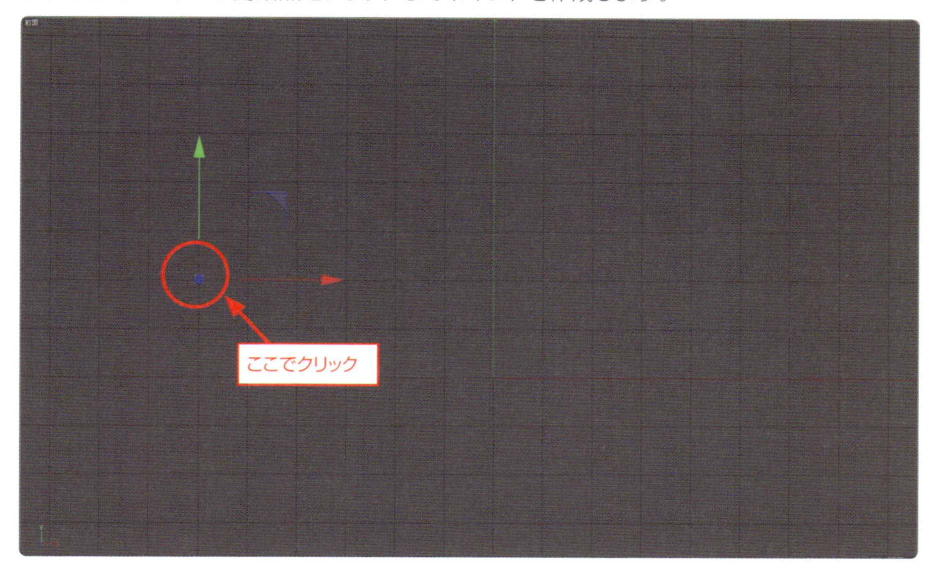

ビュー上をクリック

次に、スプラインを延ばして作成される曲線の頂点となる位置でクリックします。

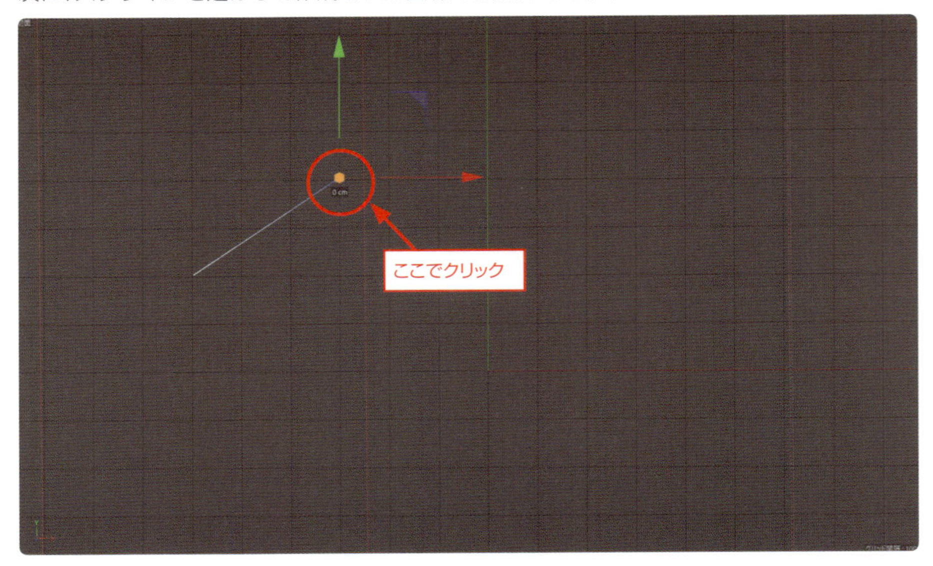

曲線の頂点となる位置でクリック

再び、曲線の頂点となる位置でクリックします。

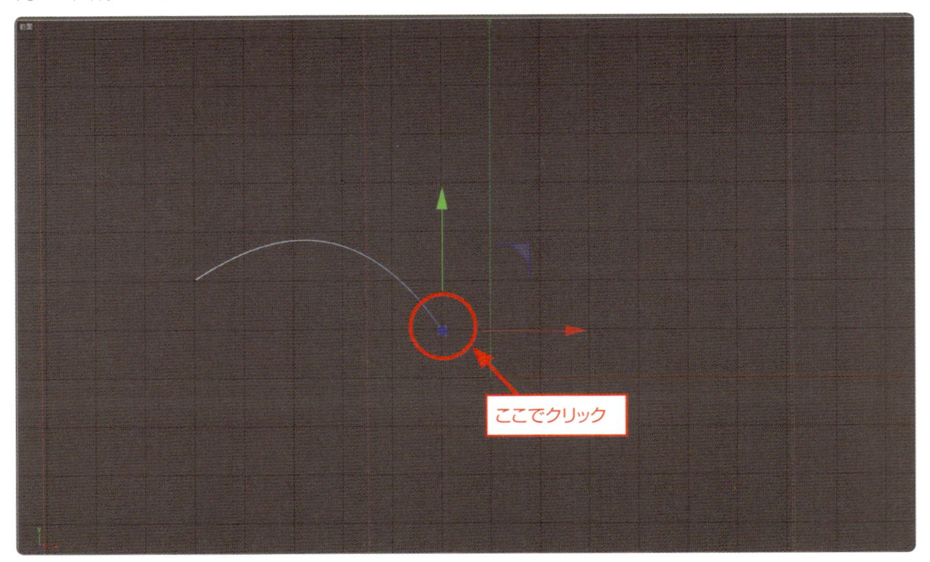

次の頂点となる位置をクリック

次々とクリックしていくと図のようなスプラインが作成されます。ベジェと違って、ポイント上にスプラインができるのではなく、ポイントの中間にスプラインができるようなイメージです。

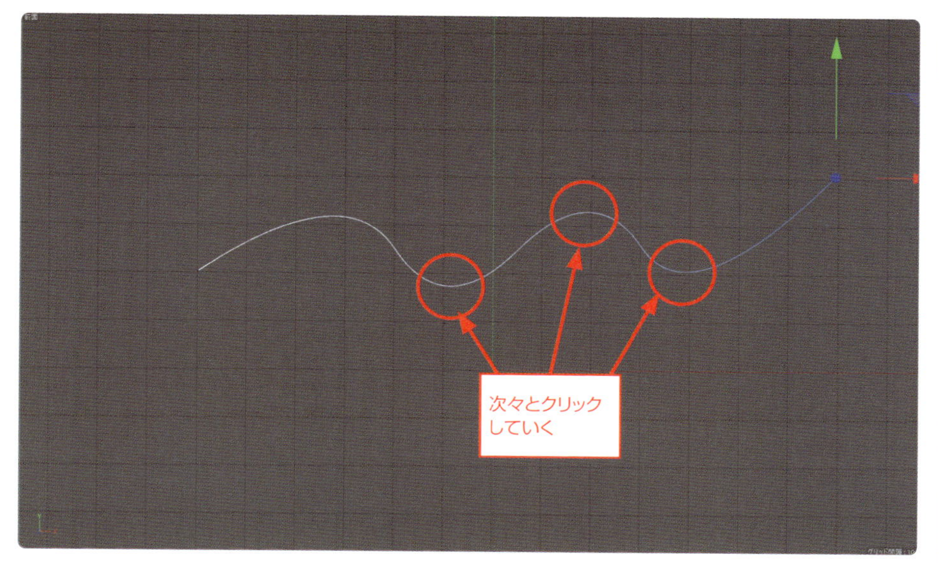

Bスプラインが作成された

STEP 03

Bスプラインを修正する

Bスプラインの形状を修正するには、ポイント同士の位置関係を調整していきます。Bスプラインの曲線は、山部分にあるポイント同士の距離が短くなると、曲線の曲率がきつくなり、距離が離れるとなだらかになります。

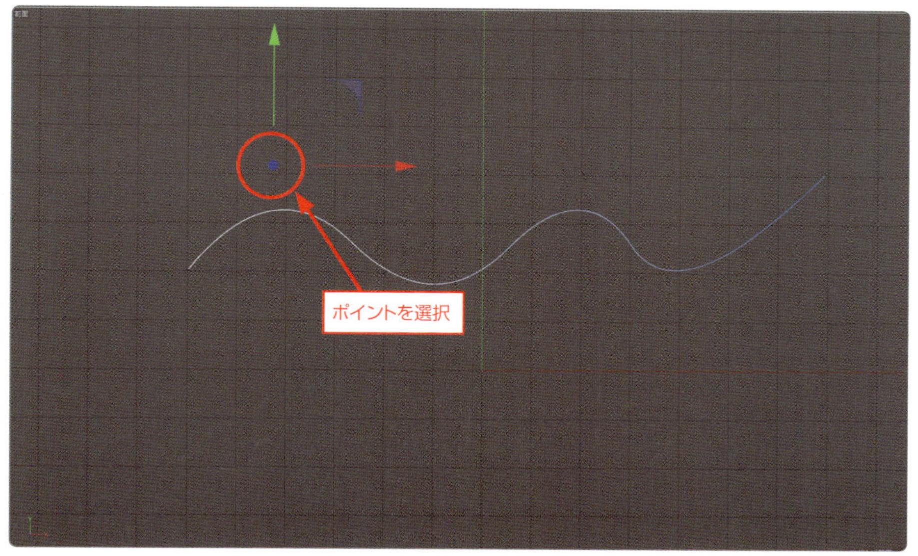

ポイントを選択する

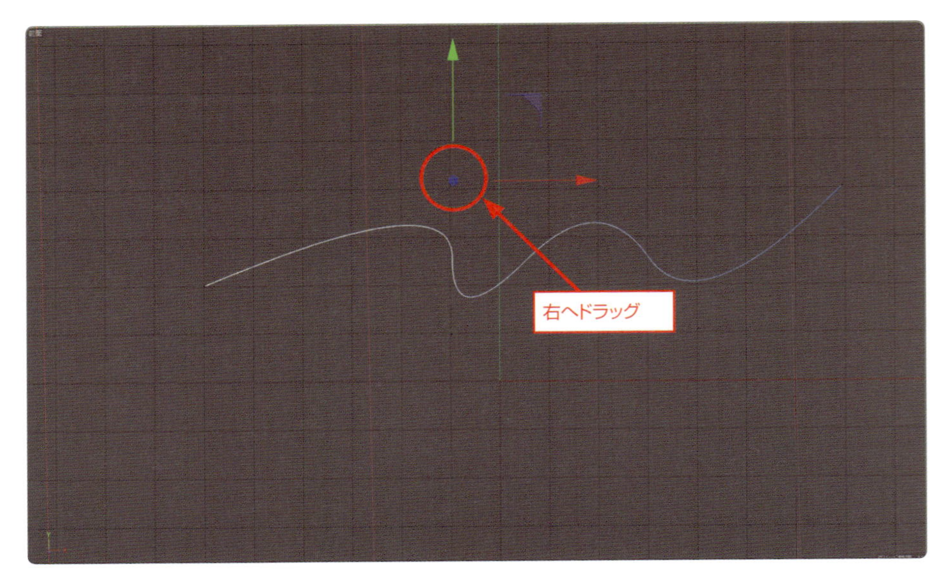

ポイントを移動して、次の山にあるポイントに近づける

ポイントを密集させていくと、鋭角なカーブも作成することができます。

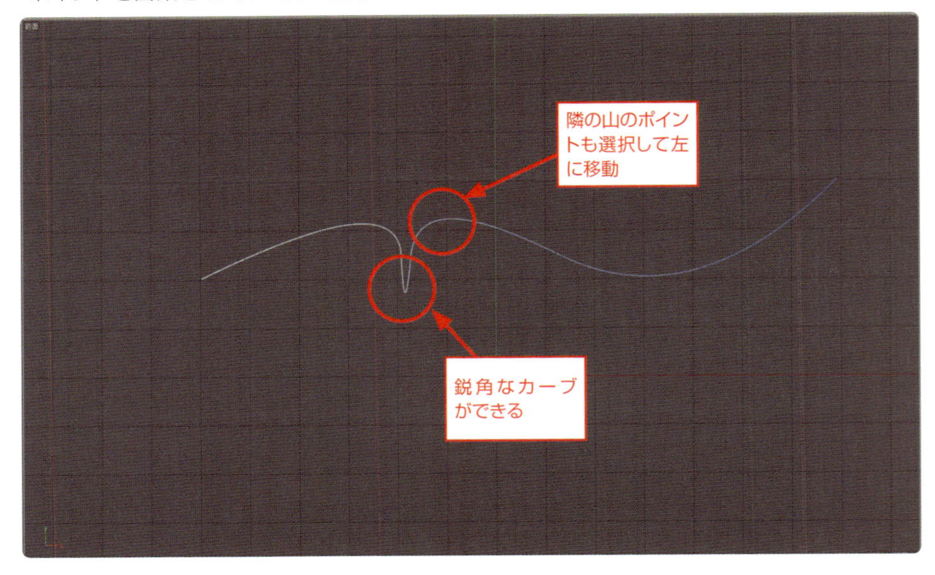

▶▶▶その他のスプライン

スプラインには他にも、「線形」、「3 次」、「Akima」などがあります。

●線形

作成したポイントがコーナーとなる直線で構成されたスプラインが作成されます。

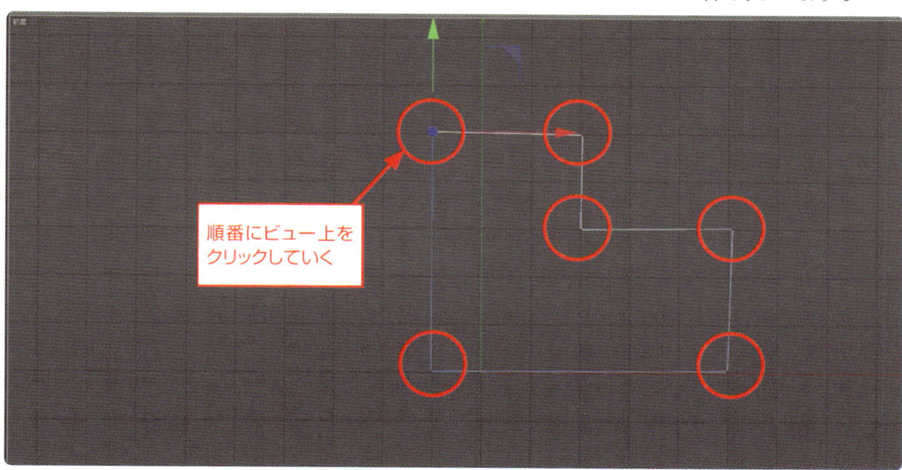

●3次

Bスプラインのように、ポイントの位置関係で曲線を作成していきますが、ポイントは常にスプライン上に作成されます。

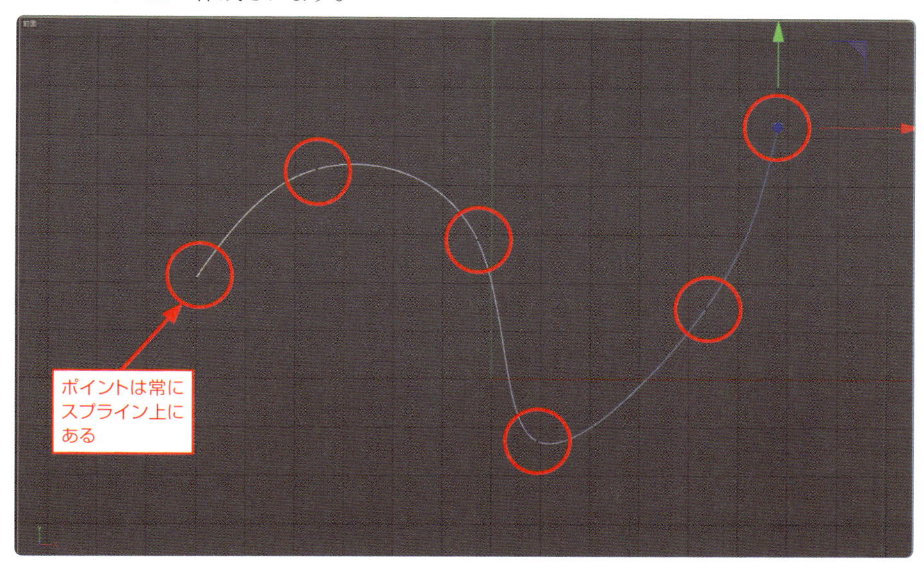

Akima

3次に似ていますが、ポイントの間にできる曲線がより直線的になります。

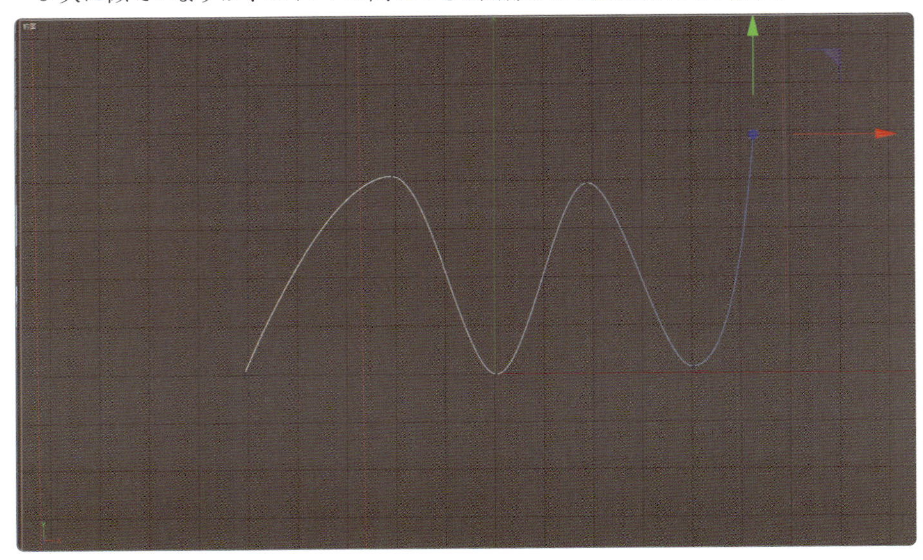

04 スプラインを使って立体を作成する

スプラインは、ジェネレータを使って立体オブジェクトにすることができます。ジェネレーターには、「押し出し」、「回転」、「ロフト」、「スイープ」といったツールがあります。

▶▶▶「押し出し」で立体を作成する

「押し出し」を使用すると、スプラインに奥行きを加えて立体形状を作成することができます。

STEP 01 スプラインを作成する

ここでは「断面型」のスプラインを使って立体オブジェクトを作成してみます。「タイプ」をH型に設定して、「高さ」を150cm、「b」を150cm、「s」を50cm、「t」を30cmに設定しました。

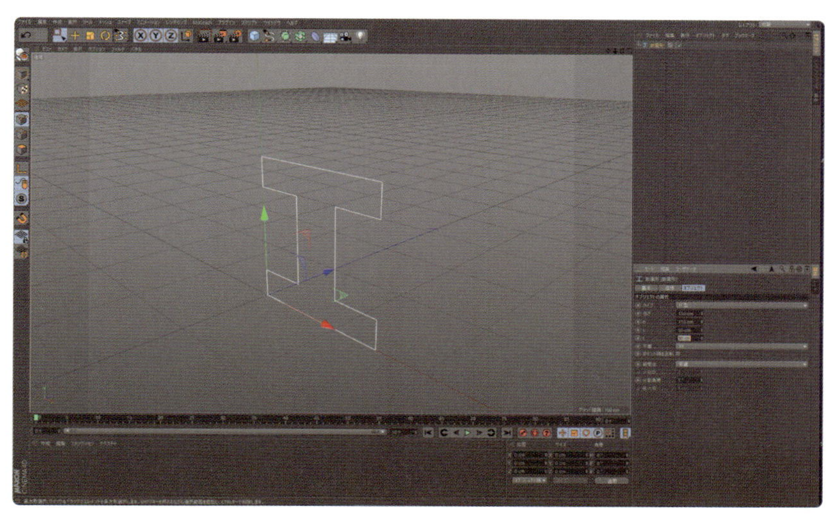

断面形でスプラインを作成した

「押し出し」ジェネレータを適用する

「作成」メニューの「ジェネレータ」から「押し出し」を選択するか、コマンドパレットから「押し出し」を選択します。」

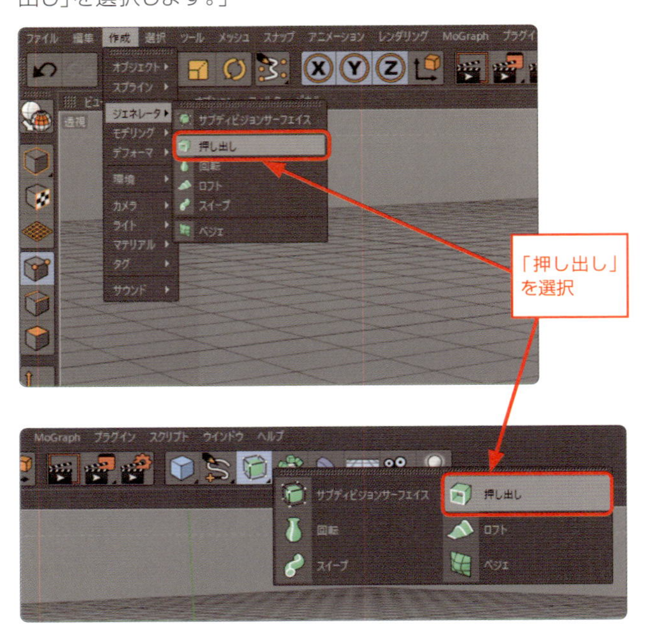

オブジェクトマネージャーに「押し出し」ジェネレーターが追加されます。

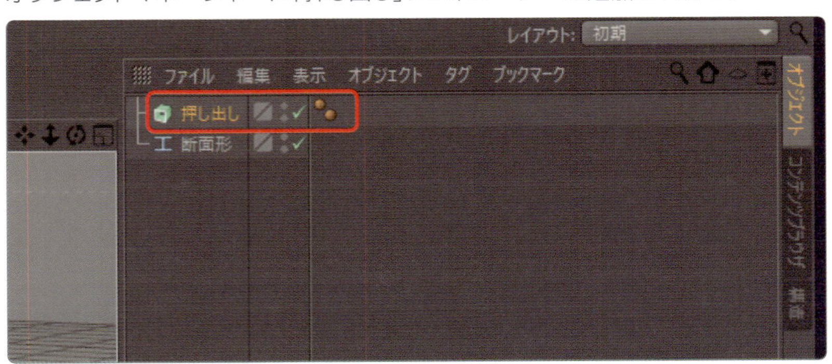

「押し出し」が追加された

「押し出し」を追加した直後は、スプラインに変化はありません。スプラインを押し出しを使って厚みを付けるには、オブジェクトマネージャーで、「断面形」を「押し出し」にドラッグ&ドロップして、子階層に移動させます。

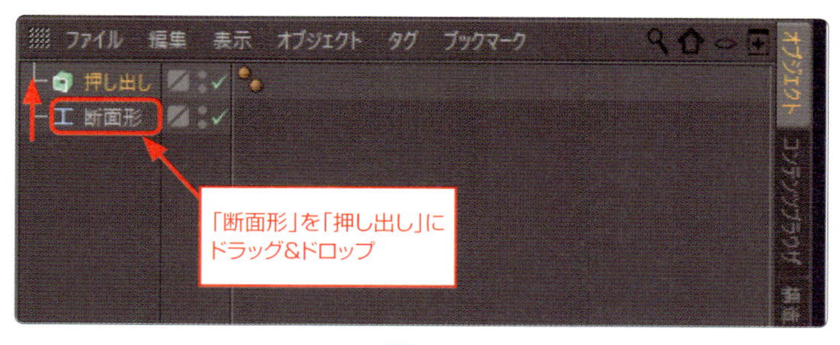

「断面形」が「押し出し」の子階層になった

スプラインが押し出されて、厚みがつきます。

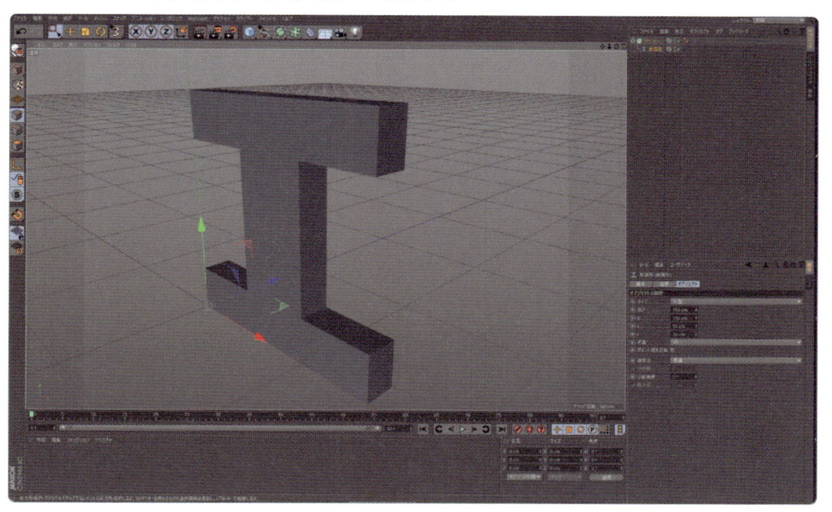

スプラインに厚みがついた

STEP 03 「押し出し」を編集する

押し出す幅や、フィレット(面取り)の有無などは、属性マネージャーで調整します。オブジェクトマネージャーで「押し出し」を選択して、属性マネージャーを表示します。

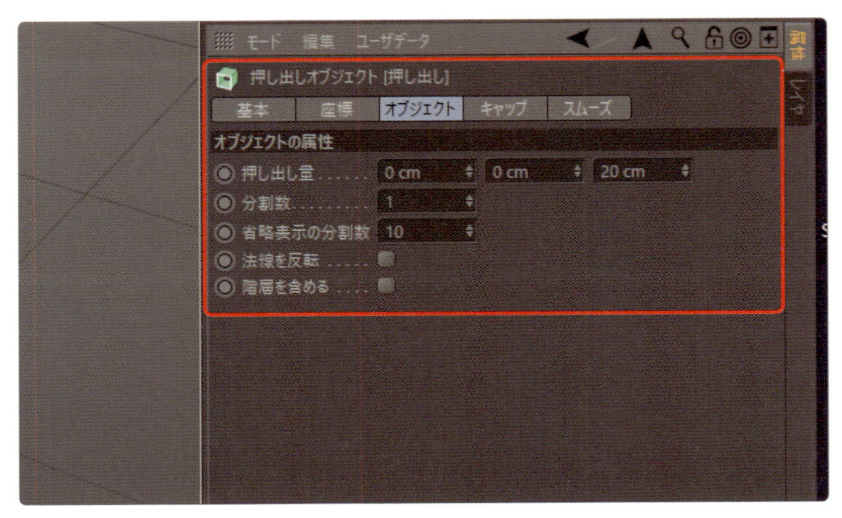

属性マネージャーを表示

押し出しの幅を変更するには、属性マネージャーの「オブジェクト」にある、「押し出し量」で設定します。量はXYZ方向に設定が可能です。デフォルトでは、Z方向にのみに厚みが設定されています。図ではさらにZの値を変更して100cmに設定しました。

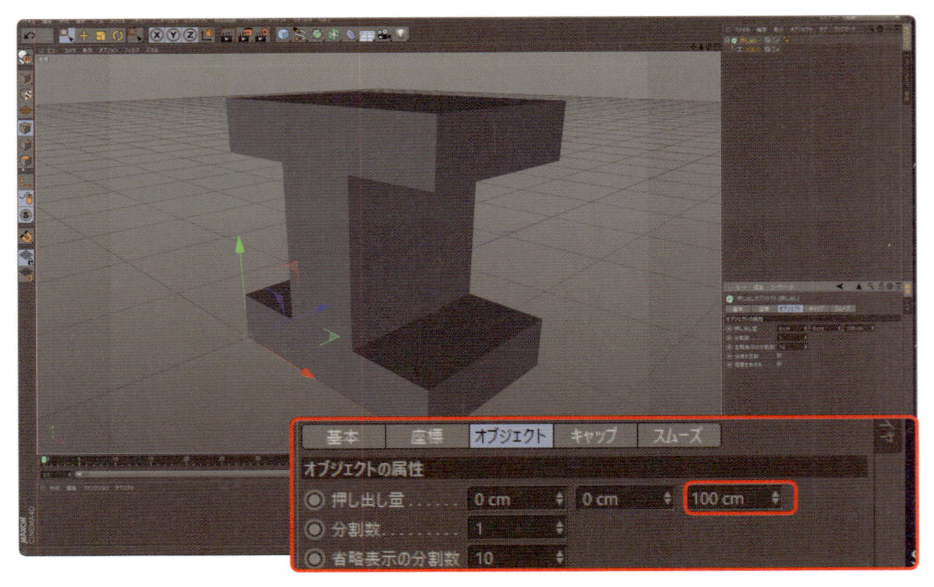

「押し出し量」のZの値を100cmに設定

「押し出し量」のXやYの値を設定すると、斜めに押し出すこともできます。

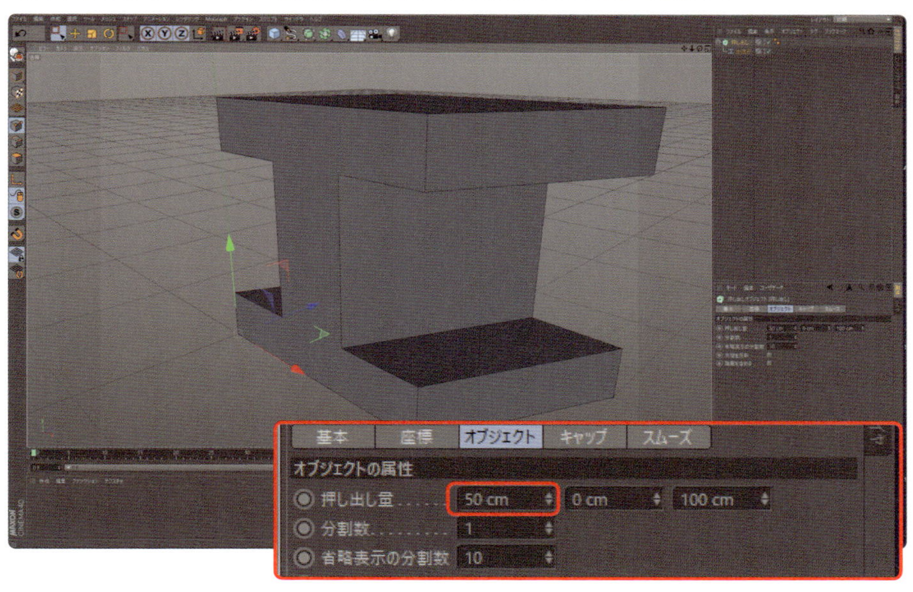

「押し出し量」のXを50cmに設定

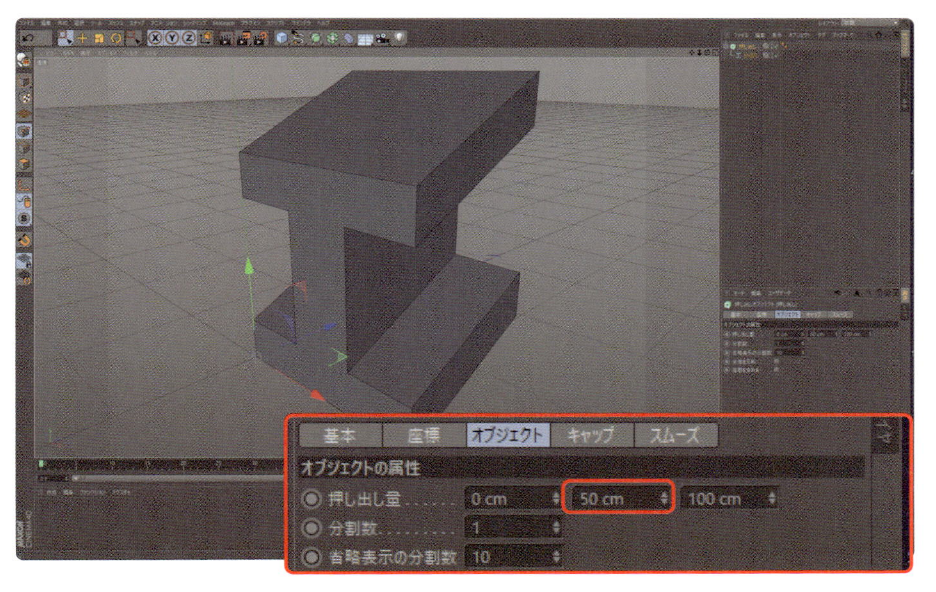

「押し出し量」のYを50cmに設定

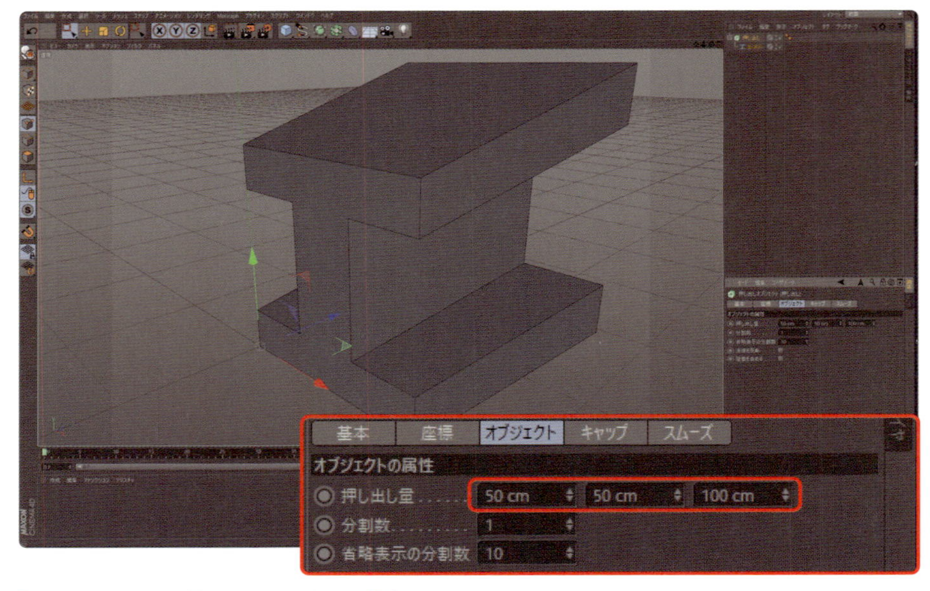

「押し出し量」のXYの値をそれぞれ50cmに設定

スプラインを押し出したときに作成されるポリゴンやフィレットも調整することができます。調整するには、属性マネージャーの「キャップ」でプロパティを設定します。

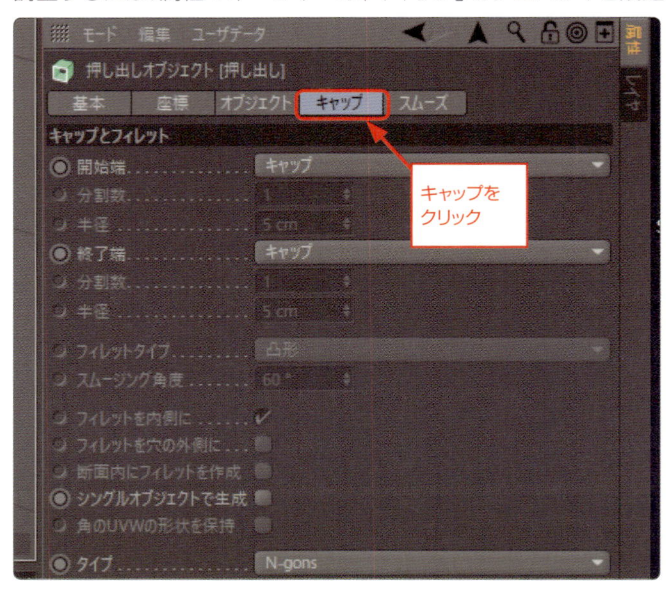

「キャップ」に切り替える

スプラインを押し出した形状を凹形にしたい場合は、「開始端」を「なし」に設定します。

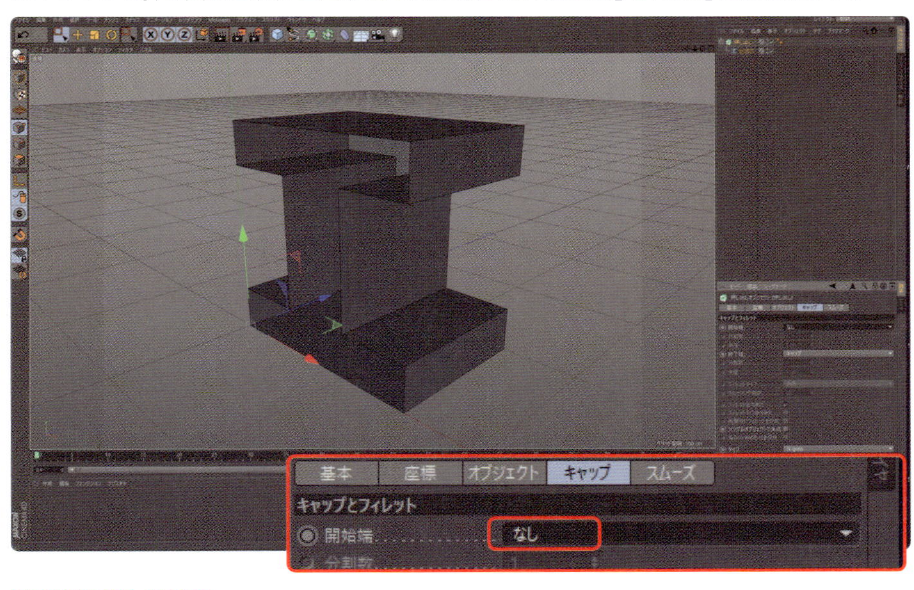

「開始端」を「なし」に設定

「終了端」もなしに設定すると、穴が空いた状態になります。

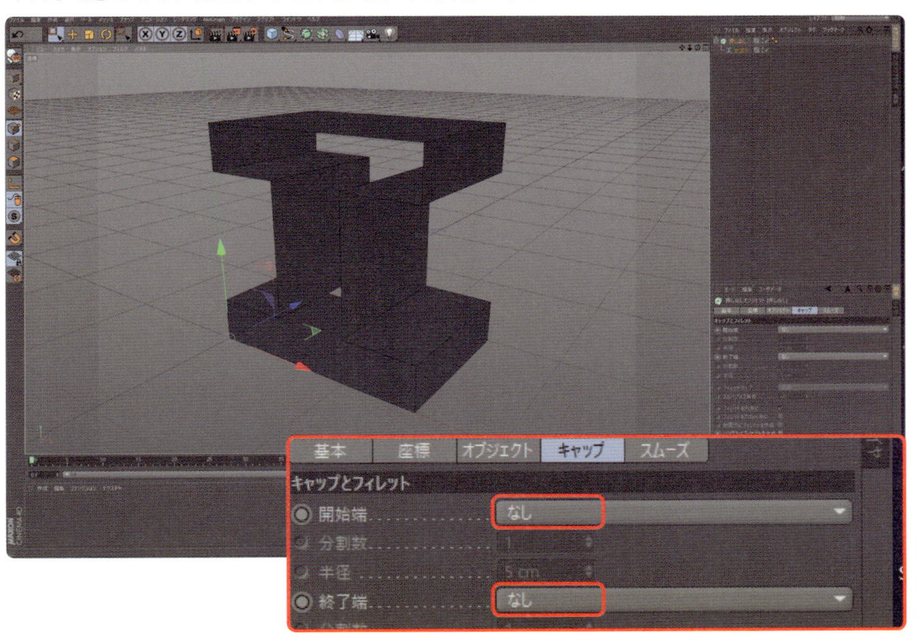

「開始端」「終了端」ともに「なし」に設定

フィレットを加えたいときは、「開始端」を「キャップとフィレット」に設定します。

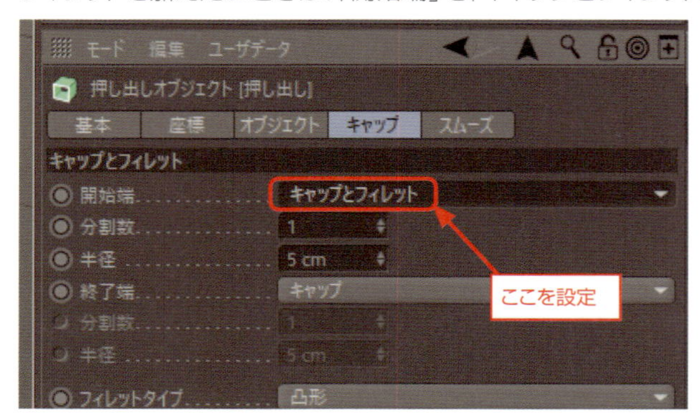

「開始端」を「キャップとフィレット」に設定

押し出した形状のエッジにフィレットが作成されました。

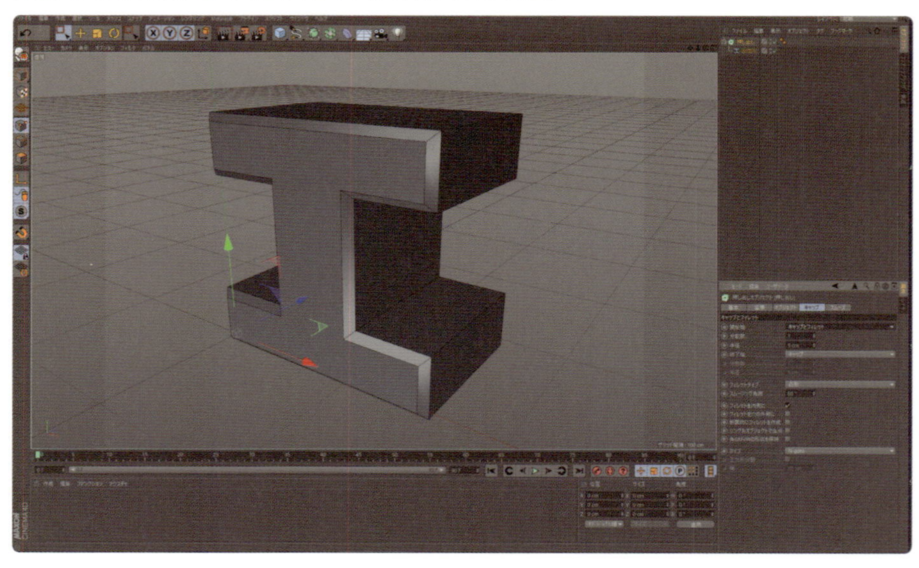

フィレットの形状も「分割数」、「半径」、「フィレットタイプ」を調整することで、バリエーションを作成することができます。

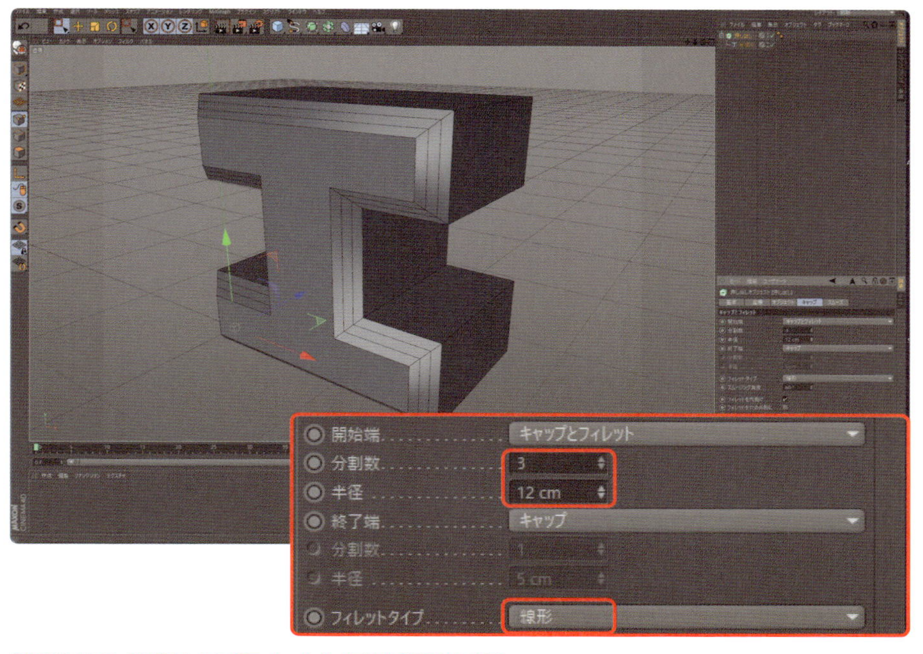

「分割数」を3、「半径」を12、「フィレットタイプ」を「線形」に設定

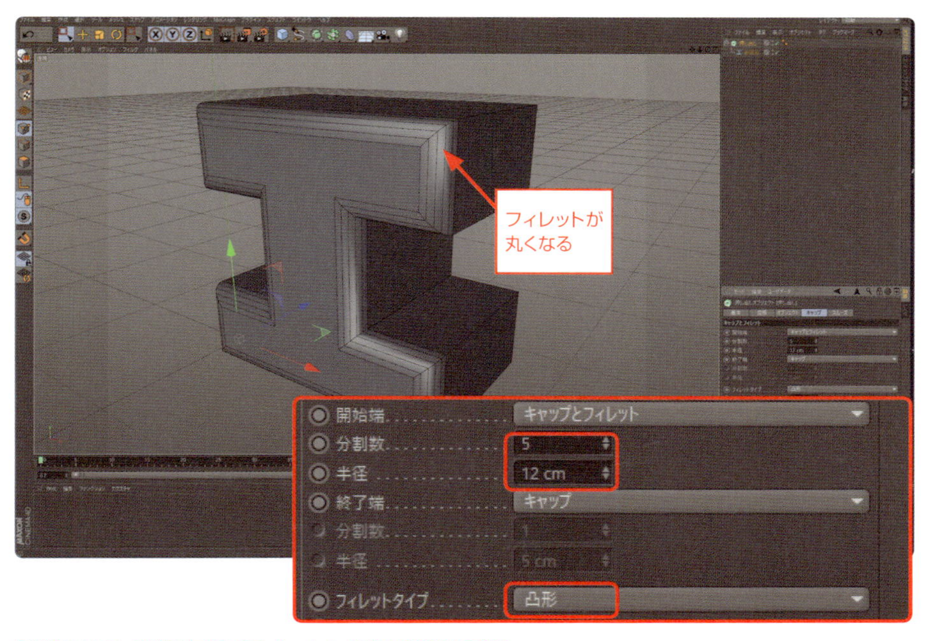

「分割数」を5、「半径」を12、「フィレットタイプ」を「凸形」に設定

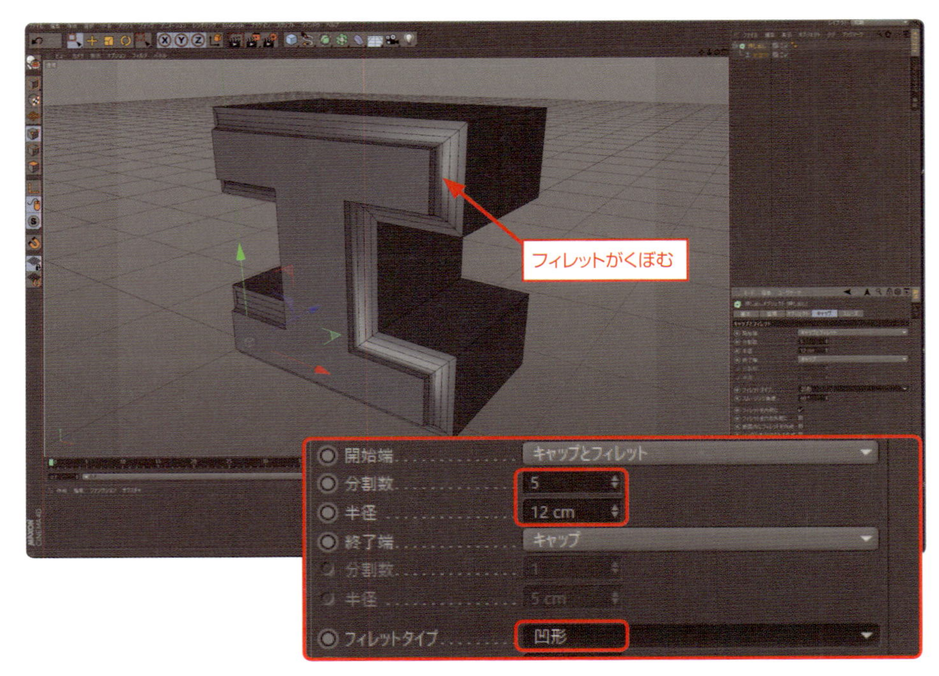

「分割数」を5、「半径」を12、「フィレットタイプ」を「凹形」に設定

▶▶▶「回転」ジェネレータで回転体を作成する

「回転」ジェネレータは、スプラインを任意の軸で回転させて立体オブジェクトを作成します。お皿やグラスのような形状を作成するときに使用します。ここでは「回転」を使ってグラスを作成します。

STEP 01 スプラインでグラスの断面を作成する

まずは、図のようなグラスの輪郭を半分にした断面の形をしたスプラインを作成します。ここでは、ベジェスプラインで作成しています。

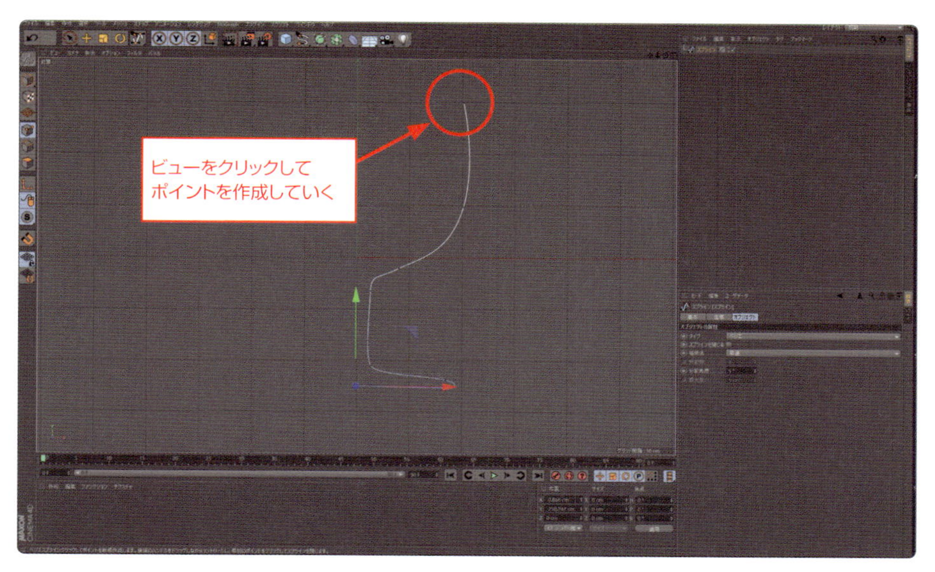

ベジェスプラインで断面を作成

STEP 02 「回転」ジェネレータを追加する

「作成」メニューの「ジェネレータ」から「回転」を選択するか、コマンドパレットから「回転」を選択します。

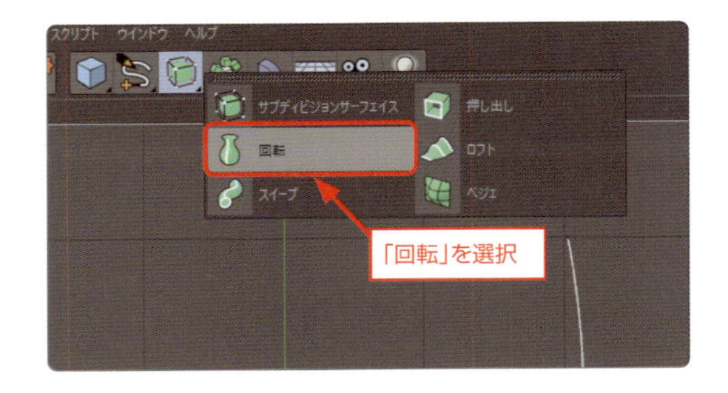

オブジェクトマネージャーに「回転」ジェネレータが追加されるので、スプラインを「回転」にドラッグ&ドロップして、「回転」の子階層に移動します。

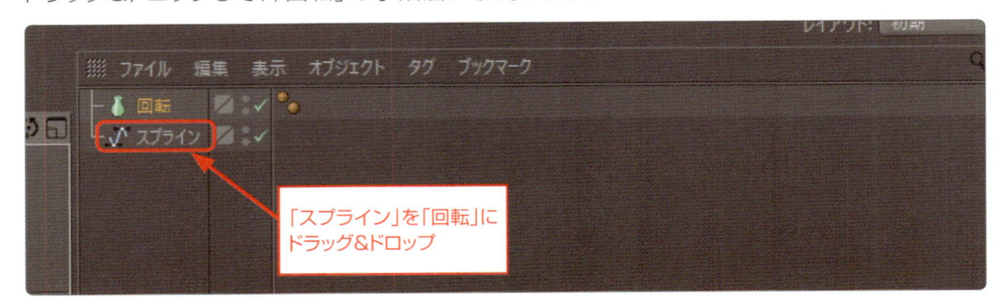

スプラインを「回転」にドロップ

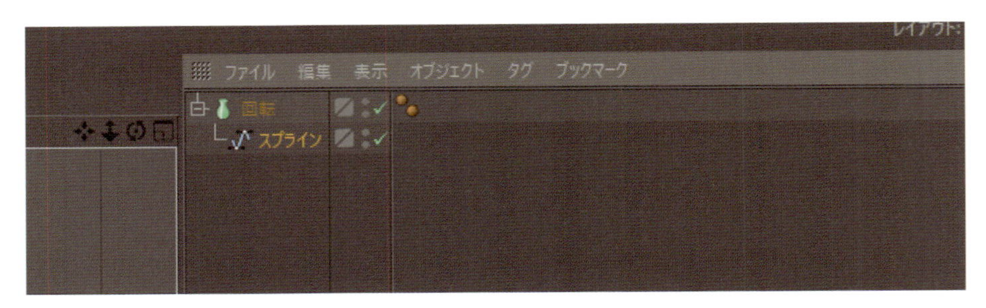

スプラインを「回転」の子階層へ移動

スプラインが回転した形状が作成されました。

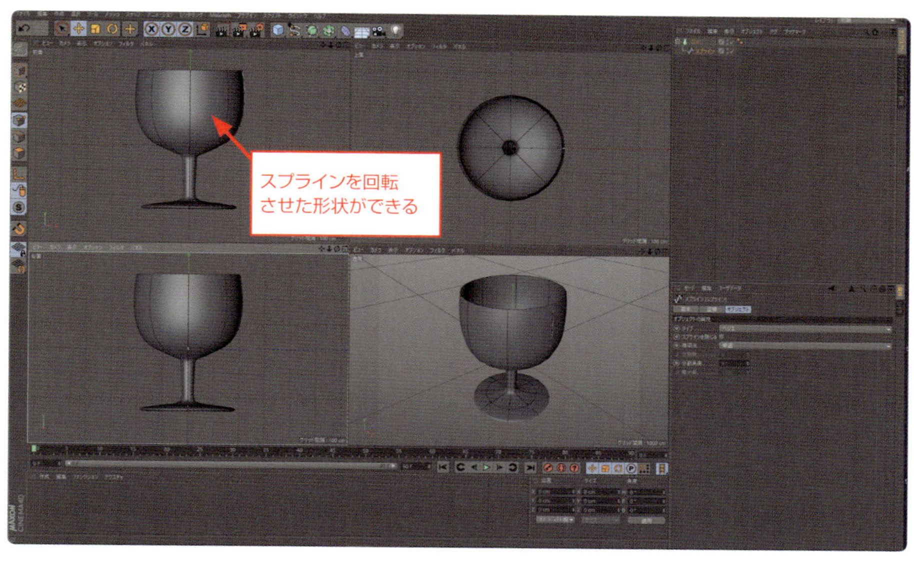

グラスの形状が作成された

回転体を作成したあとでもスプラインの形状変更することで、オブジェクトの形状を変更することもできます。オブジェクトマネージャーで、スプラインを選択して、ポイントの位置や、ハンドルの角度や長さを操作してスプラインの形状を変更します。

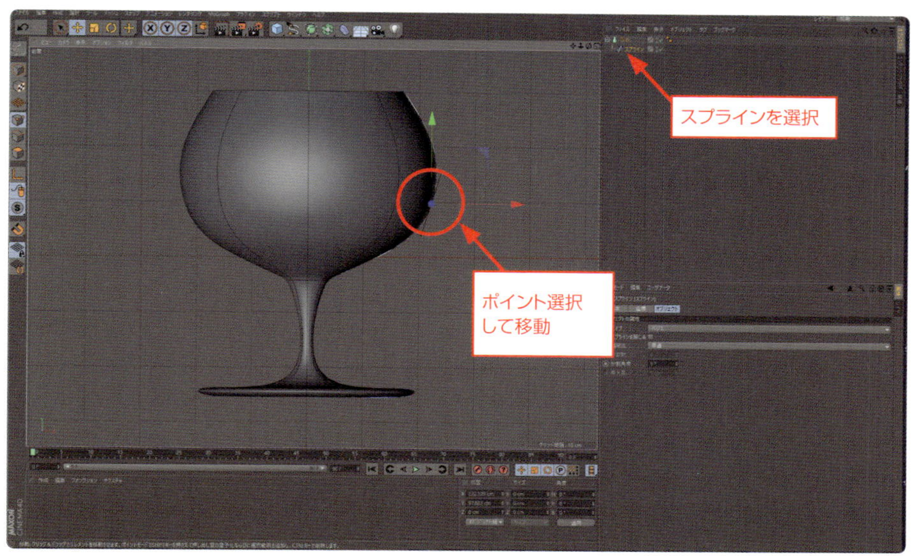

スプラインのポイントを移動させる

スプラインのポイントを選択しにくいときは、オブジェクトマネージャーで、「回転」の「表示」のチェックをクリックしてオフにすると、一時的に「回転」ジェネレータが非表示になるので、スプラインを編集しやすくなります。

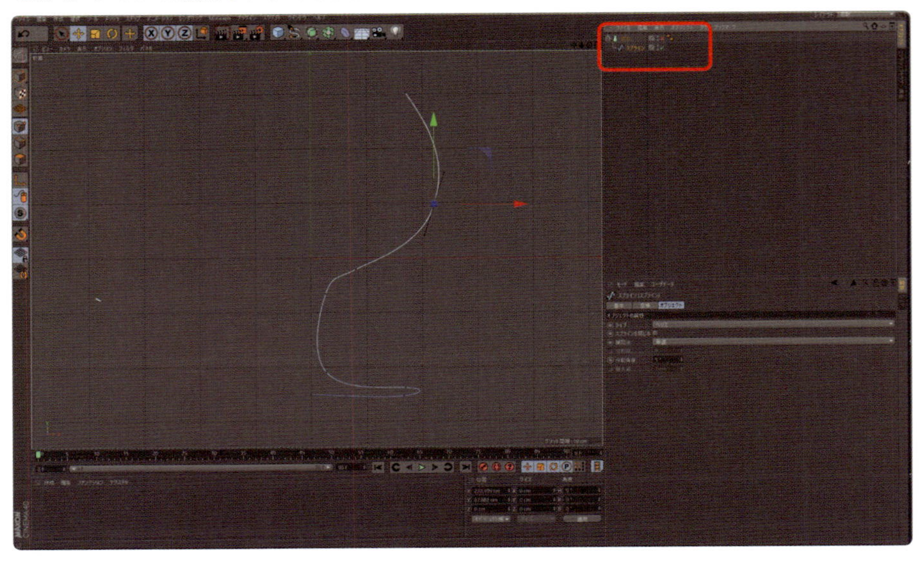

「回転」の表示をオフ

▶▶▶ロフト

ロフトは、立体形状の断面となるスプラインを連結させてポリゴンを作成します。

STEP 01 断面となるスプラインを作成する

ここでは、複数の「弧」スプラインをロフトでつなげてみます。弧を3つ図のような配置に並べました。

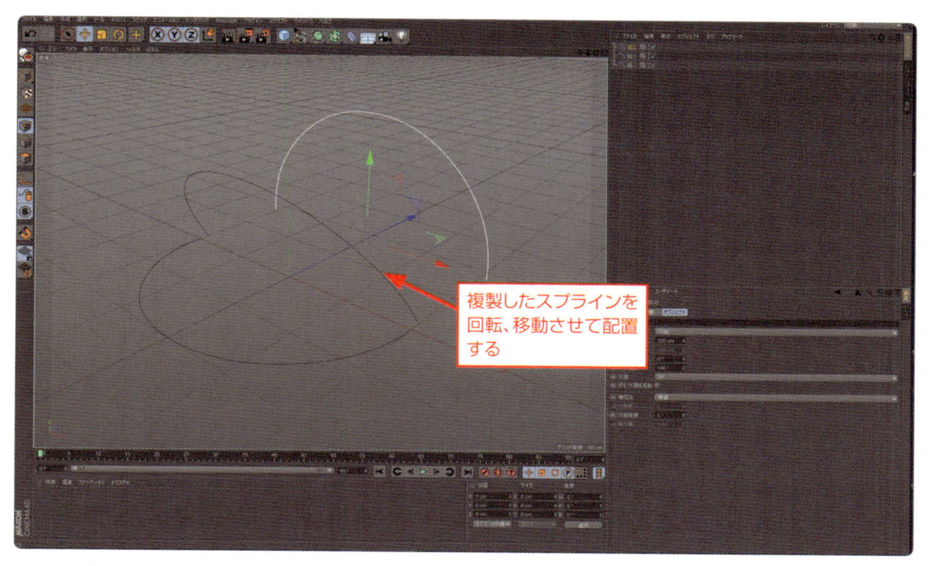

ひとつの弧をコピー＆ペーストして3つ並べた

「ロフト」を追加

「作成」の「ジェネレータ」から「ロフト」を選択するか、コマンドパレットから「ロフト」を選択します。

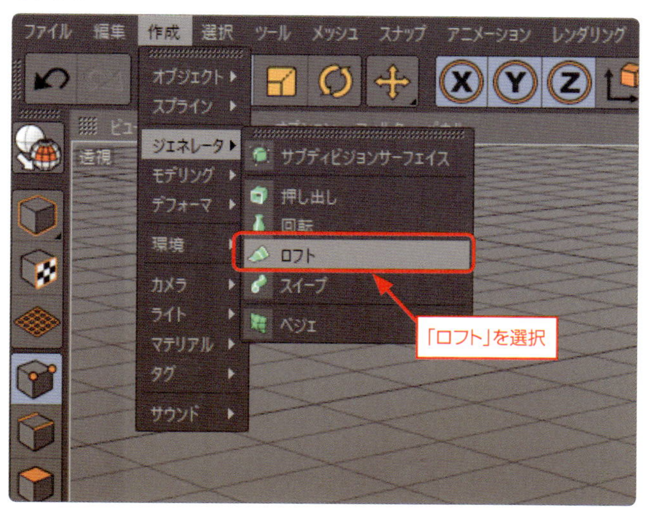

「作成」メニューの「ジェネレータ」から「ロフト」を選択

「ロフト」を選択

オブジェクトマネージャーに「ロフト」が追加されるので、作成されている弧を端から順番に、「ロフト」にドラッグ&ドロップします。

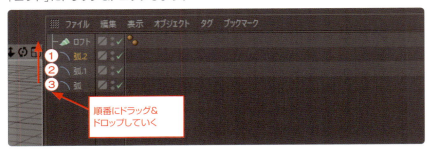

弧を順番に「ロフト」にドロップ

弧をつなげた形状が作成されます。

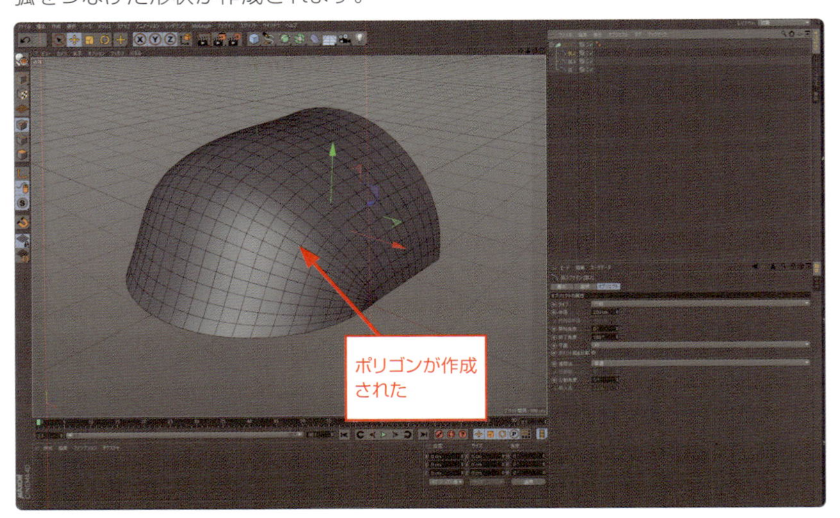

スプラインの間にポリゴンが作成された

「ロフト」は子階層に移動したスプラインの順番で作成される形状が変化してしまいます。図のように、スプラインの順番を交互に入れ替えてしまうと、意図した形状につながりません。

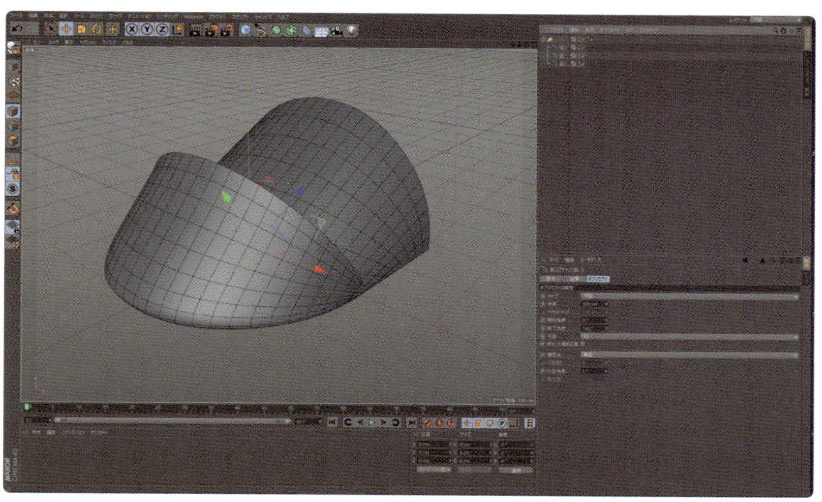

「ロフト」の子階層の順番を変えた形状

作成されたポリゴンの分割数を変更すると滑らかさを調整することができます。属性マネージャーの「U方向の分割数」「V方向の分割数」の値を調整して修正します。図はU方向の分割数」を11、「V方向の分割数」を3に設定したものです。

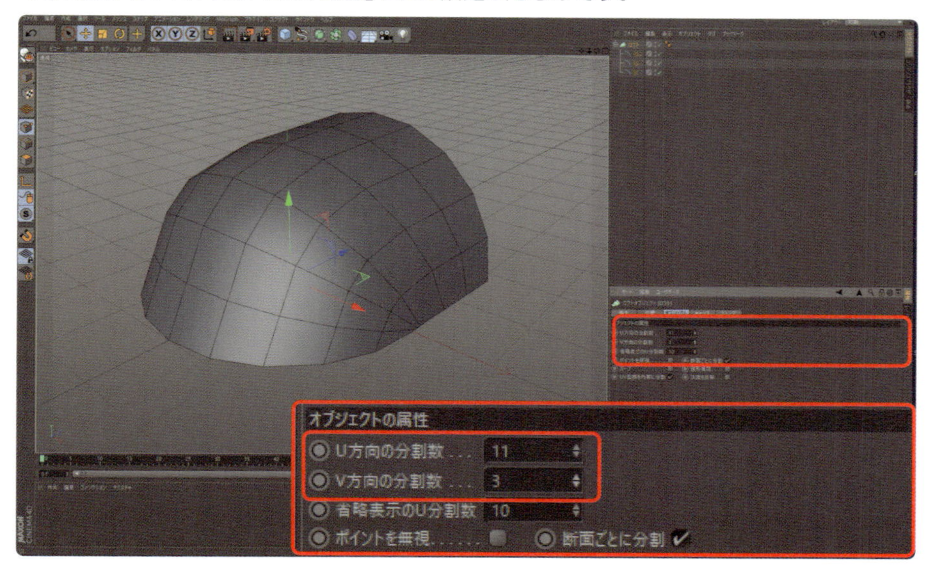

UとV方向の分割数を変更して減らした

▶▶▶スイープ

スイープは、スプラインで作成した断面形状を、もう１つのスイープの形状で押し出します。様々な断面を持ったチューブのような形状を作成することができます。

STEP 01 スプラインを作成する

スイープで形状を作成するには、断面形状のスプラインと、断面形状を沿わせるスプラインが必要になってきます。ここでは図のように、星形と、らせんを作成しました。星形のスプラインは、らせんのスプラインに直交するように配置します。

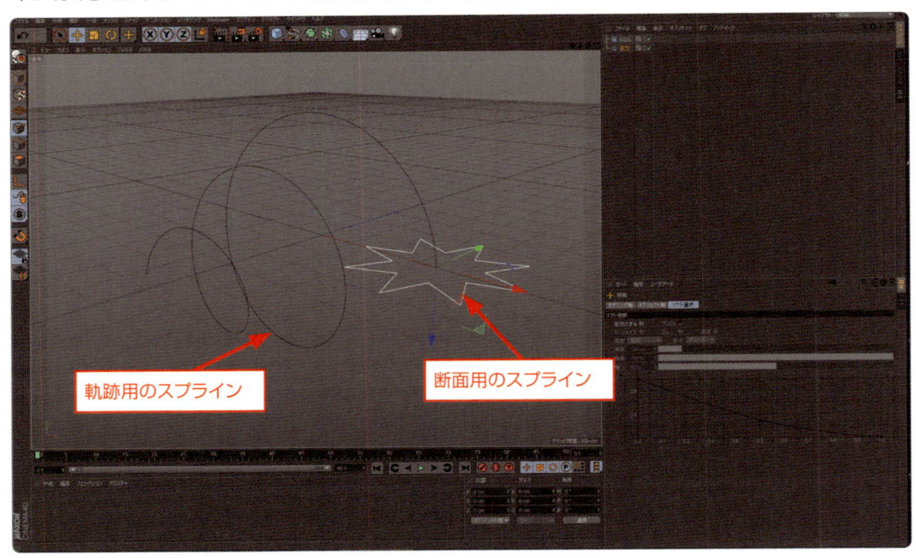

星形とらせんのスプラインを組み合わせた

STEP 02 スイープを追加する

「作成」メニューの「ジェネレータ」から「スイープ」を選択するか、コマンドパレットから「スイープ」を選択します。

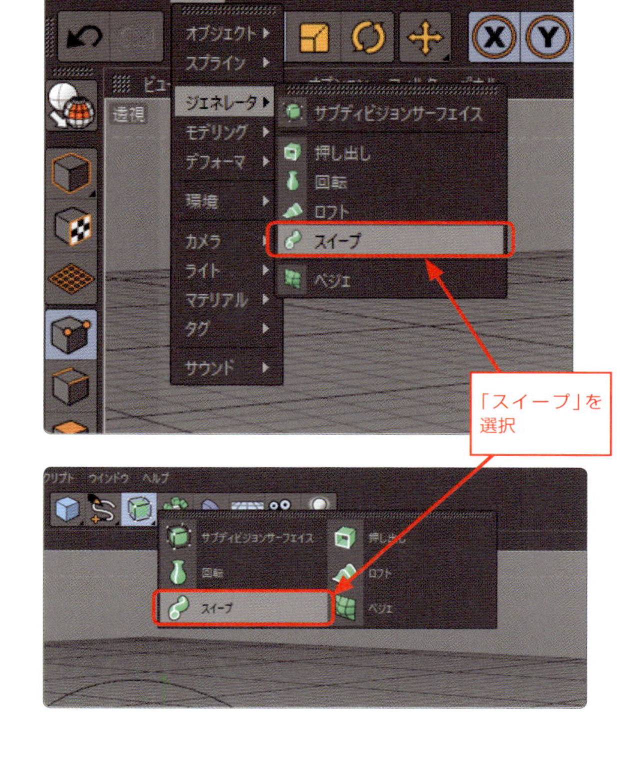

オブジェクトマネージャーに、「スイープ」ジェネレータが追加されるので、らせん、星形の順番で「スイープ」にドラッグ&ドロップし、「スイープ」の子階層にします。

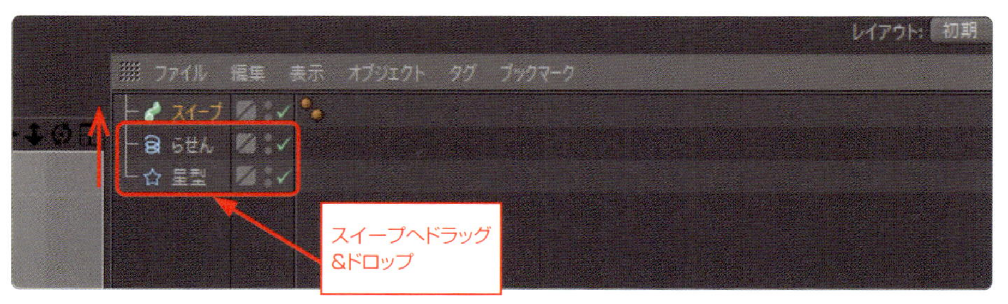

「らせん」、「星形」の順番に「スイープ」へドロップして、子階層にする

らせんのスプラインに沿って、星形が押し出されました。

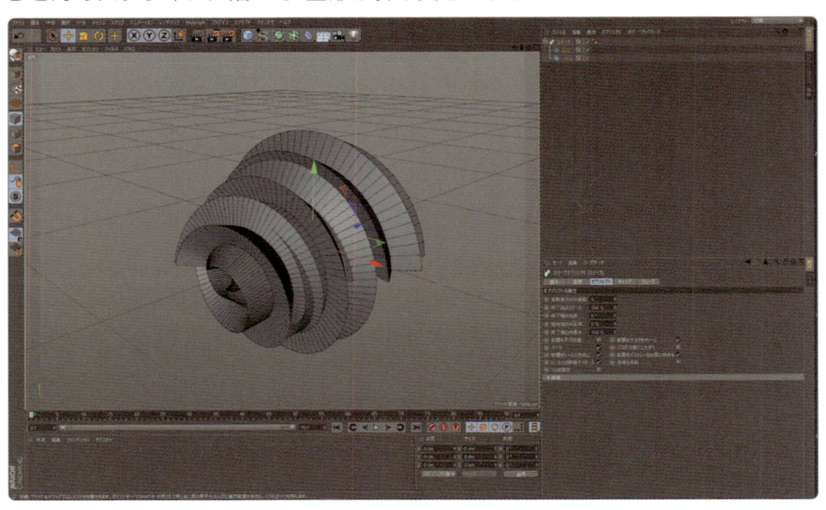

スイープで作成した形状は、元のスプラインの形状を変更すると、修正することができます。図は、らせんの高さを調整して開始位置のポリゴンが食い込まないようにしました。

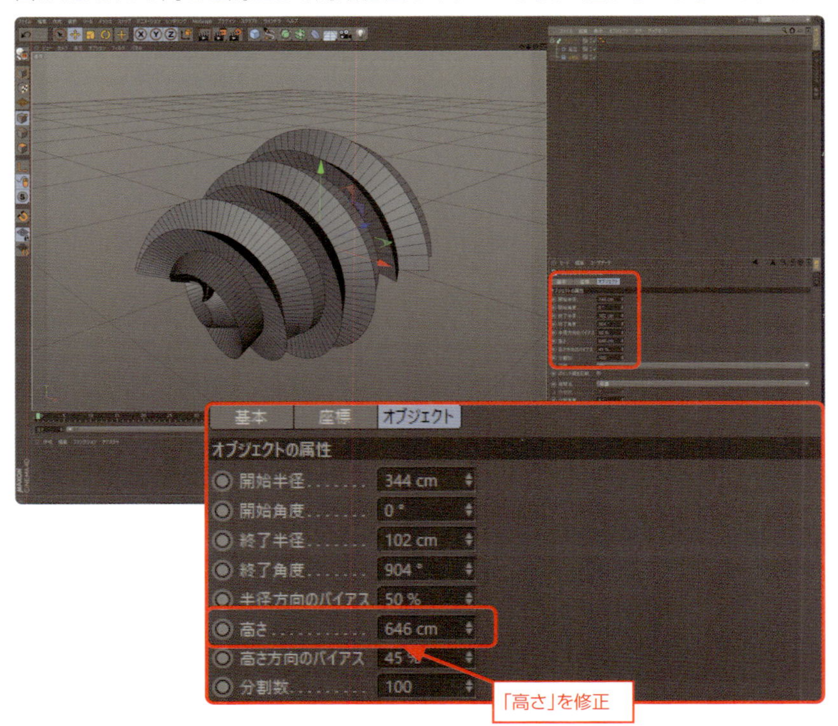

STEP 03

スイープを編集する

デフォルトでは、開始位置と終了位置の断面の大きさが均等なので、終了端まで徐々に断面のスケールが変化するように調整します。スケールを変化させるには、「終了端のスケール」の値を調整します。ここでは0%にしました。

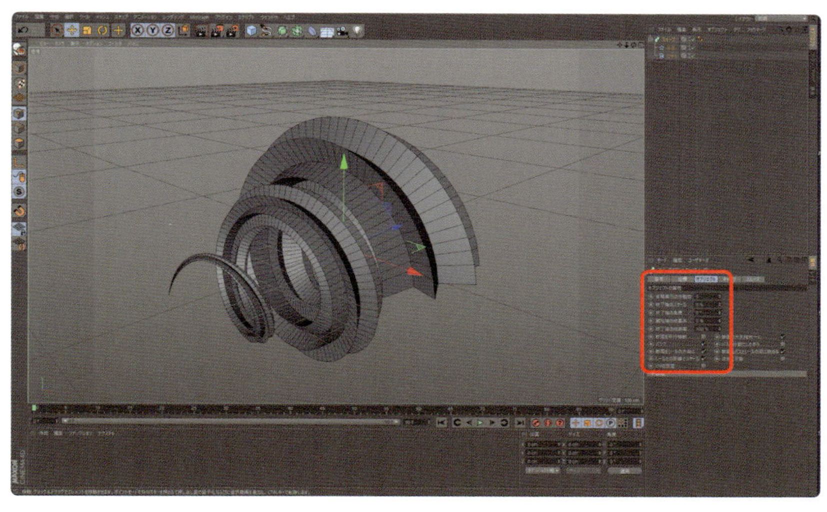

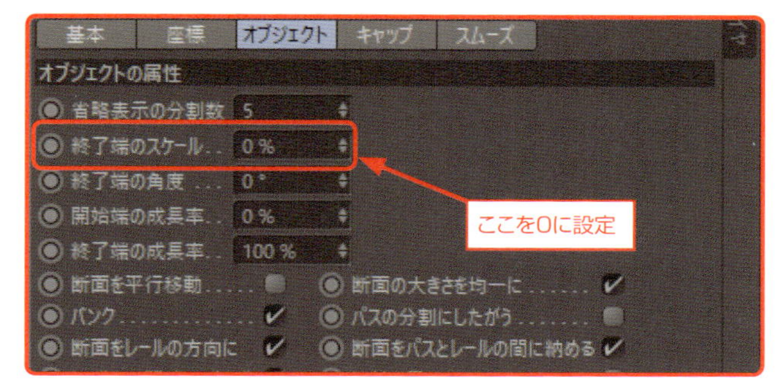

「終了端のスケール」を0%に設定

05 オブジェクトを変形させる

ここまでは、オブジェクトを作成する基本を紹介してきましたが、ここではオブジェクト全体を変形させる方法を紹介します。

オブジェクトを変形させるには「デフォーマー」を使用します。**オブジェクトは、エッジのある部分でしか変形できない**ので、変形させようとするオブジェクトは分割数を大きくしておきます。ここでは立方体を例にデフォーマを解説します。

▶▶▶屈曲

屈曲は、設定した軸方向にオブジェクトを曲げます。

STEP 01 「屈曲」を追加する

まず、図のような立方体をY軸方向にスケールを拡大したオブジェクトを作成します。分割数は12にしました。

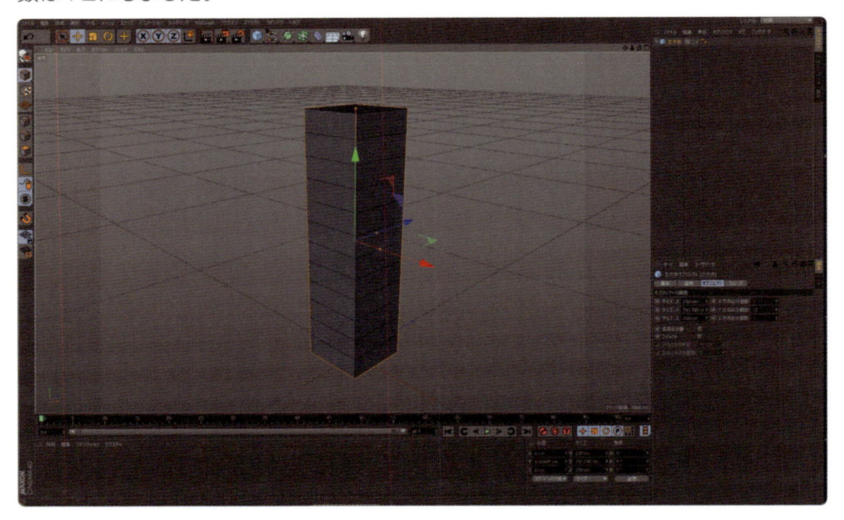

四角柱を作成

「作成」メニューの「デフォーマ」から「屈曲」を選択するか、コマンドパレットから「屈曲」を選択します。

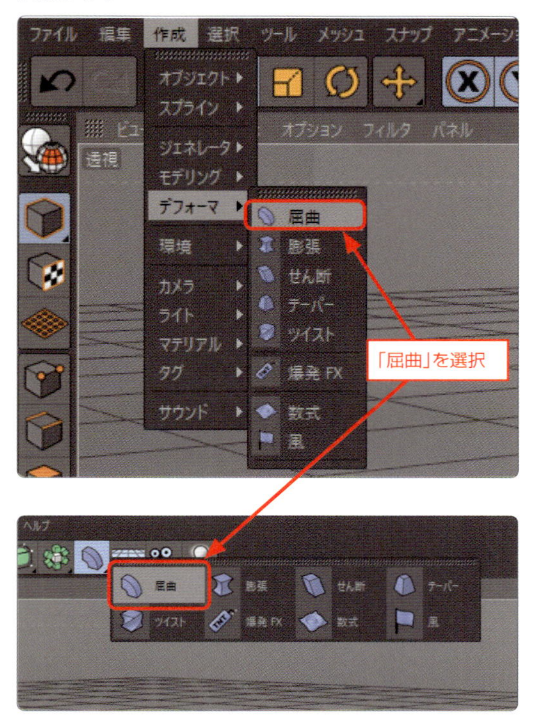

「屈曲」を設定する

オブジェクトマネージャーに「屈曲」が追加され、ビューに「屈曲」の影響範囲を示すボックスが表示されます。

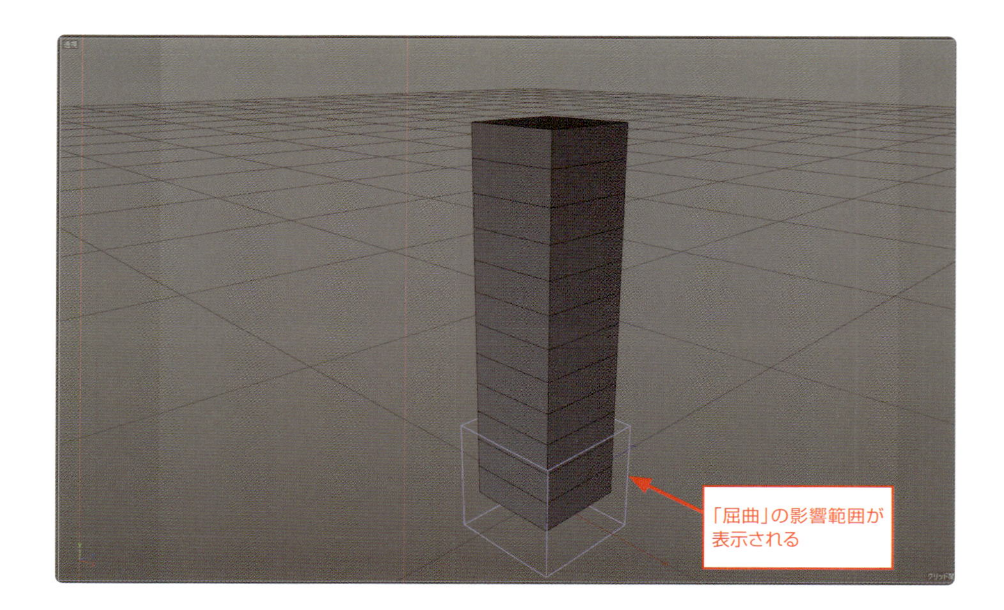

「屈曲」の影響範囲を設定します。オブジェクトマネージャーで「屈曲」を選択して、属性マネージャーの「オブジェクト」で「サイズ」を調整して、オブジェクトがボックスで覆われるように移動ツールを使ってボックスの位置を調整します。

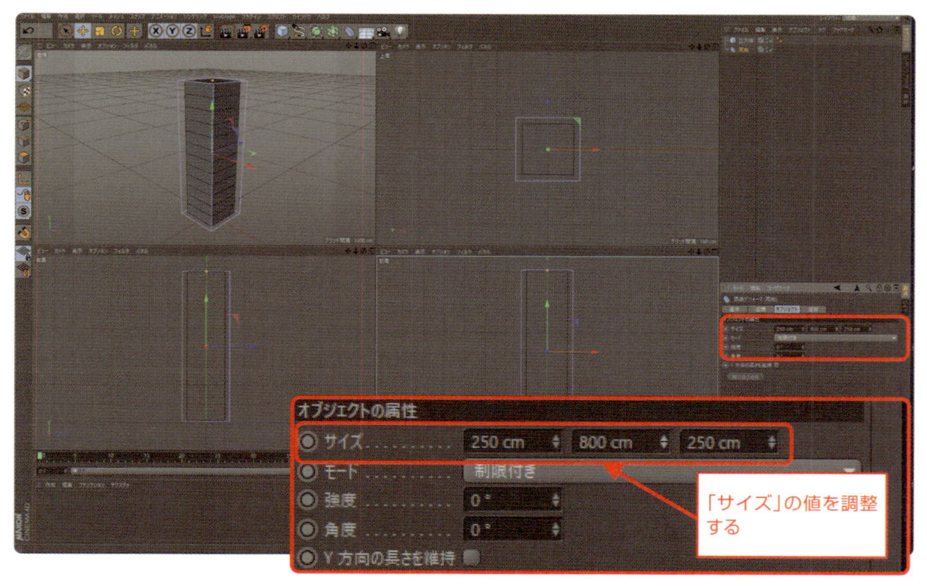

ボックスは移動ツールで移動する

オブジェクトマネージャーで「屈曲」を立方体にドラッグ&ドロップして子階層に移動します。

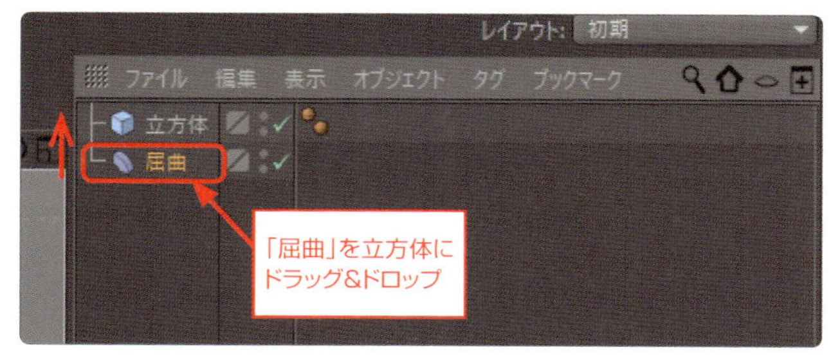

「屈曲」を立方体へドロップ

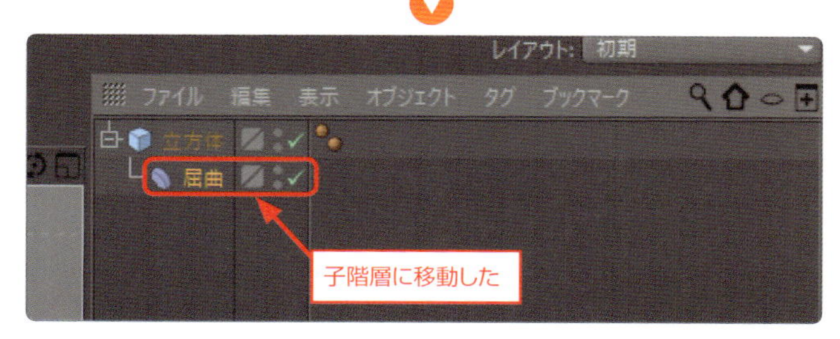

「屈曲」を子階層へ移動

オブジェクトを曲げるには、オブジェクトマネージャーで「屈曲」を選択して、属性マネージャーの「オブジェクト」の「強度」の値を調整します。ここでは「強度」を60°に設定しました。

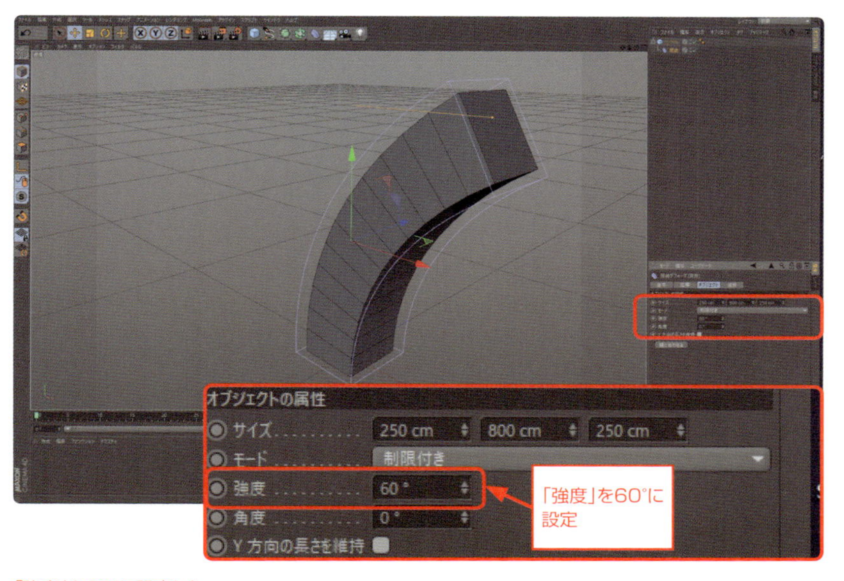

「強度」を60°に設定した

「角度」の値は、曲げる方向を設定します。ここでは「角度」を90°に設定しました。

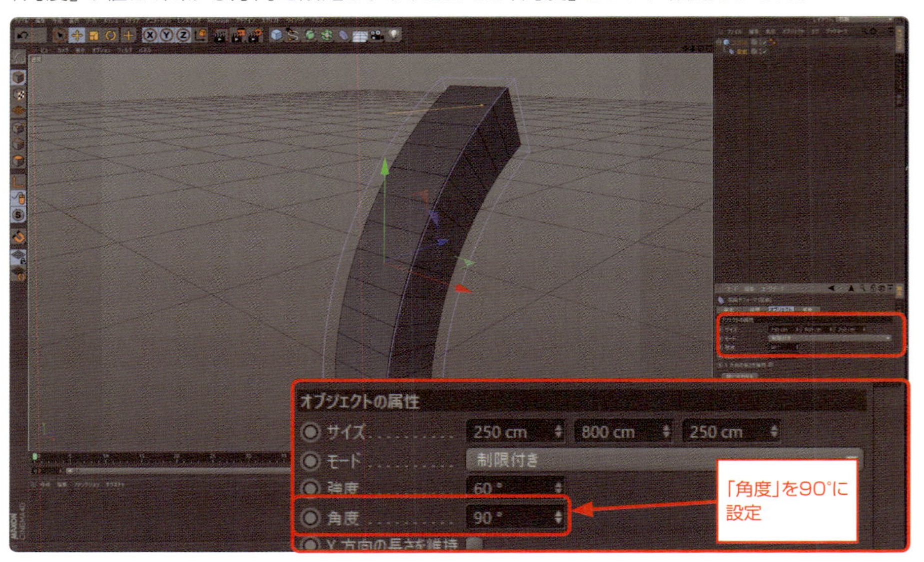

▶▶▶膨張

「膨張」は、オブジェクトを樽形に膨張させたり、逆に絞ったりすることができます。

STEP 01 「膨張」を追加する

「作成」メニューの「デフォーマ」から「膨張」を選択するか、コマンドパレットから「膨張」を選択します。

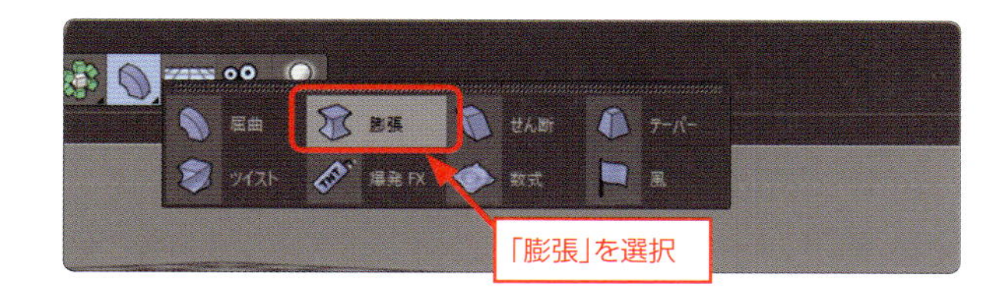

STEP 02 「膨張」を設定する

「膨張」がオブジェクトマネージャーに追加されたら、「膨張」を立方体にドラッグ&ドロップして子階層に移動します。

レイアウト
ファイル　編集　表示　オブジェクト　タグ　ブックマーク
膨張
立方体
「膨張」を立方体にドラッグ&ドロップ

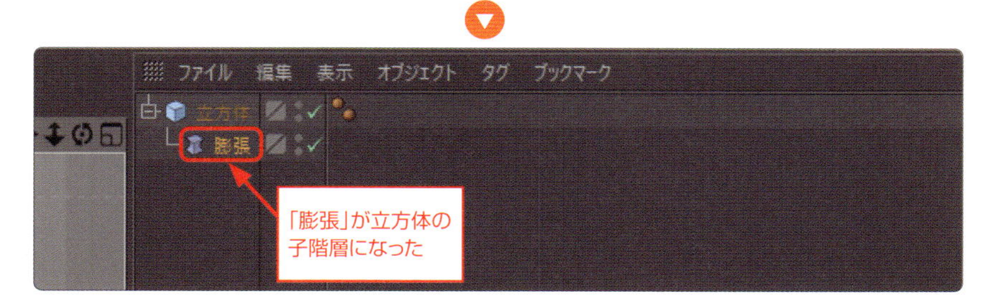

「膨張」を選択して、属性レイヤーの「オブジェクト」で「サイズ」の値を調整して影響範囲のボックスの大きさを変更します。同時に移動ツールを使って立方体がボックスに内包されるように位置を変更します。

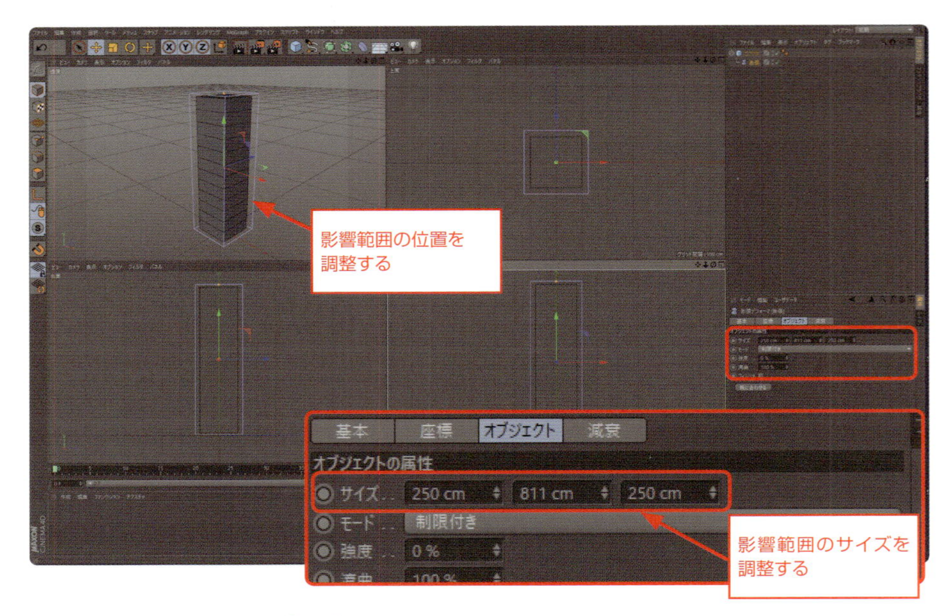

「膨張」のボックスの位置やサイズを調整する

属性マネージャーの「オブジェクト」で「強度」の値を調整することで、オブジェクトを変形させることができます。図は「強度」を100%、「湾曲」を100%に設定した状態です。

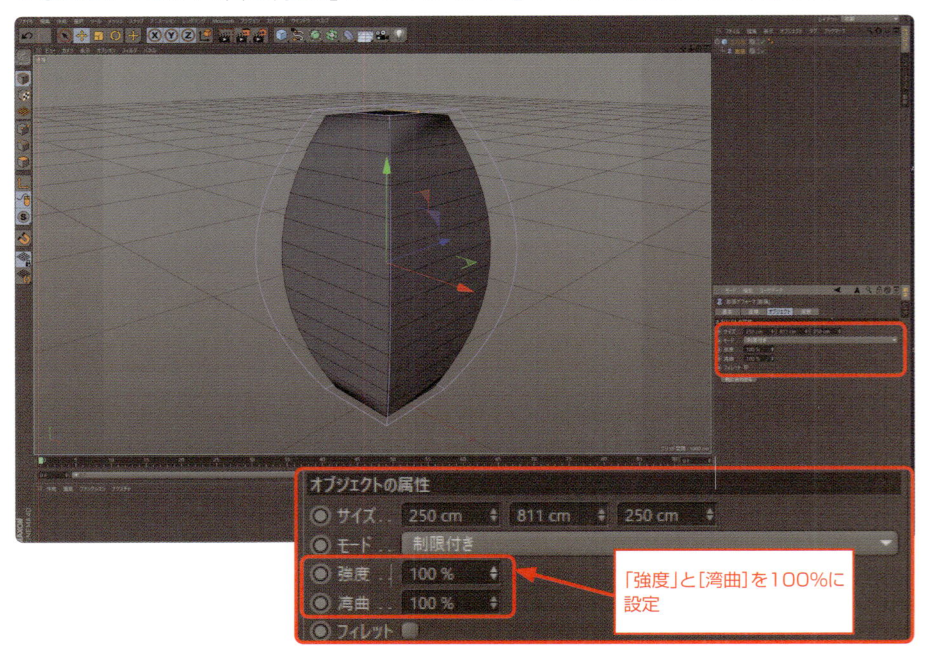

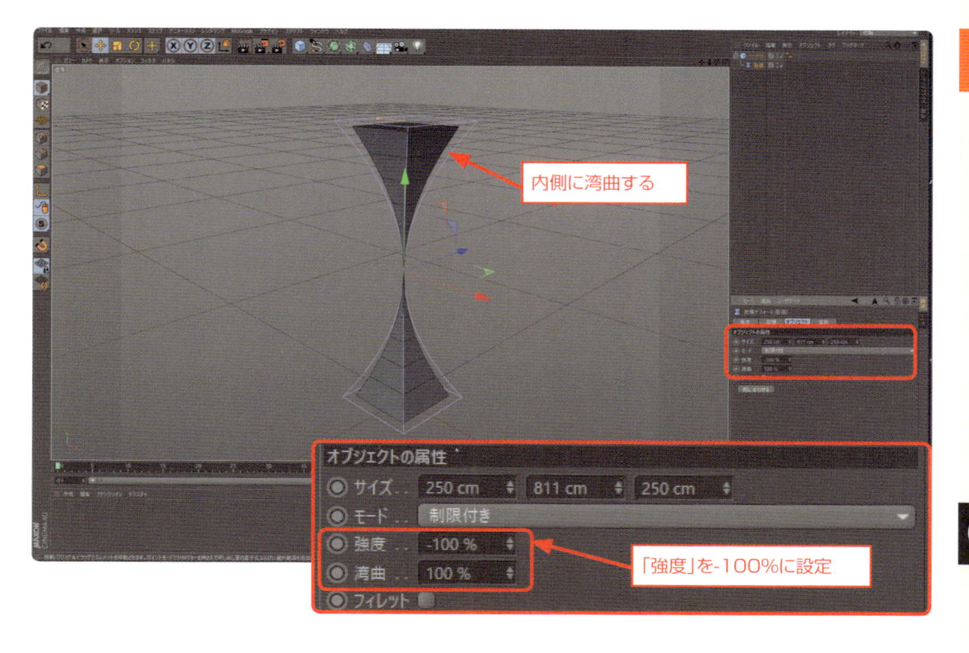

「湾曲」の値を調整すると、図のように膨張の途中でくびれた形状になります。

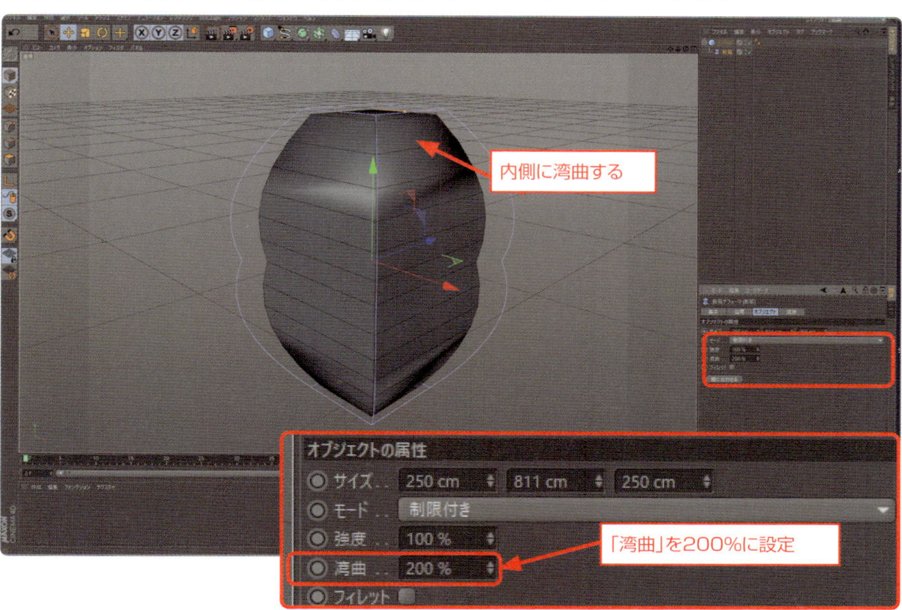

「湾曲」を200%に設定

▶▶▶せん断

「せん断」は、オブジェクトの上端（もしくは下端）を平行移動して、斜めに変形します。

STEP 01 「せん断」を追加する

「作成」メニューの「デフォーマ」から「せん断」を選択するか、コマンドパレットから「せん断」を選択します。

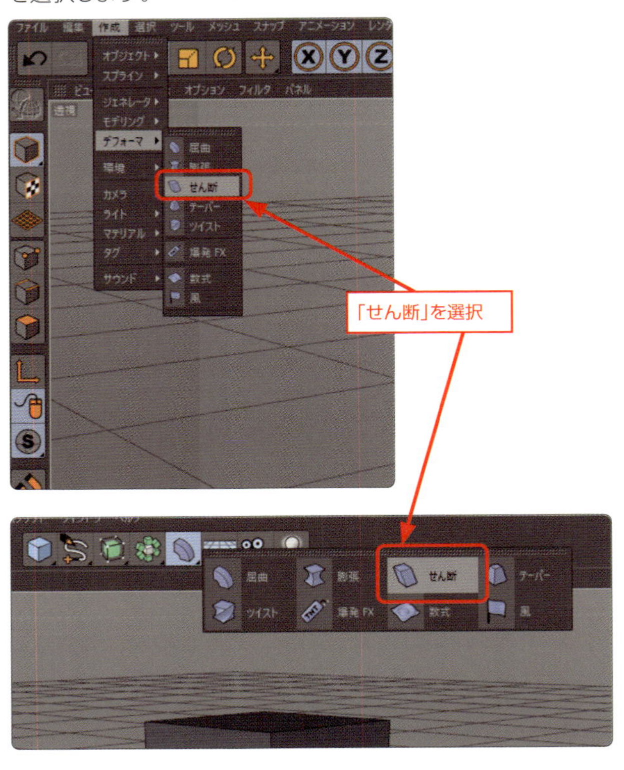

STEP 02 「せん断」を設定する

オブジェクトマネージャーに「せん断」が追加されるので、立方体に「せん断」をドラッグ&ドロップして子階層に移動します。

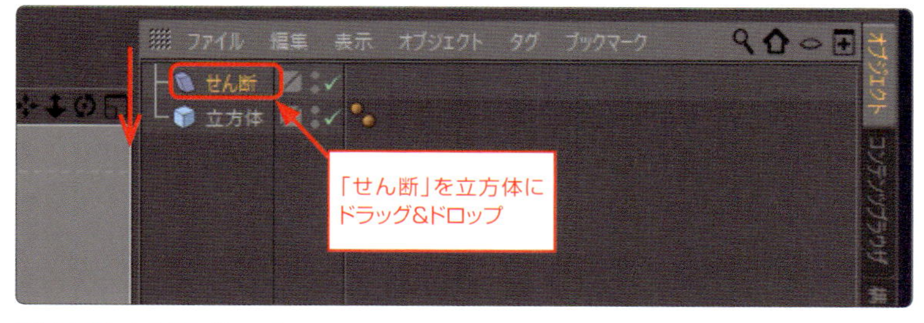

「せん断」を立方体にドロップ

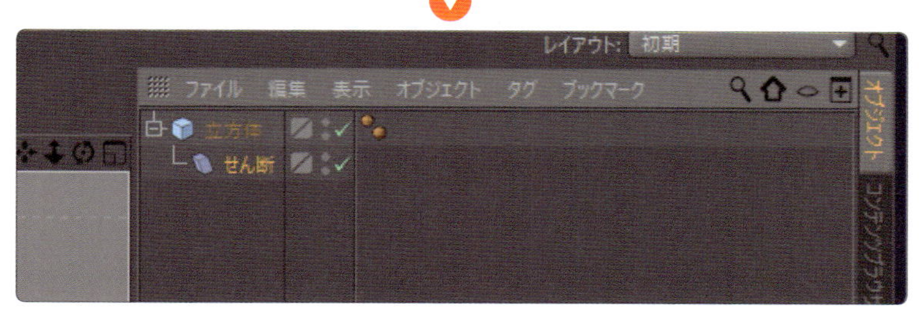

「せん断」が立方体の子階層になる

「せん断」を選択して、属性マネージャーの「オブジェクト」で「サイズ」の値を調整して、影響範囲のボックスがオブジェクトを内包するように調整します。

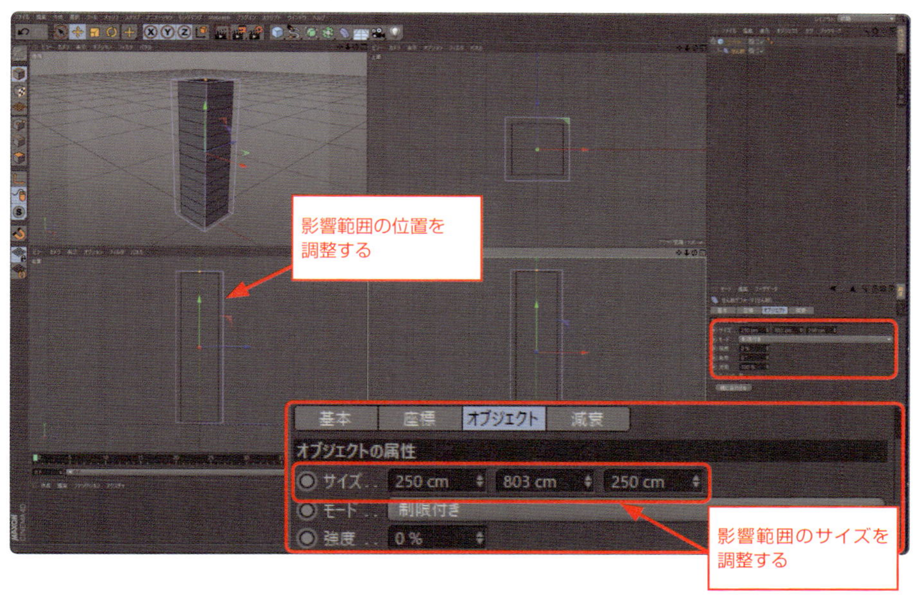

「サイズ」を調整して、移動ツールで位置を調整

「強度」の値を調整すると、オブジェクトが変形していきます。図は「強度」を300%に設定した状態です。

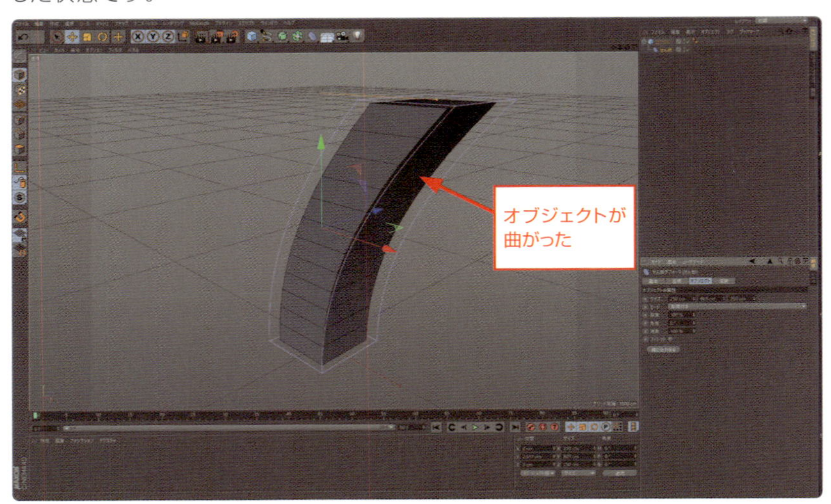

「強度」を300%に設定

デフォルトの状態では、「湾曲」の値が100%になっているので、曲がっていますが、「湾曲」の値を0%にすると、真っ直ぐになります。

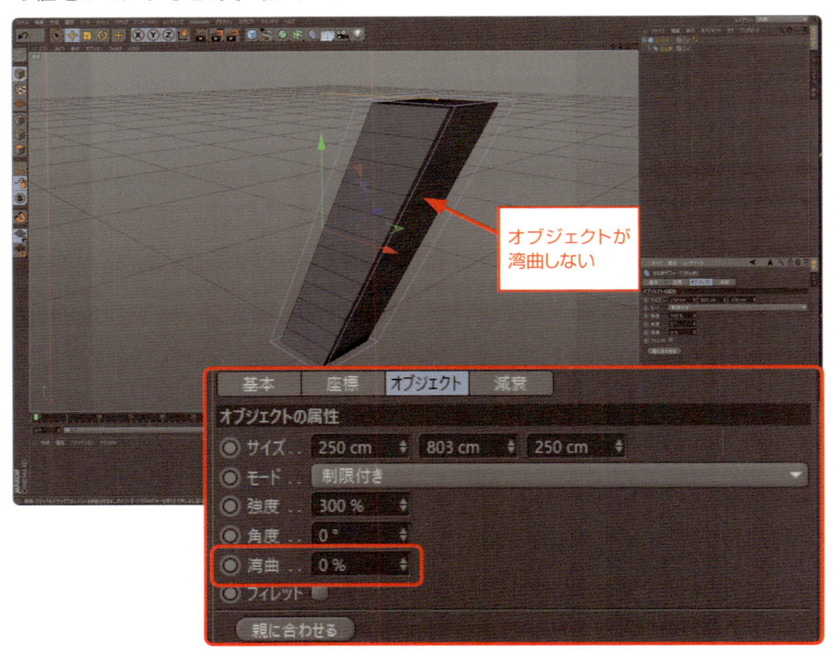

「湾曲」を0%に設定

▶▶▶テーパー

「テーパー」はオブジェクトを台形のように一方の端が小さくなっている状態に変形させます。

STEP 01 「テーパー」を追加する

「作成」メニューの「デフォーマ」から「テーパー」を選択するか、コマンドパレットから「テーパー」を選択します。

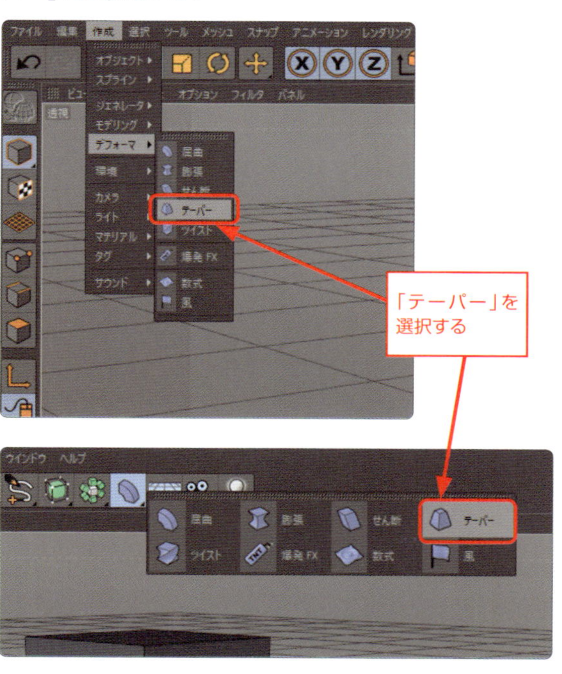

「テーパー」を設定する

オブジェクトパネルに「テーパー」が追加されたら、「テーパー」を立方体にドラッグ&ドロップして、子階層に移動させます。

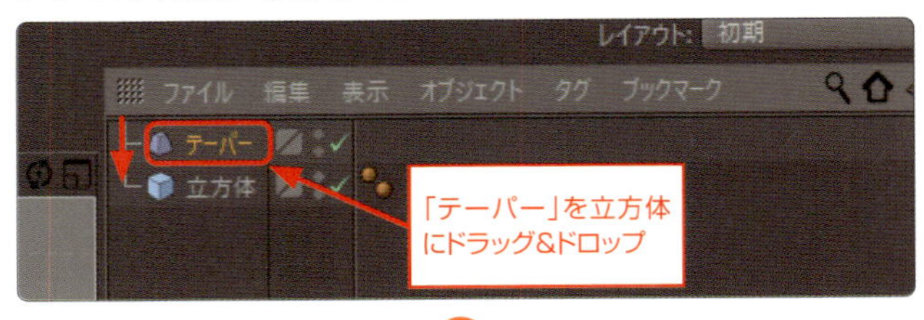

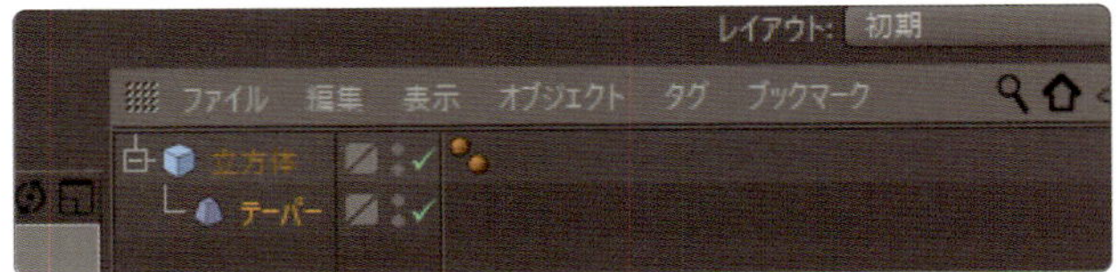

「テーパー」が立方体の子階層に移動した

「テーパー」を選択して、属性マネージャーの「オブジェクト」の「サイズ」の値を調整して、影響範囲のボックスの大きさと位置を立方体が内包されるように調整します。

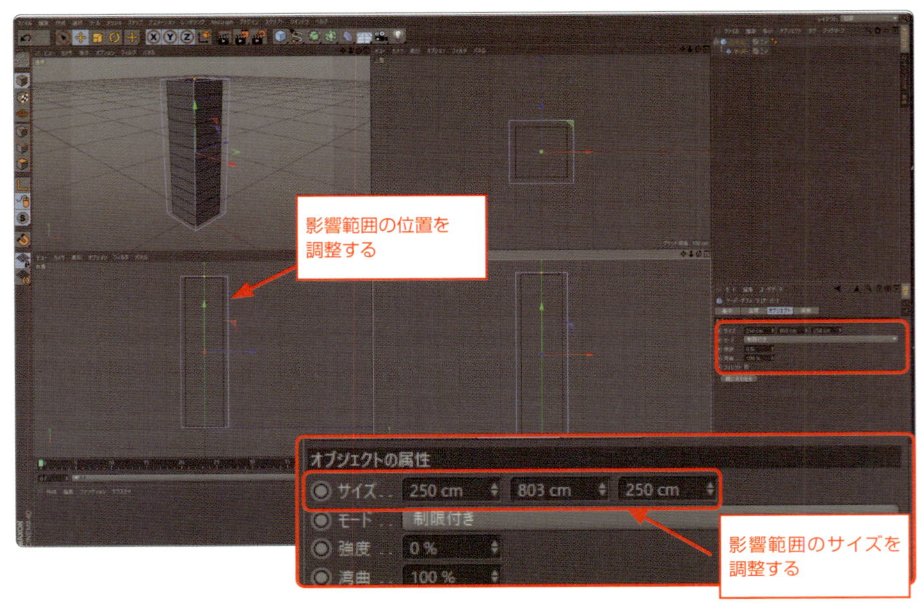

ボックスのサイズと位置を調整

「強度」の値を変化させると、上端に向けて先細っていきます。ここでは「強度」を70%に設定しました。

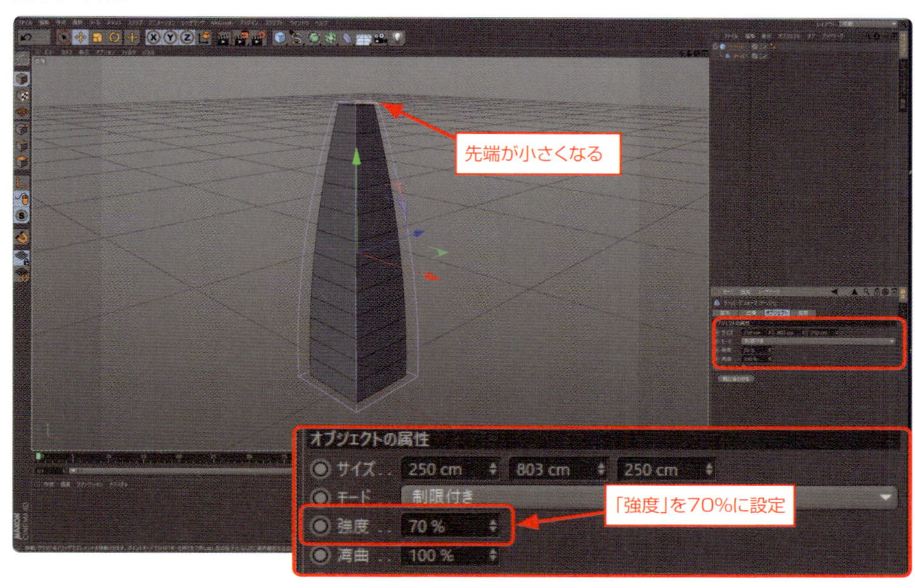

「強度」を70%に設定

「強度」を負の値にすると、逆に広がっていきます。ここでは、「強度」を−70%に設定しました。

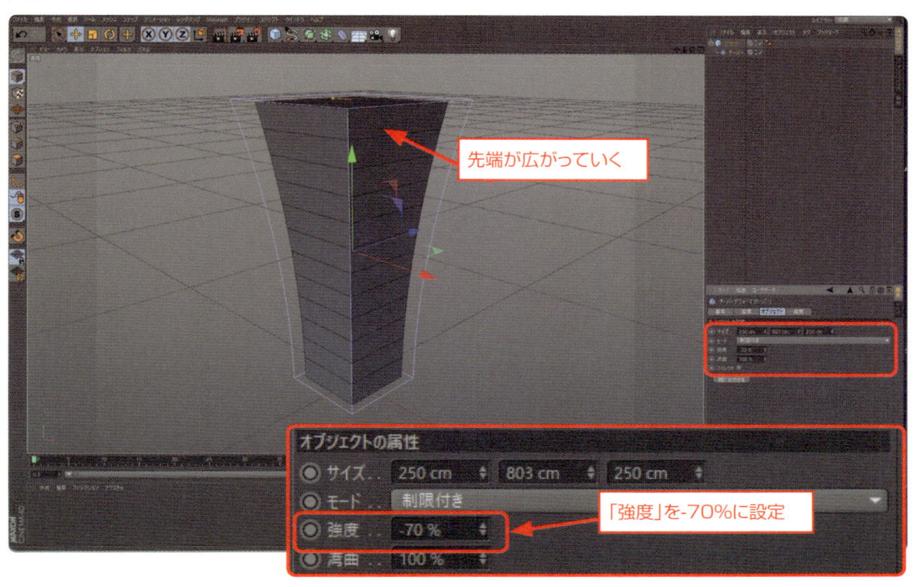

「強度」を-70%に設定

デフォルトでは、「湾曲」の値が100%になっているので、曲がっていますが、0%に設定すると直線的に変化します。

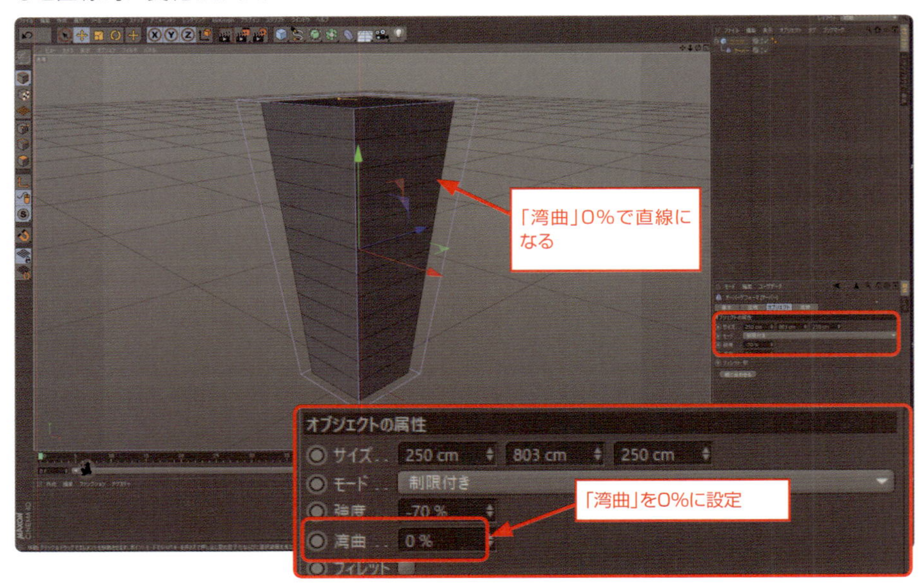

「湾曲」を0%に設定

▶▶▶ツイスト

「ツイスト」は、オブジェクトをねじった状態に変形します。

STEP 01 「ツイスト」を追加する

「作成」メニューの「デフォーマ」から「ツイスト」を選択するか、コマンドパレットから「ツイスト」を選択します。

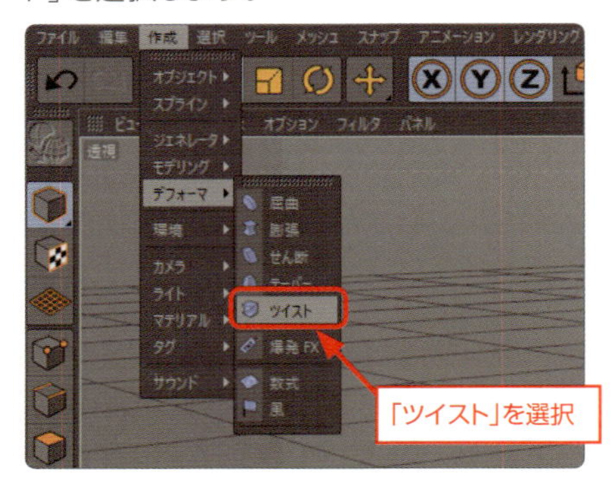

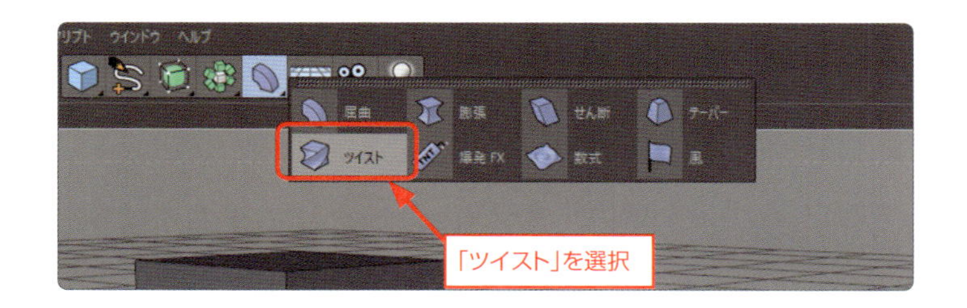

STEP 02 「ツイスト」を設定する

オブジェクトマネージャーに「ツイスト」が追加されるので、「ツイスト」を立方体にドラッグ&ドロップして、子階層に移動します。

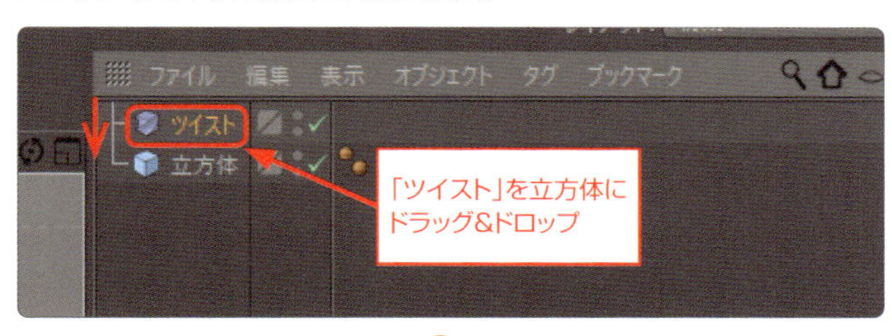

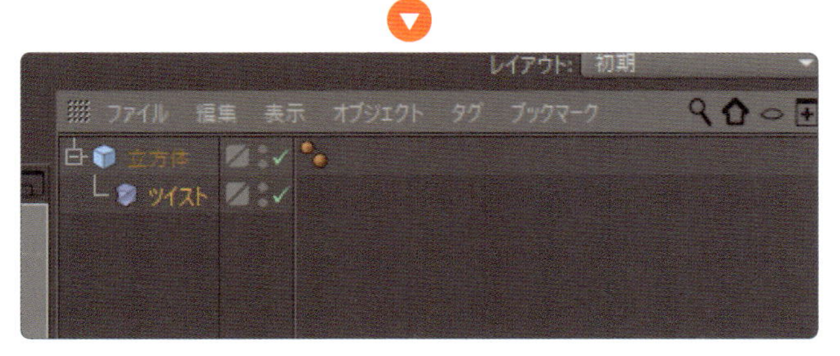

「ツイスト」が立方体の子階層になった

「ツイスト」を選択して、属性マネージャーの「オブジェクト」で「サイズ」を変更して、影響範囲のボックスの大きさと位置を、立方体を内包できるように調整します。

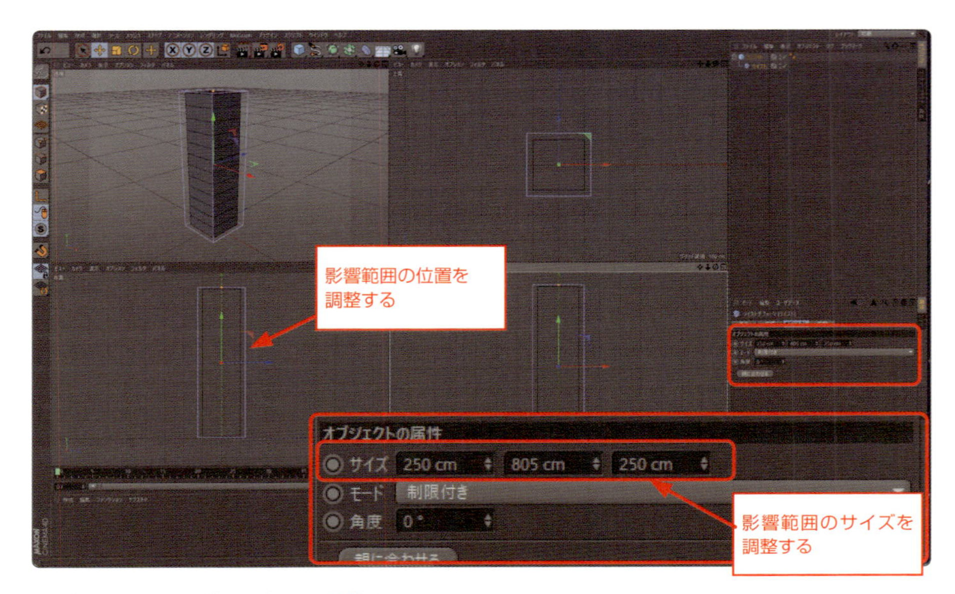

影響範囲のボックスの位置と大きさを調整する

「ツイスト」の「角度」の値を調整するとオブジェクトがねじれていきます。図は「角度」を190°に設定したものです。

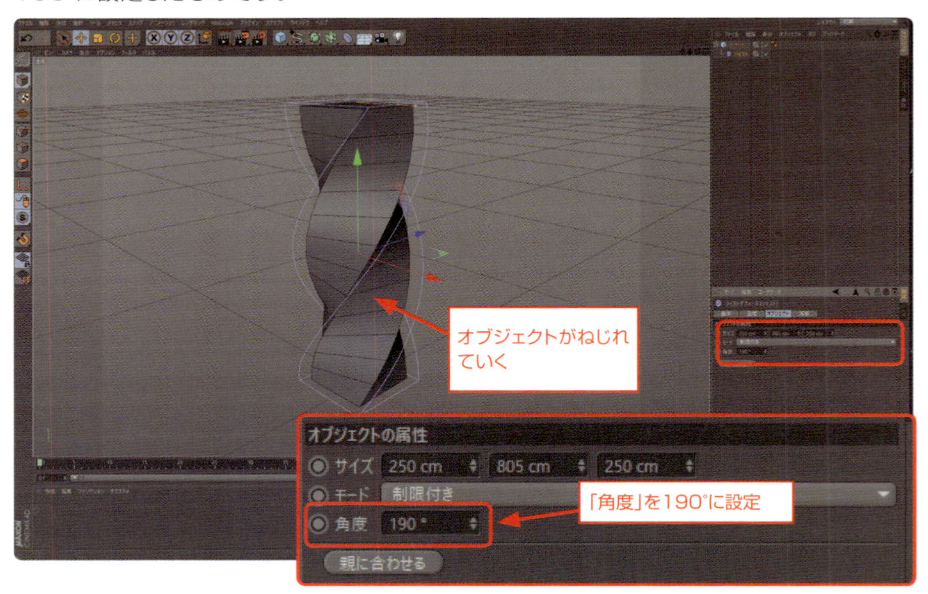

「角度」を190°に設定

06 その他のモデリング手法

C4D LTではツールは限定されますが、定型のオブジェクトを編集してモデリングすることもできます。

▶▶▶ポイント、エッジ、ポリゴンを編集する

オブジェクトは、ポイント、エッジ、ポリゴンの3つの要素で構成されています。オブジェクトを編集可能オブジェクトに変換すると、ポイント、エッジ、ポリゴンを個別に選択することができるため、移動や回転、スケールツールを使って、形状を編集することができます。

STEP 01 編集可能に変換する

ここでは球体を編集してみます。まずはわかりやすいように、ビューの「表示」メニューから「グーローシェーディング(線)」を選択して、エッジが表示されるようにします。

「グーローシェーディング(線)」を選択

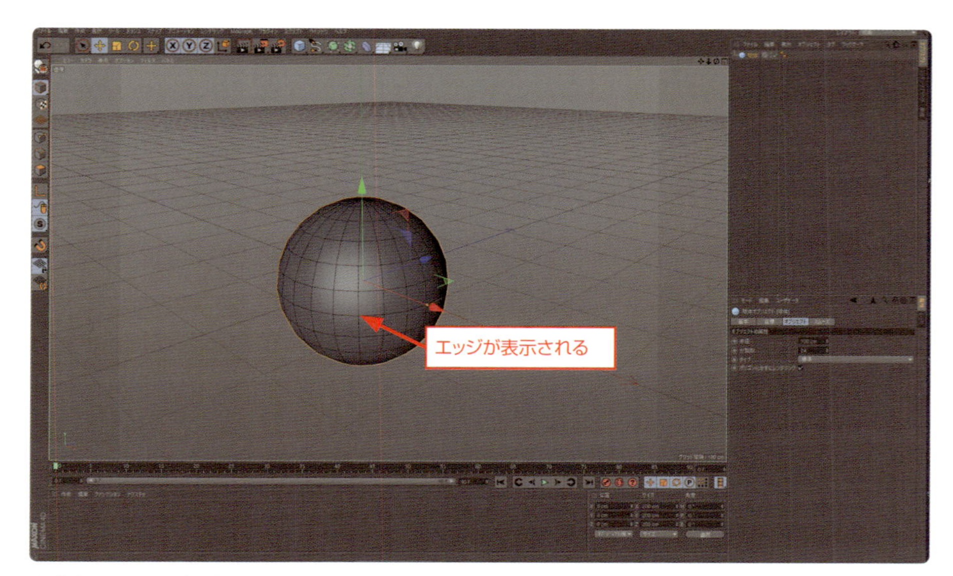

オブジェクトにエッジが表示された

オブジェクトを編集可能にするには、オブジェクトを選択して、コマンドパレットの「編集可能」のアイコンをクリックして選択します。

「編集可能」をクリック

球体が編集可能な、ポリゴンオブジェクトに変換されます。

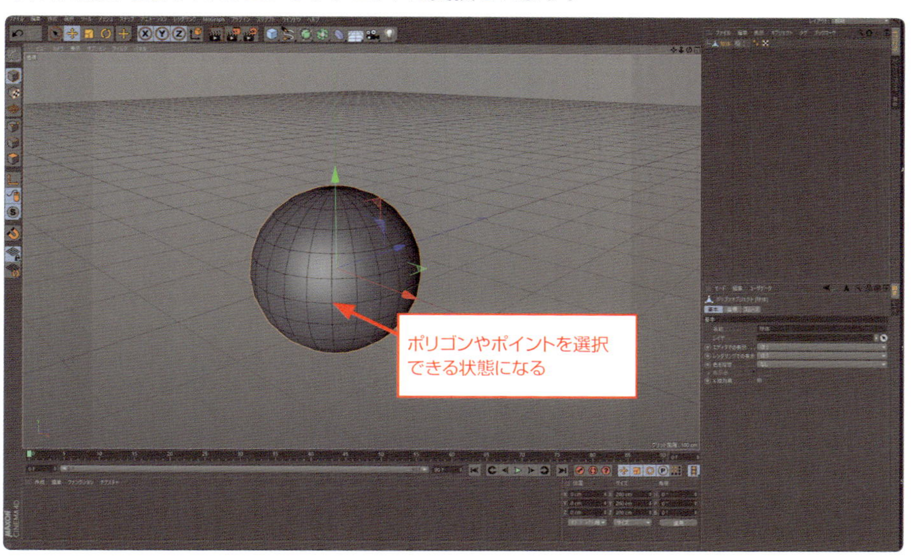

STEP 02 要素を選択する

ポリゴンオブジェクトを構成する要素を選択するには、コマンドパレットにある、ポイント選択、エッジ選択、ポリゴン選択のアイコンをクリックして用途に応じて切り替えます。

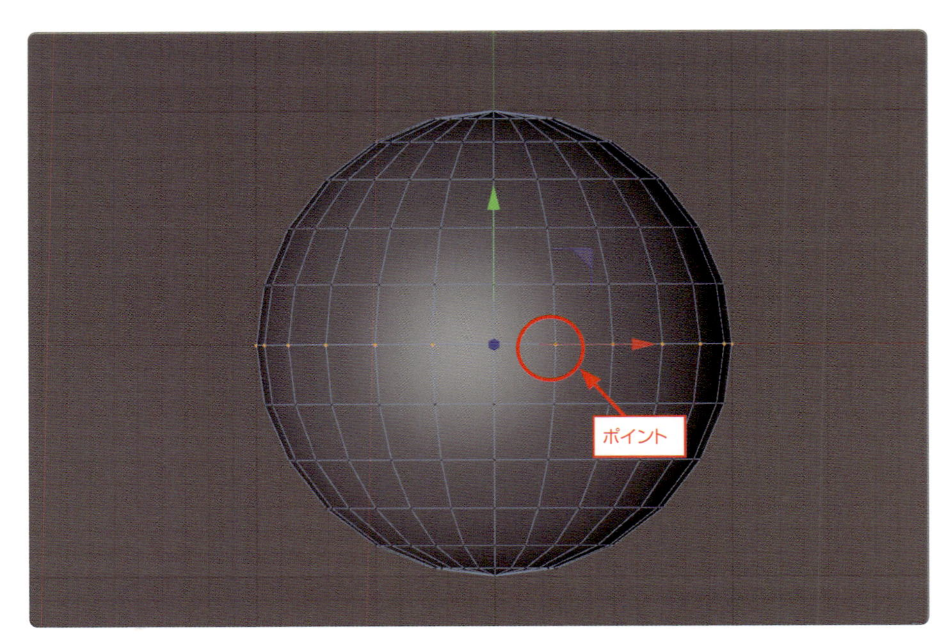

ポイントを選択した状態

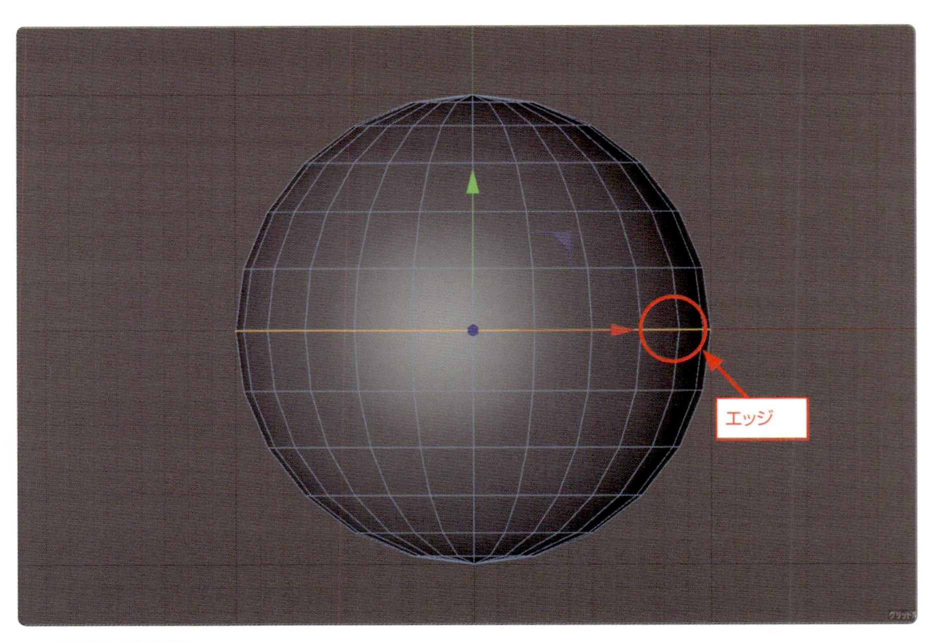

エッジを選択した状態

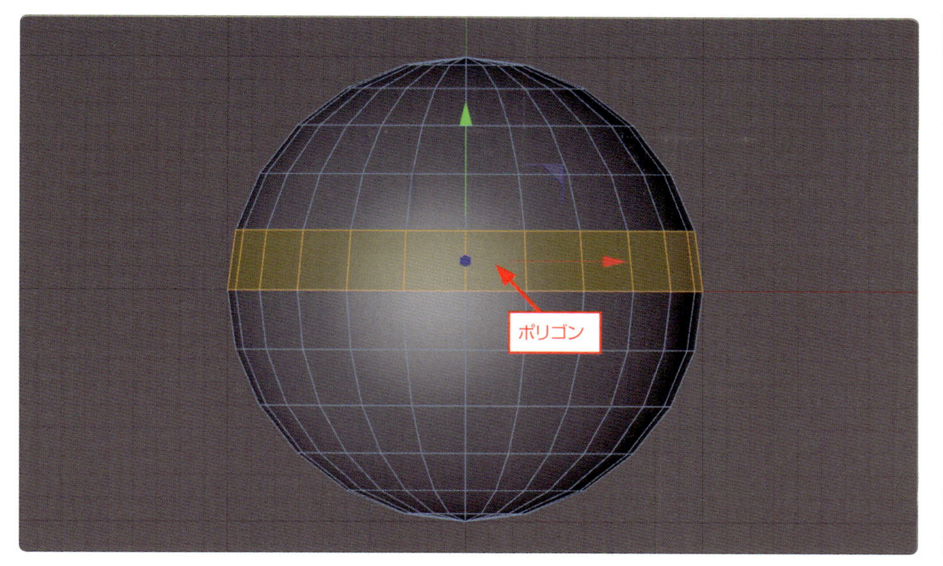

ポリゴンを選択した状態

STEP 03 ポイントを移動して形状を修正する

選択した要素は、移動、回転、スケールツールを使って編集することができます。例えば、図は、選択したポイントをスケールツールで拡大したものです。

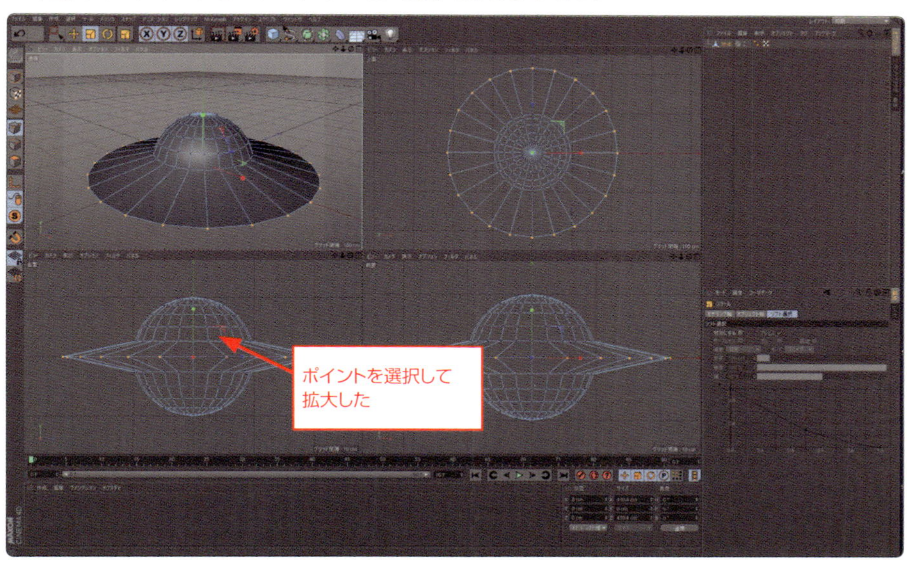

▶▶▶複数の形状を組み合わせる

「ブール」を使用すると、複数の形状をくみあわせて、1つのオブジェクトを作成することができます。例えば、球体を円柱でくり抜いたりすることもできます。

STEP 01 球体と円柱を組み合わせる

球体に円柱を使って穴を空けてみます。図のように球体と円柱を作成して組み合わせます。

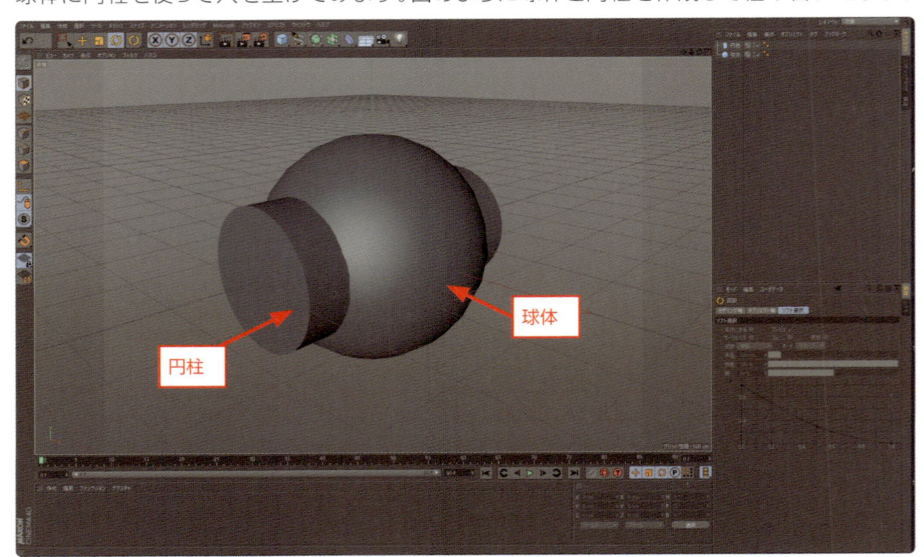

STEP 02 「ブール」を追加する

「作成」メニューの「モデリング」から「ブール」を選択するか、コマンドパレットから「ブール」を選択します。

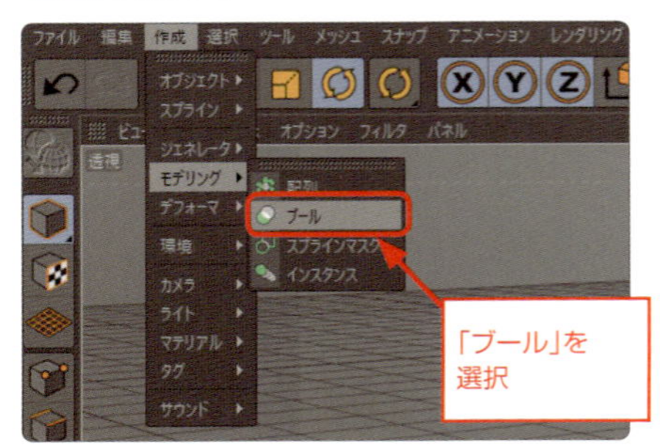

オブジェクトマネージャーに「ブール」が追加されたら、円柱、球体の順に「ブール」にドラッグ&ドロップして子階層に移動します。

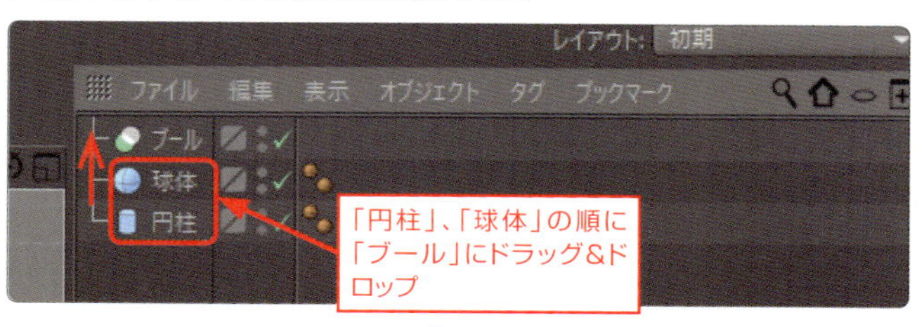

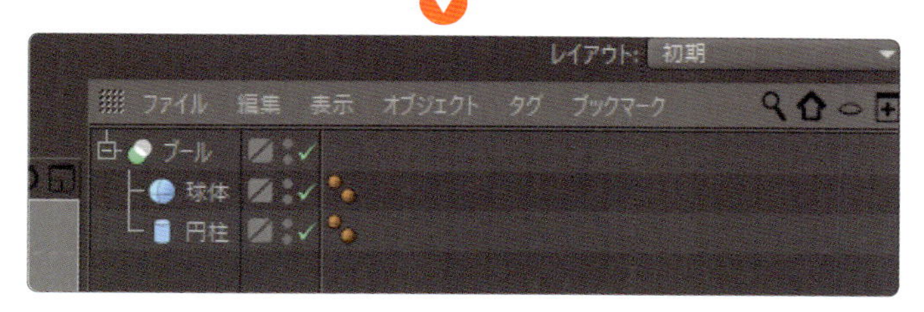

球体、円柱が「ブール」の子階層になる

球体から円柱の形が切り抜かれました。

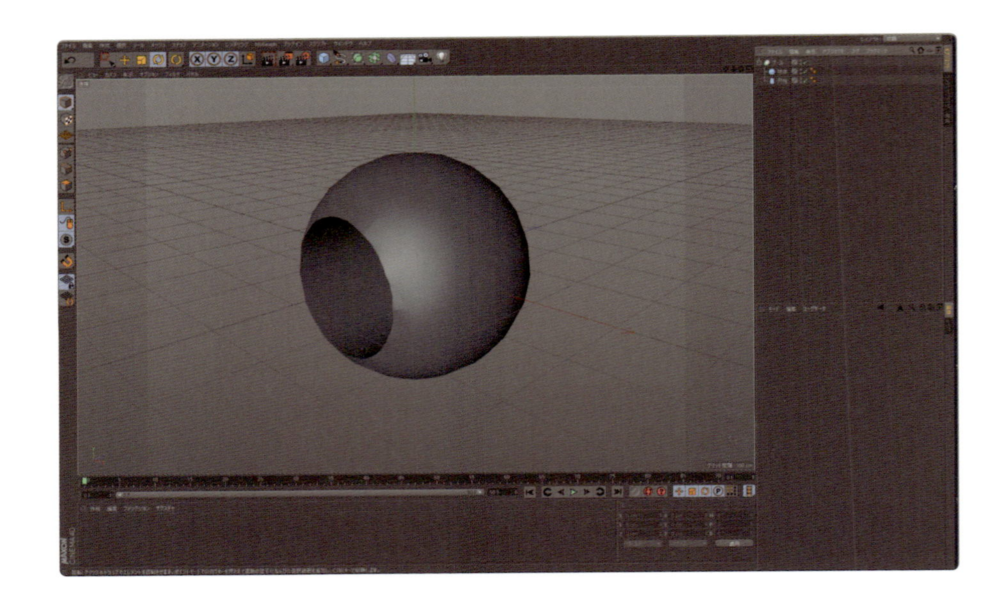

STEP 03 「ブール」を編集する

「ブール」を編集するには、オブジェクトマネージャーで「ブール」を選択して、属性マネージャーの「オブジェクト」で行います。「ブールタイプ」を切り替えることで、演算の方法が変わります。オブジェクトマネージャーで、「ブール」の子階層の上のオブジェクトがA、下のオブジェクトがBです。

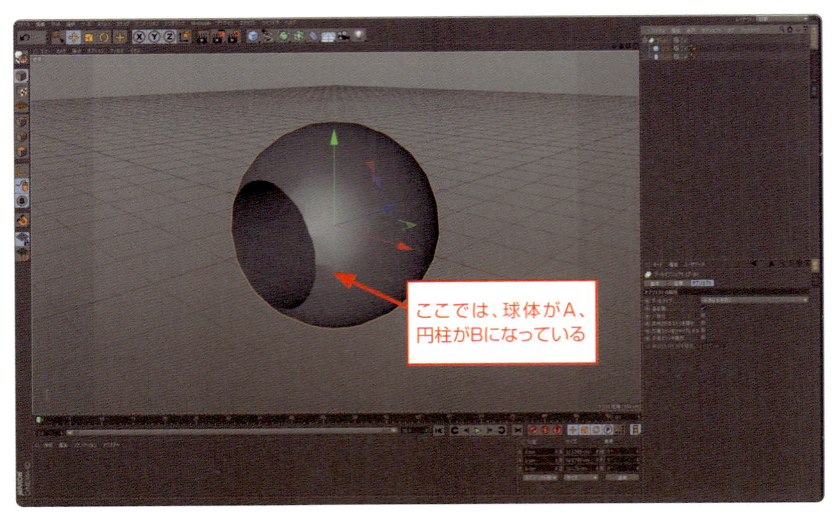

「AからBを引く」

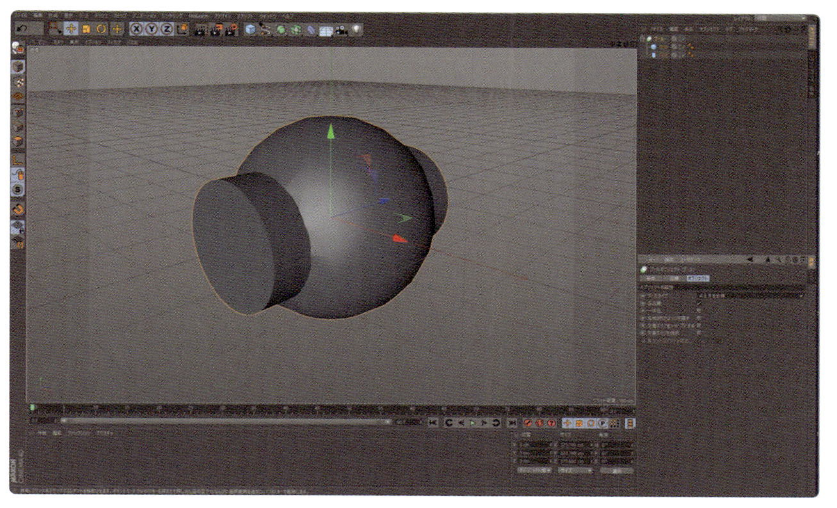

「AとBを合体」

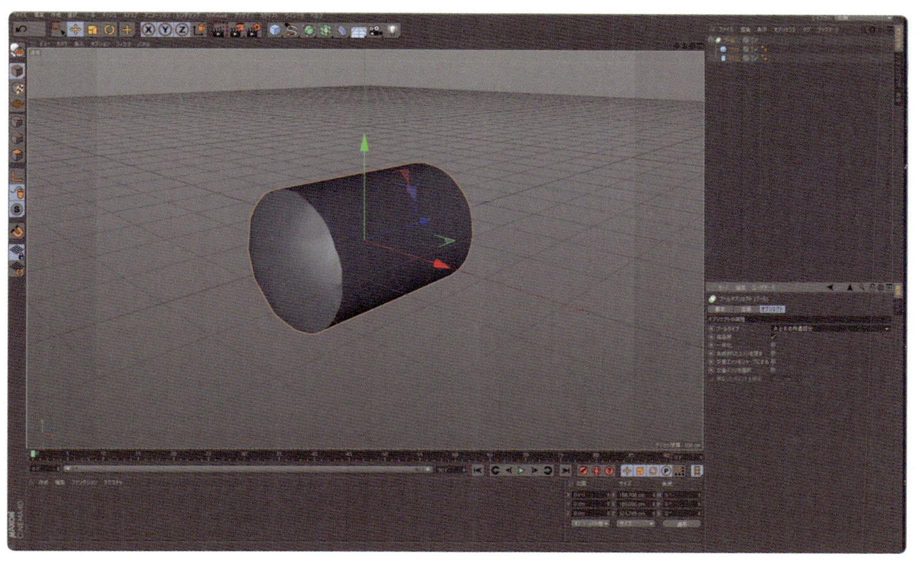

「AとBの共通部分」

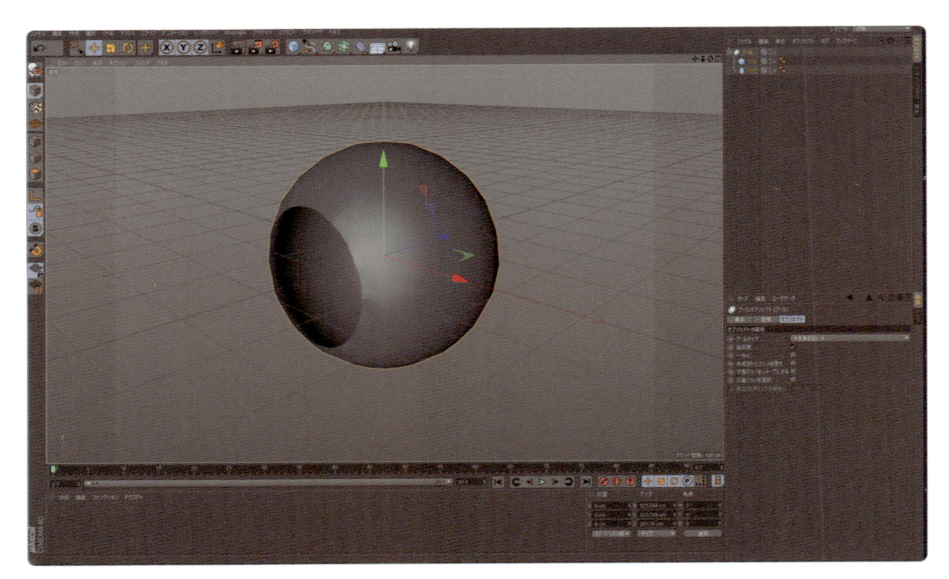

「Bを含まないA」

AとBの階層の順番はオブジェクトマネージャでドラッグすることで変更することができます。図は、円柱をA、球体をBに変更したものです。

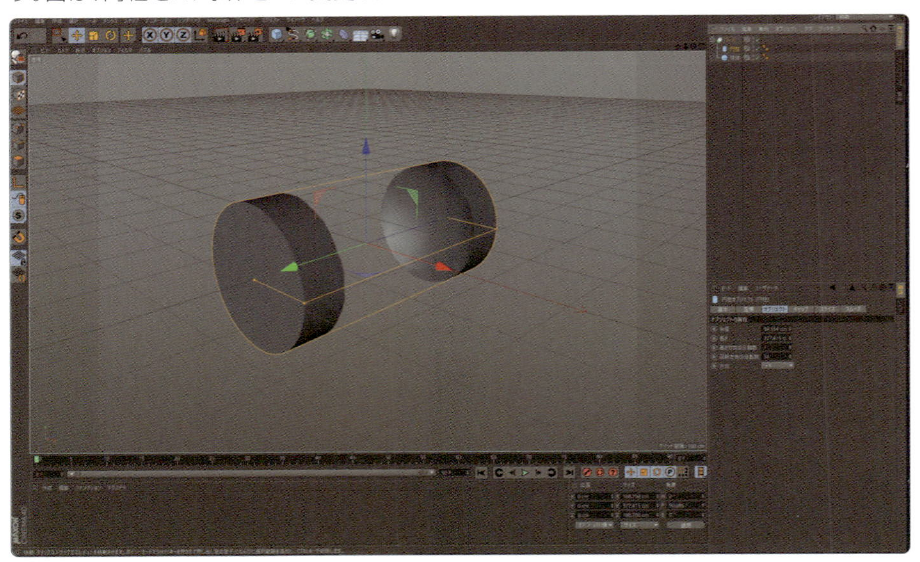

円柱をA、球体をBに変更した

03

質感を設定する

3DCGで作成したオブジェクトは、
モデリングしただけではどのような材質で
できているのかわかりません。
オブジェクトに質感を与えるには
マテリアルを使用します。

01 プリセットを使って質感をつける

C4D LTのマテリアルは、ゼロから作成することもできますが、マテリアルのプリセットが用意されているので、慣れないうちはプリセットを編集しながらマテリアルを勉強していくとよいでしょう。

STEP 01 マテリアルを読み込む

まずは、プリセットとして用意されているマテリアルを読み込みます。マテリアルはマテリアルマネージャで管理していきます。

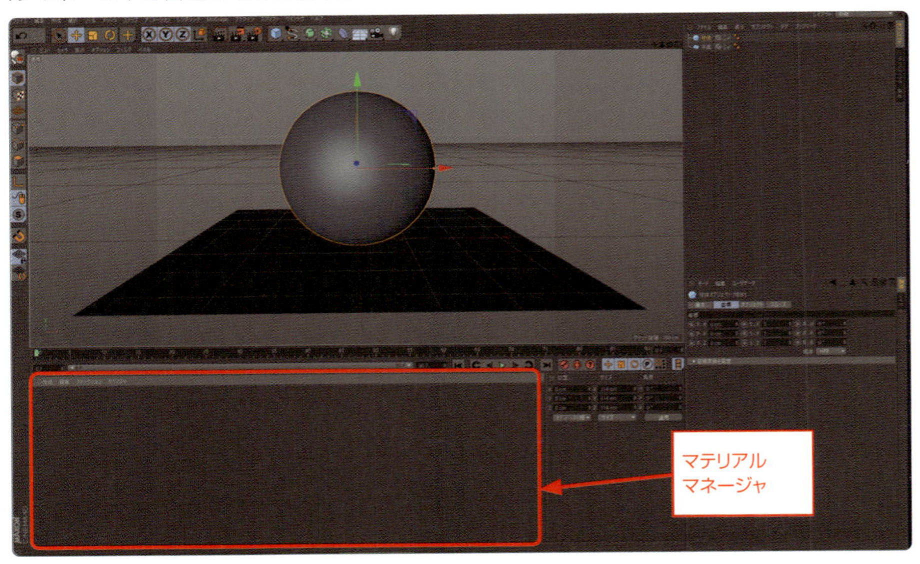

マテリアルのプリセットを読み込むには、マテリアルマネージャにある「作成」メニューの「マテリアルプリセットの読み込み」から「Lite」を選択し、表示されるマテリアルプリセットの中から必要なマテリアルを選択します。

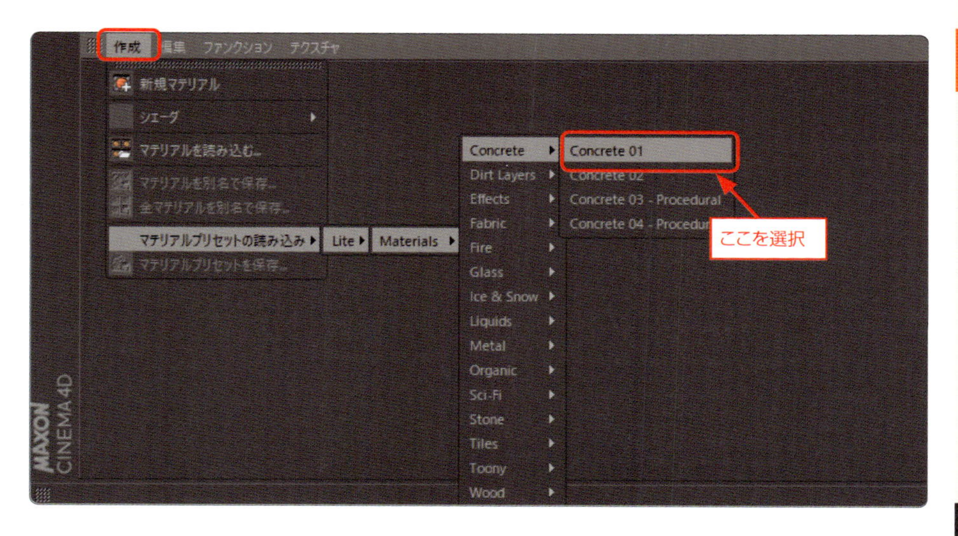

マテリアルマネージャにマテリアルプリセットが読み込まれました。

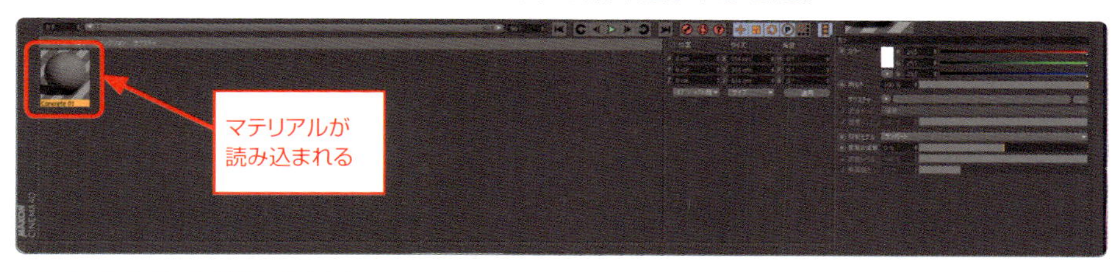

マテリアルプリセットが読み込まれた

STEP 02 マテリアルをオブジェクトに適用する

マテリアルをオブジェクトに適用するには、2つの方法があります。ひとつは、マテリアルを適用したいオブジェクトをクリックして選択し、マテリアルマネージャで適用するマテリアルを選択したあとで、マテリアルマネージャの「ファンクション」メニューから「適用」を選択します。

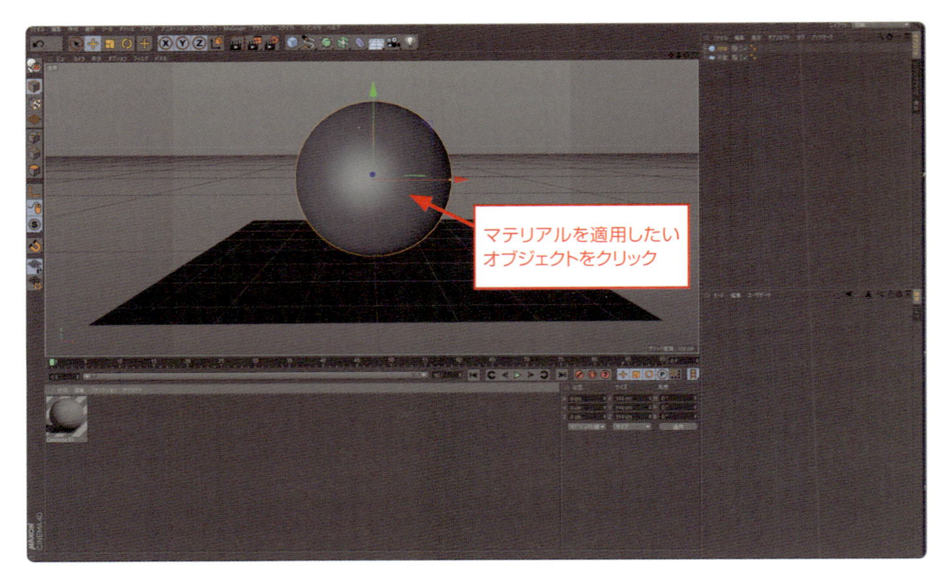

オブジェクトを選択

マテリアルを選択

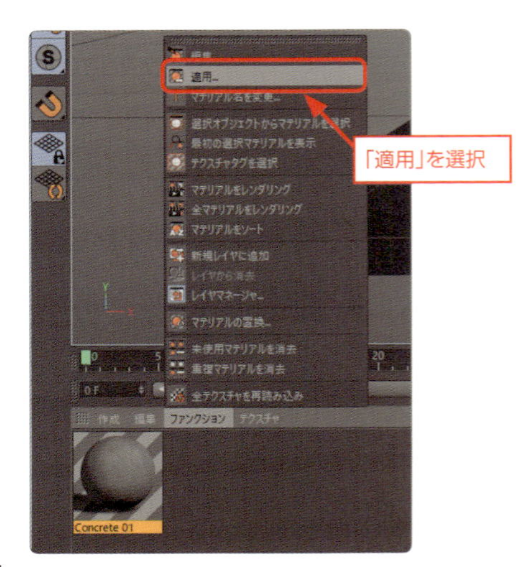

「ファンクション」メニューから「適用」を選択

STEP 03

ドラッグ&ドロップする

もう1つのやり方は、マテリアルを直接適用したいオブジェクトにドラッグ&ドロップする方法です。シーンに配置されたオブジェクトが複雑ではない場合には、この方法が一番簡単でしょう。

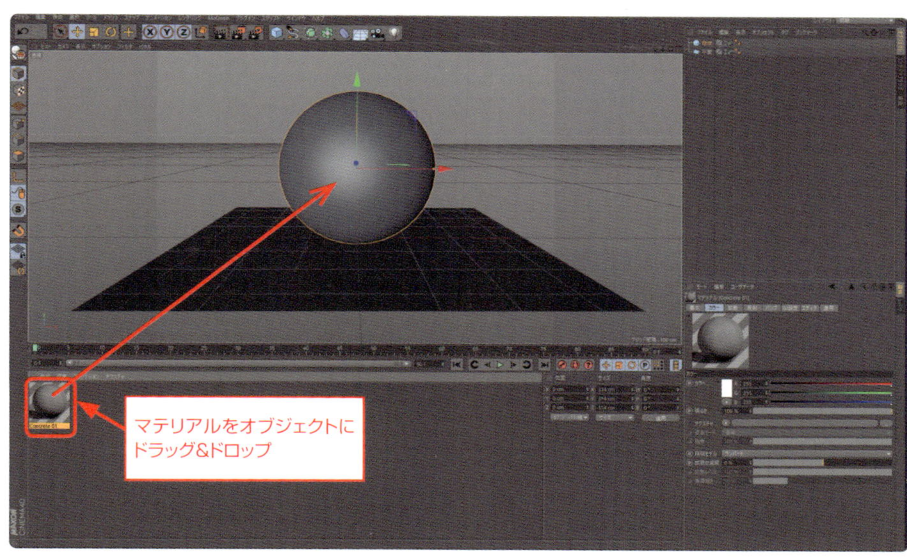

マテリアルをオブジェクトにドラッグ&ドロップ

オブジェクトにマテリアルが適用された

C4D LTには、15種類に分類された106のマテリアルプリセットが用意されています。CGを作成する上で最低限必要なジャンルは網羅されているので、このプリセットを加工していけば、大抵の用途には十分でしょう。

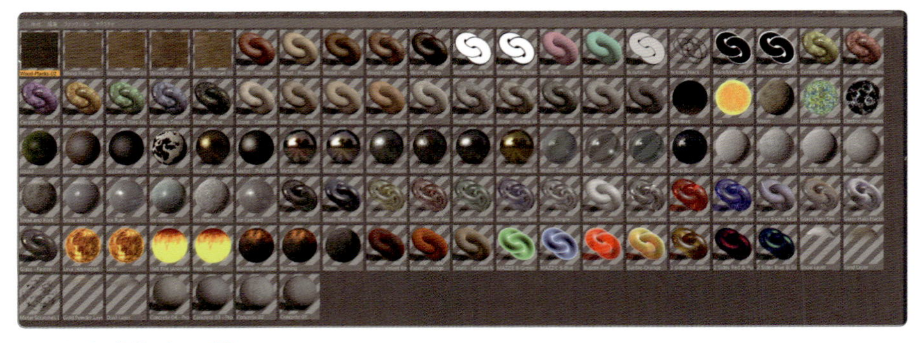

マテリアルプリセットの一覧

02 マテリアルを編集する

C4D LTには、多くのマテリアルプリセットが用意されているので、そのまま使用しても十分使用できますが、色を変えたり、透明度を変えて作成したオブジェクトにあったマテリアルに編集したい場合もあります。

ここでは新しいマテリアルを作成して、マテリアルがどのような構造になっているか紹介します。マテリアルの構造がわかれば、マテリアルプリセットも自由に編集できるようになるでしょう。

STEP 01 新しいマテリアルを作成する

シーンに平面と球体を追加して図のようなシーンを作成します。

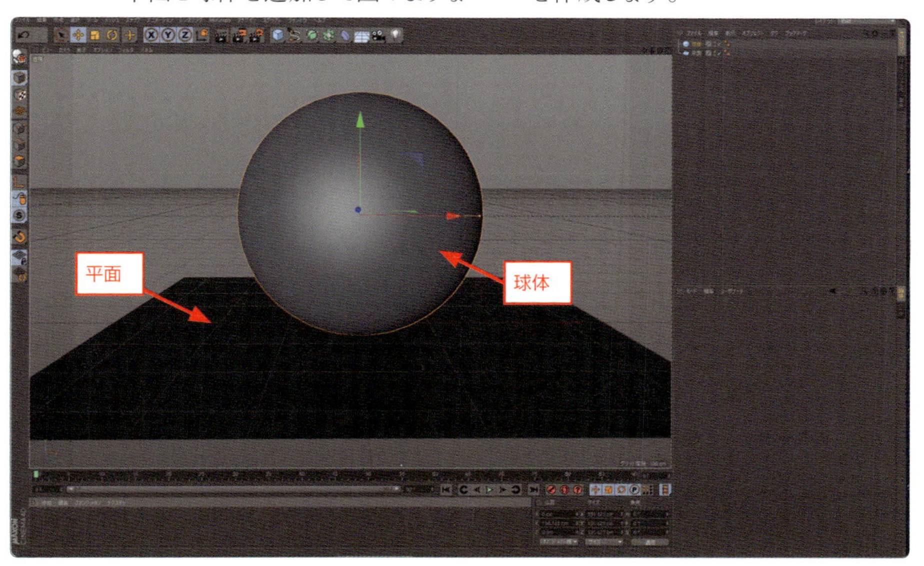

マテリアルマネージャの「作成」メニューの「新規マテリアル」を選択します。

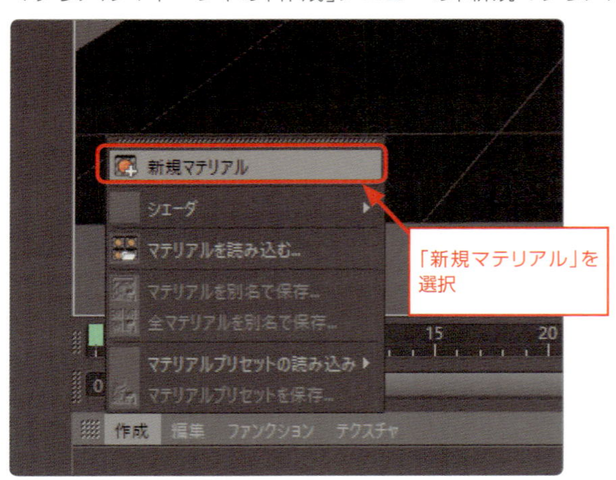

「新規マテリアル」を選択

マテリアルマネージャに新しいマテリアルが読み込まれるので、シーンに配置されている球体のオブジェクトにドラッグ&ドロップします。

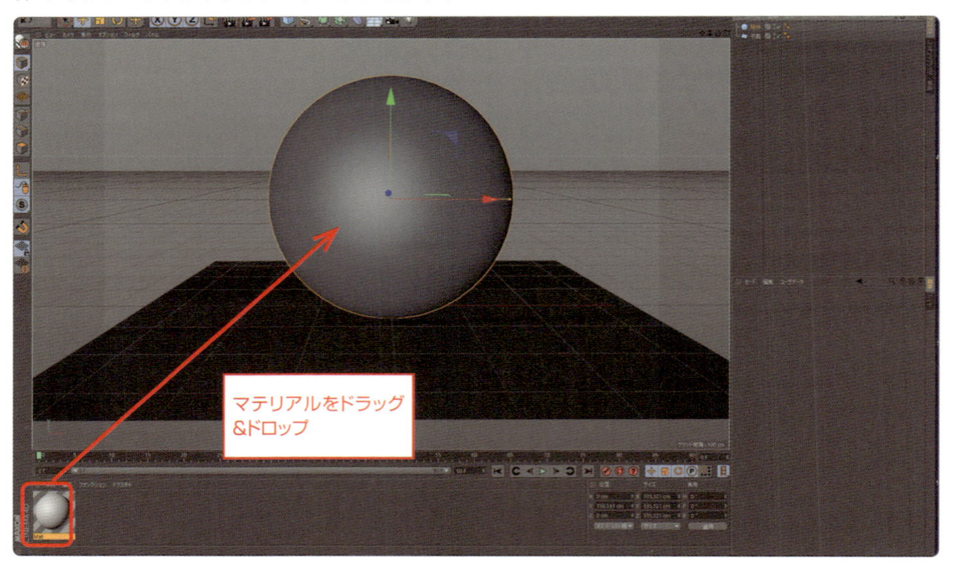

マテリアルをオブジェクトにドラッグ&ドロップ

反射や透過の効果がわかりやすいように、平面にはマテリアルプリセットの「Tiles」にある「Ceramic-Tiles-Multi-Blue」を読み込んで適用しておきます。

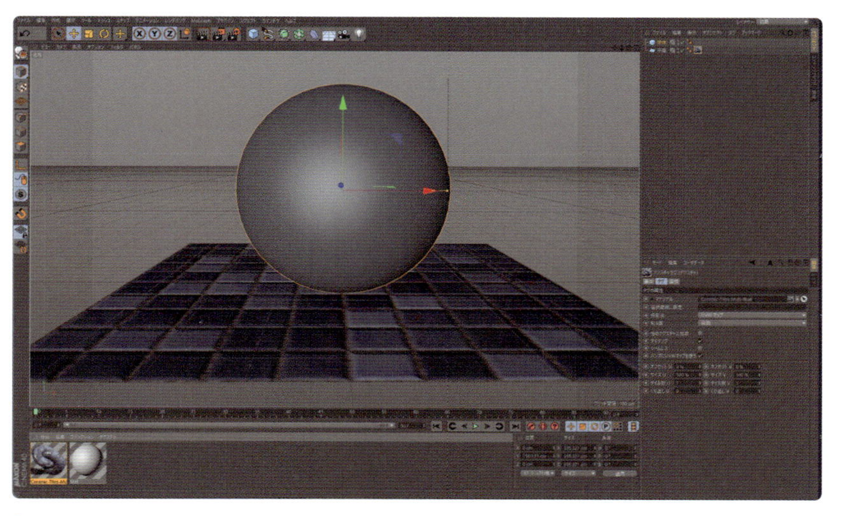

「Ceramic-Tiles-Multi-Blue」マテリアルを平面に適用

STEP 02 マテリアルを編集する

球体に適用したマテリアルを使って、マテリアルの仕組みを見ていきます。
マテリアルマネージャで新規に作成されたマテリアルをクリックして選択すると、属性マネージャにマテリアルのプロパティが表示されます。デフォルトではマテリアルには「基本」、「カラー」、「透過」、「反射」、「GI設定」、「エディタ」、「適用」の設定項目があります。この項目は、マテリアルの内容に応じて「基本」で変更することができます。

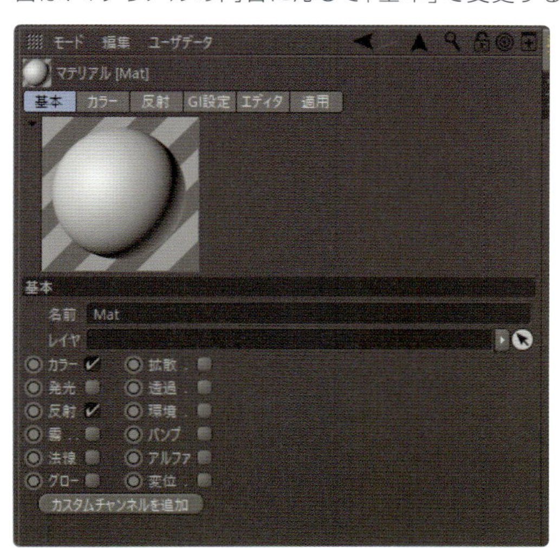

STEP 03 「基本」を設定する

まずは、「基本」から見ていきます。「基本」では、マテリアルの名前や、マテリアルで使用するパラメータを選択することができます。まずは、「名前」でマテリアルの名前を入力しておきます。ここでは、Mat01としました。

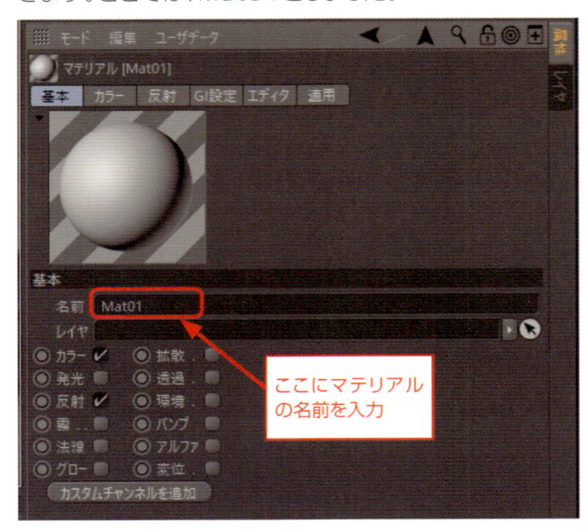

「名前」にマテリアル名を入力

「レイヤ」はマテリアルを、オブジェクトごとにレイヤとしてまとめて管理することができる機能です。「レイヤ」の▶アイコンをクリックして「新規レイヤに追加」を選択すると、作成されたレイヤにマテリアルが格納されます。既存のレイヤにマテリアルを格納したい場合は、▶アイコンをクリックして、「レイヤへ追加」から格納先のレイヤを選択します。

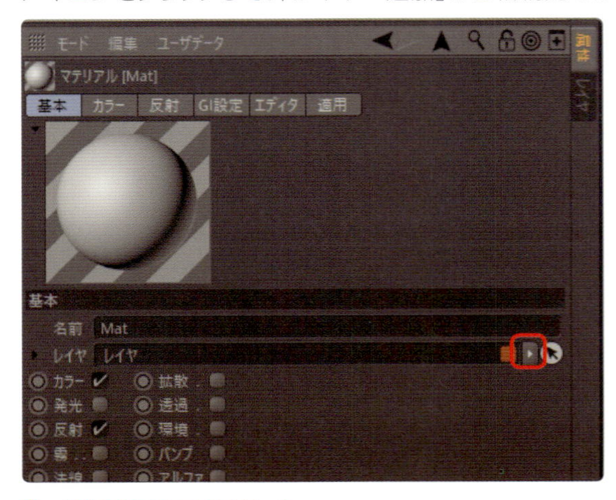

「レイヤ」の▶アイコンをクリック

レイヤの下にあるのが、パラメータのリストです。パラメータ名の右をクリックしてチェックを入れると、パネルにパラメータが追加されて設定できるようになります。

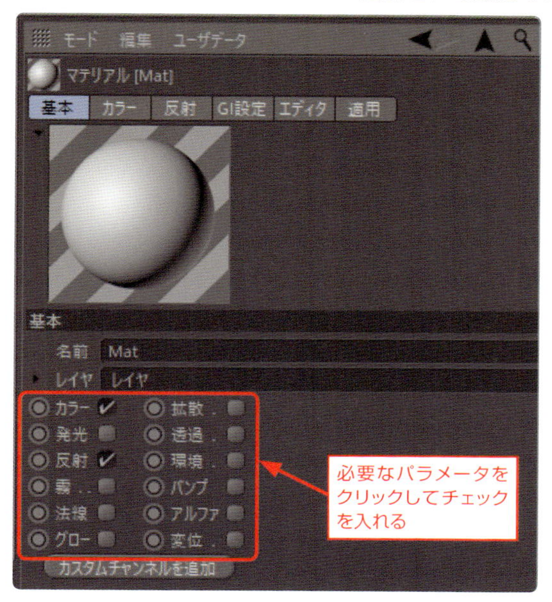

STEP 04 「カラー」を設定する

「カラー」のタブをクリックして、「カラー」パネルに切り替えます。「カラー」では、マテリアルのベースとなる色を設定していきます。

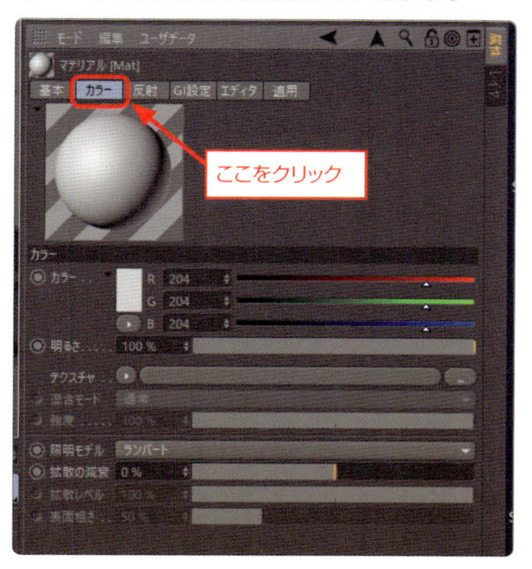

「カラー」タブをクリック

マテリアルの色を変更するには、RGBのスライダーを動かして色を設定するか、「カラー」のカラー選択をクリックします。クリックするとカラーピッカーが表示されるので、使用したい色をクリックして選択します。

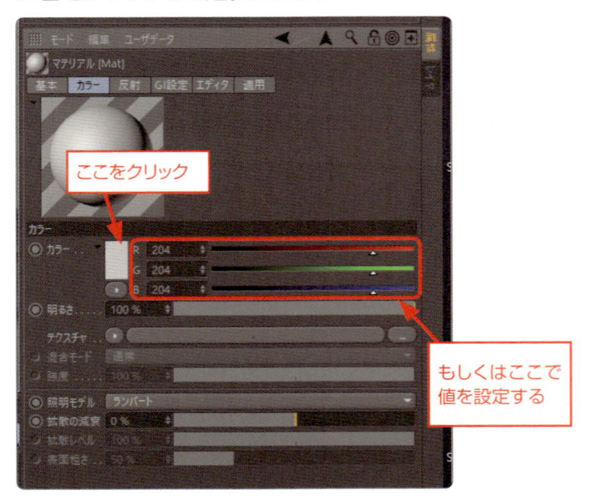

カラー選択をクリック

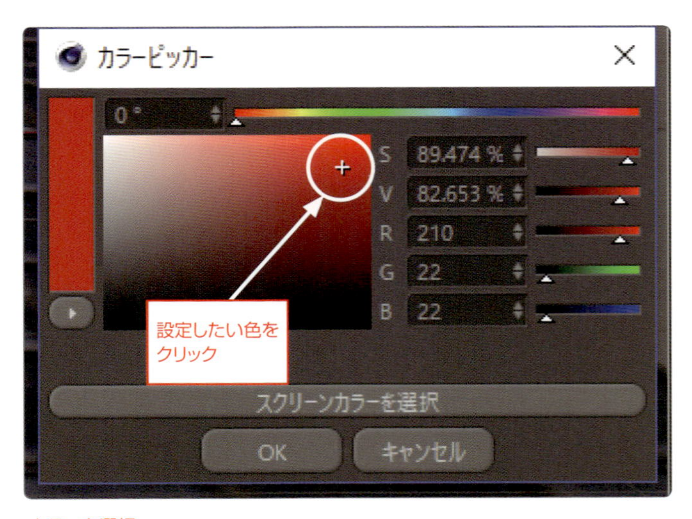

カラーを選択

カラーを変更すると、マテリアルの色が変更されます。同時にマテリアルを適用したオブジェクトの色も変わりました。

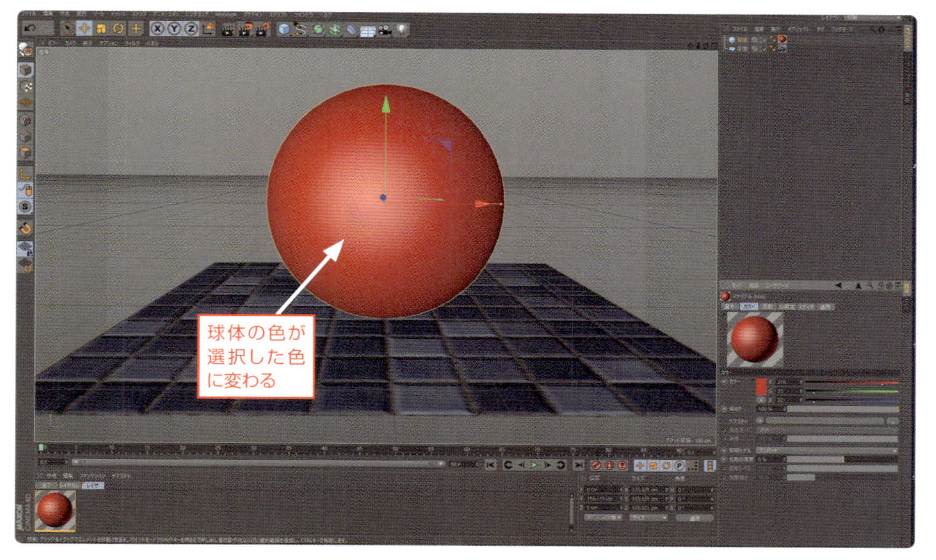

マテリアルの色が変更された

「明るさ」では、「カラー」で設定した色が出力されるときの明るさを調整します。100%でカラーで設定されている明度になり、値が小さくなると明度が下がります。図は70%まで落とした状態です。

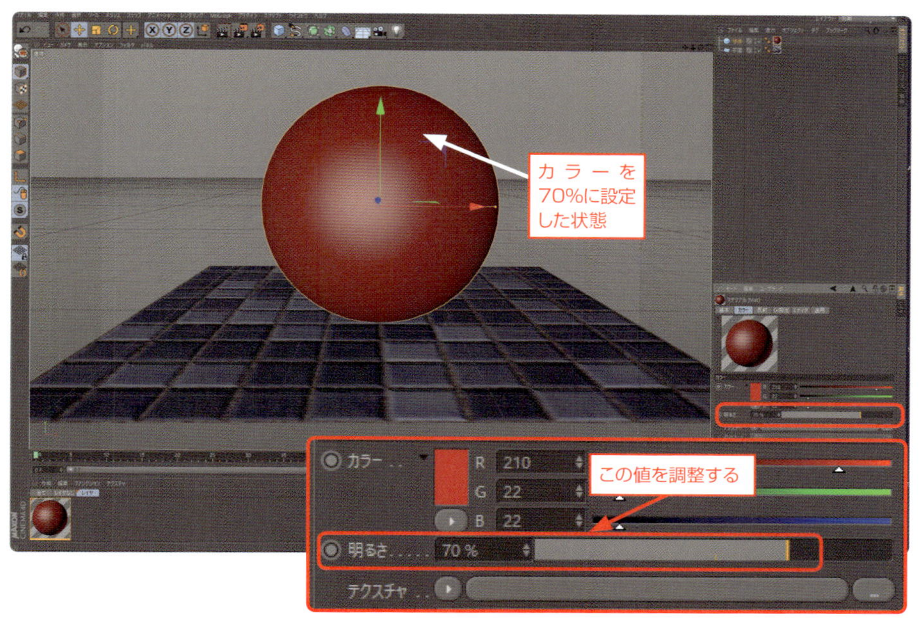

明度を落とした

「テクスチャ」はビットマップ素材をカラーに使用する場合に使います。この機能については、後ほど解説します。
「照明モデル」はマテリアルに照射された光の拡散の仕方を選択します。C4D LTでは「ランバート」と「オレン·ネイアー」を使用することができます。「ランバート」は反射がはっきりとした光沢感のあるマテリアルを設定することができます。「オレン·ネイアー」は、光の拡散のレベルや減衰、表面の粗さなどが設定できるため、光沢のあるものから、ゴムのような質感まで幅広く設定することができます。

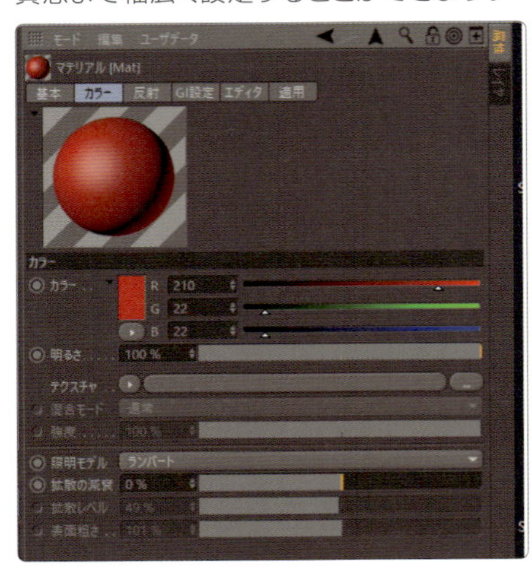

「照明モデル」を「ランバート」に設定

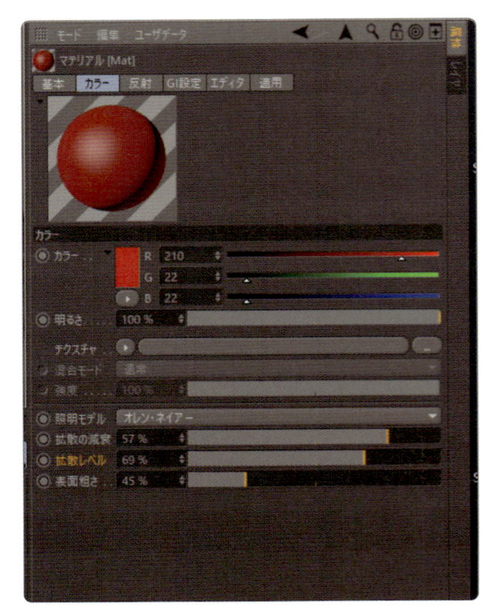

「照明モデル」を「オレン·ネイアー」に設定

STEP 05

「反射」を設定する

「反射」は、マテリアルに光が反射したときにできるハイライトの状態を設定します。「レイヤ」と「デフォルトスペキュラ」の項目がありますが、具体的な反射の設定は「デフォルトスペキュラ」で設定します。

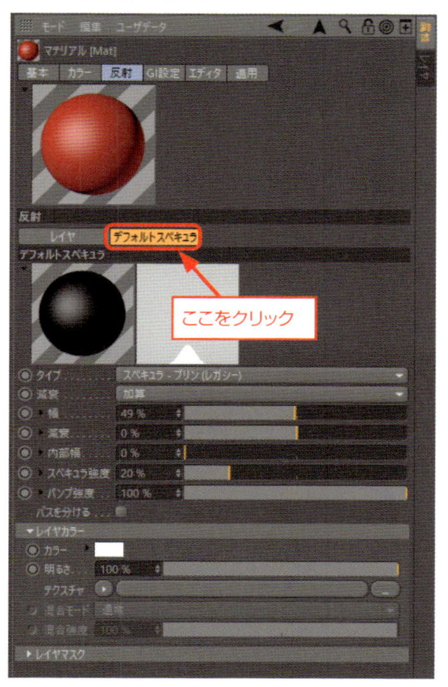

「デフォルトスペキュラ」をクリック

「反射」のプロパティで最も大切なのが、「タイプ」の選択です。「タイプ」では、光がマテリアルに反射した時の見え方を設定します。この反射のタイプによって、オブジェクトの質感が大きく変わってきます。

●スペキュラーブリン（レガシー）

汎用的な反射タイプのスペキュラーで、デフォルトでこのスペキュラーが設定されています。プラスティックなど硬化した素材に使われます。

●Beckmann

現実の世界での反射に近い状態で、スペキュラを生成します。フォトリアルな質感を得たい場合は、Beckmann に設定しておけばよいでしょう。

●GGX

反射の分散の角度が大きく、ハイライトが徐々に減衰していくような光沢が表現できます。金属質感を設定する場合に使用します。

●Phong

Phongもよく使用されるタイプで、ハイライトの形状がはっきりとした光沢感の強い質感に用いられます。

●Ward

非常に柔らかいハイライトを生成する反射タイプです。ゴムなどのハイライトが広く拡散するような質感に使用します。

●異方性

円形のハイライトではなく、一定方向に引き延ばされたようなハイライトを生成します。髪の毛や、ブラッシングした金属などの質感に使用します。

●ランバート（拡散）

ランバート（拡散）は、非常に広範囲に拡散するハイライトを生成します。

●オレン・ネイヤー（拡散）

ランバート同様、広範囲に拡散するハイライトを生成します。

●Irawan

布の質感を表現するためのスペキュラです。デニムなどいくつかのプリセットが用意されています。

●鏡面反射（レガシー）、スペキュラーブリン（レンガシー）、スペキュラーPhong(レガシー)

これらは旧バージョンで使用されていた反射タイプです。過去に作成したファイルとの互換用です。

各タイプによって、設定パラメータが異なるものがありますが、全てに共通しているのが、「減衰」、「表面粗さ」、「鏡面反射強度」、「スペキュラ強度」、「バンプ強度」です。これらの設定はハイライトの生成などに関わってきます。

「減衰」

「減衰」は、反射のカラー要素（カラーチャンネルとレイヤーカラーなど）の合成の方法を設定します。図はレイヤーカラーを青に設定した状態でモードを変更したものです。

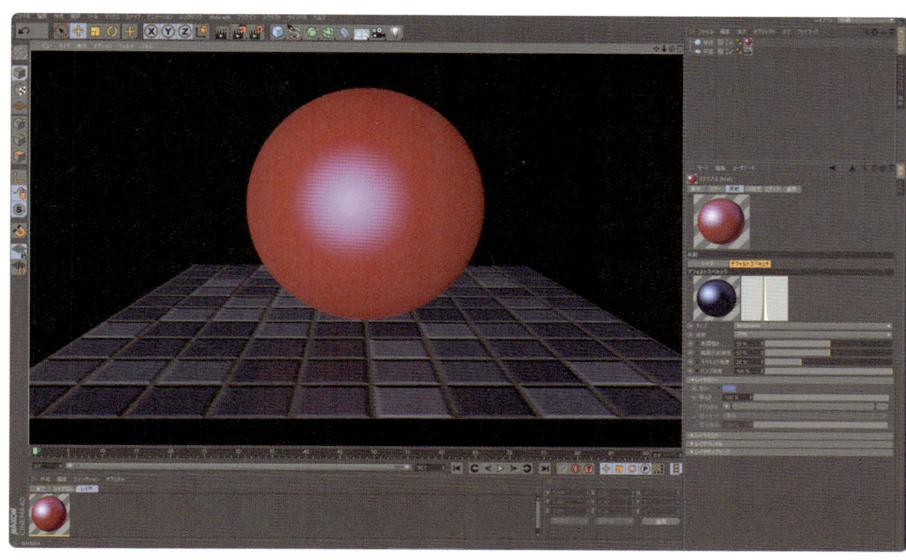

「平均」

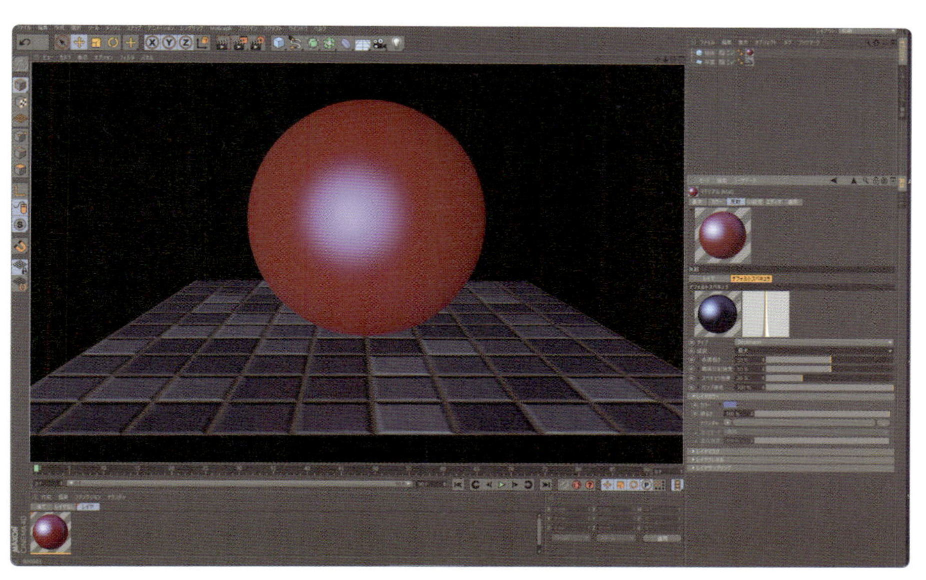

「最大」

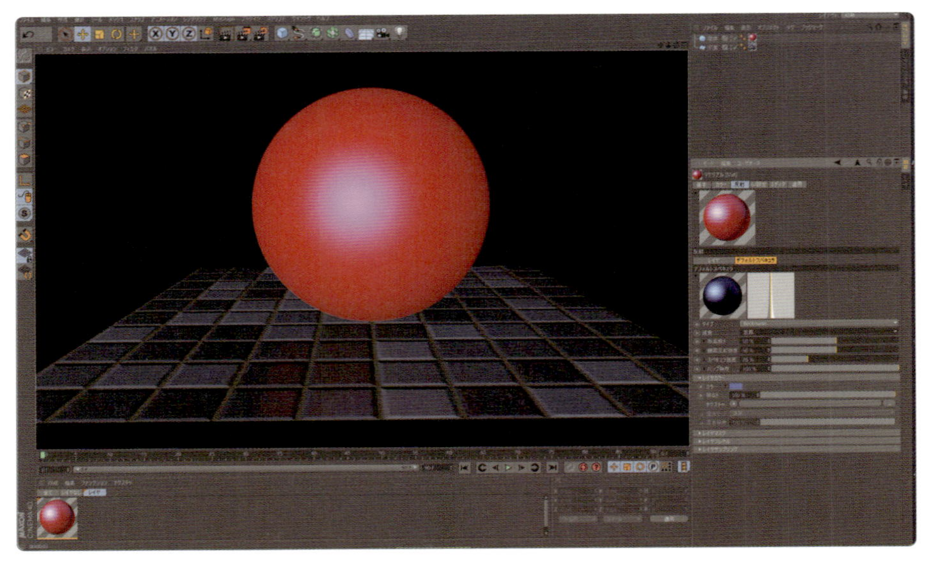

「加算」

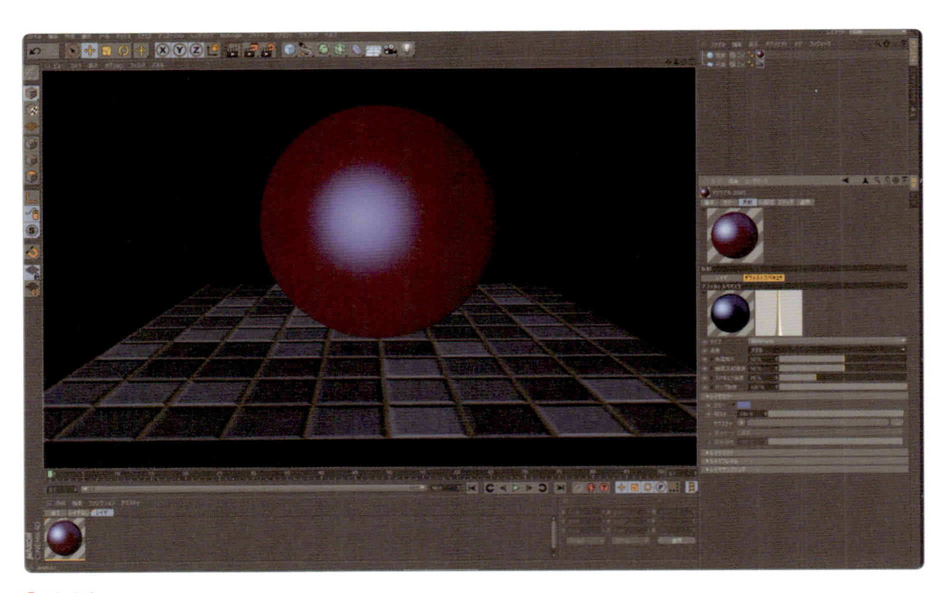

「メタル」

「表面粗さ」

「表面粗さ」は、表面に光が反射するときにおこる、乱反射を調整します。値を大きくするとラフな感じになり、値を小さくすると磨かれた感じになり、鏡のように映り込みが発生します。

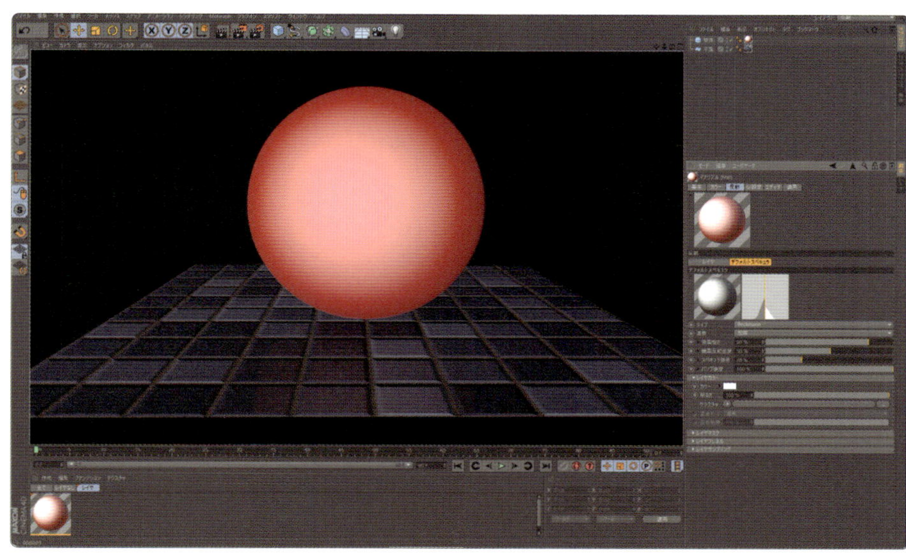

「表面粗さ」を80%に設定

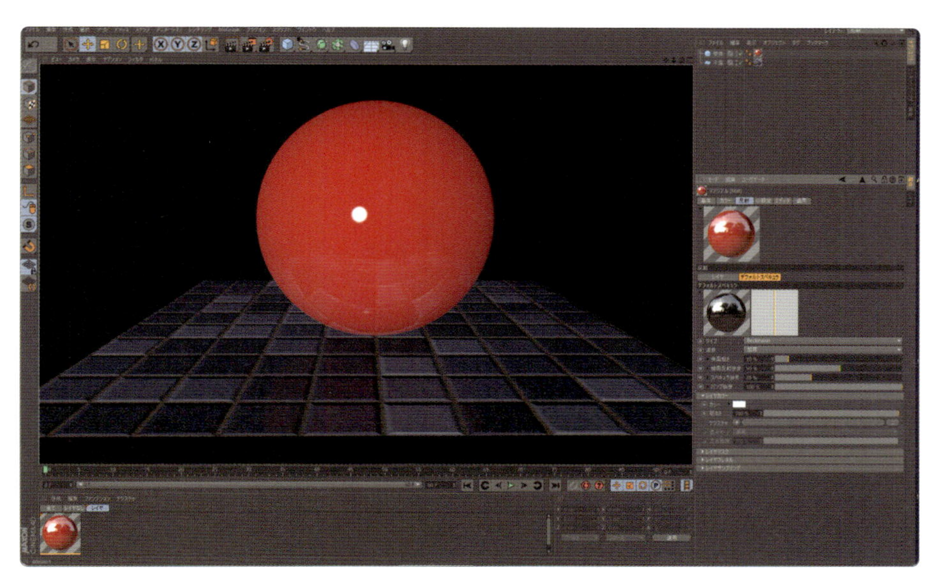

「表面粗さ」を10%に設定

「鏡面反射強度」

「鏡面反射強度」は反射の強度を設定します。値が大きくなるほど、光が反射する質感になるため、映り込みが強くなります。

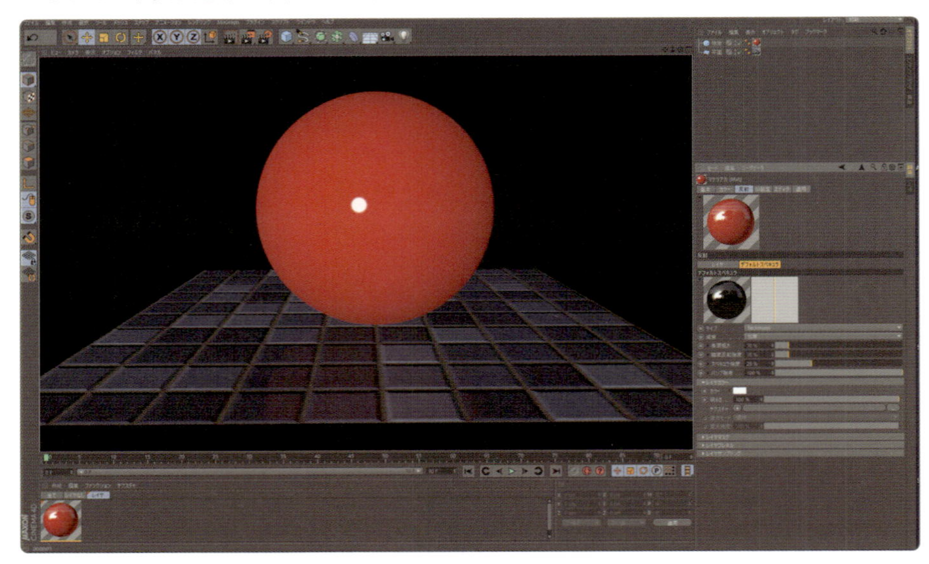

「表面粗さ」を10%に設定して「鏡面反射強度」を10%に設定

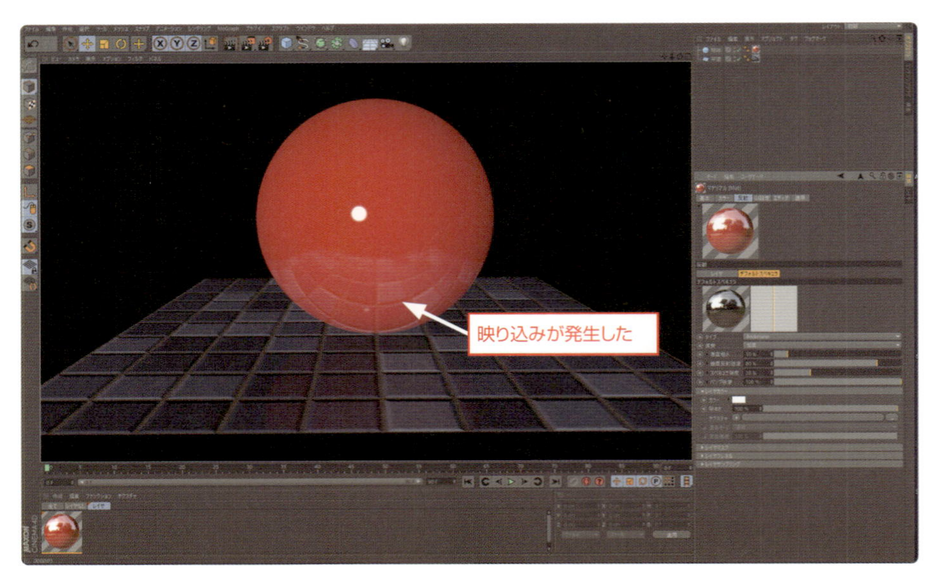

「表面粗さ」を10%に設定して「鏡面反射強度」を80%に設定

●「スペキュラ強度」

「スペキュラ強度」は、ハイライトの強度を調整します。値が大きくなるとハイライトが強くなり、値を小さくするとハイライトが薄くなります。

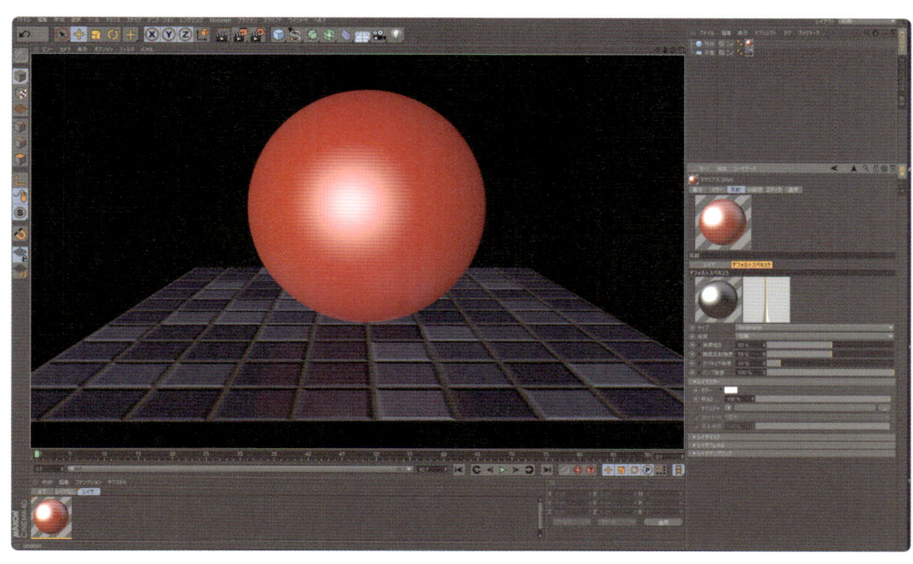

「スペキュラ強度」を10%に設定

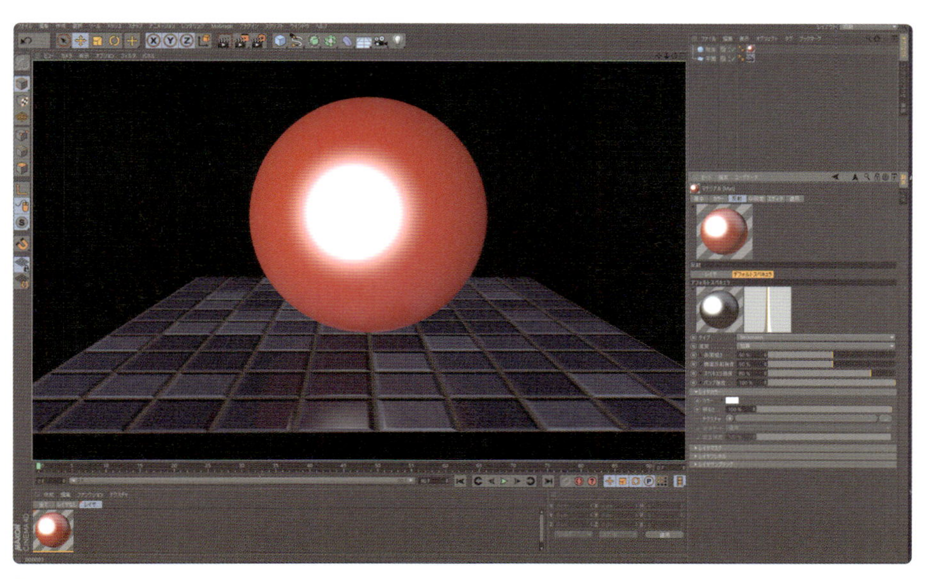

「スペキュラ強度」を80%に設定

「透過」を設定する

マテリアルの「透過」を設定してみます。「透過」は質感の透明度を設定していきます。透明になると光が屈折するなど、様々な光学的な現象を設定する必要があります。「透過」が属性マネージャに表示されていない場合は、「基本」で「透過」にチェックを入れます。

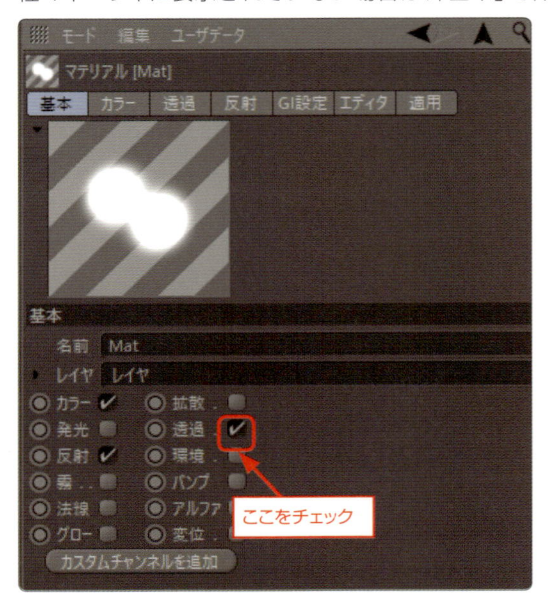

「透過」にチェック

まずは、「透過色」を設定します。「透過色」は、マテリアルを光が通過する時に透過する色を設定します。「透過色」を白に設定すると、全ての色が透過するため、透明度に応じた透明感を得ることができます。逆に「透過色」に黒を設定すると、全ての色が透過しないため、透明度の値にかかわらず、不透明になります。

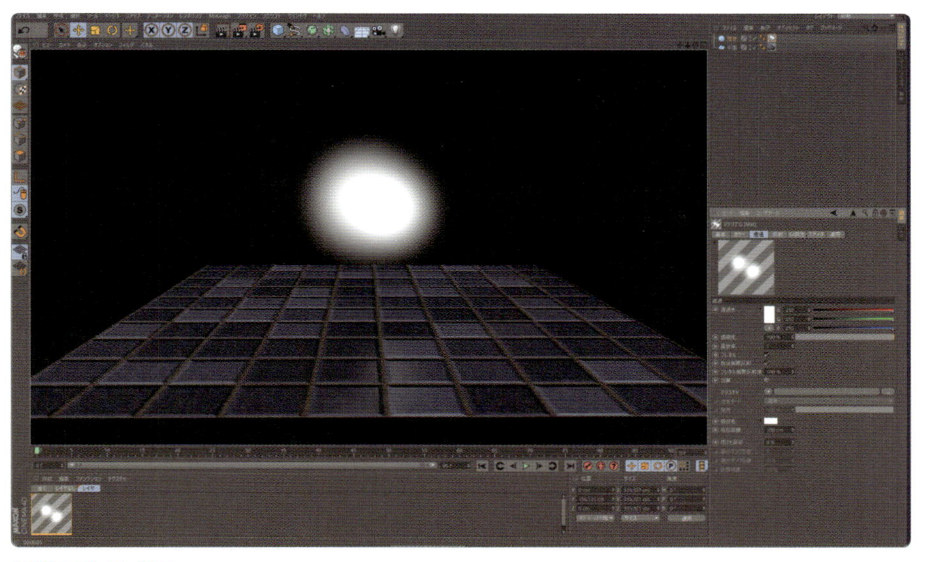

「透過色」を白に設定

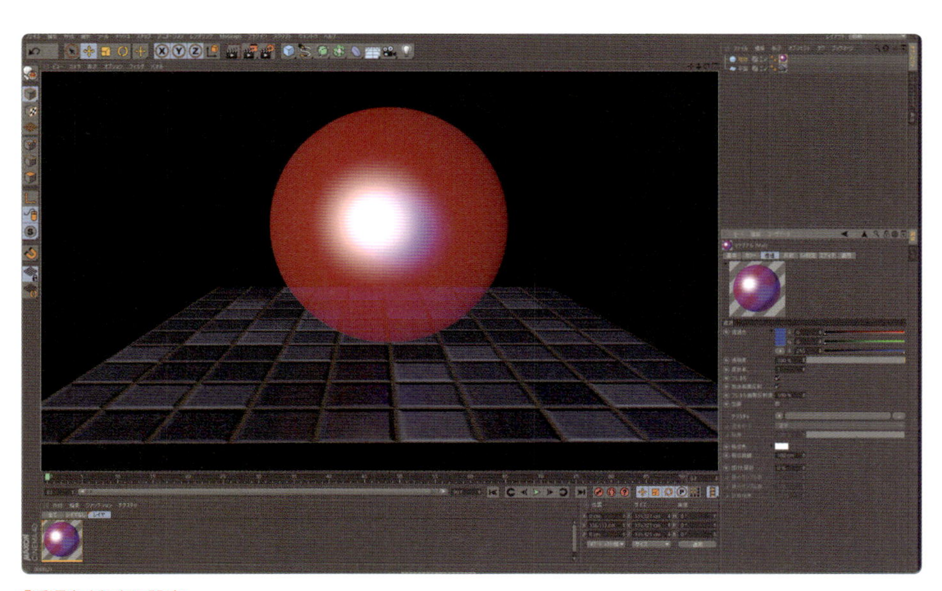

「透過色」を青に設定

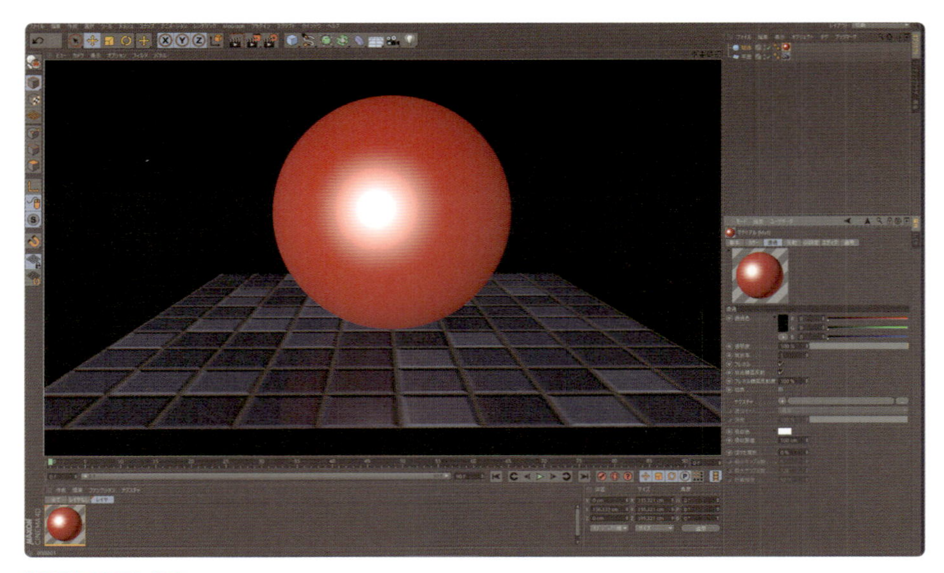

「透過色」を黒に設定

「透明度」は、100%で完全に透明、0%で完全に不透明になります。

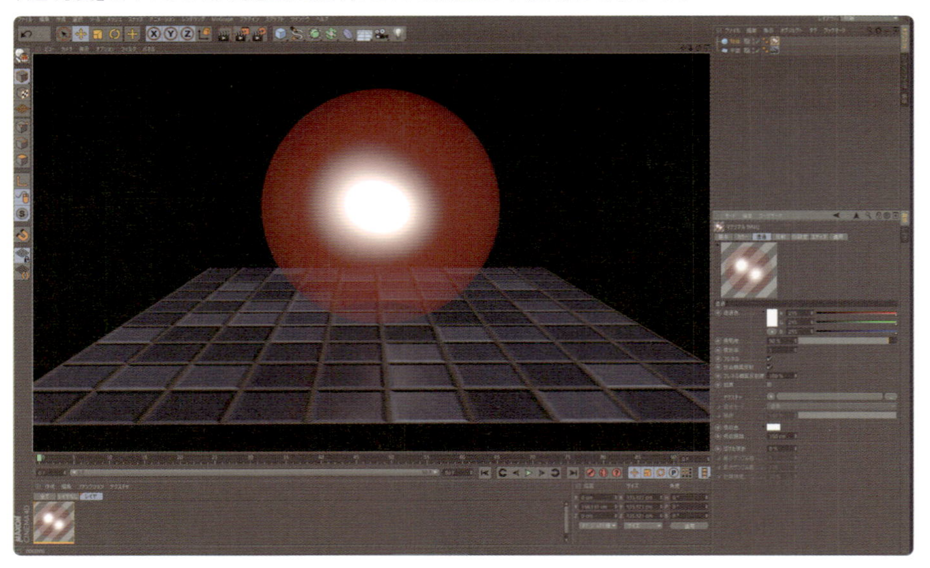

「透明度」を90%に設定

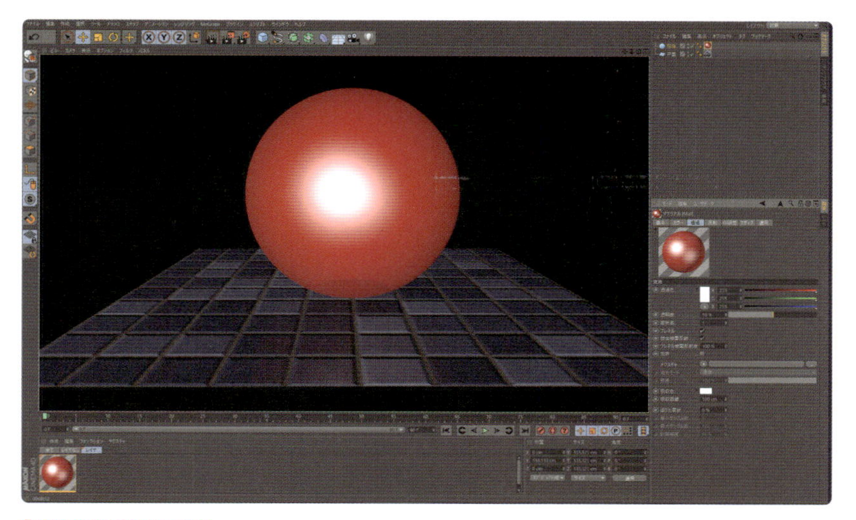

「透明度」を50%に設定

「屈折率」は、オブジェクトを光が通過した時に、光がどれだけ曲がるかを設定します。例えば、レンズ越しにモノをみると、拡大して見えたり、歪んで見えるのは、光がレンズを通過するときに屈折しているからです。光がどれぐらい曲がるのかを表す数値を屈折率といい、物質ごとに固有の屈折率は決まっています。例えば、パイレックスガラス1.47〜1.49、氷1.309、水1.333、水晶1.54、ダイヤモンド2.419の屈折率を持っています。これらの数値は、理科年表や、ネットで調べるとすぐにわかりますので、作ろうとしている材質に合わせて設定します。

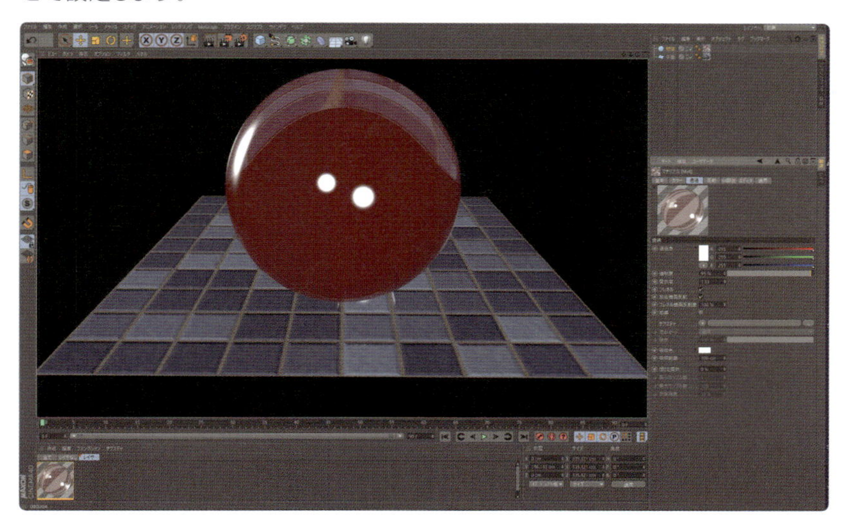

「屈折率」1.33に設定

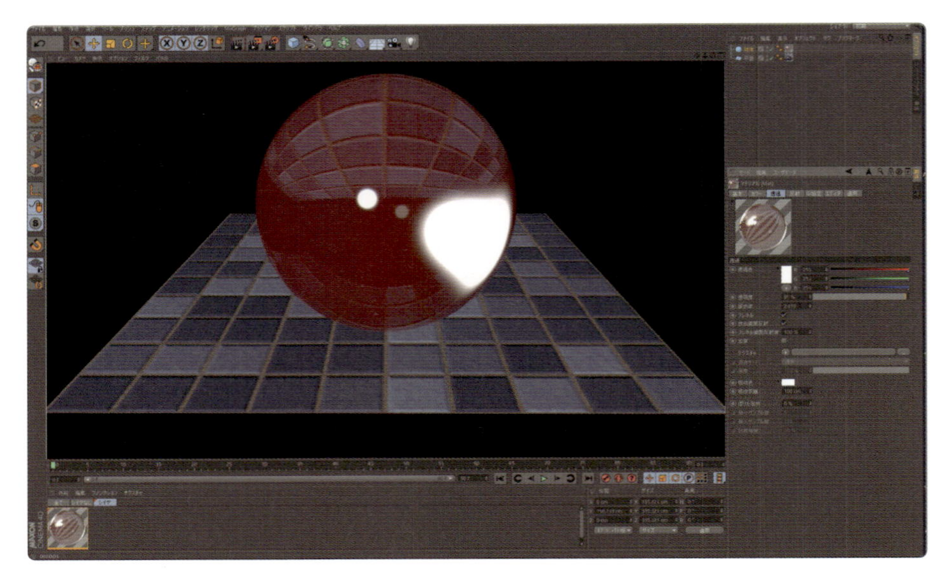

「屈折率」2.419に設定

「フレネル」は、カメラに対してオブジェクトの面が浅い角度で向いている面の透過の状態を設定します。例えばオブジェクトの輪郭周辺だけ透明度が変わっているような質感を作成することができます。「フレネル鏡面反射度」の値で調整することができます。

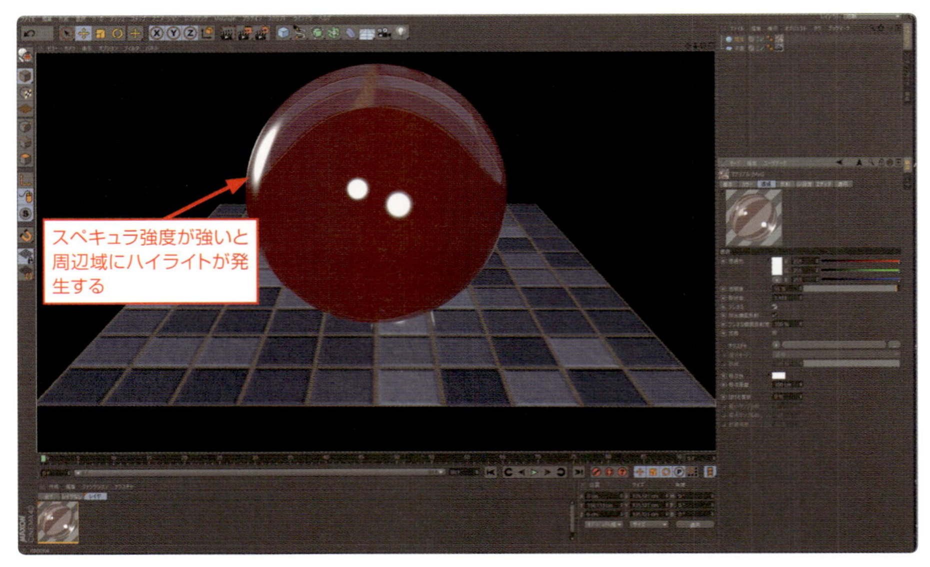

「フレネル」をオン

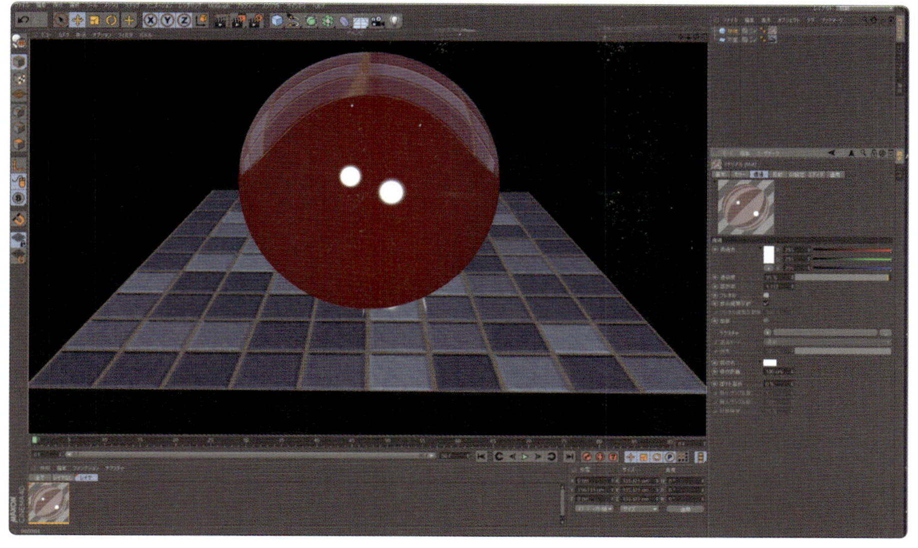

「フレネル」をオフ

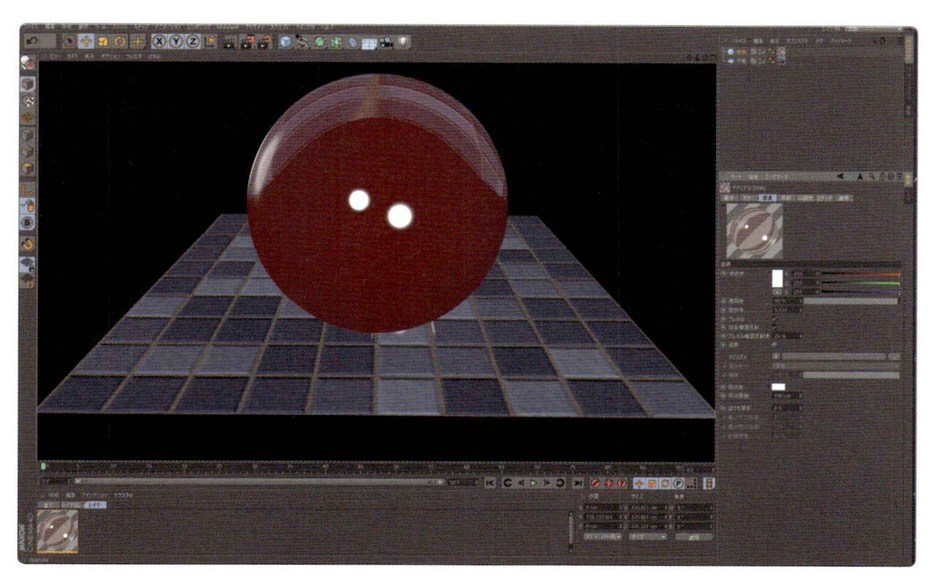

「フレネル鏡面反射」を20%に設定

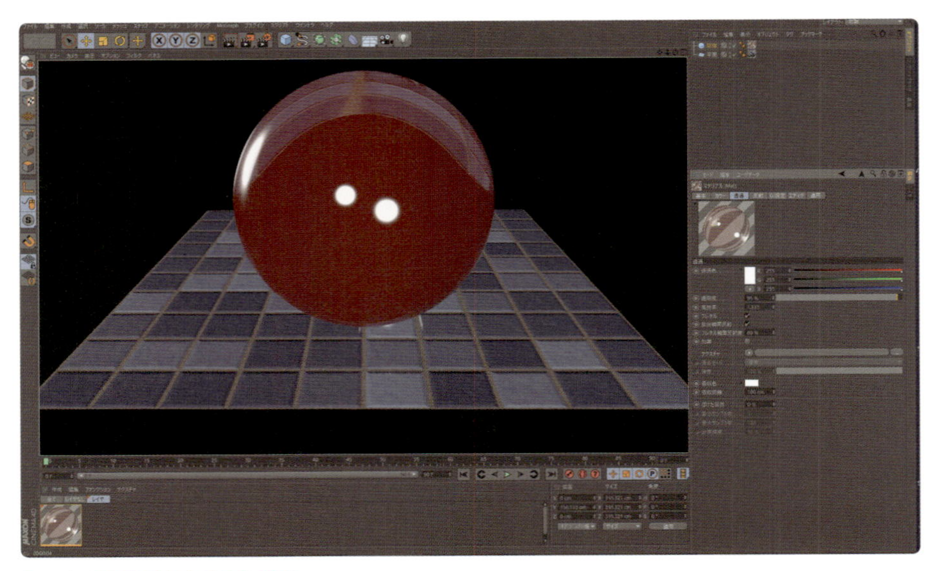

「フレネル鏡面反射」を80%に設定

「吸収色」は、色がオブジェクトを通過して弱くなった時に現れる色を設定します。吸収色はオブジェクトの厚みがある部分に発生するので、ガラスらしい表現をする場合には必ず使用します。

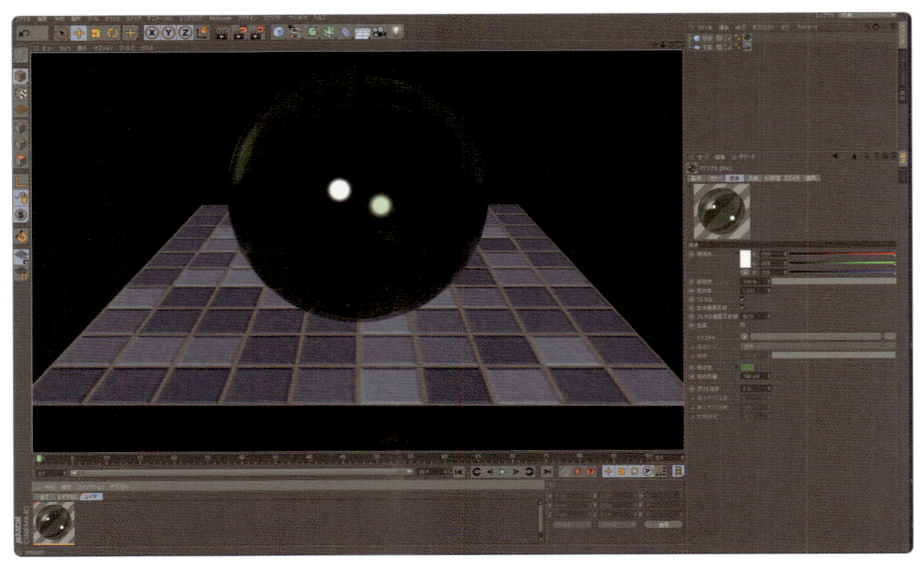

「吸収色」を緑に設定

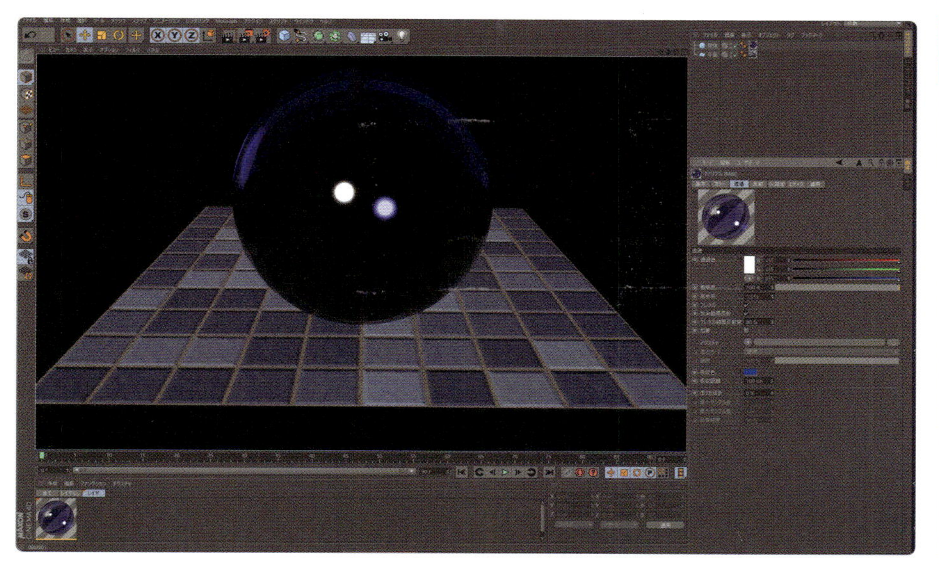

「吸収色」を青に設定

「ぼけた屈折」は、オブジェクトを通過する光にぼかしを与えて、磨りガラスのような質感を与えます。「ぼけた屈折」の値が大きくなるほど、透過する光がぼけていきます。ボケのクオリティは、「最小サンプル数」、「最大サンプル数」、「計算精度」の値で調整します。各パラメータとも数値が大きくなるとクオリティが上がっていきます。

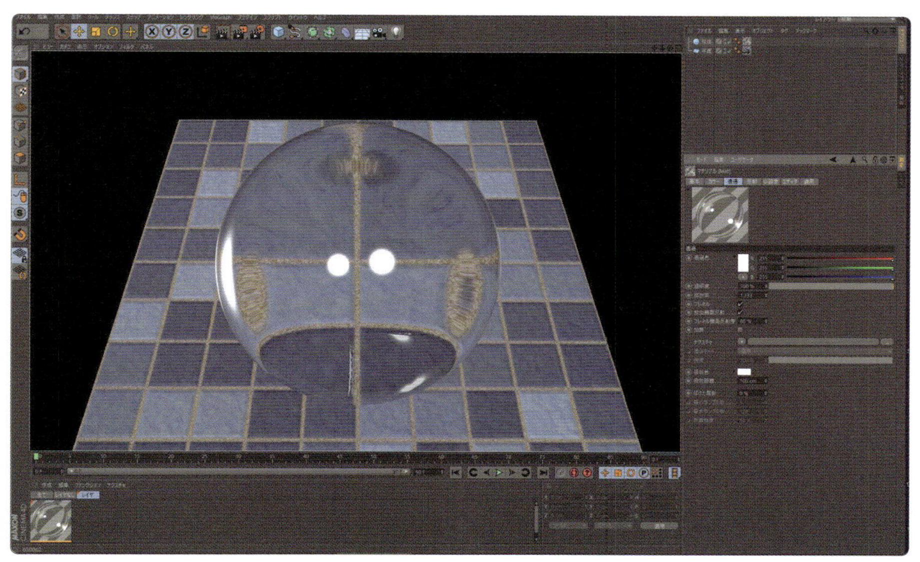

「ぼけた屈折」を0%に設定

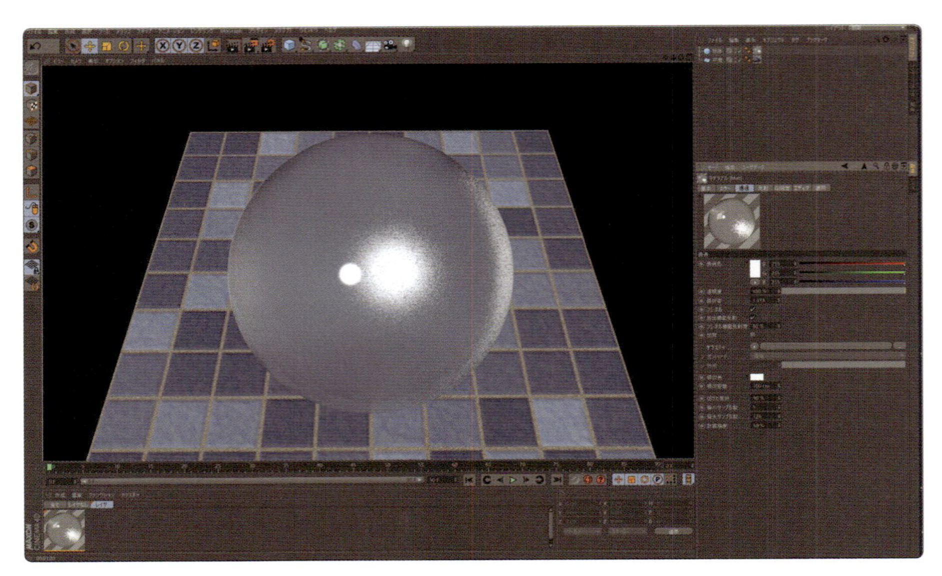

「ぼけた屈折」を30%に設定

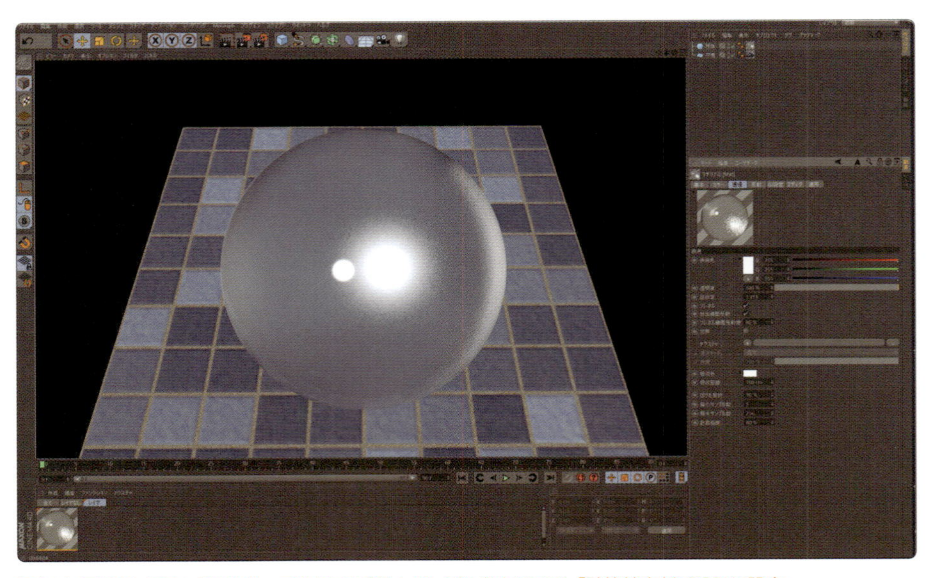

「ぼけた屈折」を30%、「最小サンプル」を5、「最大サンプル数」を256、「計算精度」を80%に設定

03 テクスチャを使った質感作り

ここではテクスチャ（ビットマップ素材）を使った質感作りを紹介します。

カラーなどにビットマップ素材を使用することで、自分で作成した画像を模様にしたり、看板のようなものも作ることができるようになります。ただし、C4D LT では UV を展開する機能が省略されているため、複雑な形状にテクスチャを貼るようなことはできないので、平面にテクスチャを貼る程度だと考えてください。ここではネームプレートを作成してみます。

▶▶▶カラーにテクスチャを使用する

まずは、ネームプレートのオブジェクトを作成し、Photoshop などのビットマップツールを使って作成した画像を、カラーとして適用します。

STEP 01 ネームプレートを作成する

まずは、長方形スプラインを使ってネームプレートの形状を作成して、「押し出し」ジェネレータで厚みをつけます。長方形スプラインは「フィレット」をオンにして、角を丸くしています。

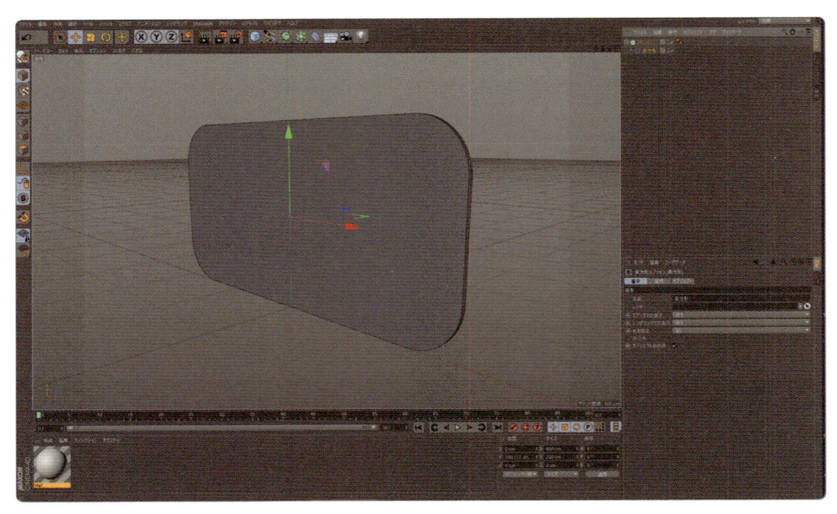

長方形スプラインを押し出して、ネームプレートのオブジェクトを作成する

STEP 02 テクスチャを作成する

オブジェクトができたところで、このネームプレートに貼り込むテクスチャを作成します。オブジェクトの形状と、テクスチャの形状を合わせるため、オブジェクトを前面からみた状態をレンダリングして、ガイドとなる画像を作成します。

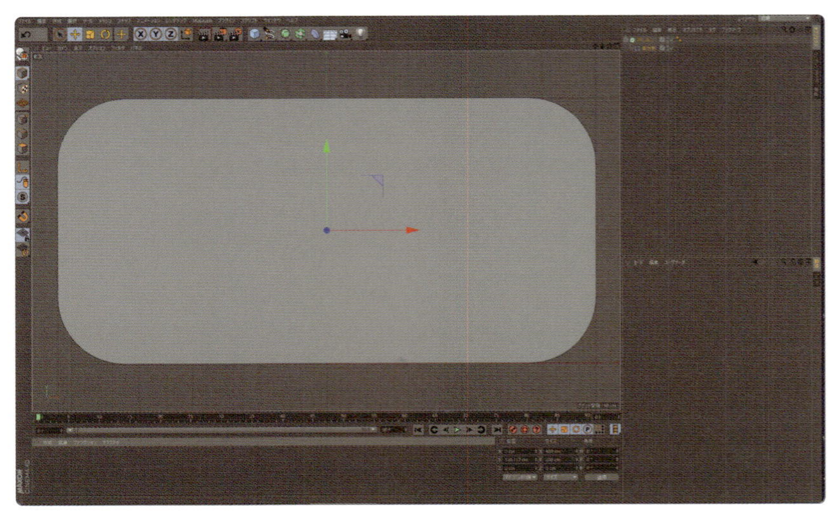

ビューを前面に切り替える

C4D LTはビューをレンダリングした画像を保存することができないので、Alt+PrtScrキーを押して（macOSの場合は、command+shift+3キーでデスクトップに保存されたpngファイルを開きます）、C4D LTの画面をキャプチャし、Photoshopなどのペイントツールにペーストします。ここでは、Photoshopを例に解説します。キャプチャしたら、Photoshopで新規ドキュメントを作成します。このとき、クリップボードを選択します。

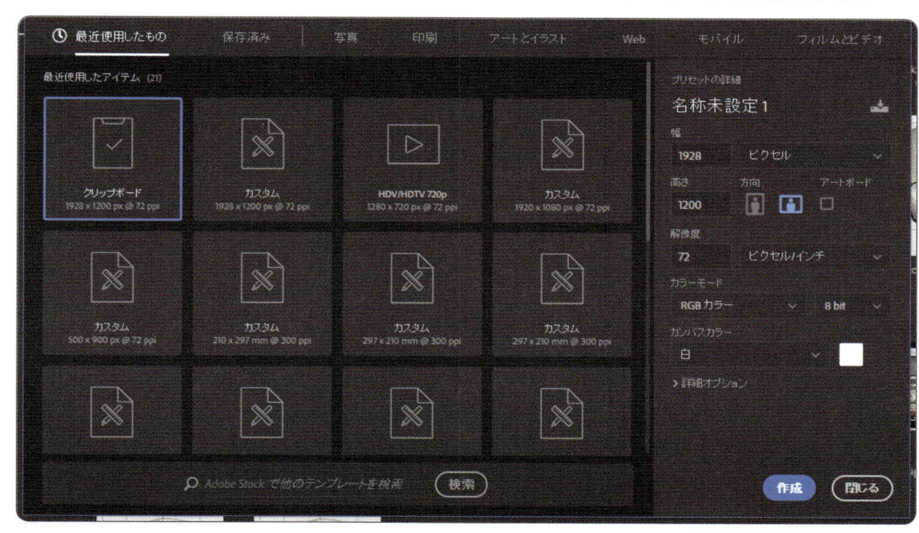

Photoshopの新規ドキュメントでクリップボードを選択

新しく作成されたドキュメントにペーストします。

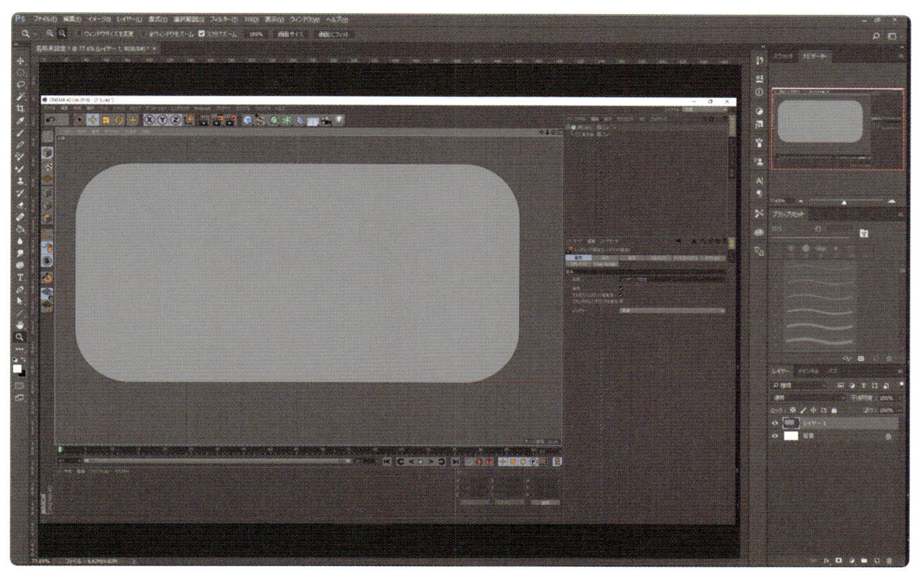
ドキュメントにペーストする

切り抜きツールを使って、ネームプレートの大きさに画像をクリッピングします。

切り抜きツールでクリッピングする

新しいレイヤーを作成して、絵柄を描いていき、TIFFファイルで保存します。

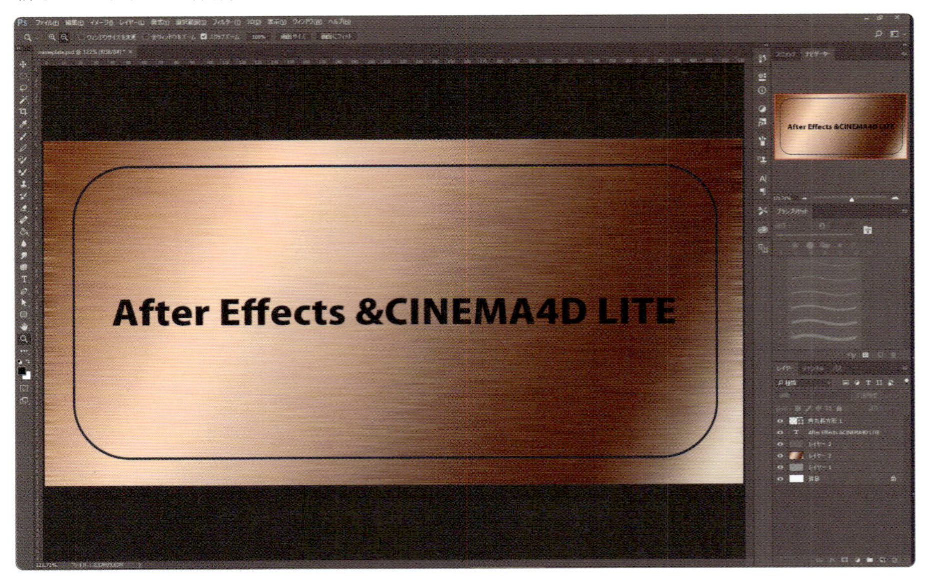

STEP 03

マテリアルを作成する

テクスチャができたら、C4D LTに戻って、マテリアルマネージャの「作成」メニューから「新規マテリアル」を選択して新しいマテリアルを作成します。

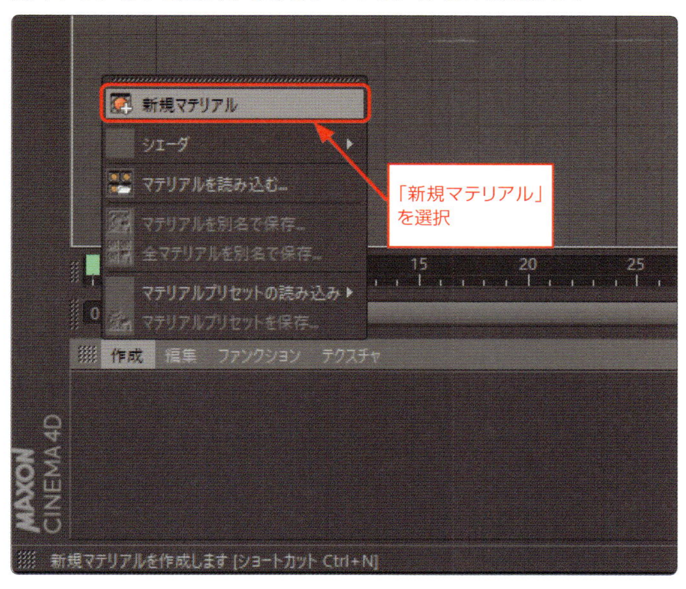

マテリアルを作成する

作成したマテリアルをネームプレートのオブジェクトにドラッグ&ドロップして適用します。

マテリアルをオブジェクトに適用する

マテリアルを選択して、属性マネージャで「カラー」のプロパティを表示します。「カラー」にある「テクスチャ」のファイル参照ボタンをクリックします。

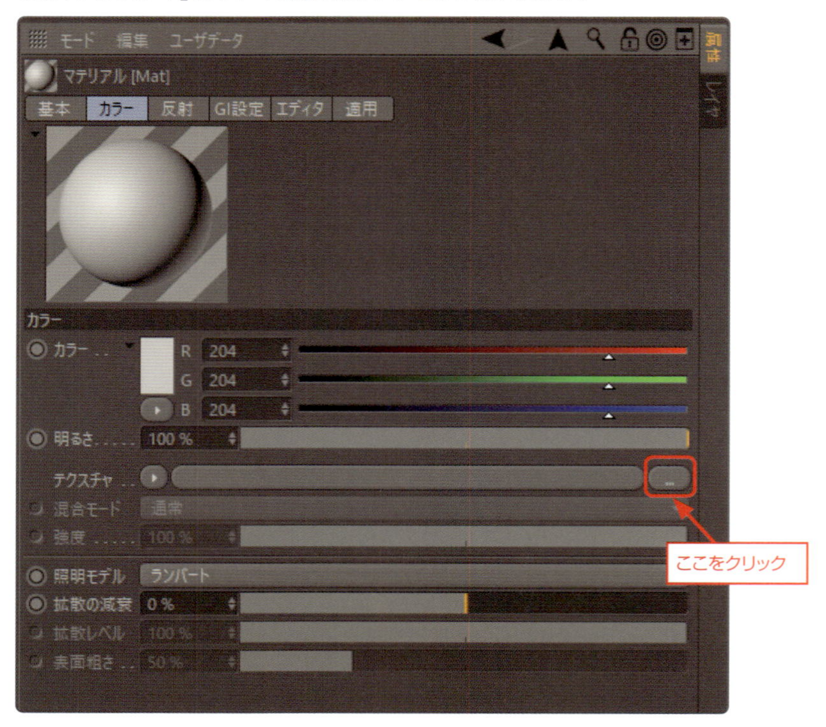

「テクスチャ」のファイル参照ボタンをクリック

「ファイルを開く」ウィンドウが表示されるので、作成したテクスチャを選択して開きます。

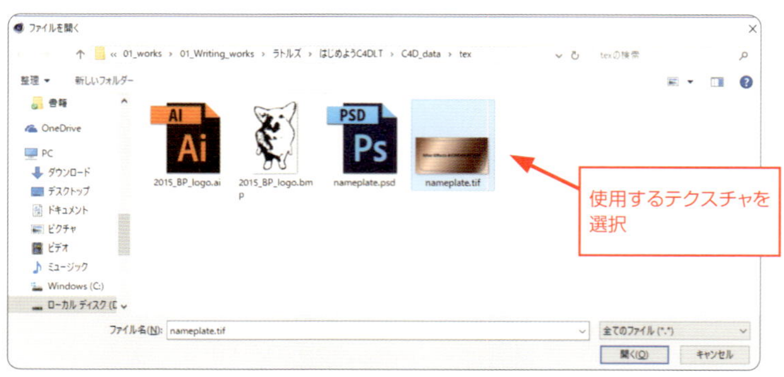

テクスチャを選択

マテリアルにテクスチャが読み込まれると、図のようにオブジェクトにテクスチャが貼り込まれます。しかし、位置や大きさがずれてしまっているので、これを修正します。

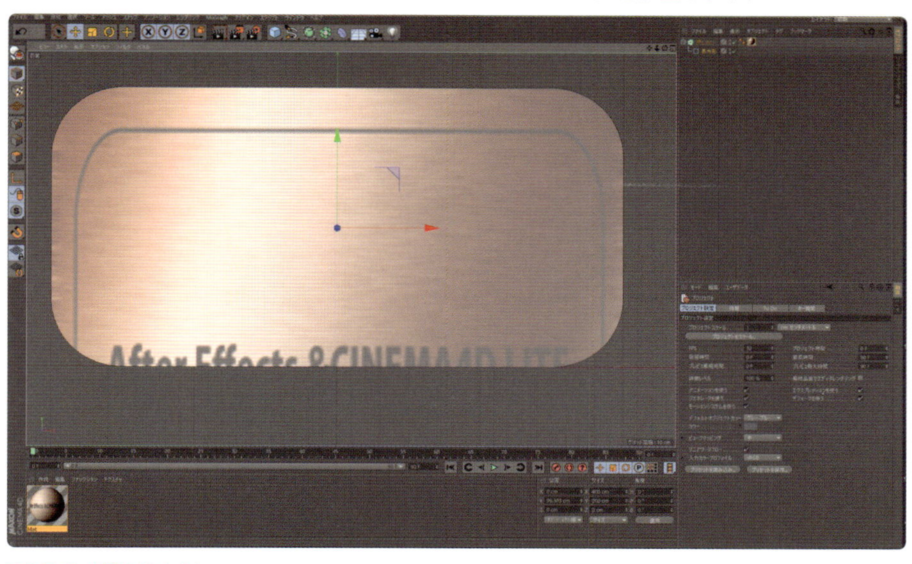

テクスチャが貼り込まれた

テクスチャの位置を修正するには、レイアウトを「BP UV Edit」に切り替えます。

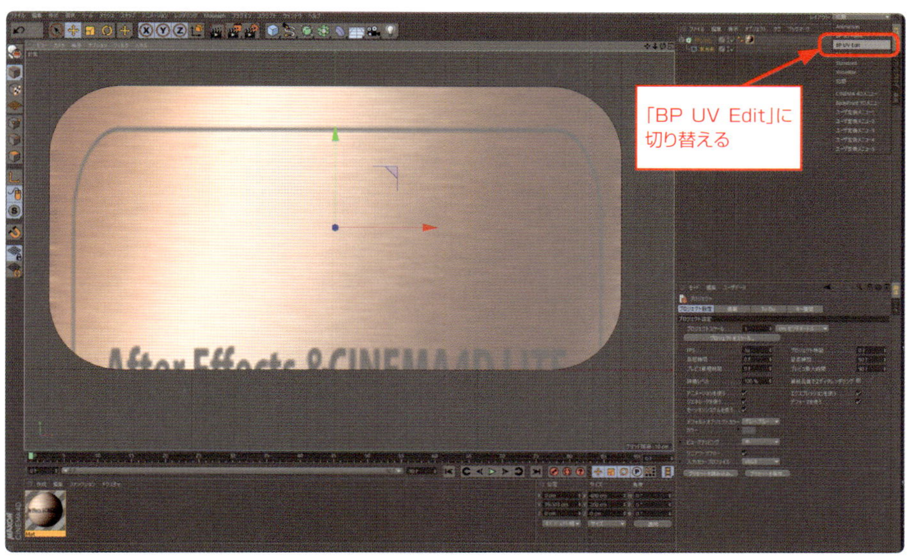

「レイアウト」から「BP UV Edit」を選択

属性マネージャの「モード」を「タグ」に切り替えます。

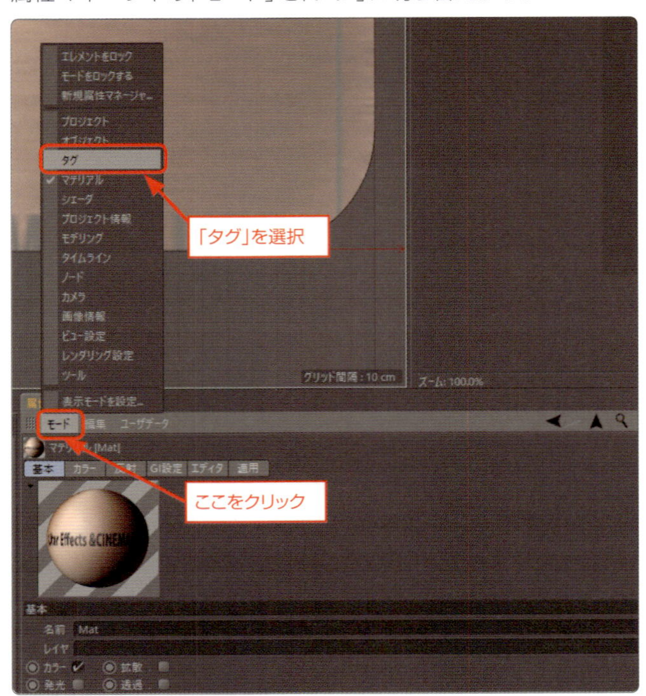

属性マネージャの「モード」メニューから「タグ」を選択

テクスチャタグが表示されるので、「投影法」を「UVWマップ」、「貼る面」を表だけ、「サイズV」を50％に設定します。

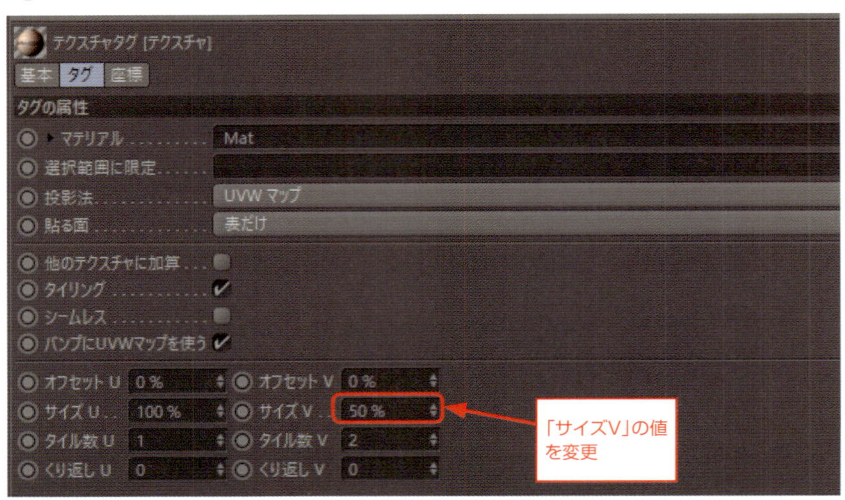

テクスチャタグの属性を編集して位置を調整する

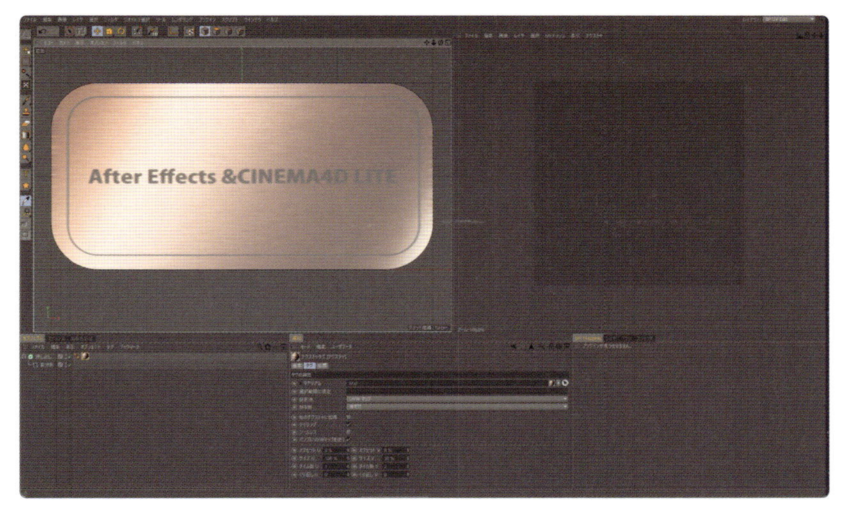

ネームプレートの中央にテクスチャの位置が変更できた

STEP 04 テクスチャで凹凸をつける

マテリアルのバンプマップを使用すると、テクスチャの明度情報を使ってオブジェクトに擬似的な凹凸をつけることができます。バンプに使用するテクスチャは、カラーに使用したテクスチャを使って、文字と縁取りだけが黒、地の色は白という素材を作成します。保存形式はTIFFにしておきます。

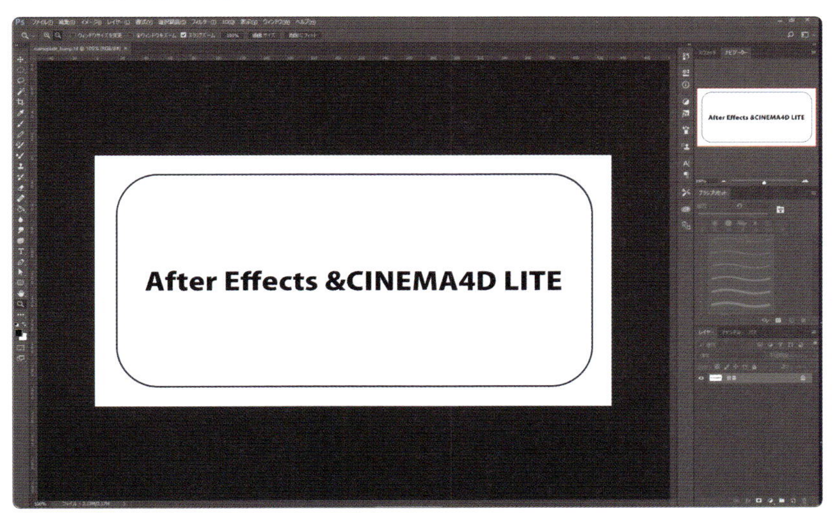

凹ませたいところを黒で描いている

C4D LTに戻って、オブジェクトに適用したマテリアルを選択して、属性マネージャでマテリアルの「基本」で「バンプ」にチェックを入れてオンにします。

「バンプ」にチェックを入れる

「バンプ」をクリックして、「バンプ」のプロパティを表示し「テクスチャ」のファイル参照ボタンをクリックします。

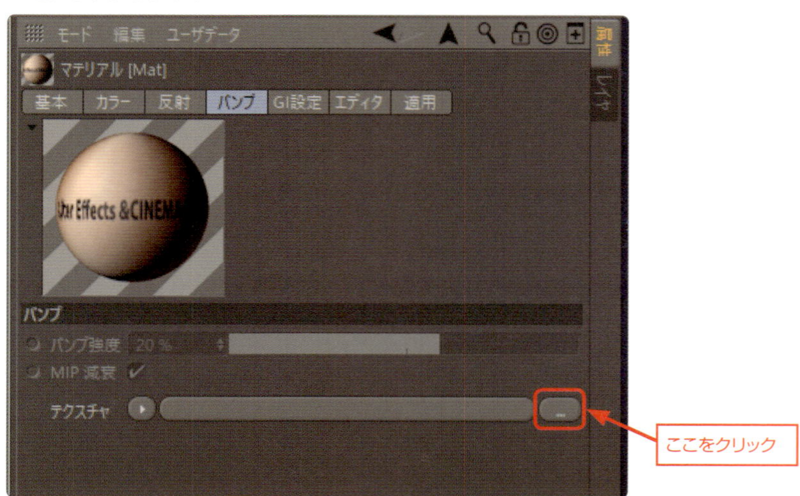

「バンプ」の「テクスチャ」にあるファイル参照ボタンをクリック

「ファイルを開く」ウィンドウで作成したバンプ用のテクスチャを選択して開きます。

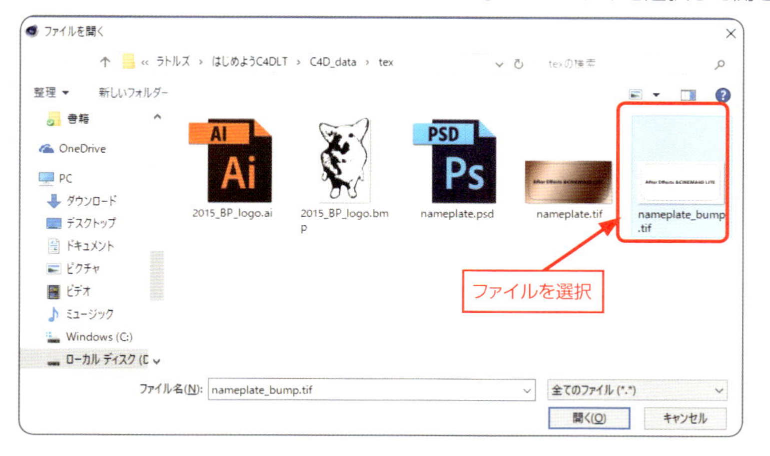

マテリアルが適用されているオブジェクトに凹凸が表現されました。

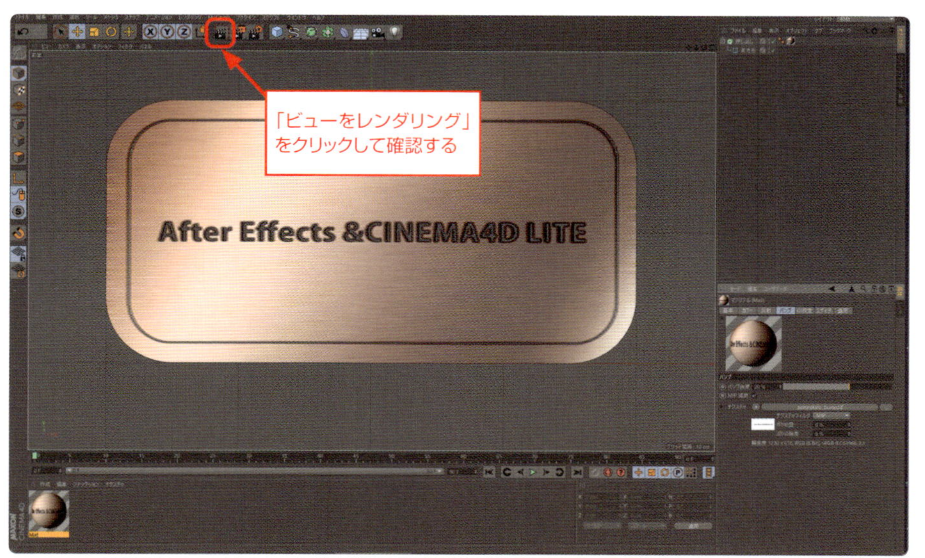

バンプの深さは「バンプ強度」で調整することができます。値が大きくなるほど凹凸が強調されます。

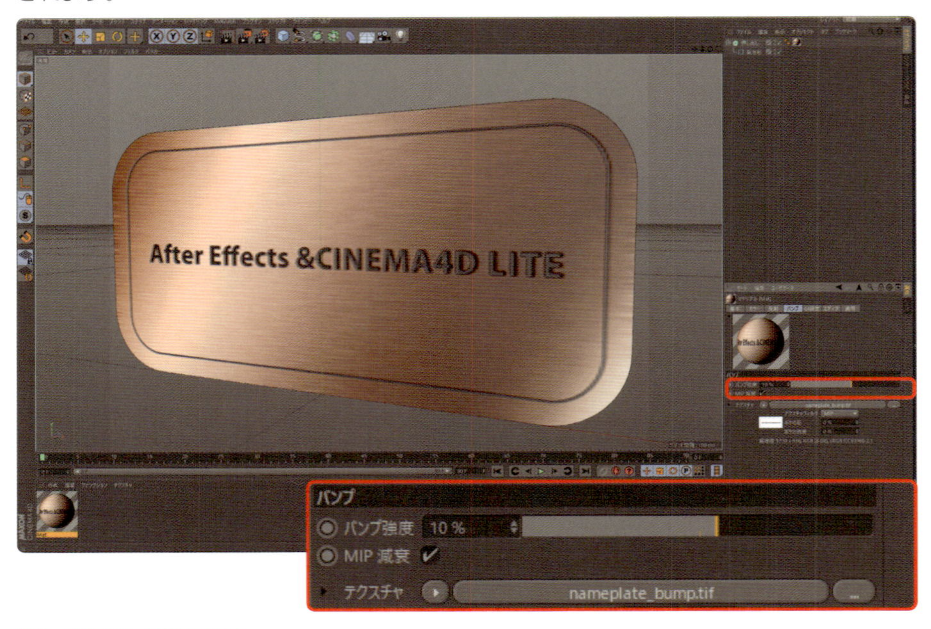

「バンプ強度」を10%に設定

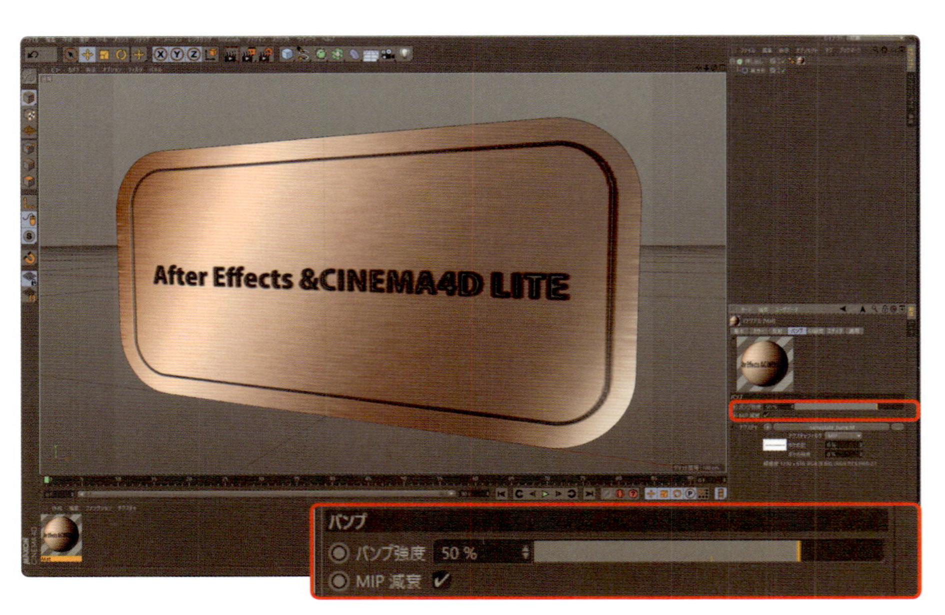

「バンプ強度」を50%に設定

04

ライトとカメラを追加する

作成したシーンに
ライトとカメラを追加して、
より立体感のあるCGに
仕上げていきます。

01 ライトをシーンに追加する

C4D LTでは、用途に応じた6種類のライトを使用することができます。

▶▶▶基本的なライトの追加方法

まずは、基本的なライトの追加方法を紹介します。

STEP 01 ライトをシーンに追加する

ライトをシーンに追加するには、「作成」メニューの「ライト」から使用するライトを選択するか、コマンドパレットで追加したいライトを選択します。

「作成」メニューの「ライト」からライトを選択

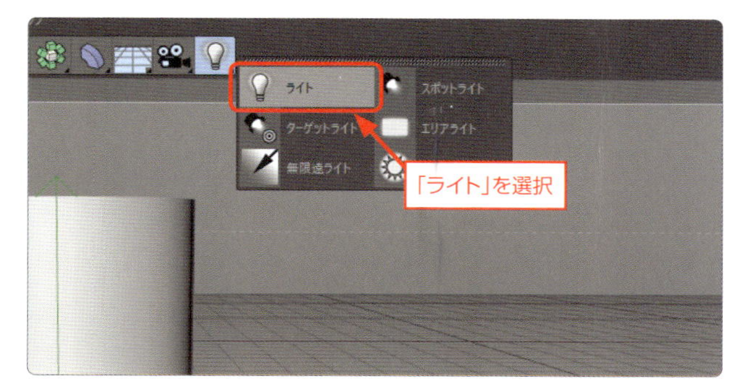

コマンドパレットからライトを選択

「ライト」を選択すると、シーンにライトが追加されます。ここではライトの位置がわかりやすいように、ビューでマウスの中ボタン(Macの場合は4分割アイコンをクリック)を押して4分割画面にしています。透視ビュー以外は表示を「隠線処理+ワイヤーフレーム」にしてあります。シーンの中央にある放射線状のオブジェクトがライトのオブジェクトです。このライトの形状は選択したライトによって変わります。

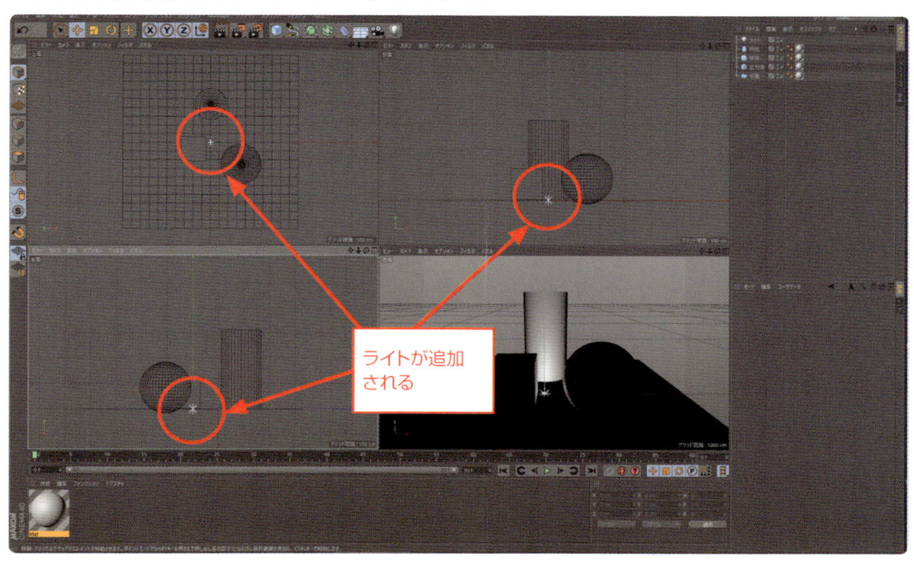

中央にあるのがライトオブジェクト

ライトオブジェクトは、移動ツールや回転ツールを使って位置や向きを変更することができます。

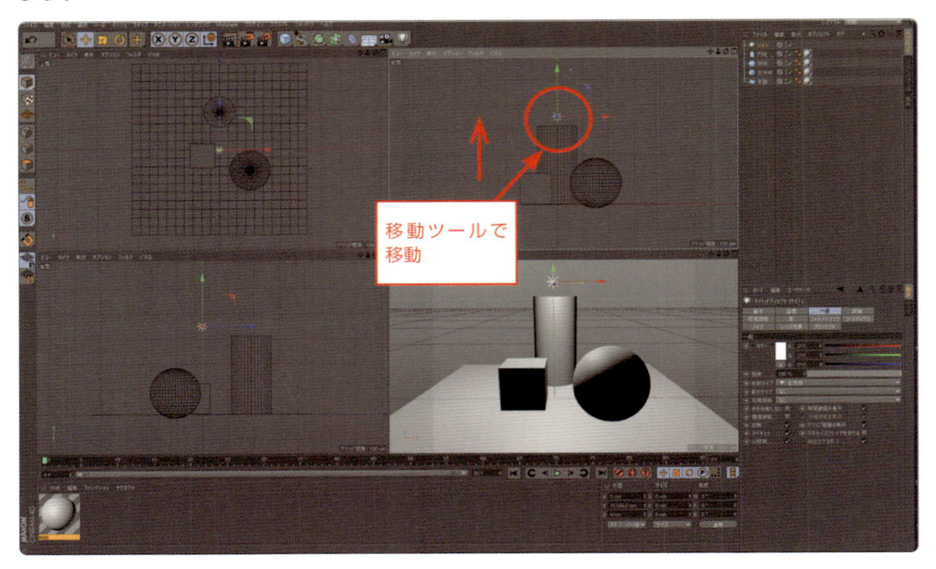

ライトを移動ツールで移動させた

STEP 02 ライトの一般的なパラメータ

ライトが持っているパラメータは、ライトの種類によって変わってきますが、ここでは各ライトに共通する「一般」にある主なパラメータを紹介します。

●カラー

「カラー」はライトの光源色を設定します。光源の色はカラーピッカーや RGB 値の設定で自由に設定することができます。

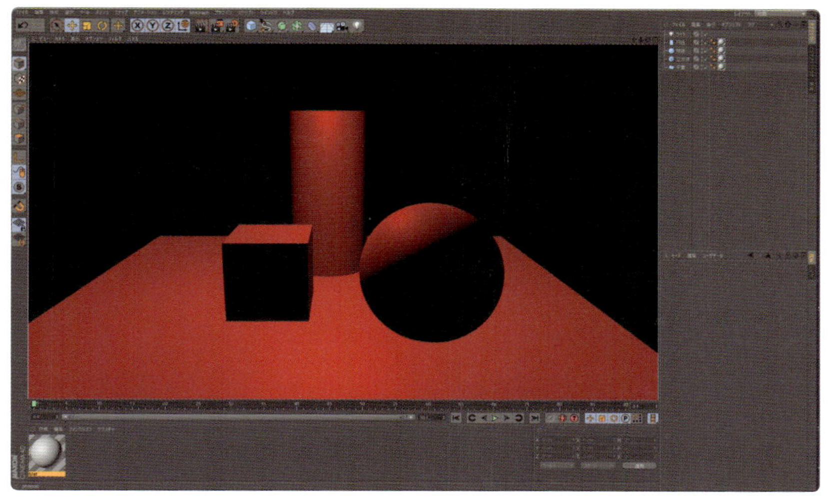

カラーを赤に設定

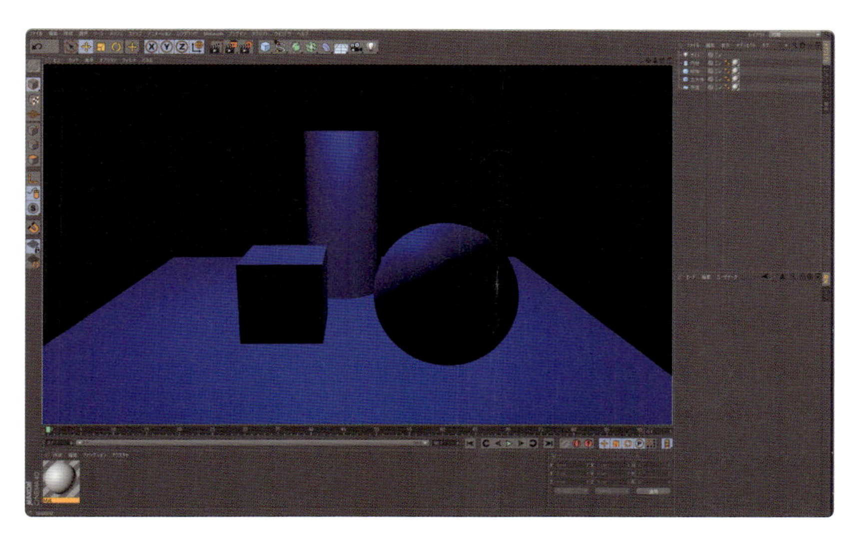

カラーを青に設定

●強度

「強度」は光源の強さを設定します。強度の値が大きくなるほど明るくなっていきます。スライダーの設定では100%までしか設定できませんが、直接値を入力すると100%を超えて設定することができます。

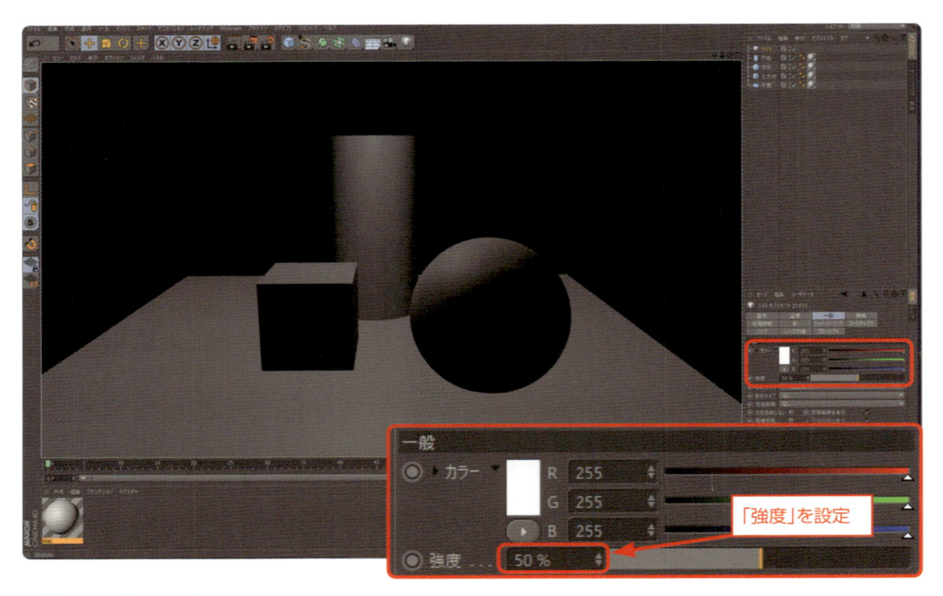

「強度」を50%に設定

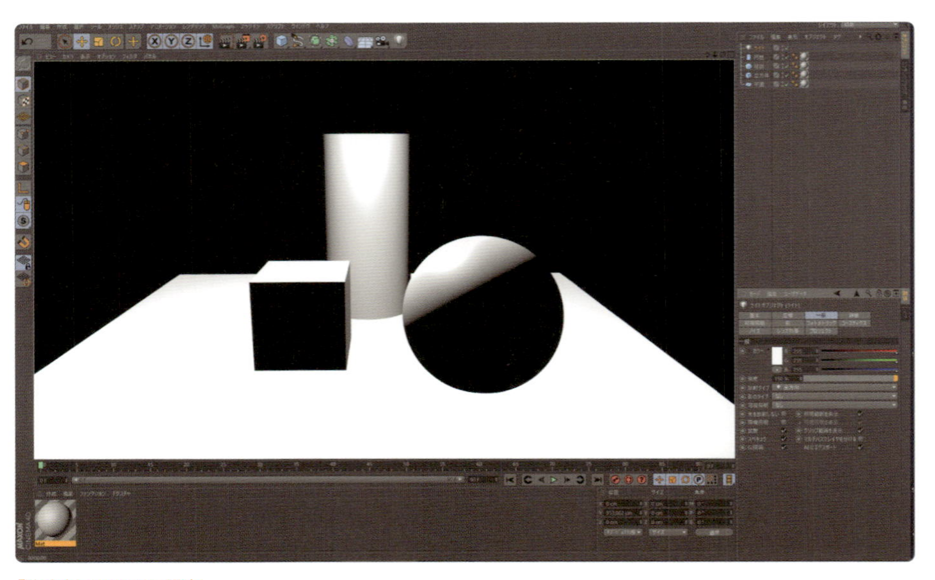

「強度」を150%に設定

●放射タイプ

「放射タイプ」は、ライトの種類を設定します。コマンドパレットなどで作成するライトを選択した後でも、この「放射タイプ」を変更すれば、ライトの種類を変更することができます。

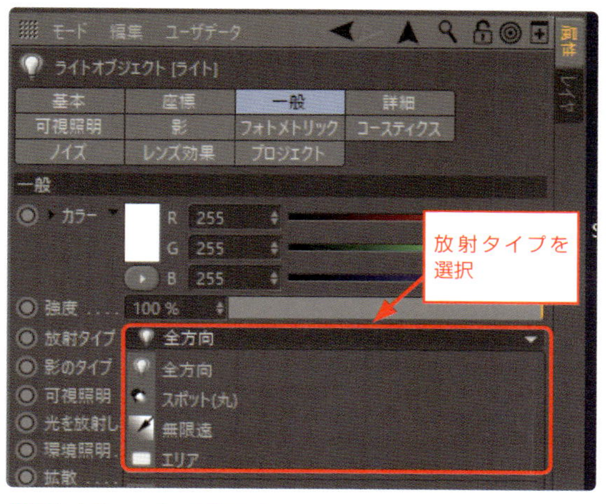

放射タイプでライトの種類を変更する

●影のタイプ

「影のタイプ」は、影を生成するかどうかを設定します。「なし」にすると影は発生しません。影のタイプには「シャドウマップ（ソフト）」、「レイトレース（ハード）」、「エリア」の３種類があります。それぞれの影の種類で影の出方が全く変わってくるので、用途に応じて選択します。それぞれの影の設定は「影」で設定します。

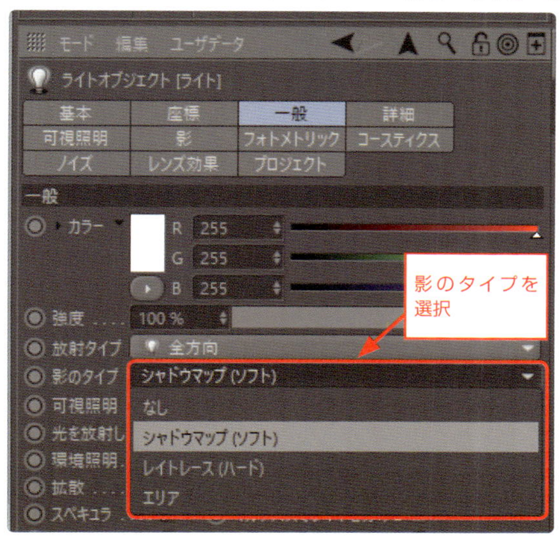

影を出したいときは、3種の中から選択する

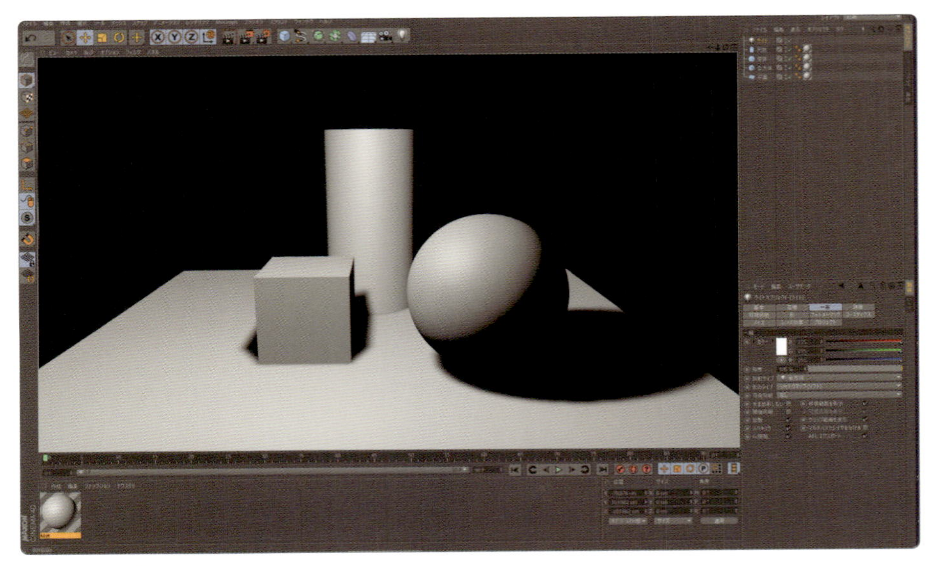

「シャドウマップ」

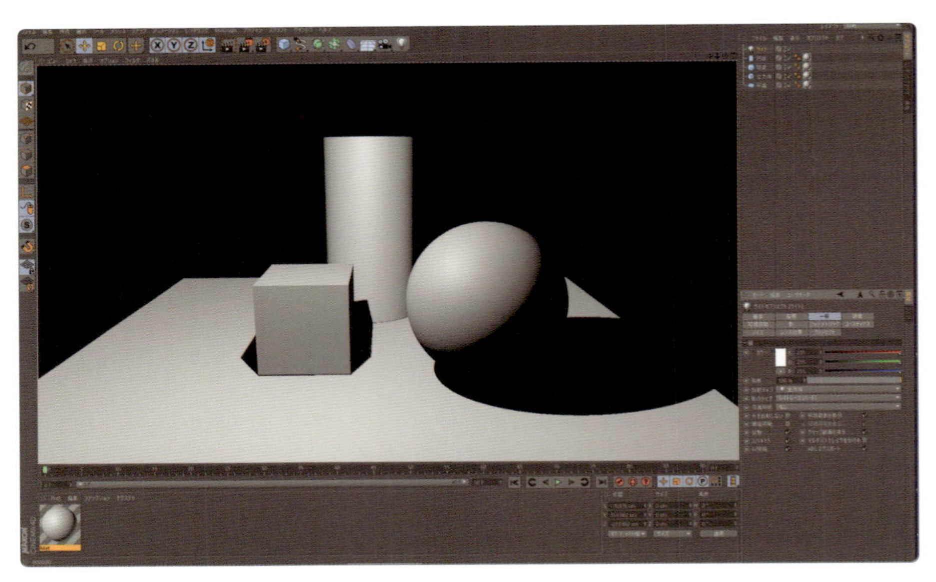

「レイトレース」

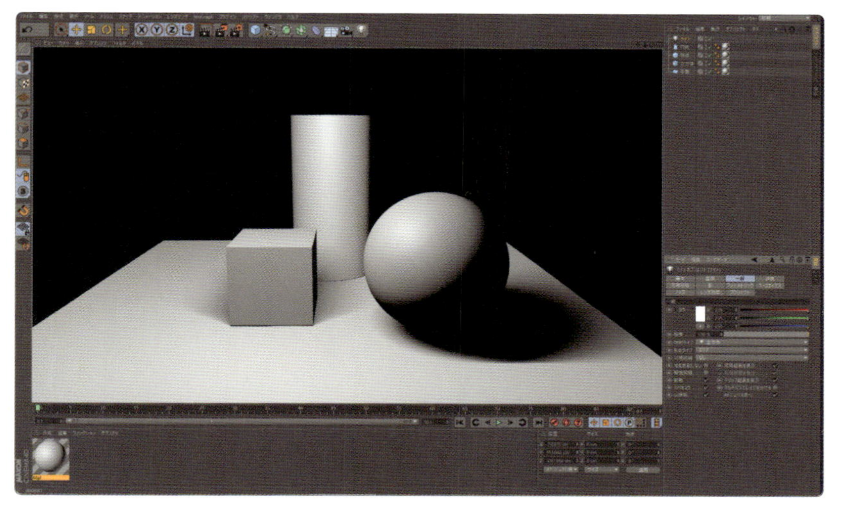

「エリア」

可視照明

ライトの光源は、通常は見えませんが、この「可視光線」を設定することで火球や煙の中の光源のように、ライトを可視化することができます。可視光線のタイプには、「可視光線」、「ボリューム」、「逆ボリューム」の3種類があります。それぞれの光源の見え方は「可視照明」で設定することができます。

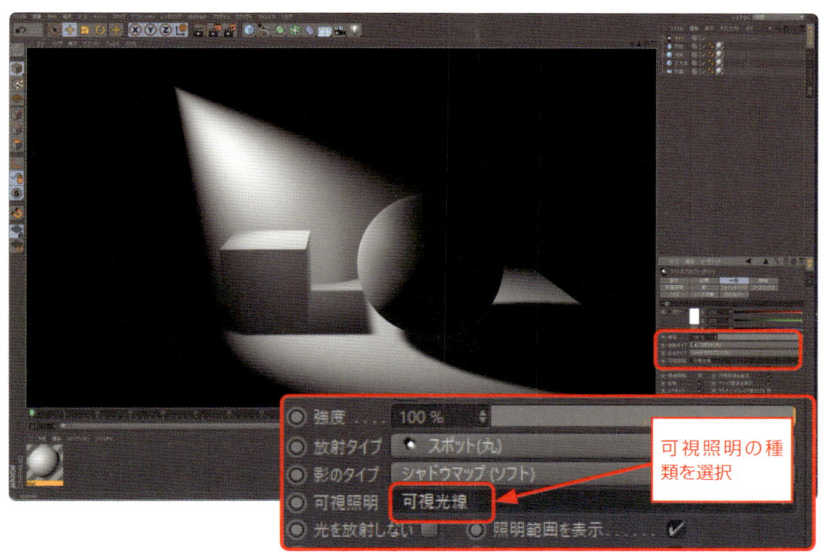

「可視光線」分かりやすいように「放射タイプ」をスポットに変更した。光が遮られている空間に影がない

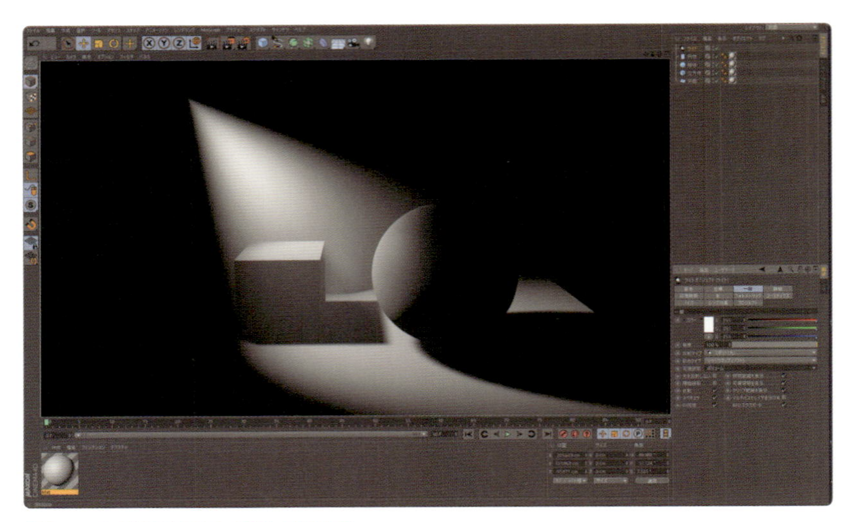

「ボリューム」光が遮られた空間に影がある

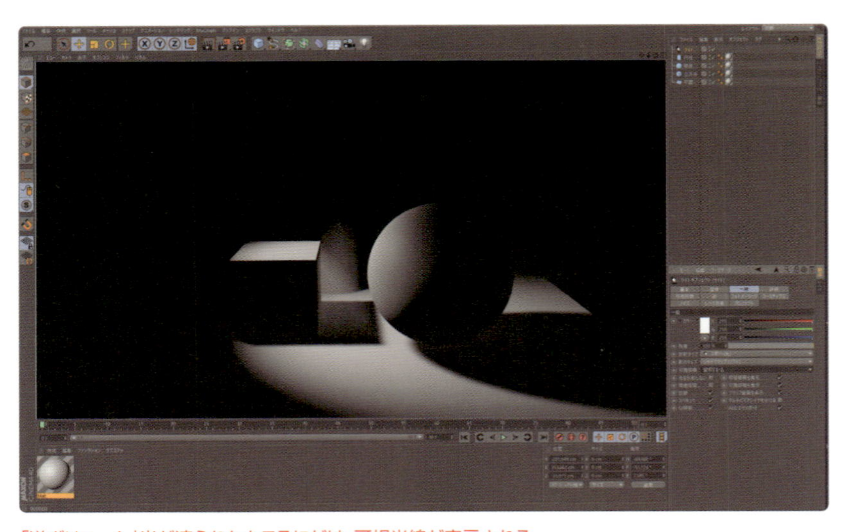

「逆ボリューム」光が遮られたところにだけ、可視光線が表示される

STEP 03 ライトの種類

ライトの種類による設定の違いをみていきます。

●全方位

「全方位」ライトは光源を中心に全方向に光を照射するライトです。汎用のライトとして様々な使われ方をします。「詳細」で減衰を設定します。「減衰」は、光源から放たれた光が距離に応じてどのように減衰していくのかを設定します。通常は「2 乗に反比例」を選択しておくとよいでしょう。光源からどれぐらの距離で減衰するかは、「減衰基準距離」の値を使って設定します。

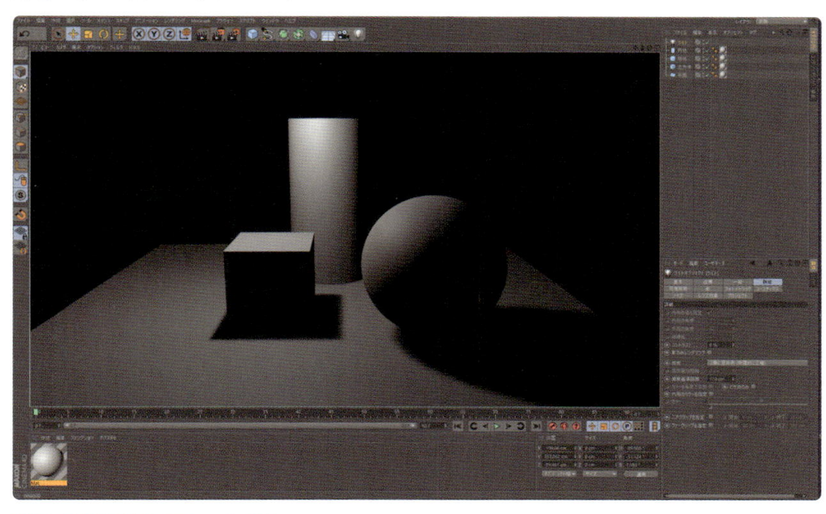

「減衰基準距離」を170cmに設定

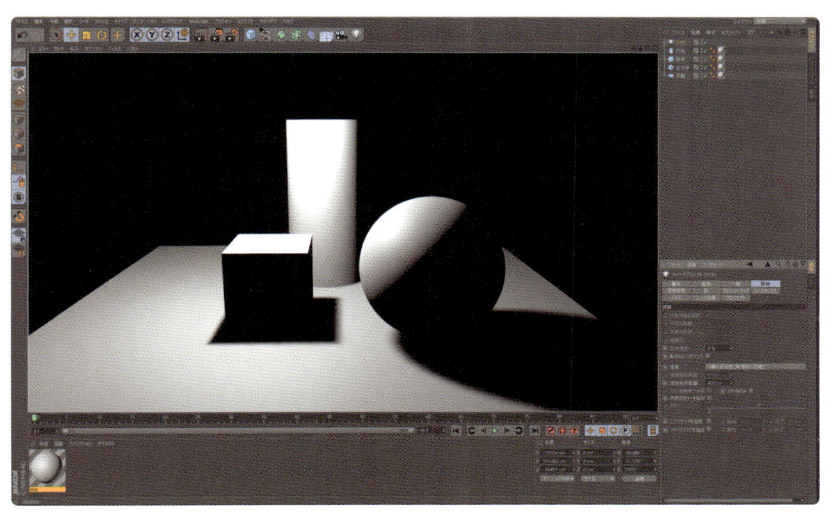

「減衰基準距離」を400cmに設定

スポット

「スポット」は、光源から一定の方向に向けて角度を持って光が広がっていくライトです。「詳細」の「内側の角度」、「外側の角度」で光が広がる角度を設定します。「内側の角度」と「外側の角度」に差をつけると、光の輪郭がボケていきます。

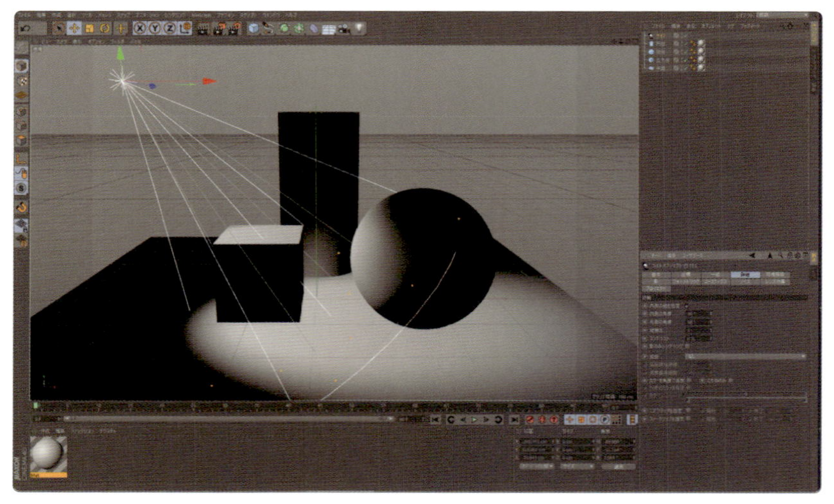

「スポット」

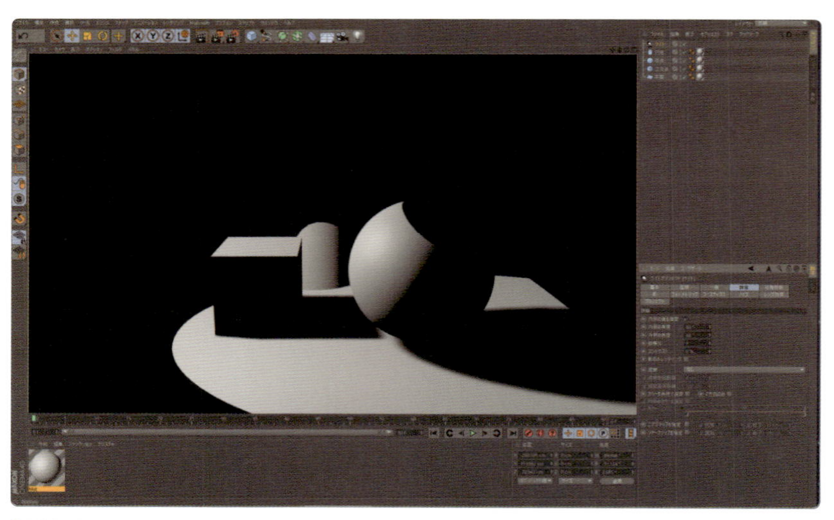

「内側の角度」を60%、「外側の角度」を60%に設定

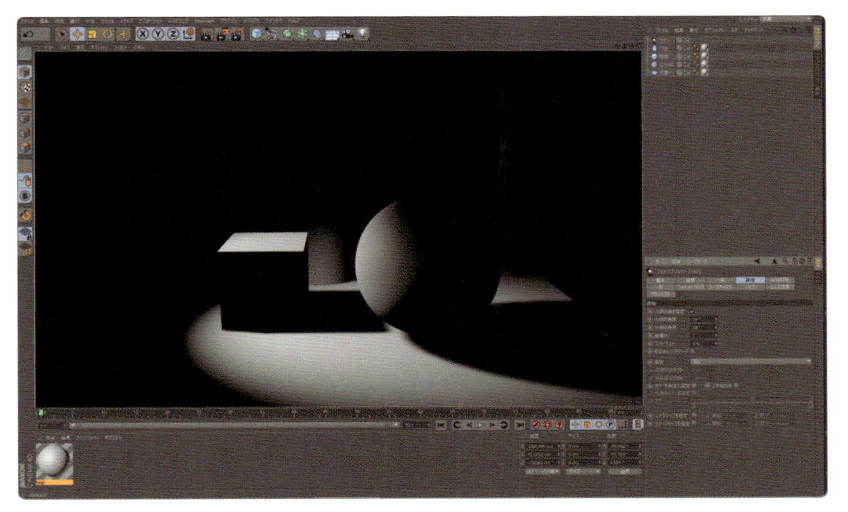

「内側の角度」を10%、「外側の角度」を60%に設定

属性マネージャの「一般」で「放射のタイプ」を「スポット(角)」にすると、円形ではなく四角形のスポットライトを作成することができます。

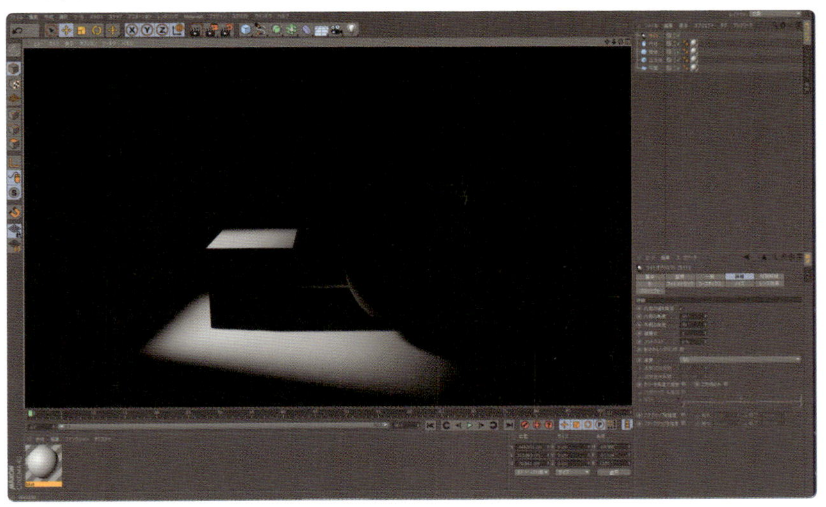

「スポット(角)」に切り替えた状態

無限遠

「無限遠」ライトは、太陽光のように光源が非常に離れたところにある状態のライトで、光は必ず平行に進みます。そのため、生成される影も末広がりにはならず、真っ直ぐな影ができます。

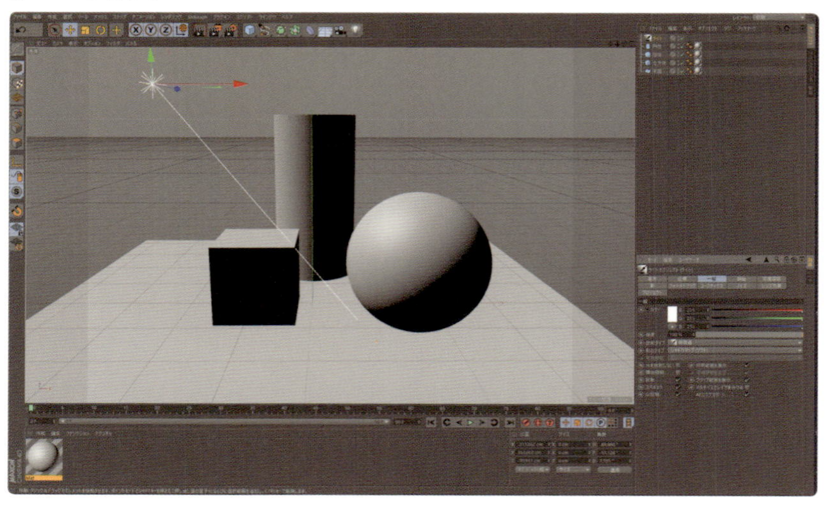

「無限遠」

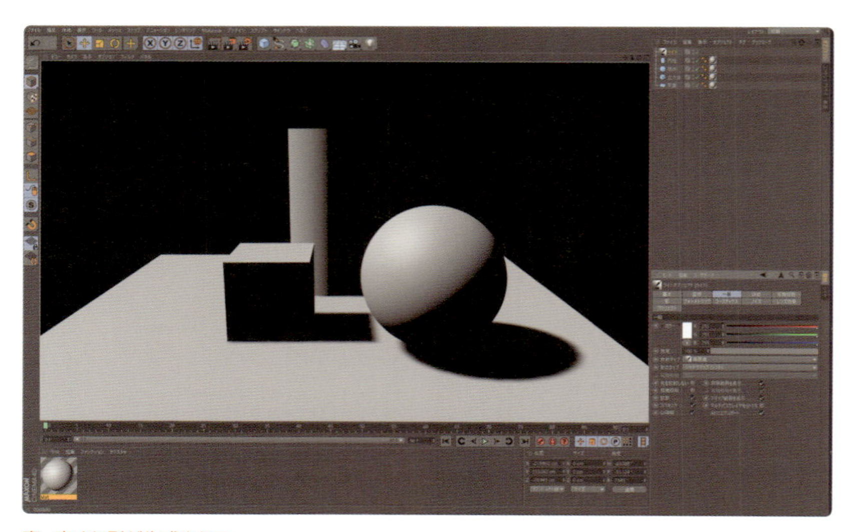

真っ直ぐな影が生成される

無限遠に光源があるという定義のライトですが、「詳細」の「減衰」を設定すれば、他のライトと同様に光源からの距離に応じて光を弱くすることができます。

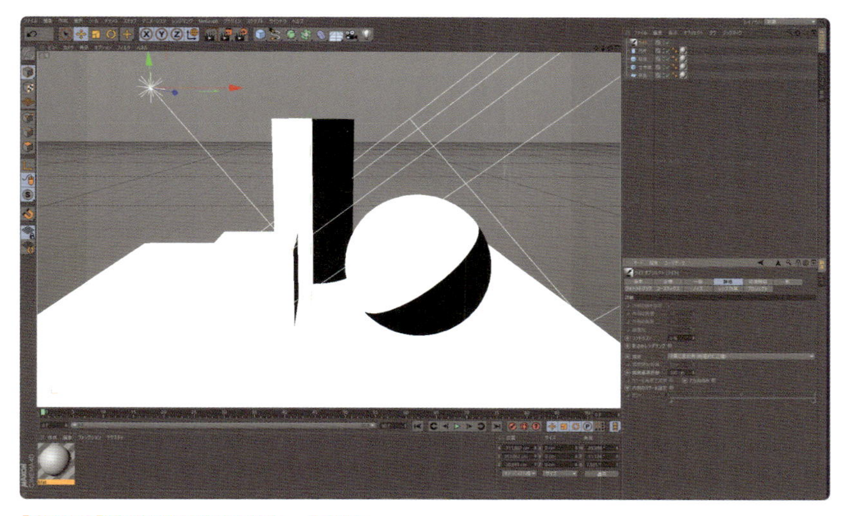

「詳細」の「減衰基準距離」を200cmに設定

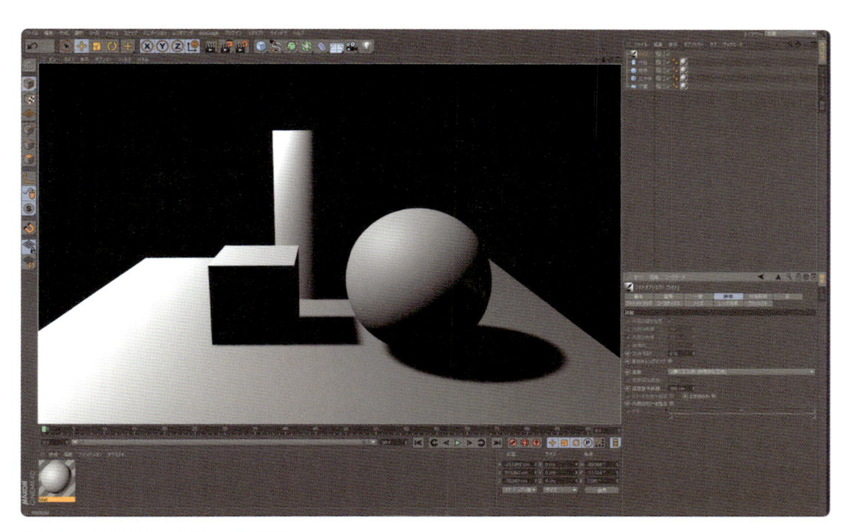

「減衰基準距離」を300cmに設定

●エリア

「エリア」は「詳細」の「エリア形状」で形状を切り替えることで、様々な形のライトをシーンに追加することができます。シーンにオブジェクトとして配置された光源の形に近い形状のライトを作成できるので、フォトリアルなシーンを作成する際にはとても便利なライトです。

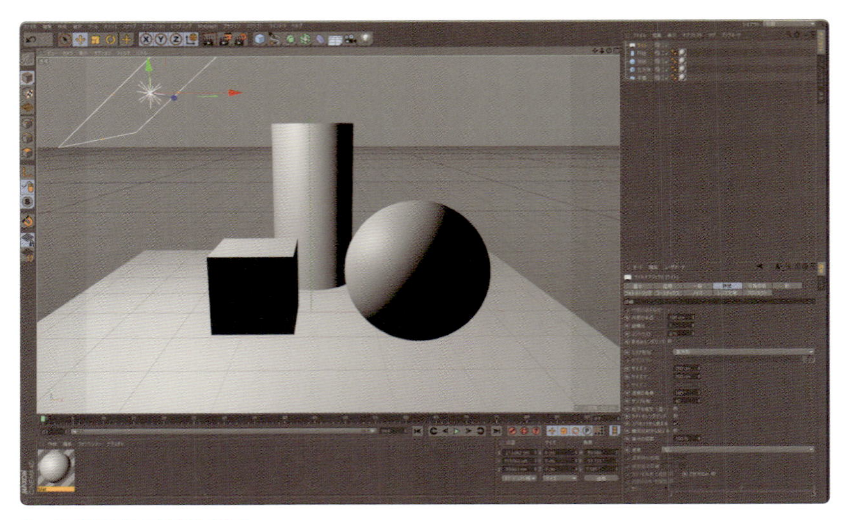

「エリア形状」を長方形に設定

エリア形状の違いによるレンダリング結果の違いを見てみます。

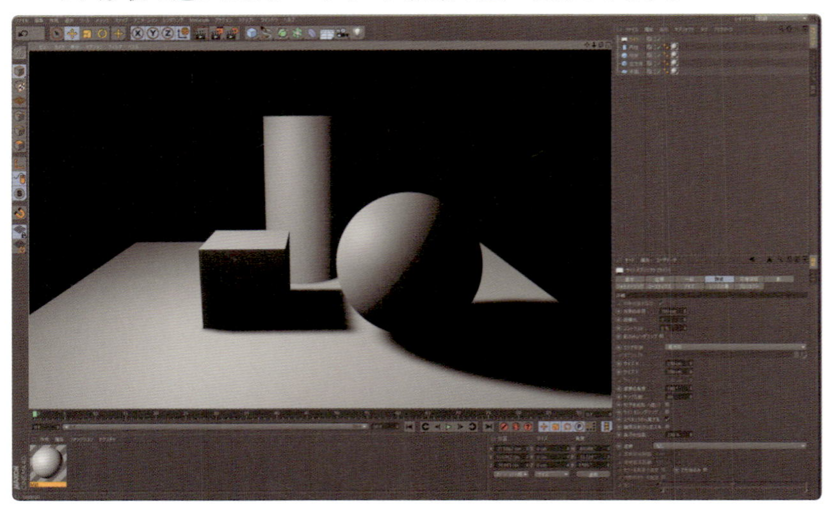

長方形

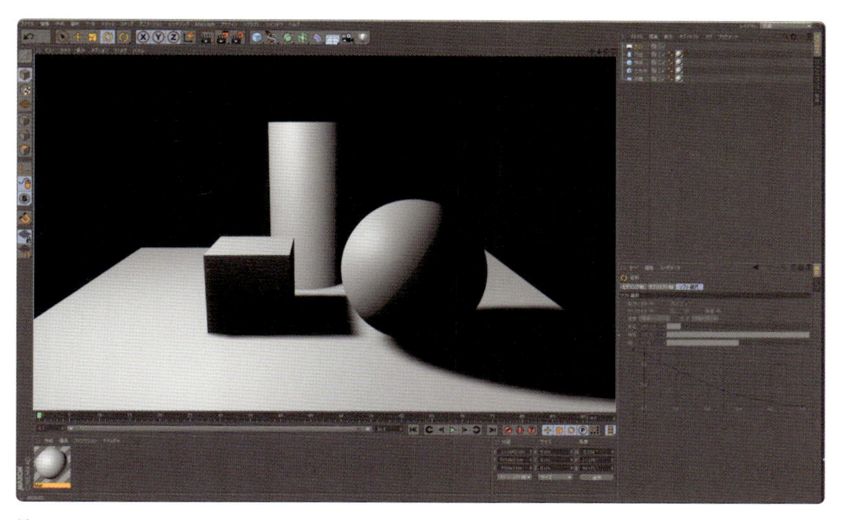

線

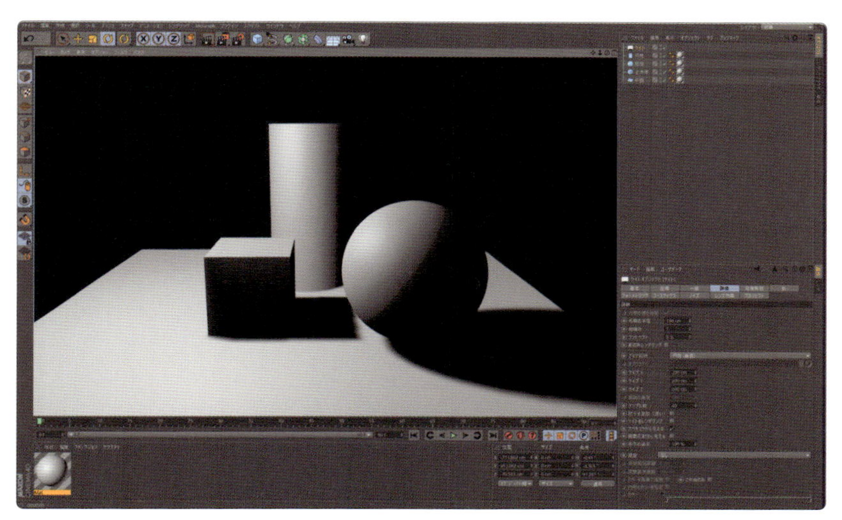

円柱

　エリアライトの形状が顕著に表れるのが、マテリアルに光源が映り込む場合です。「詳細」の「鏡面反射から見える」にチェックを入れると、「エリア形状」で設定したライトの形状がマテリアルに映り込みます。

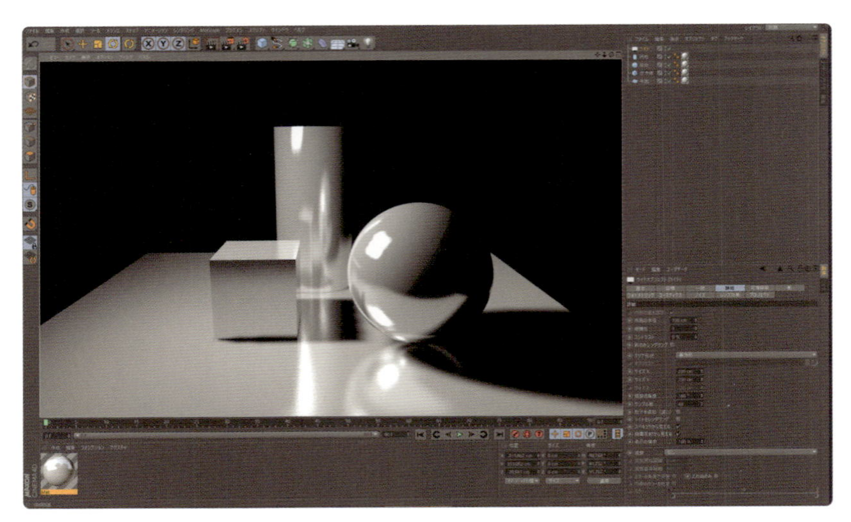

「エリア形状」を長方形にして、「鏡面反射から見える」にチェックを入れたもの。ライトの形状が映り込んでいる

●太陽

「太陽」は特殊なライトで、「放射タイプ」から切り替えることができないため、コマンドパレットなどから選択して追加します。

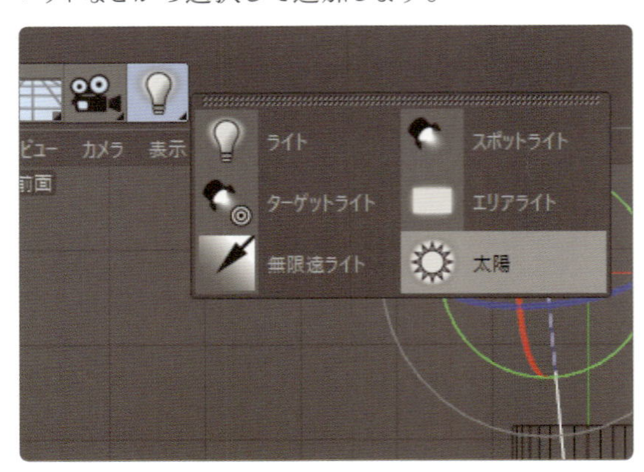

「太陽」は無限遠ライトをベースとしたライトですが、「太陽」タグで、日時や緯度経度を入力することで、実際の太陽の位置をシミュレーションすることができます。

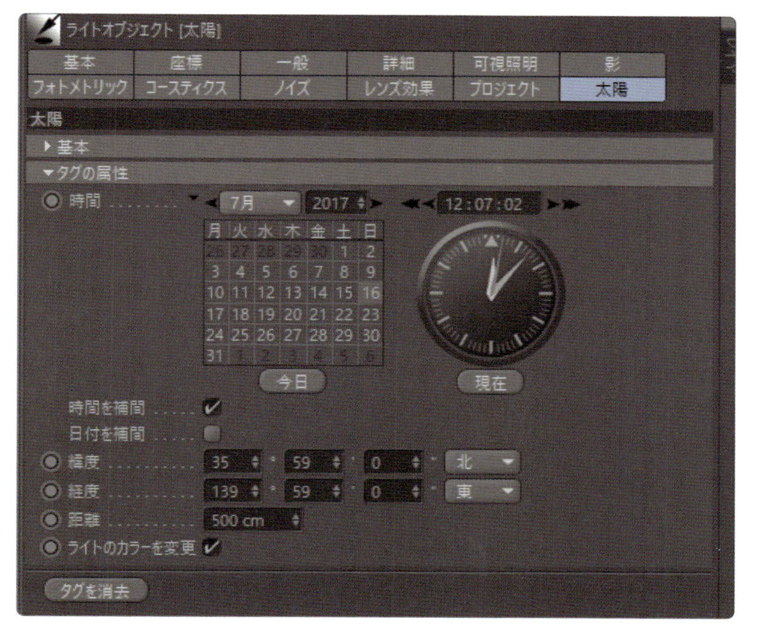

東京駅の緯度経度に設定した

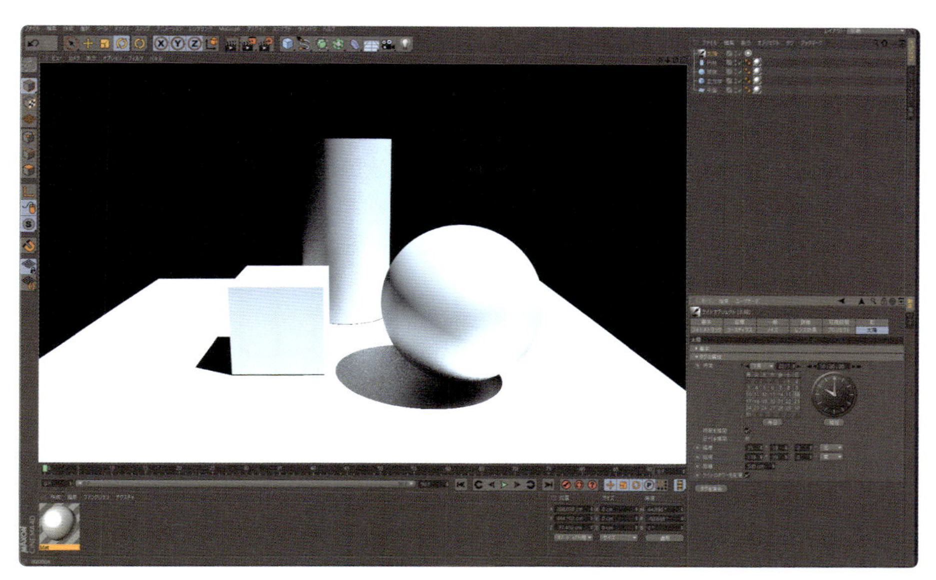

7月16日午前10時に設定

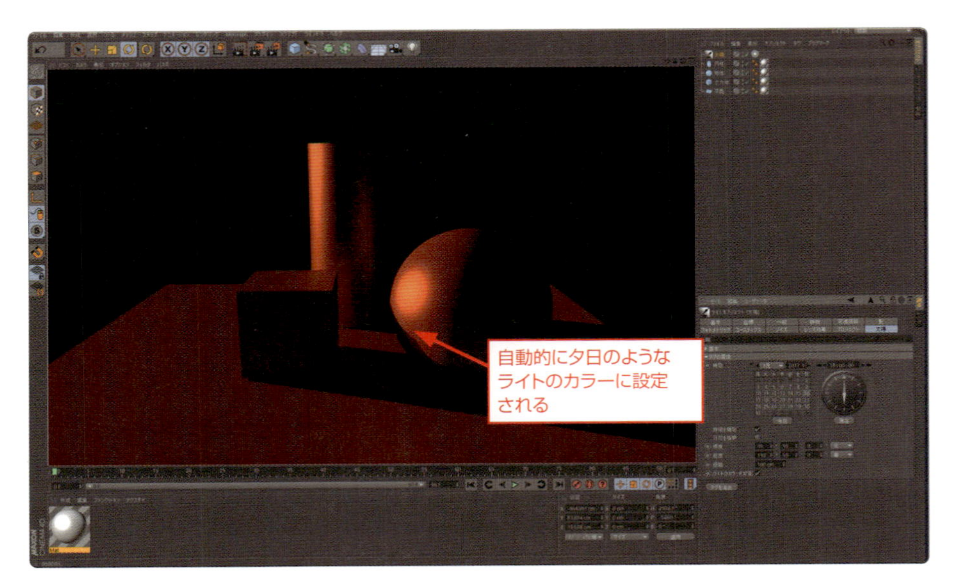

午後6時に設定

02 カメラワーク

ライティングが決まったら、シーンにカメラを追加して、作成したシーンを自由に撮影することができます。

カメラを追加することは、シーンをどのようなレイアウトで映像化するのかを決める大切な作業です。C4D LT で追加したカメラは、After Effects にシーンを読み込んだ際にカメラレイヤーとして使用することができます。

▶▶▶シーンにカメラを追加する

C4D LT では、「カメラ」、「ターゲットカメラ」、「ステレオカメラ」の 3 種類のカメラが用意されています。

STEP 01 カメラを選択する

シーンにカメラを追加するには、「作成」メニューの「カメラ」から「カメラ」を選択するか、コマンドパレットから「カメラ」を選択します。

STEP 02 カメラの操作

カメラを選択すると、ビューポートが上面や左面などを向いている時は、Z方向を向いた状態でワールド座標の原点にカメラが作成されますが、ビューが透視になっている場合は、透視で見ているレイアウトがそのままカメラのレイアウトになります。

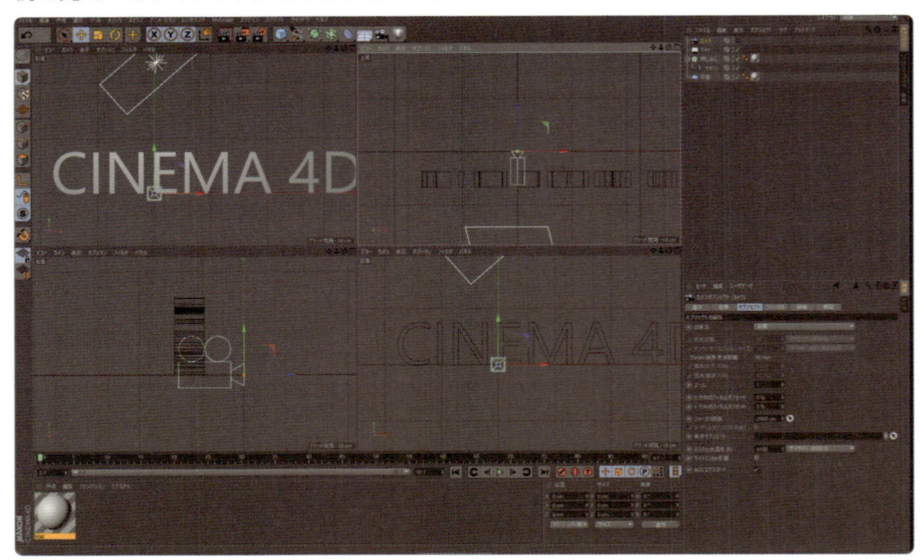

ビューを前面にしてカメラを作成後、4画面に切り替えた

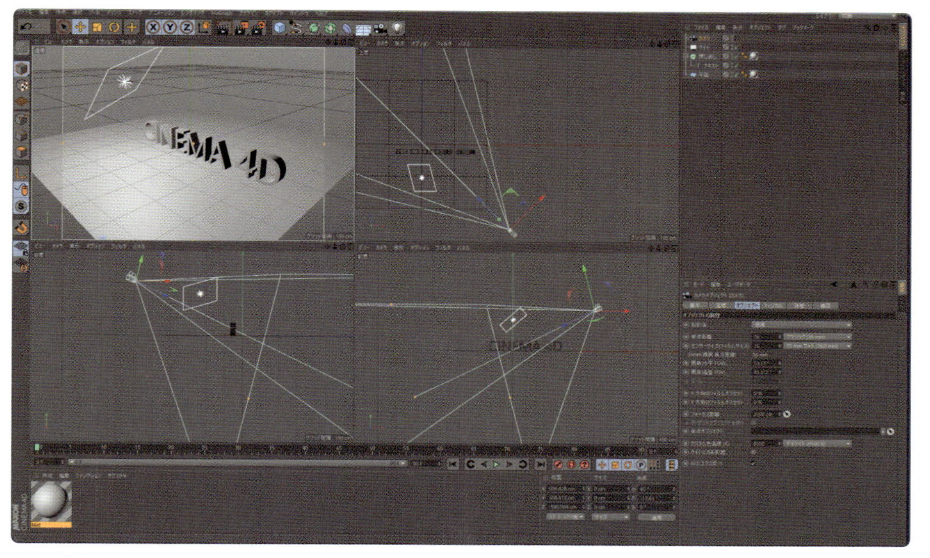

ビューを透視ビューにしてカメラを作成後、4画面に切り替えた

「カメラ」と「ターゲットカメラ」は、カメラそのものが持っているプロパティは同じですが、移動や回転などの操作方法に違いがあります。
「カメラ」は、カメラ自身の軸を中心移動、回転を行うことができます。手持ちのカメラや、ドローンに搭載されたカメラのように自由に動かすことができます。

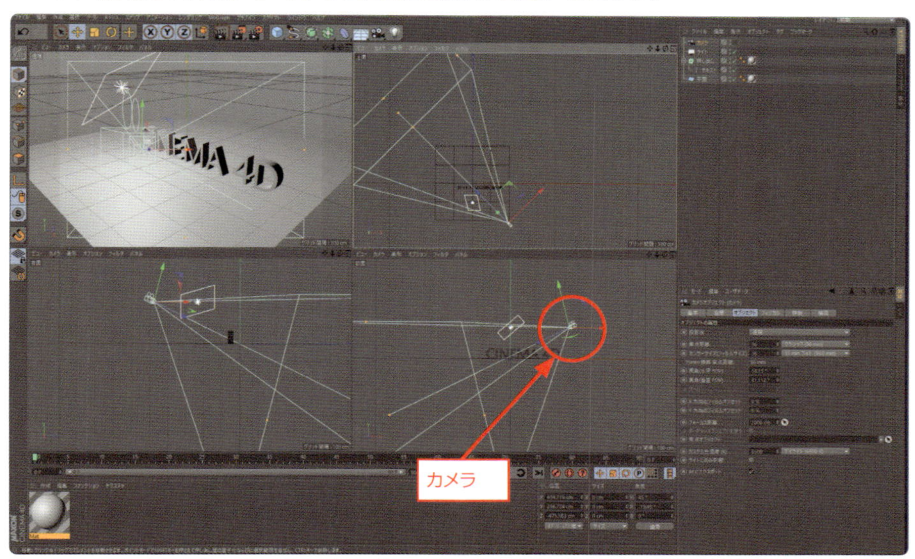

「カメラ」

「ターゲットカメラ」はカメラ本体に加えて、カメラが向いている方向を示すターゲットを持ったカメラです。ターゲットカメラを回転させたい方向へ移動させることでカメラを回転させることができます。丁度三脚の上に載せたカメラの動きや、ドリーに取り付けて、カメラを平行移動させるような動きができます。

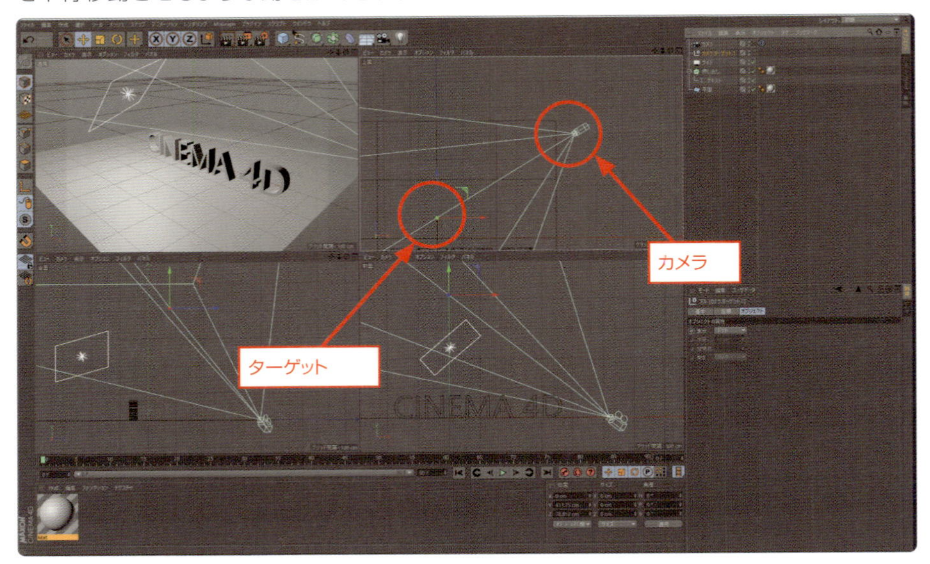

「ターゲットカメラ」でターゲットを選択した状態

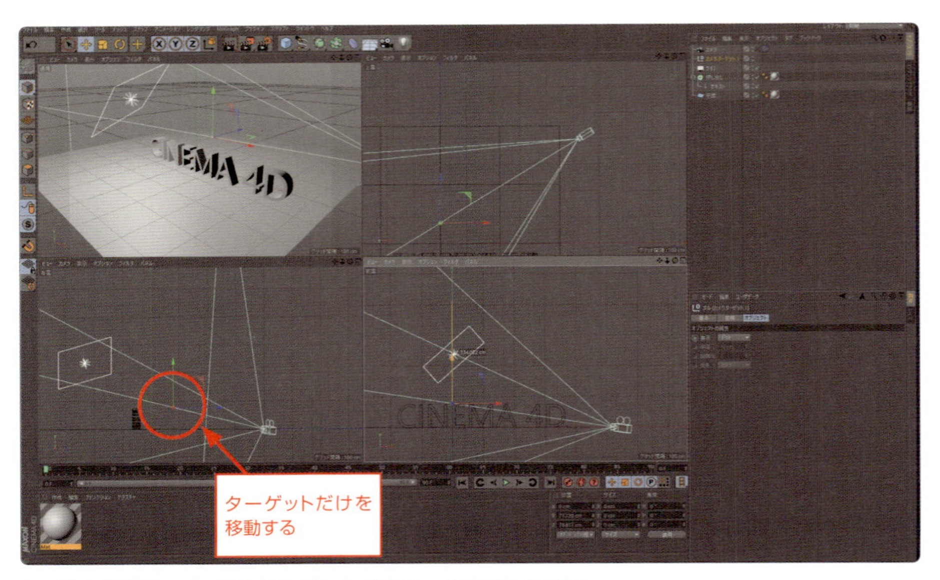

ターゲットを移動ツールで動かした。常にカメラはターゲットの方向を向く

ターゲットを選択する時は、オブジェクトマネージャでカメラターゲットを選択すると選択しやすいです。

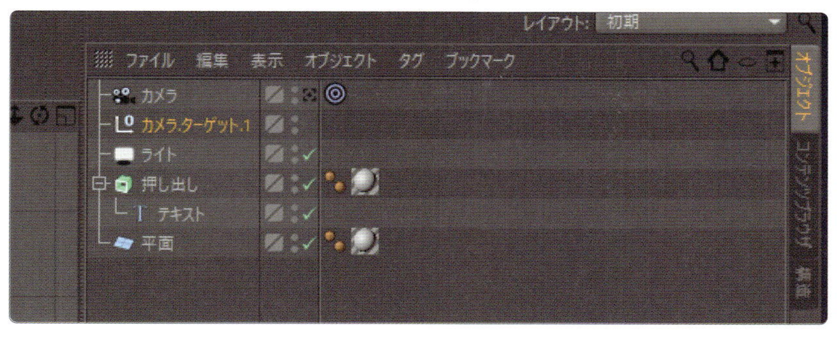

カメラ.ターゲット.1を選択

作成したカメラが捉えているシーンの範囲を確認するには、透視ビューの「カメラ」メニューの「使用カメラ」から「カメラ」を選択します。カメラが複数ある場合は、リストに複数のカメラ名が表示されるので、表示したいカメラを選択します。

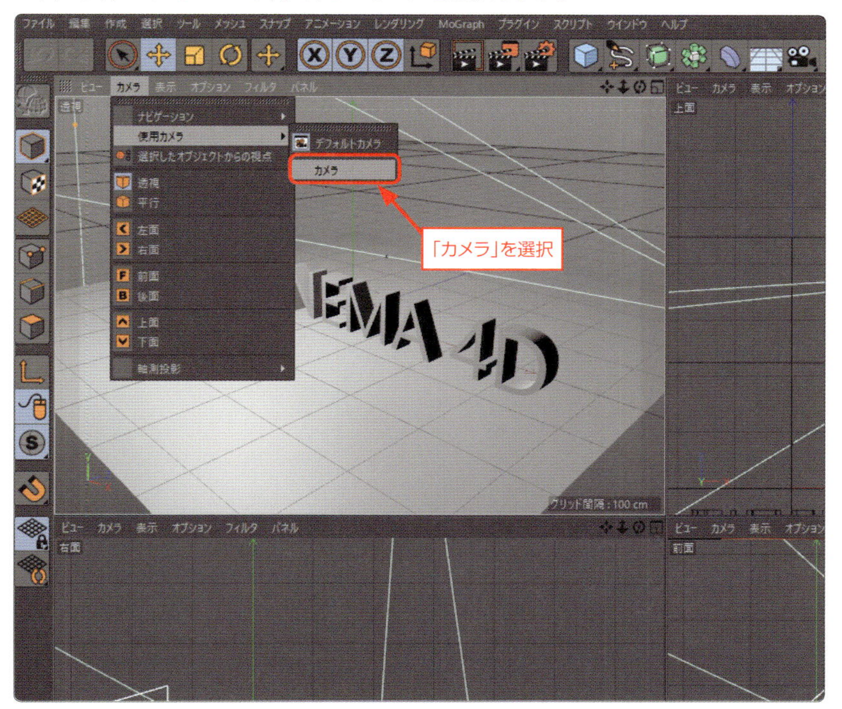

「カメラ」メニューの「使用カメラ」から「カメラ」を選択

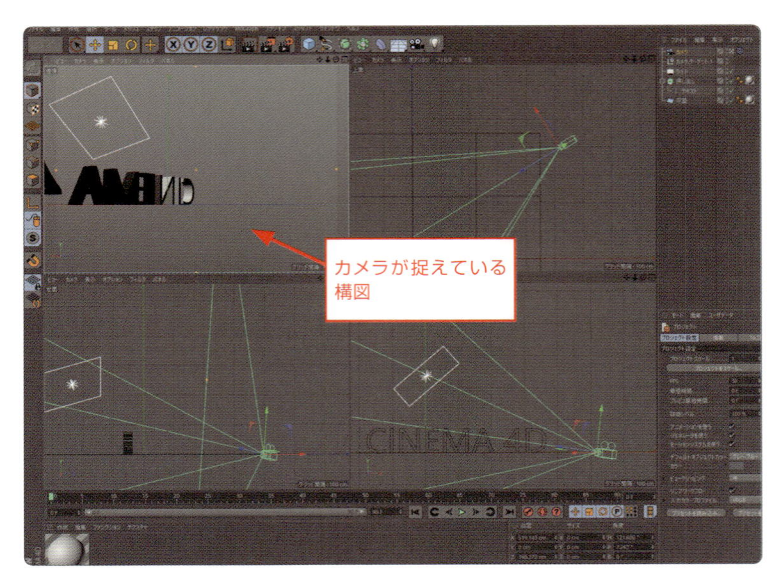

透視のビューがカメラから見たシーンに切り替わった

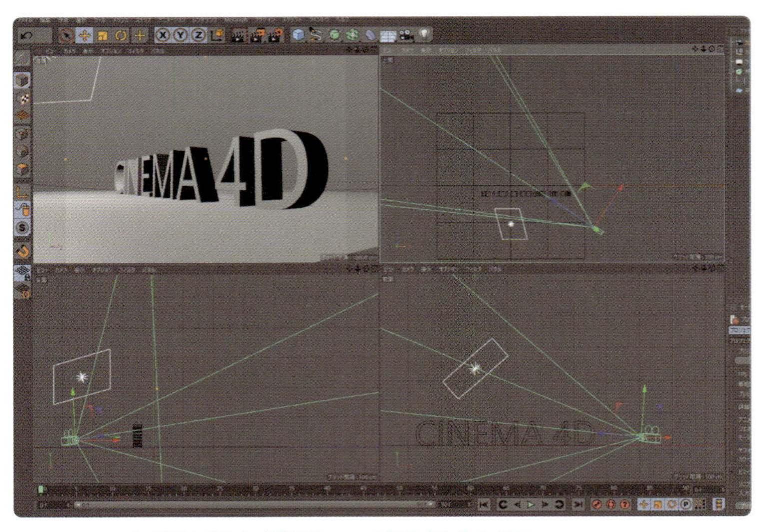

シーンのカメラを移動させると、透視ビューでの見え方も変化する

STEP 03 撮影する範囲を設定する

カメラを使ってシーンを撮影する前に、撮影した映像の解像度を設定しておく必要があります。

特に映像の縦横比は最初に設定しておかないと、思ったような構図を作成することができません。映像の縦横比はその映像を使用するメディアによって異なってきます。例えば地上波デジタル放送用に映像を作ろうとすれば、フルハイビジョンフォーマットの1920ピクセル×1080ピクセルになります。解像度の設定は「レンダリング設定」で行います。コマンドパレットの「レンダリング設定」のアイコンをクリックすると設定ウィンドウが表示されます。

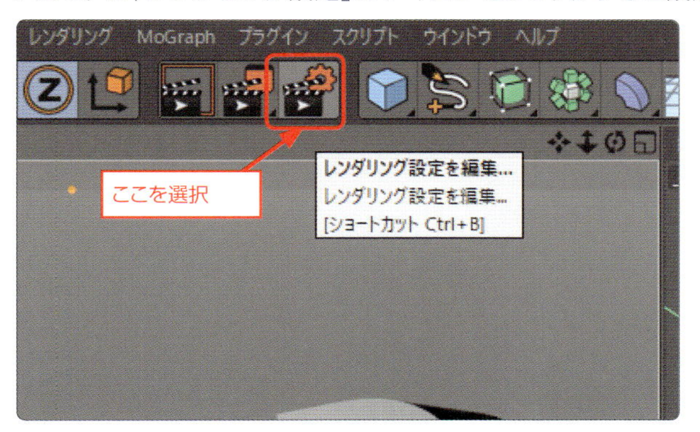

解像度を設定するのは、「レンダリング設定」ウィンドウの「出力」の項目で設定します。「プリセット」にほとんどのフォーマットに対応した解像度が用意されているので、必要に応じて選択します。ここでは、「HDTV 1080 24」を選択しました。

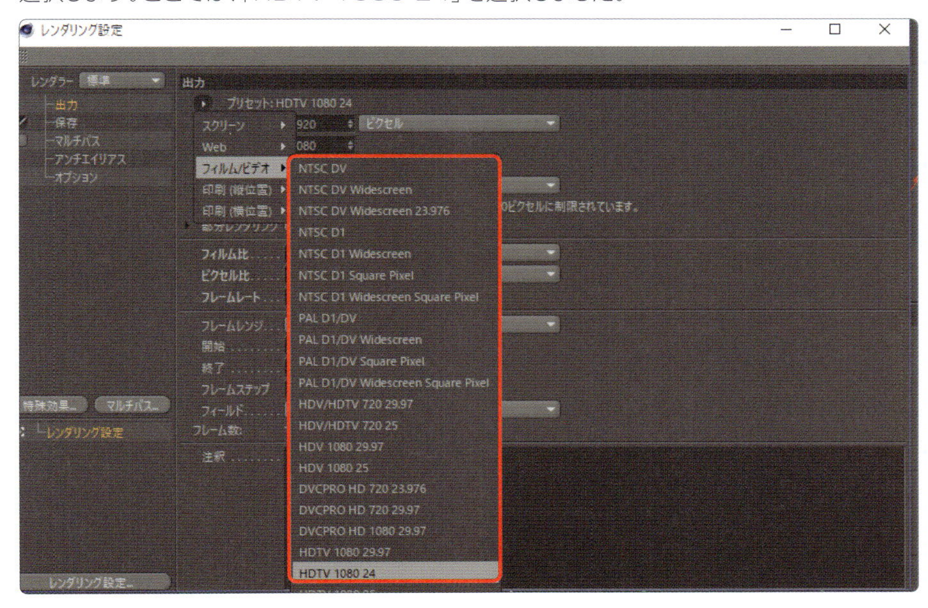

「HDTV 1080 24」を選択

「出力」の幅に1920、高さに1080が入力されました。

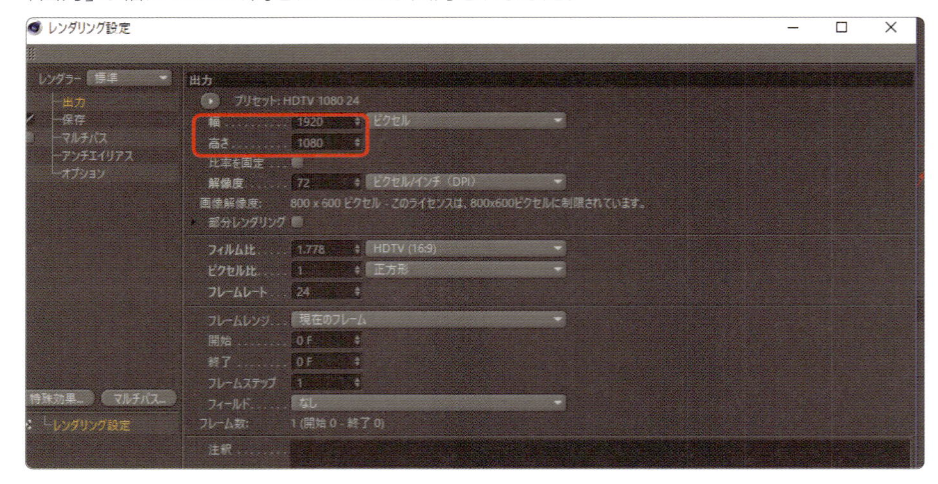

「レンダリング設定」を閉じて、透視ビューを見ると、ビューの上下左右に少し暗い帯が表示されています。この帯の部分はカメラで撮影している構図の外になります。カメラの構図は、この帯の境界の内側の明るい領域で構図を作成していきます。

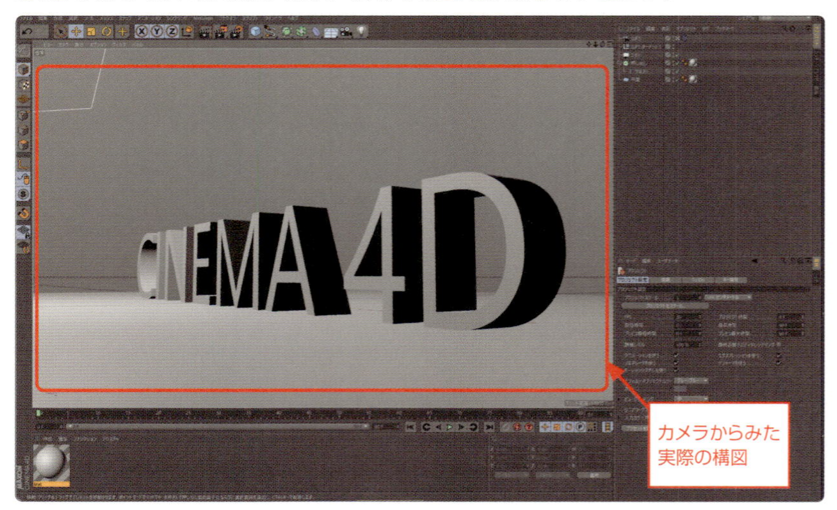

STEP 04 レンズを変える

C4D LTのカメラは、実際のカメラと同様にレンズの口径を調整して、望遠レンズや広角レンズを使った撮影をすることができます。カメラのレンズの設定を変えるには、カメラを選択して、属性マネージャの「オブジェクト」タグで設定します。

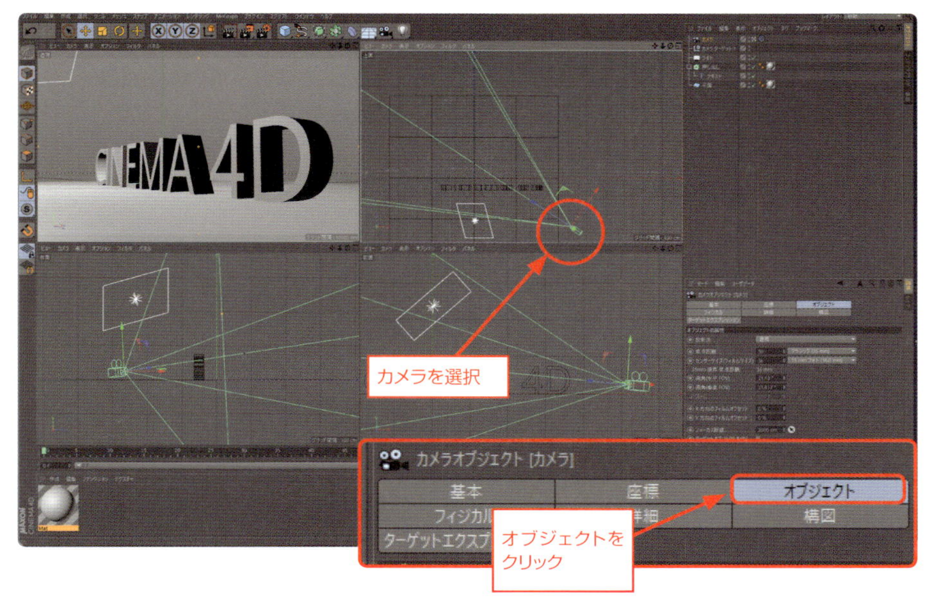

カメラを選択して属性マネージャを表示

カメラのレンズは、「焦点距離」で設定します。この焦点距離が長くなると望遠レンズになり、短くなると広角レンズになります。焦点距離にはよく使用されるプリセットが用意されているので、プリセットのリストから用途に応じて選択していくと簡単です。

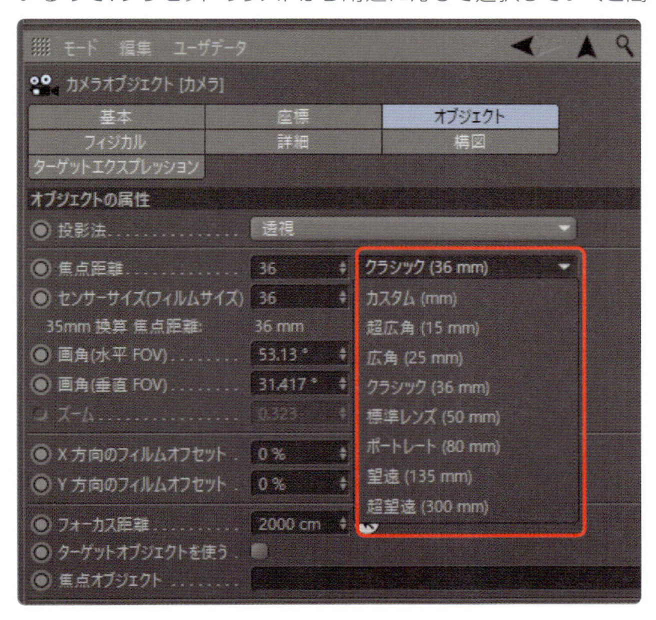

「焦点距離」のプリセットをクリック

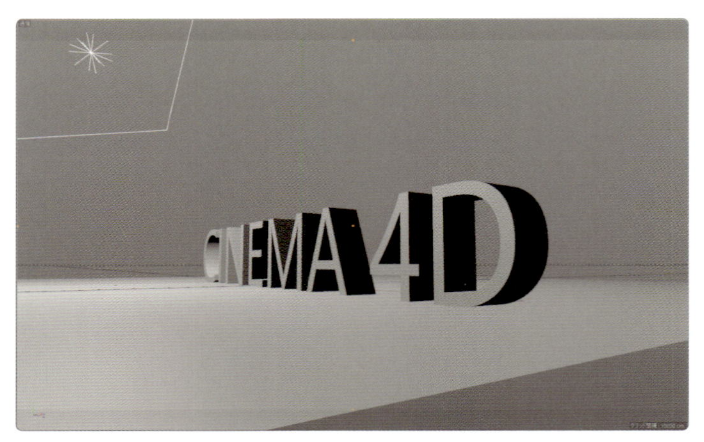

「広角」に設定

「標準レンズ」に設定

「望遠」に設定

05

アニメーションを作成する

C4D LTで作成したフッテージを利用して
After Effectsでアニメーションを作りたい、
という場合が多いでしょう。
ここでは、C4D LTを使った
アニメーションの基本を紹介します。

01 キーフレームアニメを作成する

ここでは、ボールがバウンドするアニメーションを作りながら、C4D LTでのアニメーションの作り方を紹介します。

▶▶▶アニメーションの基本設定を行う

STEP 01 レイアウトを変更する

平面と球体をシーンに追加して、図のようなシーンを作成します。作成した球体をこれからアニメーションさせていきます。

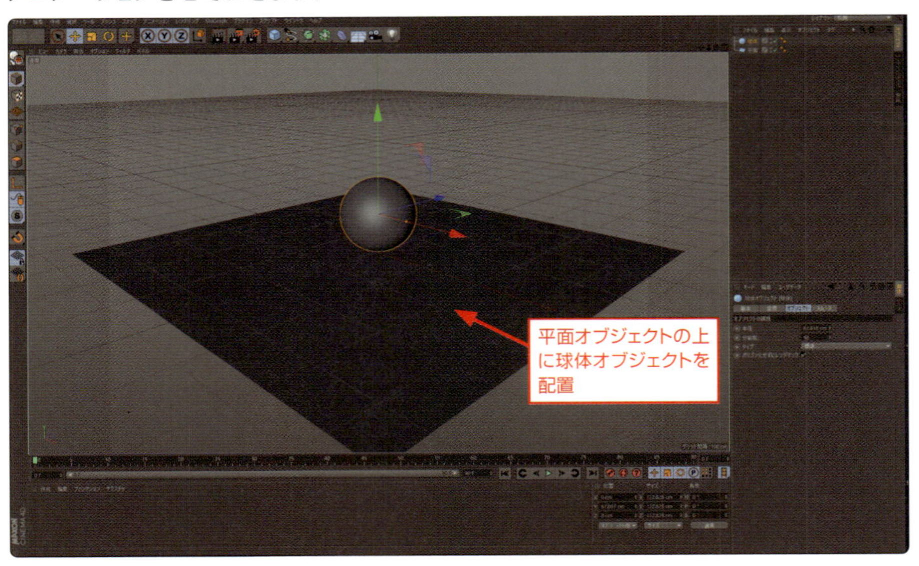

このままの画面でもアニメーションの作業はできますが、よりアニメーションを付けやすいように画面レイアウトを切り替えます。画面右上にある「レイアウト」から「Animation」を選択します。

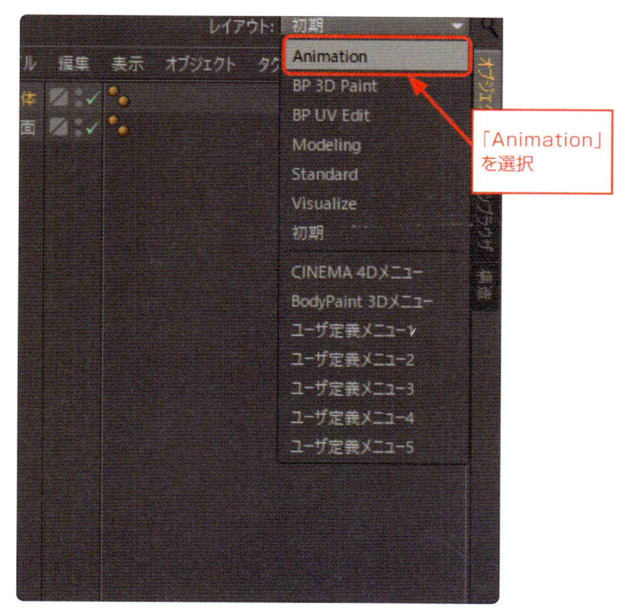

「レイアウト」から「Animation」を選択する

レイアウトが変化して、レイアウトの下部にあるアニメーションパレットの下にタイムラインウィンドウが表示されます。

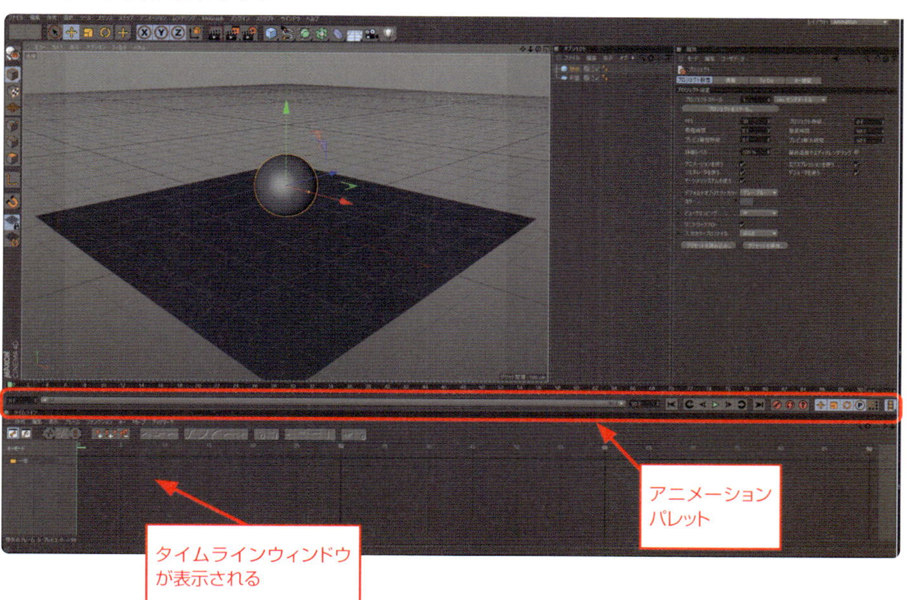

「アニメーションパレット」の機能

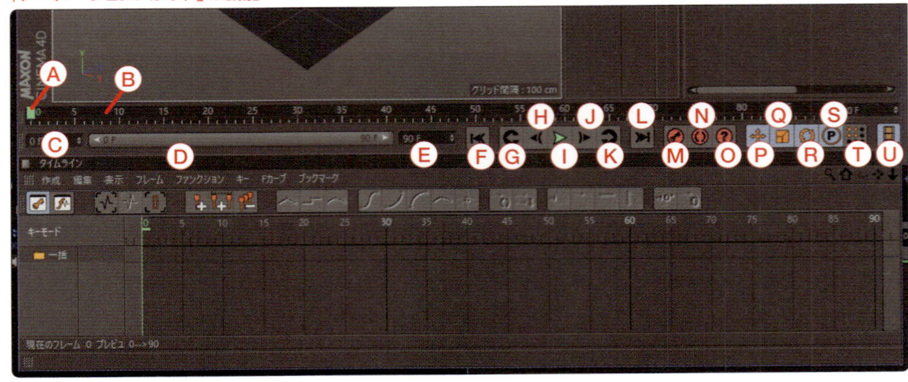

A 「タイムスライダ」
B 「フレーム数」
C 「プロジェクトの開始フレーム」
D 「パワースライダ」
E 「プロジェクトの終了フレーム」
F 「開始フレームへ移動」
G 「ひとつ前のキーへ移動」
H 「ひとつ前のフレームへ移動」
I 「再生」
J 「ひとつ次のフレームへ移動」
K 「ひとつ次のキーへ移動」
L 「終了フレームへ移動」
M 「キーを記録」
N 「自動キーフレーム」
O 「選択オブジェクト」
P 「位置キー」
Q 「スケールキー」
R 「回転キー」
S 「パラメータキー」
T 「ポイントレベルアニメーションのオンオフ」
U 「プロジェクト再生等」

STEP 02 プロジェクトの設定

アニメーションを作成する前に、アニメーションを作成するプロジェクトがどのような設定でアニメーションが作成されるのかを設定します。プロジェクトの設定は属性マネージャのプロジェクト設定で行います。設定をするのは枠で囲まれた部分です。

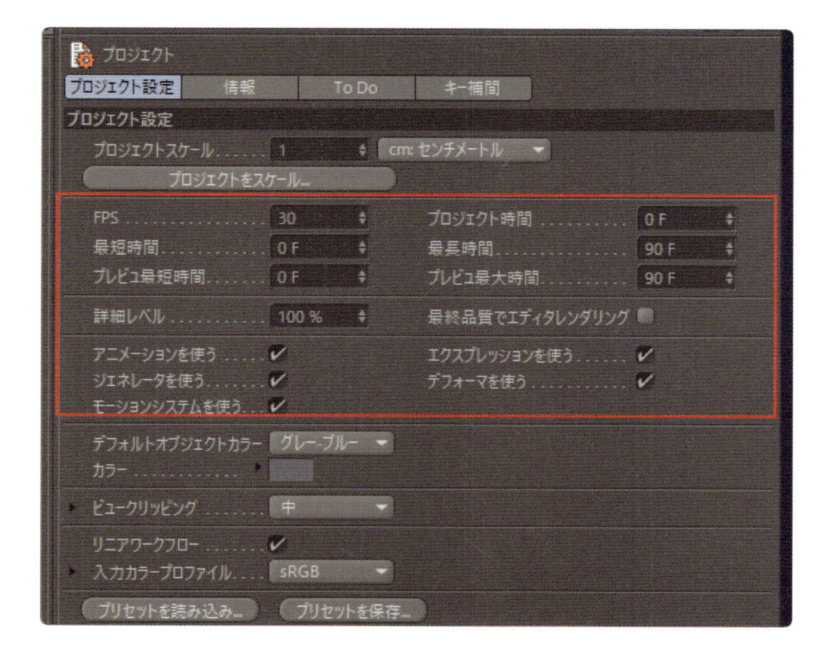

「FPS」

1秒間に再生されるフレーム数を設定します。フレーム数が多くなるほど滑らかな動きになりますが、基本的に30fpsまたは24fpsで設定します。

「プロジェクト時間」

タイムスライダがある現在の時間です

「最短時間」

プロジェクトのアニメーショントラックを何フレームから始めるかを設定します。デフォルトでは0フレームから始まりますが、アニメーションによっては1フレームから始めたり、マイナス時間からプロジェクトを開始することもあります。

「最長時間」

アニメーショントラックの終了フレームを設定します。デフォルトでは90フレームになっていますが、もっと長い時間のアニメーションを作成する場合は、フレーム数を増やします。

「プレビュー最短時間」

アニメーションをプレビューする範囲の開始フレームを設定します。

「プレビュー最大時間」

アニメーションをプレビューする範囲の終了フレームを設定します。

▶▶▶キーフレームを作成する

3DCG のアニメーション制作では、キーフレームというマーカーをフレームに作成してアニメーションを作成していきます。キーフレームはそのフレームでオブジェクトがどの位置にあるのか、どれぐらい回転しているのかなど、フレームにおけるオブジェクトの情報を保管したものです。キーフレーム間で情報がどのように推移しているのかを計算して、キーフレーム間の動きを作成していきます。このようなアニメーションの作成方法をキーフレームアニメーションといいます。

STEP 01 最初のフレームにキーフレームを作成する

まず、タイムラインのスライダを1フレーム目(「1F」とも表記)にドラッグして移動します。ビューはわかりやすいように「前面」に切り替えました。

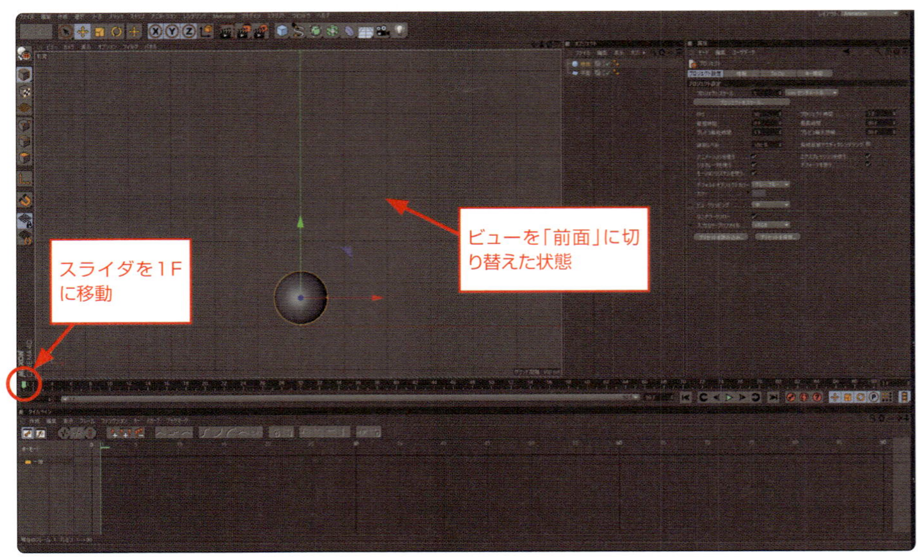

移動ツールを使って球体オブジェクトをバウンドの開始位置に移動させます。

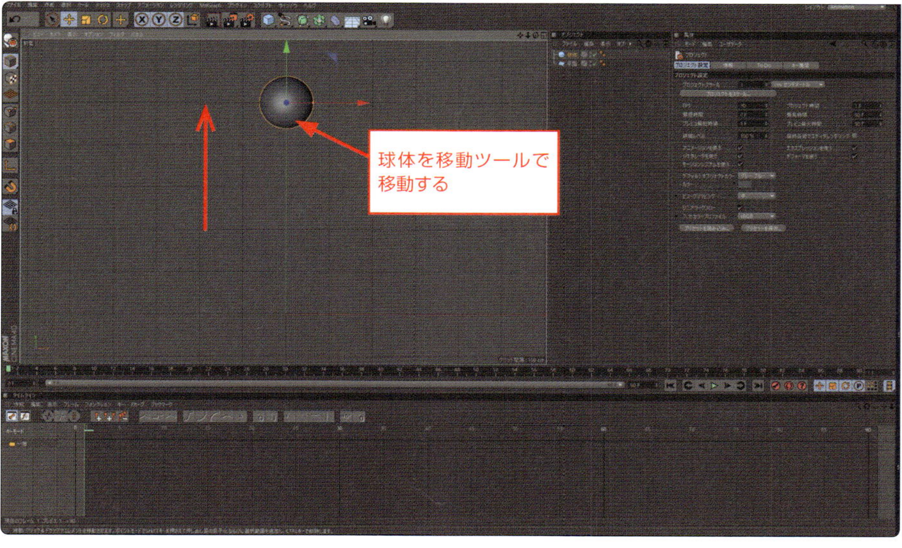

球体を移動

球体が選択されている状態で、「キーを記録」ボタンをクリックします。

「キーを記録」ボタンをクリック

アニメーションパレットとタイムラインウィンドウの1フレーム目にキーフレームが作成されます。

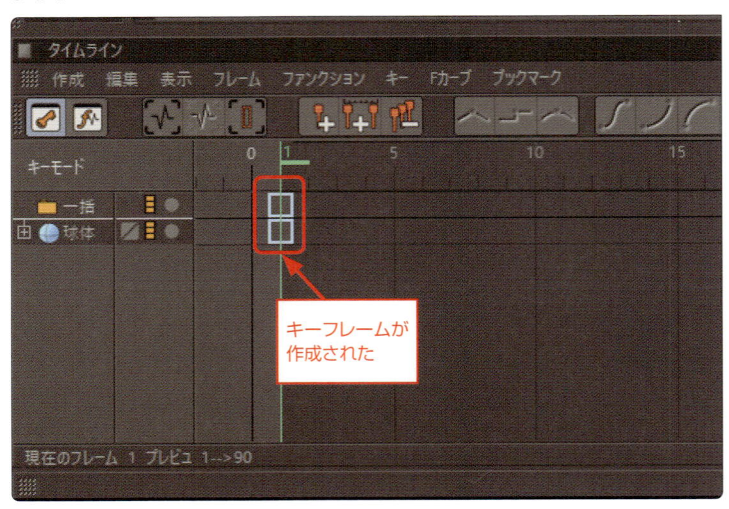

1フレーム目にキーフレームが作成された

プロジェクト設定では30fpsに設定されているので、0.5秒後に地面に着きたいので15フレーム目にタイムスライダを移動させます。

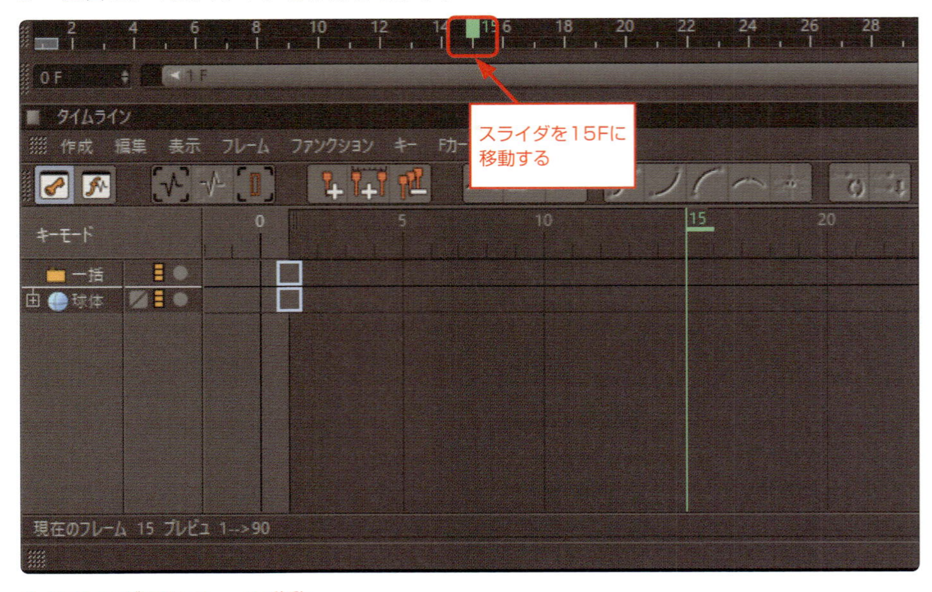

タイムスライダを15フレームに移動

球体オブジェクトを地面まで移動して、「キーを記録」ボタンをクリックします。

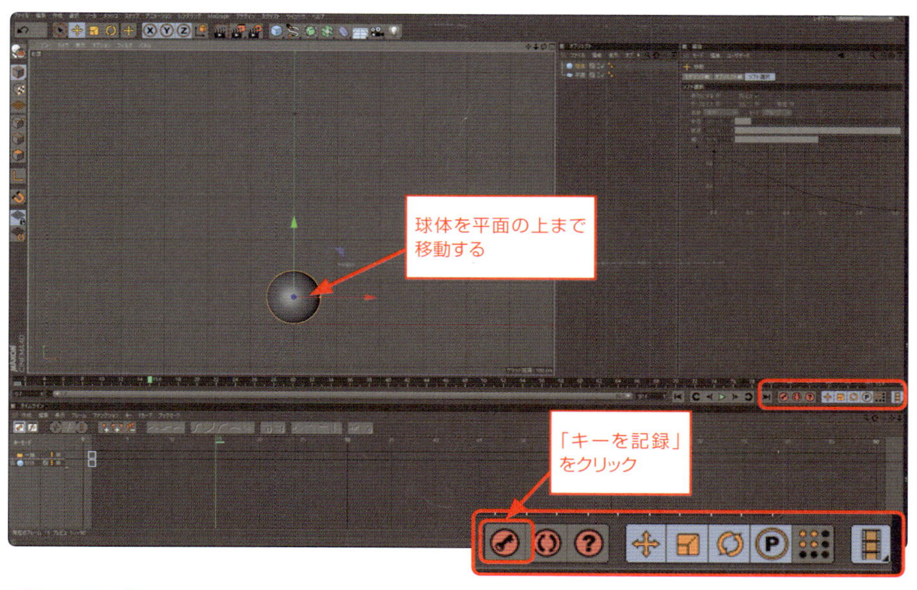

球体を移動し、「キーを記録」をクリック

15フレーム目にキーフレームが作成されます。

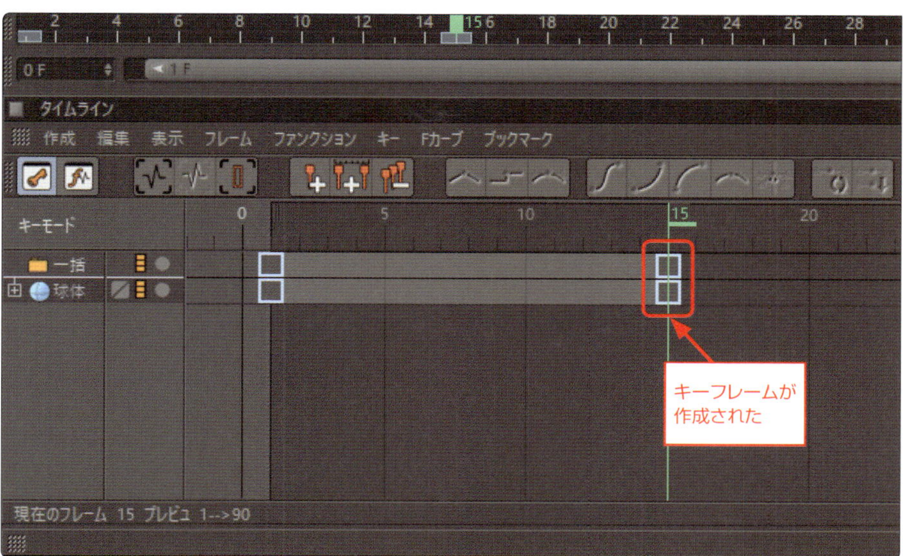

キーフレームが作成された

ボールが跳ねて上方向へ戻る動きを作成します。30フレーム目にタイムスライダを移動します。

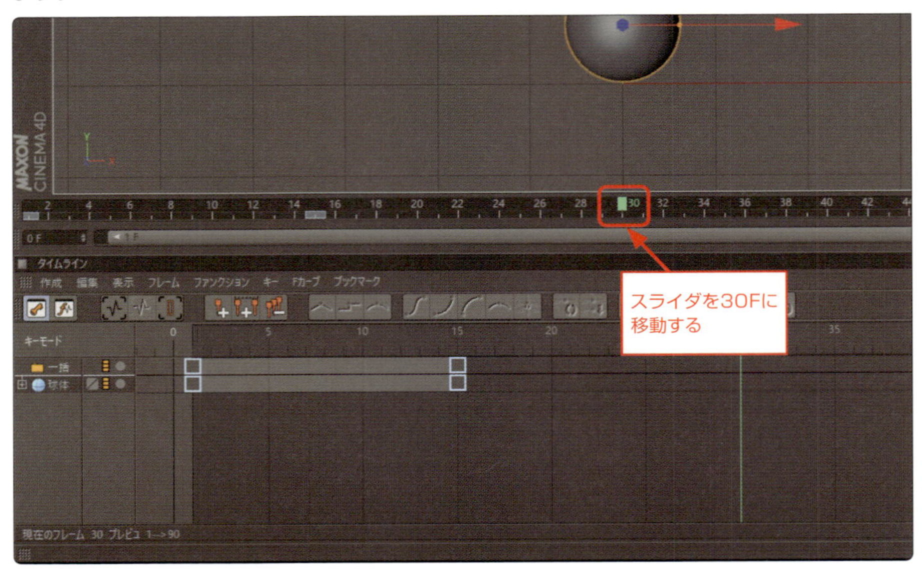

タイムスライダを30フレーム目に移動

球体オブジェクトを上部へ移動して、「キーを記録」ボタンをクリックします。

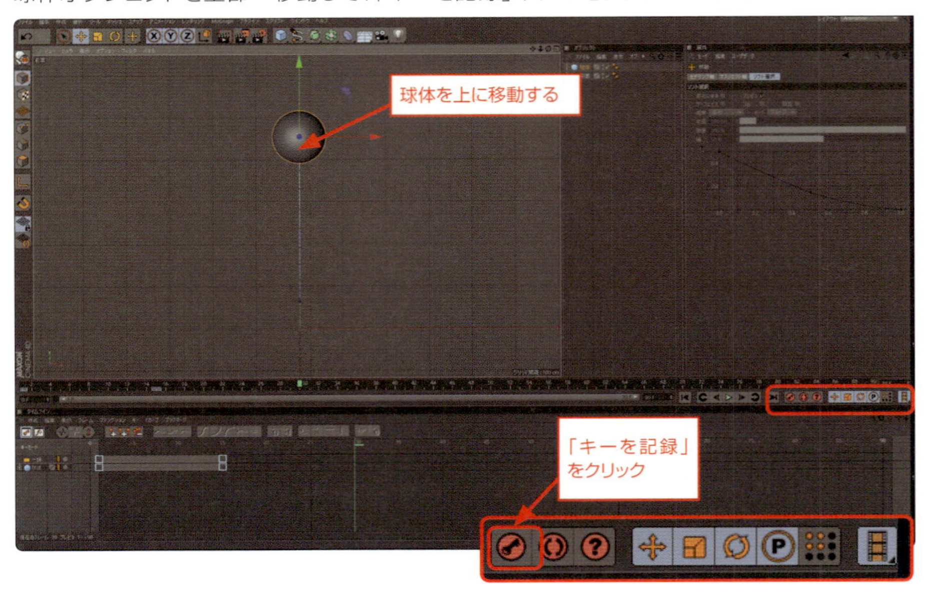

球体を移動して「キーを記録」ボタンをクリック

30フレーム目にキーフレームが作成されます。

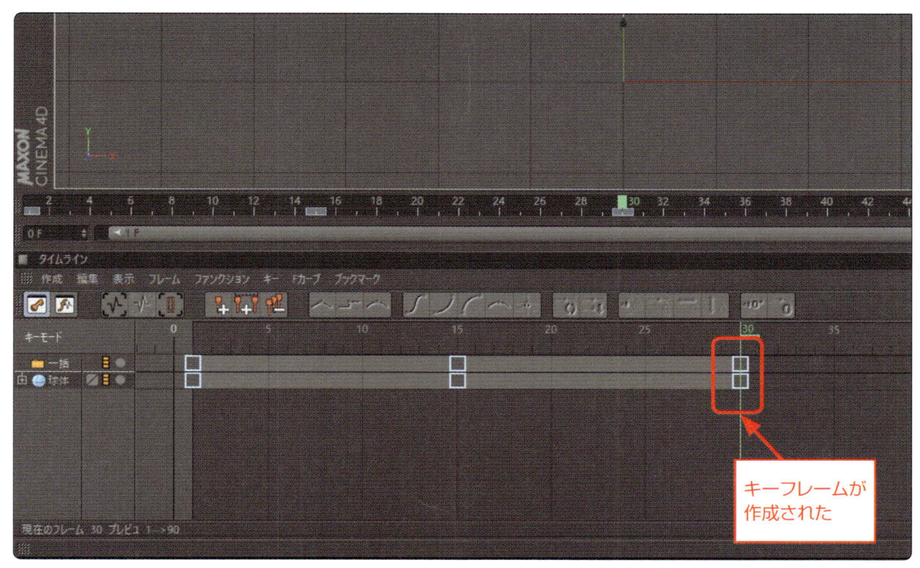

30フレーム目にキーフレームが作成された

1サイクルの動きができたので、アニメーションを再生ボタンをクリックして再生してみます。

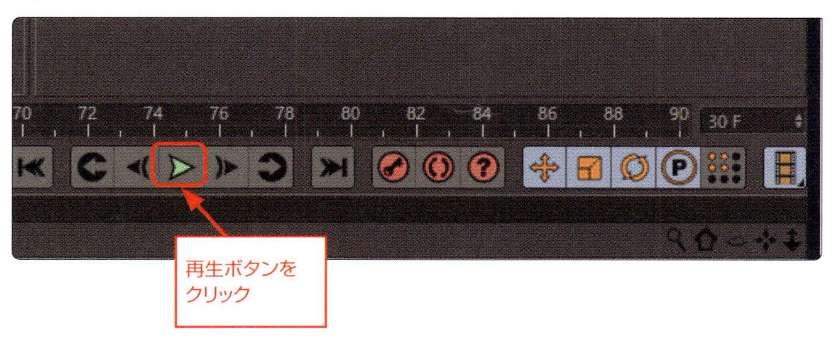

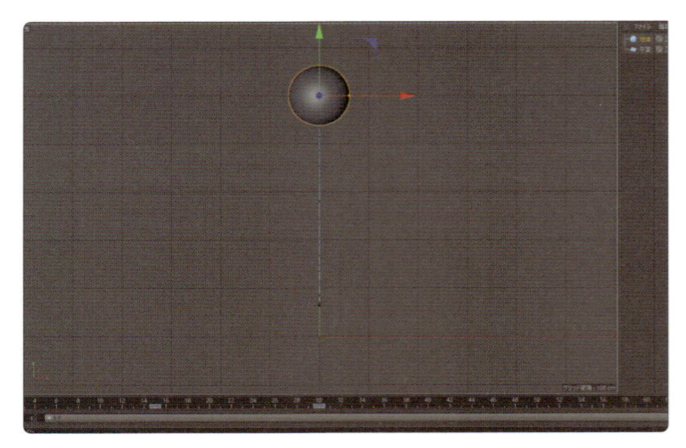

1フレーム目

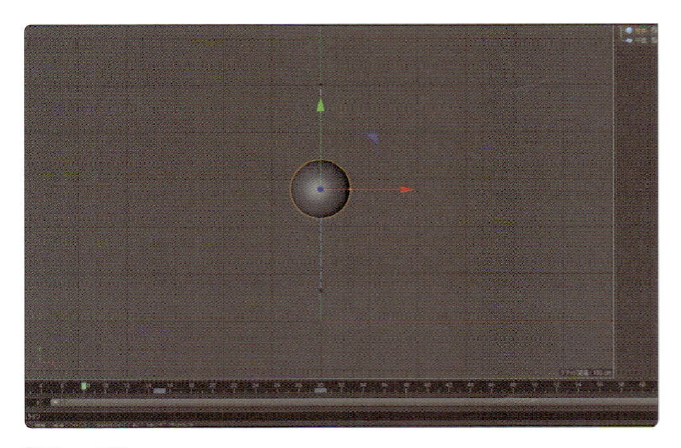

7フレーム目

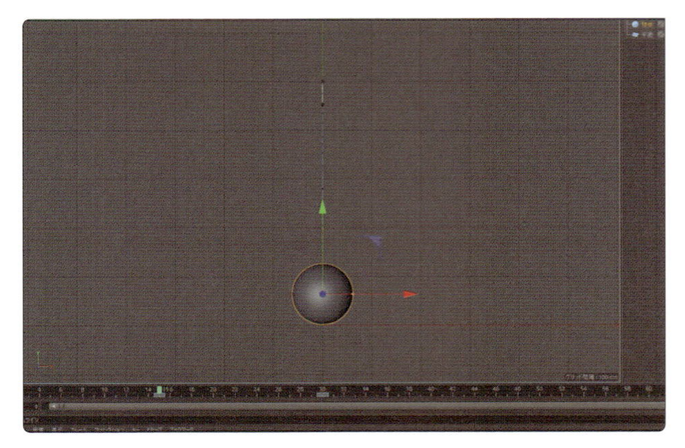

15フレーム目

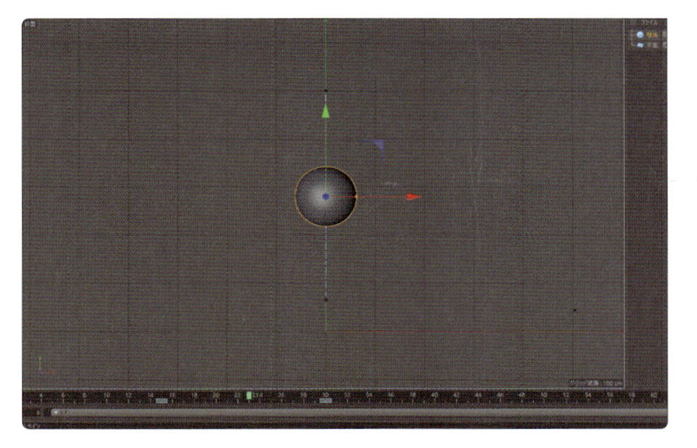

23フレーム目

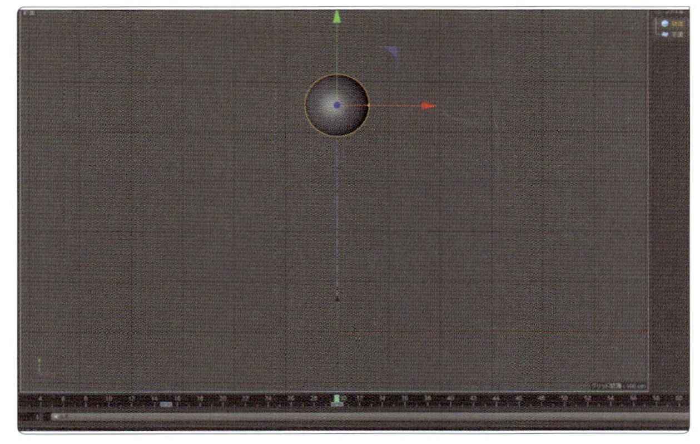

30フレーム目

STEP 02 アニメーションのスピードを調整する

作成したアニメーションは15フレームをかけて上から下へ移動し、15フレームから30フレームで下から上に移動しています。秒に換算すると、0.5秒で上下するアニメーションになっています。一度キーフレームを付けたあとで、アニメーションのスピードを変更したい場合は、キーフレームを作成し直すのではなく、キーフレームとキーフレームの間隔を調整することでスピードを調整することができます。キーフレームに記録されている情報は同じなので、キーフレーム間のフレーム数が多くなれば、動きがゆっくりになり、フレーム数が少なくなれば、動きが速くなります。キーフレームはアニメーションパレット、もしくはタイムラインウィンドウで、キーフレームをドラッグすると動かすことができます。

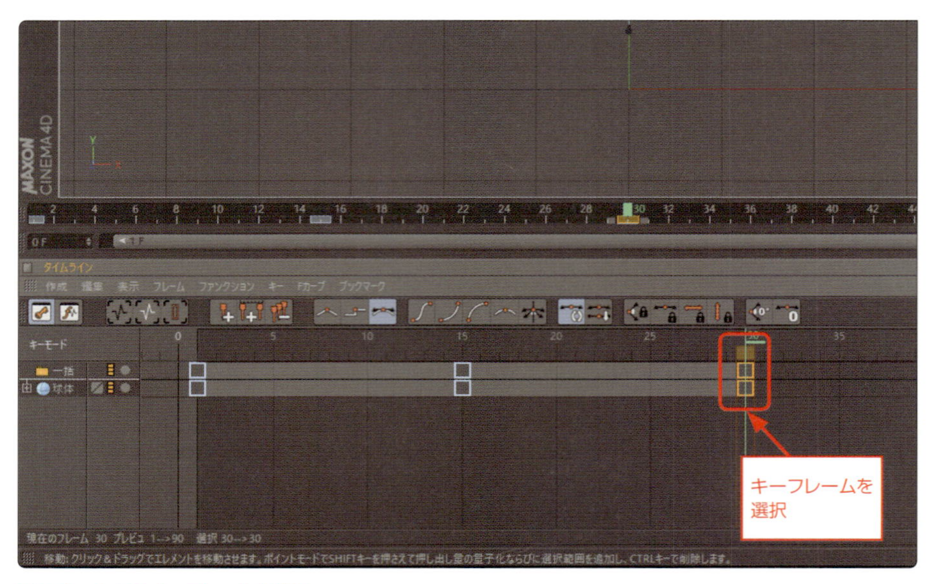

30フレーム目のキーフレームを選択

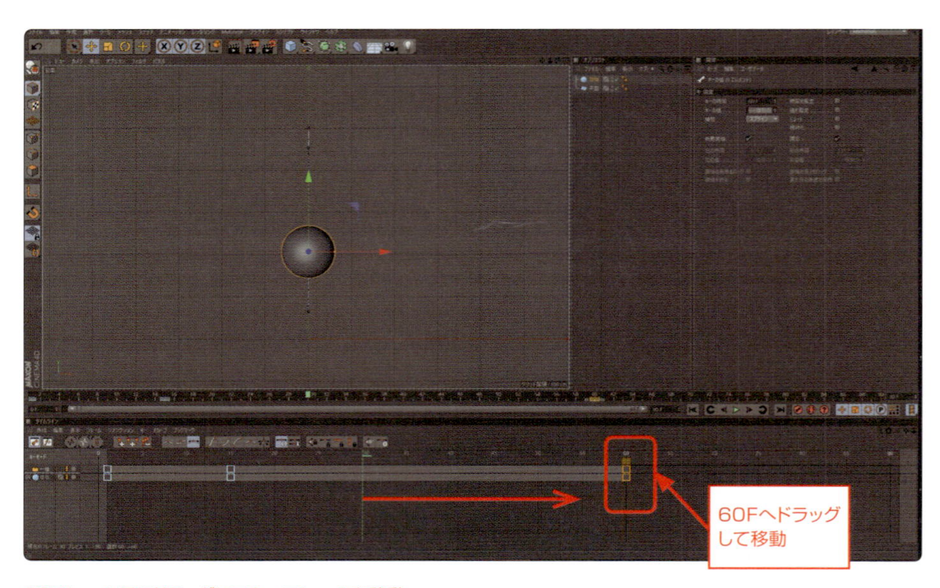

60フレーム目にドラッグしてキーフレームを移動

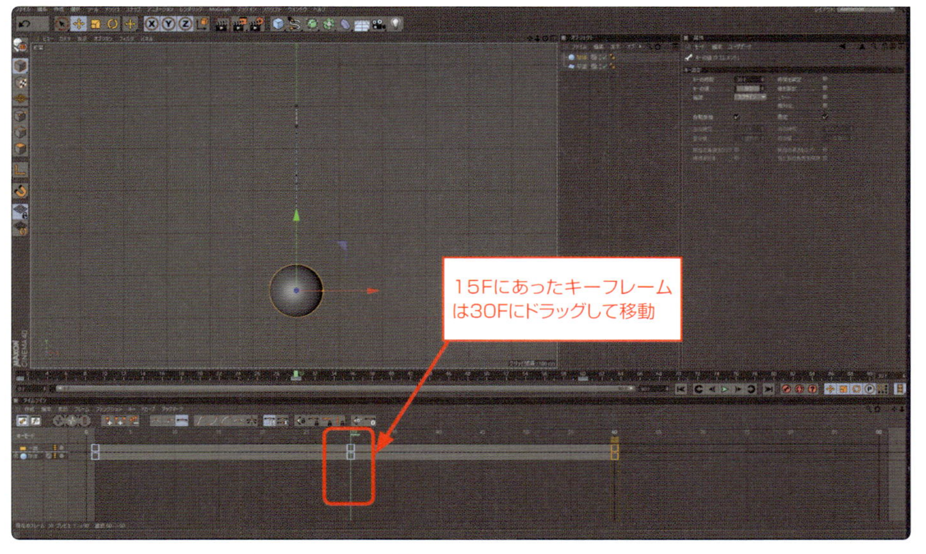

15フレーム目のキーフレームを30フレームへ移動

再生すると半分のスピードで移動します。

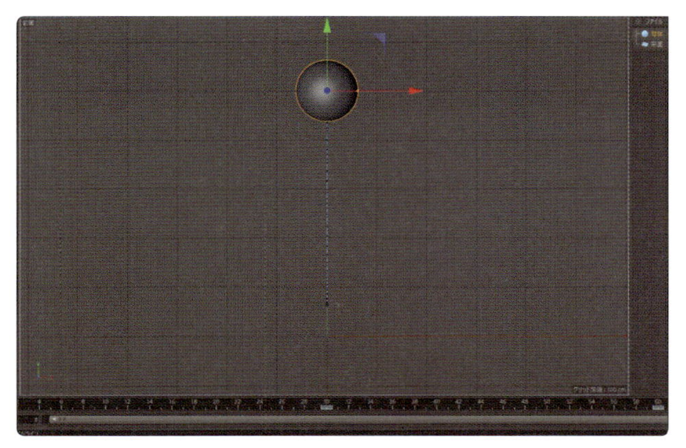

1フレーム目

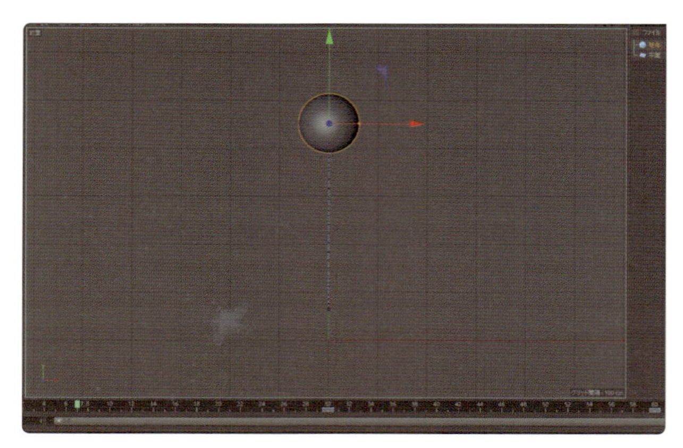

7フレーム目

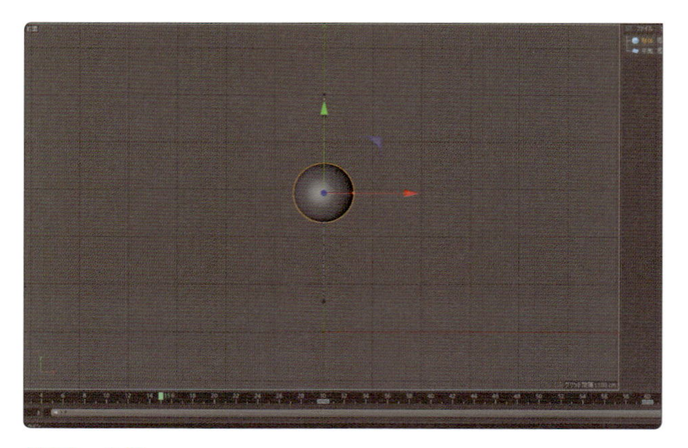

15フレーム目

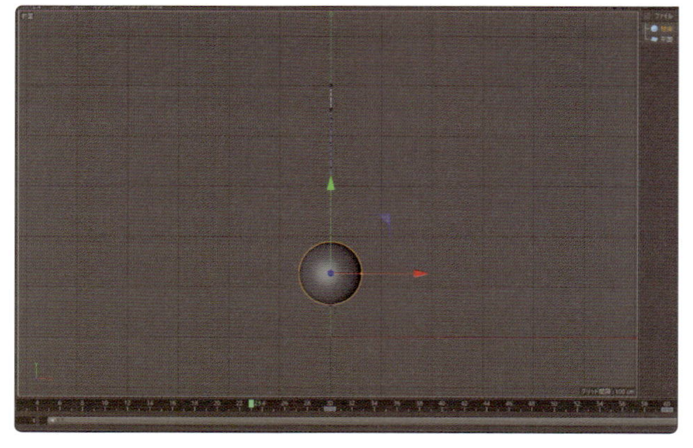

23フレーム目

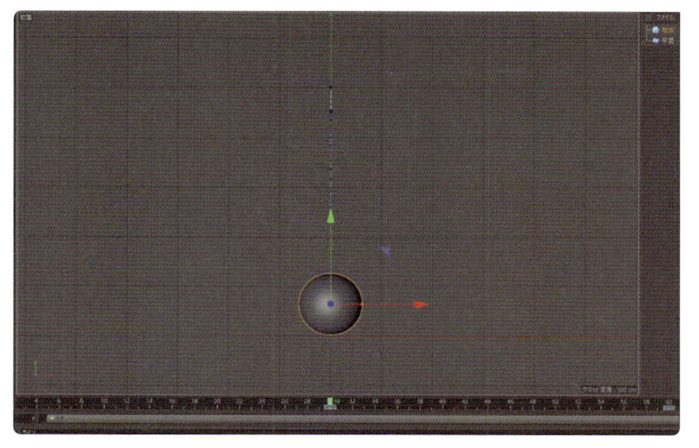

30フレーム目

STEP 03 キーをコピーする

作成したキーフレームはコピーして、他のフレームへ貼り付けることもできます。例えばボールの動き始めは3フレーム静止させたいというような場合は、1フレーム目のキーフレームをコピーして、3フレーム目にペーストします。

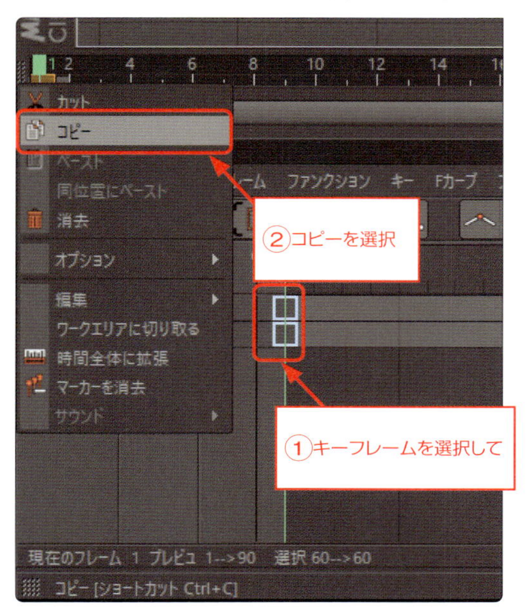

1フレーム目のキーフレームを選択して、右クリックして「コピー」を選択

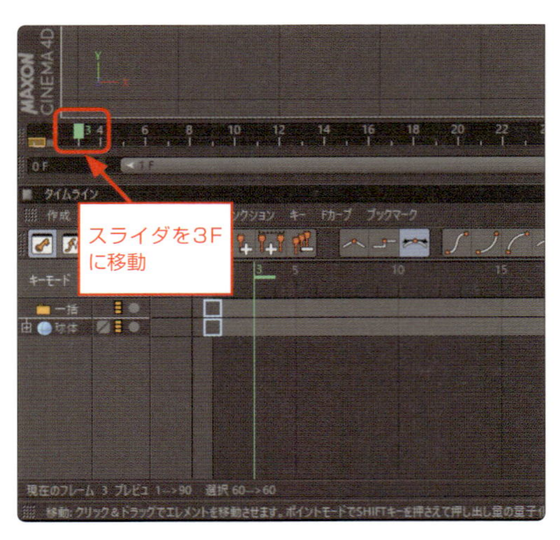

タイムスライダを3フレーム目に移動

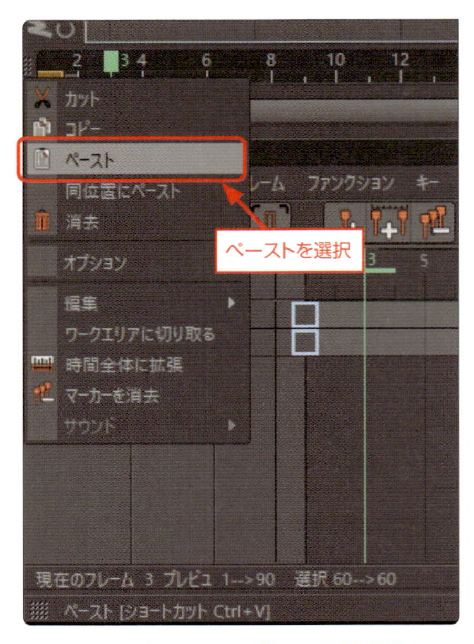

3フレーム目で右クリックして「ペースト」を選択

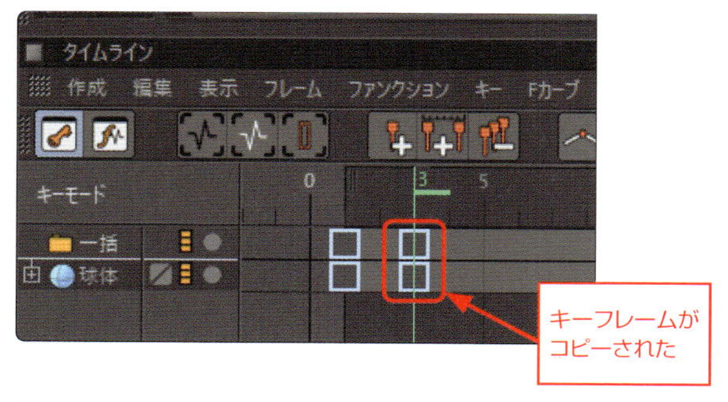

1フレーム目のキーフレームが、3フレーム目にコピーされた

STEP 03 キーフレームを削除する

不要なキーフレームは削除することもできます。削除したいキーフレームを選択して、Deleteキーを押すと削除できます。

キーフレームを選択

Deleteキーを押すとキーフレームが削除される

02 ファンクションカーブで編集する

C4D LTに用意されているFカーブ(ファンクションカーブ)エディタを使用する方法を紹介します。

アニメーションパレットで、キーフレームを作成しながらアニメーションを作成する手法は、とても簡単ですが減速や加速といったスピード変化のあるアニメーションを作成するには、多くのキーフレームを作成する必要があるため、少し手間がかかります。C4D LTに用意されているFカーブ（ファンクションカーブ）エディタを使用すると、グラフの曲線を操作することで、減速や加速を設定することができます。ここでは前に作成したボールが上下運動するアニメーションを使って加速減速感を調整してみます。

STEP 01 Fカーブを表示する

Fカーブを表示するには、タイムラインウィンドウの「Fカーブモード」ボタンをクリックします。

「Fカーブモード」をクリック

タイムラインウィンドウがFカーブモードに変わります。Fカーブモードでは、左側に、オブジェクトとオブジェクトが持っているパラメータのリストが表示されます。

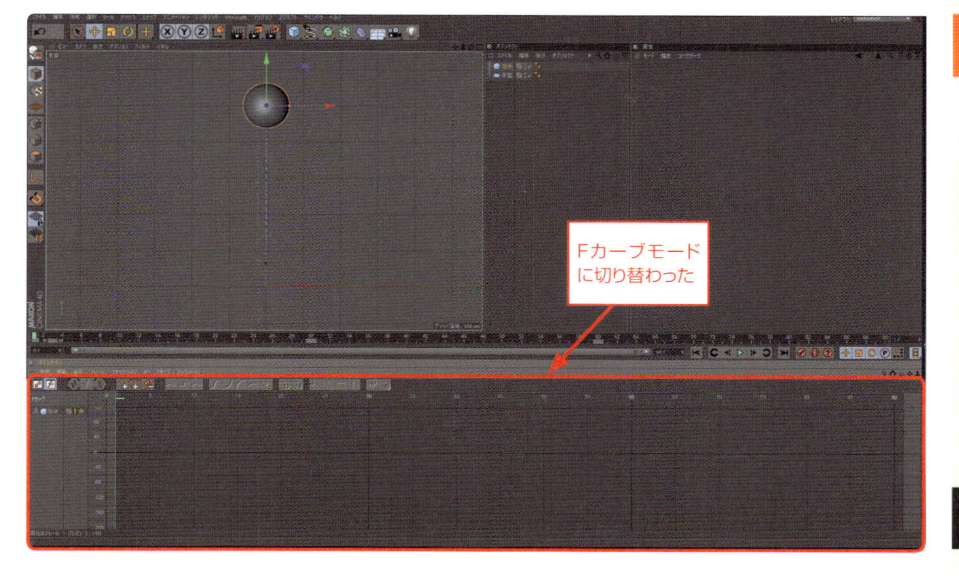

アニメーションのカーブを表示するには、左側のオブジェクトのリストからカーブを表示したいオブジェクトを選択します。

オブジェクト名をクリックして選択

オブジェクトを選択すると、グラフにカーブが表示されます。もし、カーブがウィンドウに表示されない場合は、グラフ上でマウスのホイールを回転させて表示範囲を広くするか、タイムラインウィンドウにある「全体表示」アイコンをクリックします。

「全体表示」アイコンをクリック

キーフレームが作成されている範囲のフレームが表示され、カーブが表示されます。グラフの横軸はフレーム数、縦軸がパラメータの値です。位置であれば座標値になります。

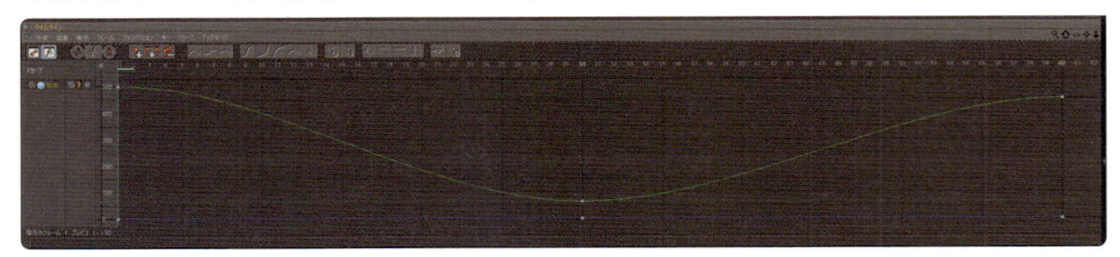

表示しているアニメーションには、位置チャンネルのY軸にしかキーフレームが作成されていないので、単純なグラフしか表示されていませんが、キーフレームが作成されているオブジェクトやパラメータが多くなるととても複雑なカーブになります。編集したいカーブだけを表示したい場合は、オブジェクト名に付いている+をクリックして展開し、編集が必要なパラメータだけをクリックして選択します。

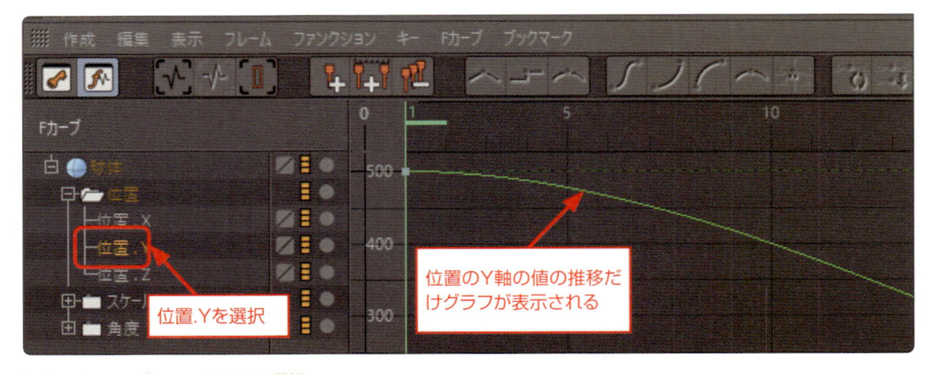

編集が必要なパラメータだけを選択

STEP 02 カーブを編集する

カーブは、フレーム毎の値の変化をビジュアル化したものです。なだらかな曲線の部分は、フレームが進んでいってもあまり数値の変化がないという部分なので、アニメーションはゆっくり動きます。反対に急激に曲がっているような曲線の部分は、フレームの進みに対して大きく値が変化している部分なので、アニメーションのスピードは速くなります。ボールの落下し始めはゆっくり、地面に近づくにつれて速くなり、跳ねて頂点に近づくとゆっくりになるという場合には、図のようなカーブになります。

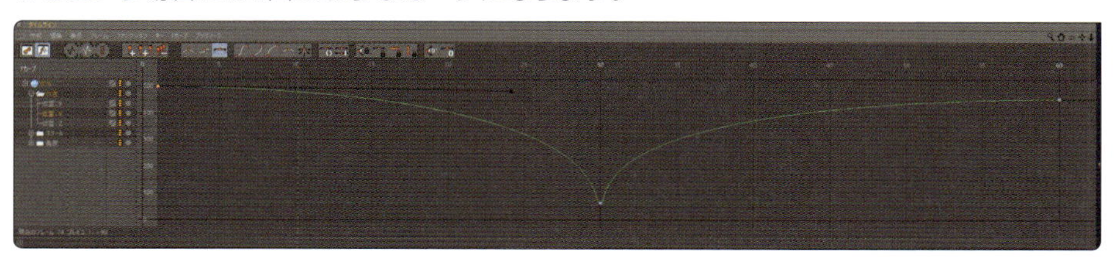

図のようにカーブの形状を変更させるには、まず、キーフレームを選択してハンドルを表示します。

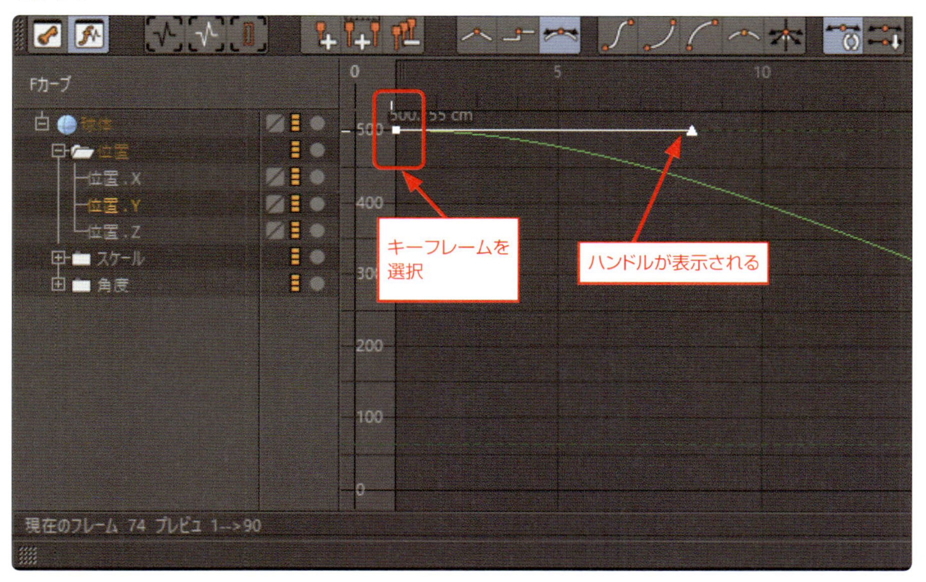

キーフレームを選択

表示されるハンドルをドラッグすると、カーブの形状を変更できます。ハンドルの操作は一般的なベジェ曲線の扱いと一緒ですが、ハンドルを長くすると緩やかなカーブになり、短くすると、きついカーブになります。

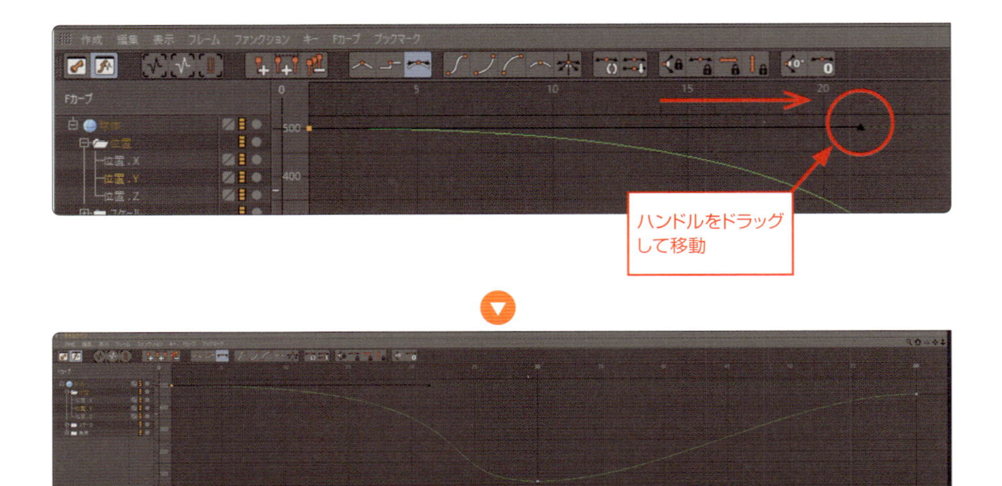

ハンドルを右方向に伸ばした

速度を速くしたいキーフレームは、ハンドルを短くします。

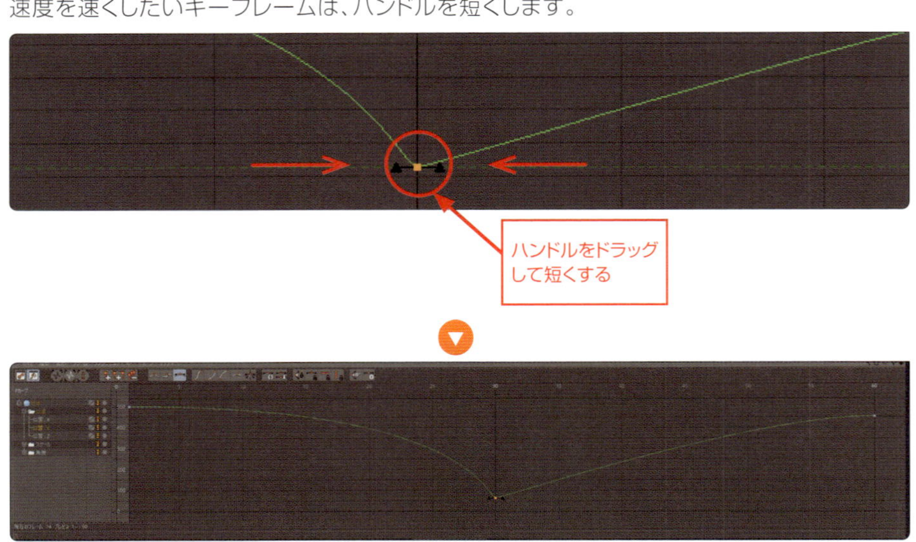

着地するフレームのハンドルを短くしてスピードを速めた

STEP 03 キー操作のツール

カーブの編集は基本的にはキーフレームから伸びるハンドルを操作してカーブを編集しますが、簡単にカーブを編集するツールも用意されています。代表的なキー操作のツールを紹介します。

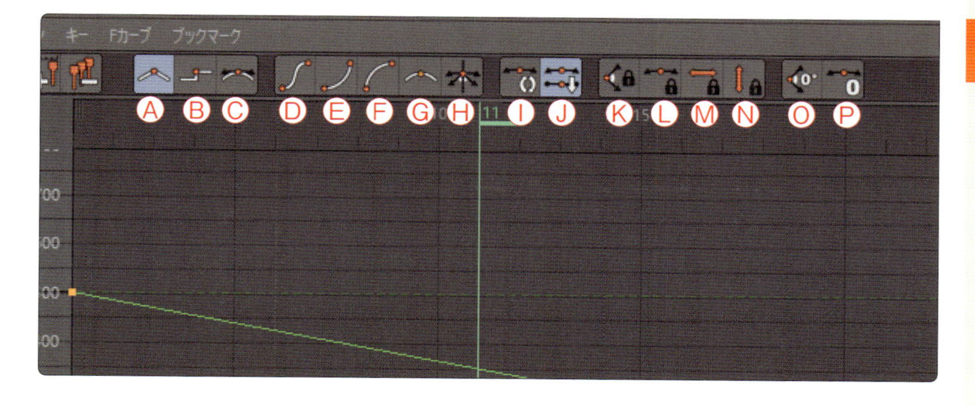

A「線形」

選択したキーフレームから次のキーフレームまでカーブを直線にします。等速で動かしたいときに使用します。

B「ステップ」

選択したキーフレームで、中割なしで値を変化させます。1フレームで値を変えたい場合に使用します。

C「スプライン」

選択したキーフレームにハンドルを表示させて、カーブを調整することができるようにします。

D「イーズイーズ」

選択した2つのキーフレーム間で、徐々に加速徐々に減速させます。

E「イーズイン」

選択したキーフレームから次のキーフレームまで徐々に加速します。

F「イーズアウト」

選択したキーフレームから次のキーフレームまで徐々に減速します。

G「ソフト補間」

選択したキーフレームを中心にカーブを滑らかにします。

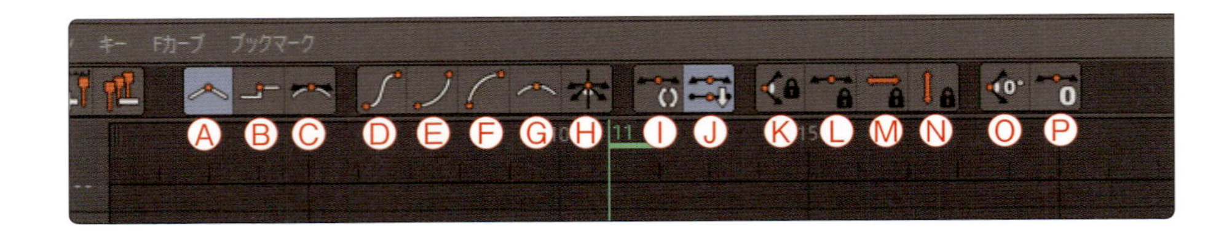

H「一体化」

キーフレームに表示される左右のハンドルを直線に揃えます。

I「接線を自動」

キーフレーム表示される左右のハンドルを自動接線に設定し、左右のハンドルを接線(真っ直ぐな状態)で操作できるようにします。

J「接線を折る」

キーフレームに表示される左右のハンドルを個別に操作できるようにします。

K「接線角度を固定」

ハンドルの角度を固定します。ハンドルの長さだけ調整できるようになります。

L「接線の長さを固定」

ハンドルの長さを固定します。ハンドルの角度だけ調整できるようになります。

M「時間をロック」

キーフレームがありフレームを固定して動かないようにします。

N「値をロック」

キーフレームの値を固定して、動かないようにします。

O「角度をゼロに設定」

ハンドルの角度をゼロに戻します。

P「ハンドルの長さをゼロに設定」

ハンドルの長さをゼロにします。

03 プロパティにキーフレームを作成する

ここでは、デフォーマにキーフレームを作成してオブジェクトが変形するアニメーションを作成してみます。

ここまでは位置やスケール、角度にキーフレームを作成して、オブジェクトの動きにアニメーションを作成してきましたが、マテリアルの透明度やデフォーマの強度といった属性に関するプロパティにもアニメーションを作成することができます。

STEP 01 円柱に屈曲デフォーマを適用する

最初に、図のように円柱に屈曲デフォーマを適用して、円柱が曲がるアニメーションを作成してみます。

円柱に「屈曲」デフォーマを適用した

パラメータをアニメーションさせるときには、右下にある「自動記録」をオンにすると変更したパラメータ全てに自動的にキーフレームが作成されるので便利です。

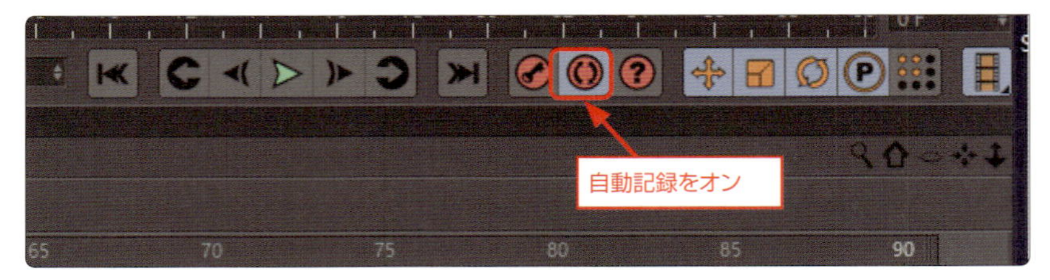

「自動記録」をオン

「強度」パラメータにキーフレームを作成する

オブジェクトマネージャで、円柱オブジェクトに適用されている「屈曲」を選択して、属性マネージャに屈曲のオブジェクトプロパティを表示し、「強度」プロパティ名の前にある「キーフレームボタン」をクリックしてオンにします。

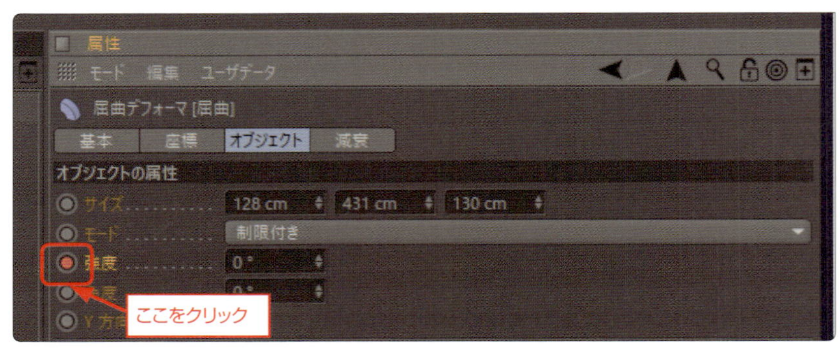

「強度」のキーフレームボタンをクリックしてオンにする

タイムラインをみると、スライダーがある位置の「強度」の値にキーフレームが作成されています。

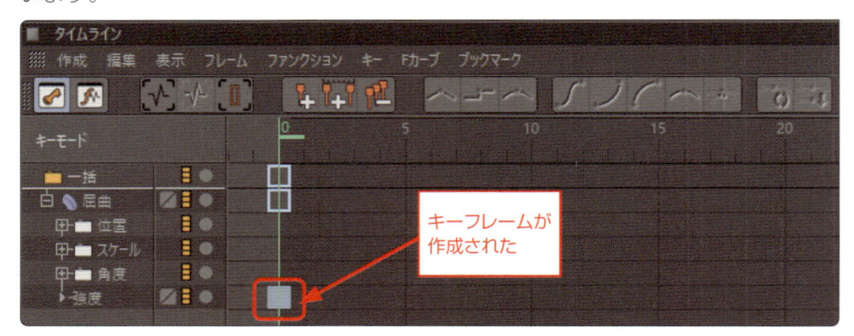

「強度」にキーフレームが作成された

スライダをドラッグして15フレームに移動させます。

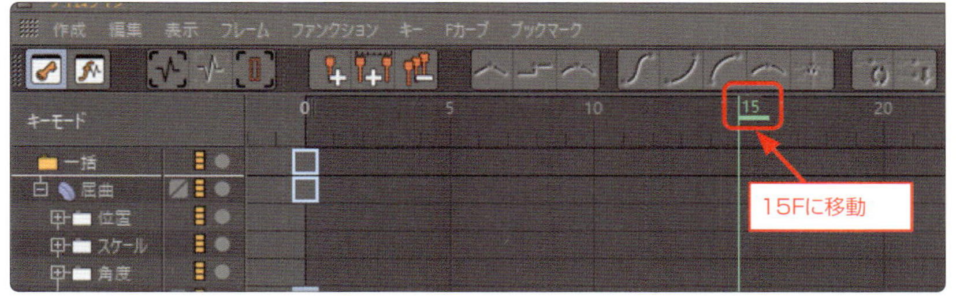

スライダを15フレームに移動

属性マネージャで「強度」の値を30°に設定します。

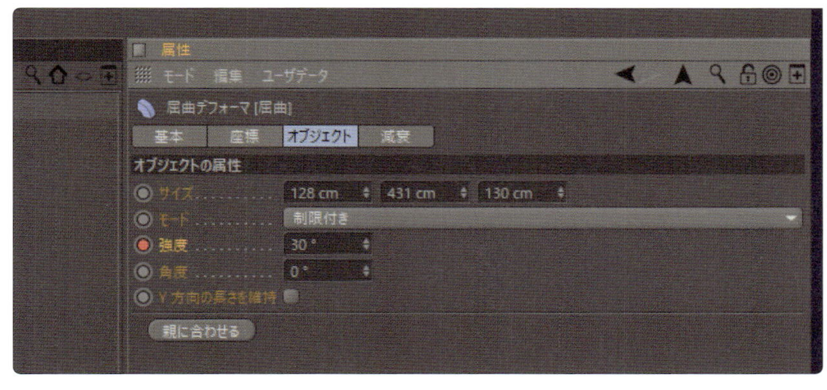

「強度」に30°と入力

タイムラインをみると、「強度」の15フレーム目にキーフレームが作成されます。

15フレームにキーフレームが作成され、円柱が曲がった

再生すると円柱が曲がるアニメーションが再生されます。

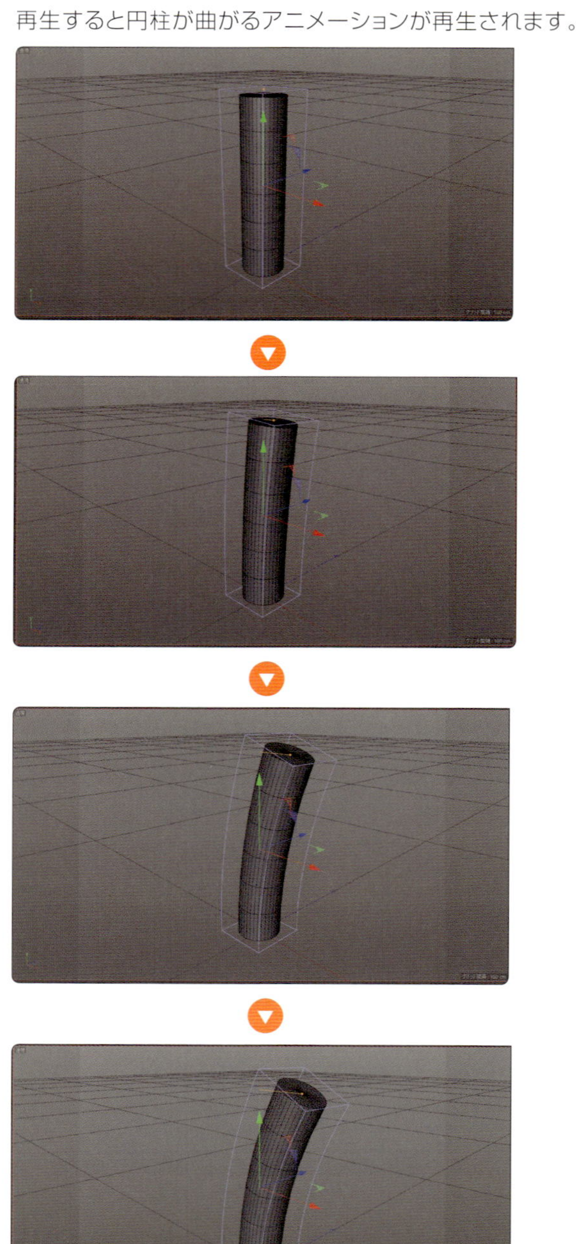

04 マテリアルにアニメを作成する

キーフレームボタンが付いているパラメータにはすべてキーフレームを作成してアニメーションを作成することができます。ここではマテリアルのカラーにアニメーションをつけてみます。

マテリアルのカラーに、キーフレームを作成して、時間とともにオブジェクトの色を変化させたり、凹凸を時間とともに浮き上がらせたりといったアニメーションを作成することができます。

STEP 02 球体にマテリアルを適用する

図は、球体にマテリアルがついている状態です。アニメーションレイアウトで表示しています。

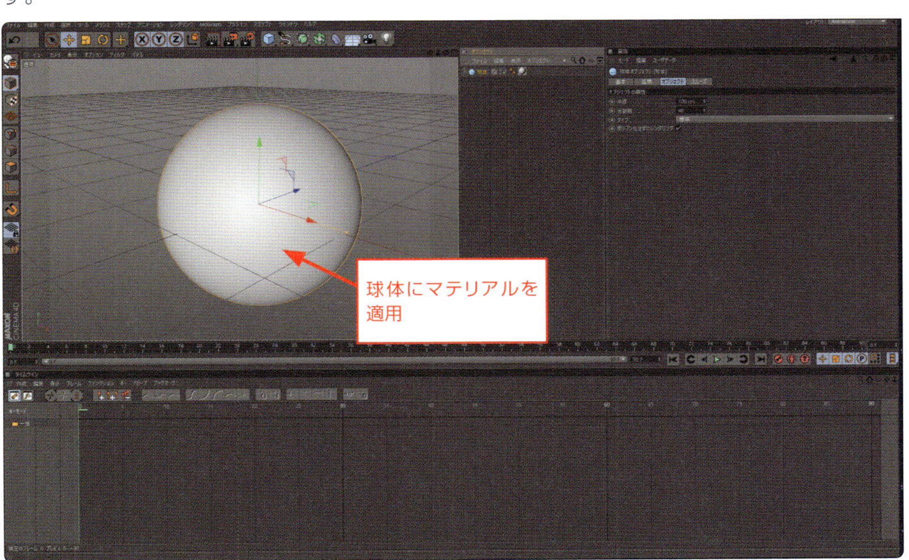

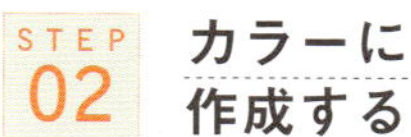

カラーにキーフレームを作成する

オブジェクトマネージャで、球体のマテリアルを選択して、属性マネージャにマテリアルのプロパティを表示します。

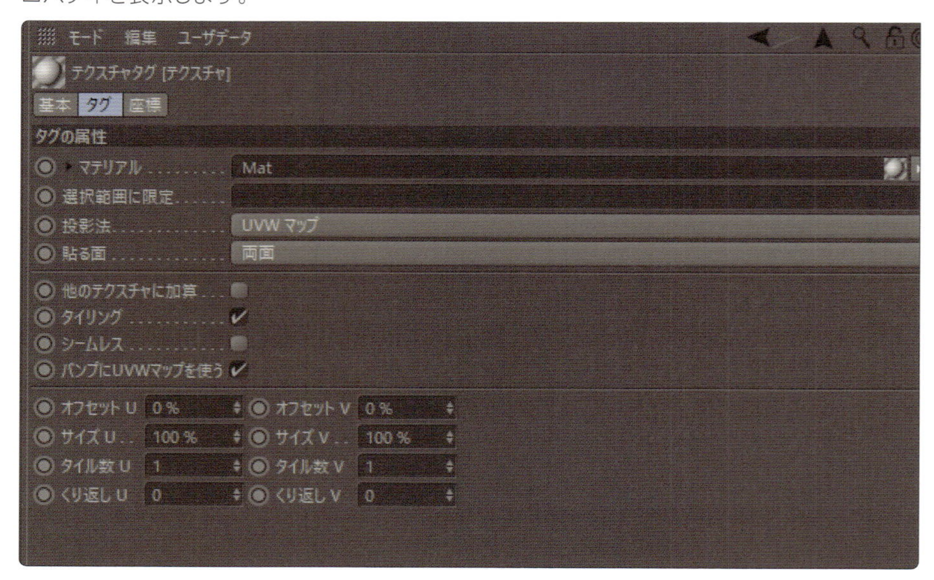

オブジェクトマネージャでマテリアルを選択

タグの属性でマテリアルの▶マークをクリックして、マテリアルのプロパティを表示します。

マテリアルのプロパティを表示

タイムラインでスライダを、アニメーションを開始するフレームに移動させます。ここでは0フレームにしました。

スライダを移動

マテリアルで「カラー」のキーフレームボタンをクリックしてオンにします。

「カラー」のキーフレームボタンをオン

カラーの0フレーム目にキーフレームが作成されたので、スライダを15フレームに移動します。

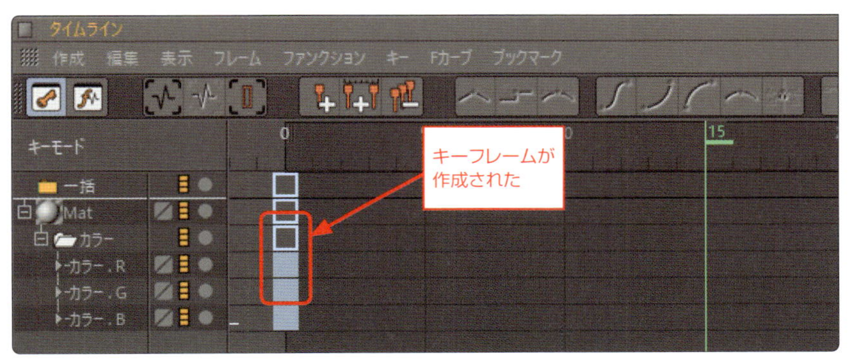

スライダを15フレームに移動

「カラー」で色を変更します。

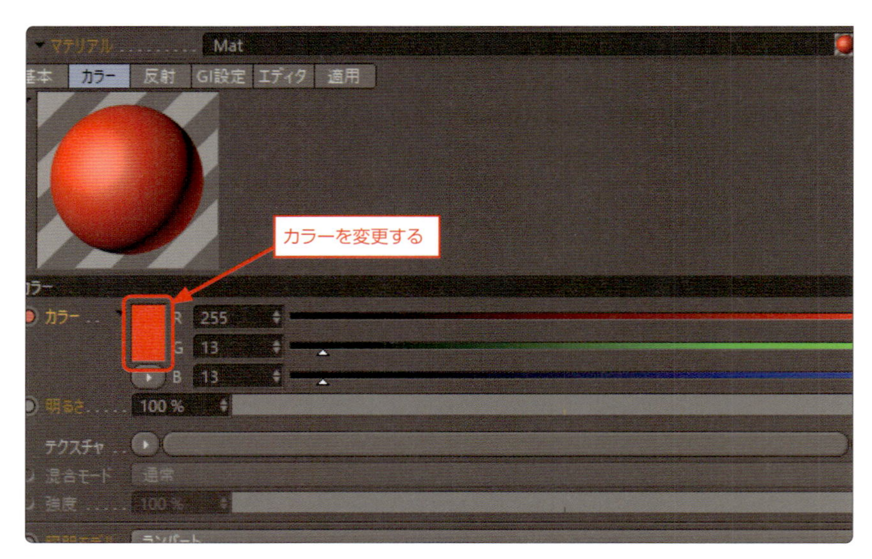

「カラー」で色を変更した

再生すると白から赤にオブジェクトの色が変化します。

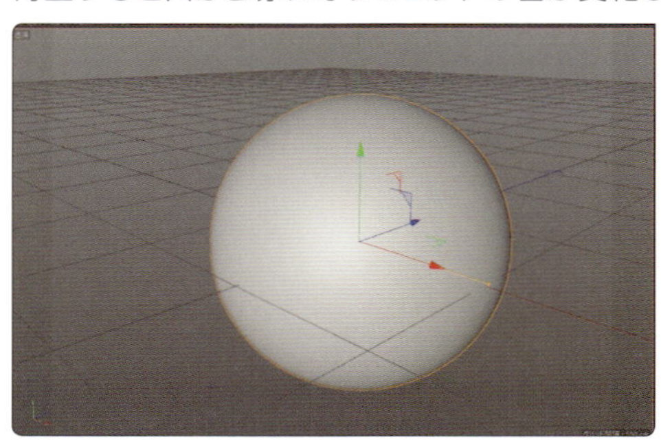

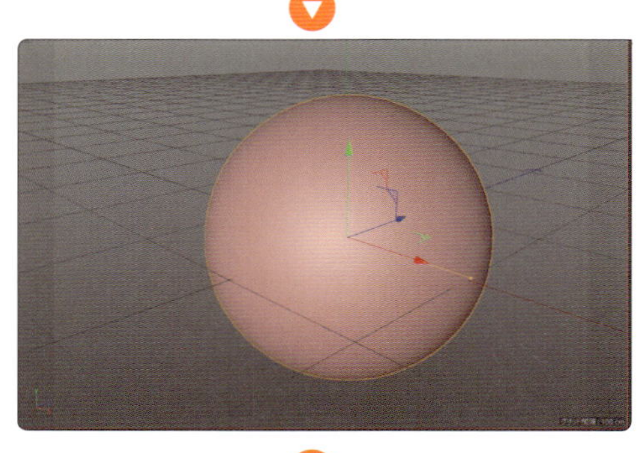

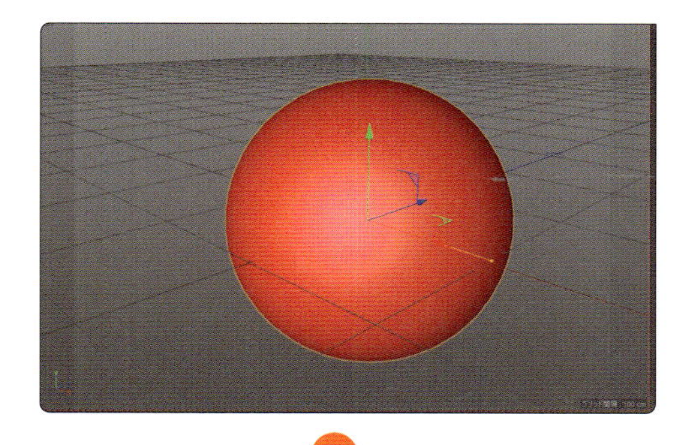

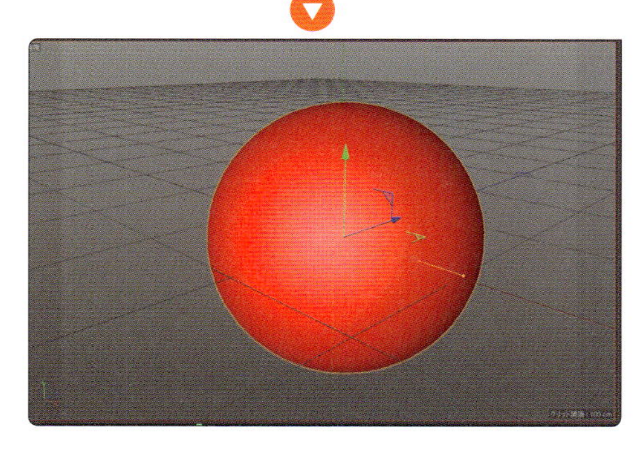

STEP 03 透明度にアニメーションを付ける

マテリアルの「透過」にある「透明度」の値にキーフレームを作成すると、オブジェクトが徐々に消えたり、現れたりするアニメーションを作成することができます。図は、マテリアルの「基本」で「透過」をオンにして、「透過」タブの「透明度」に0から100%に値が変化するようにキーフレームを作成したものです。

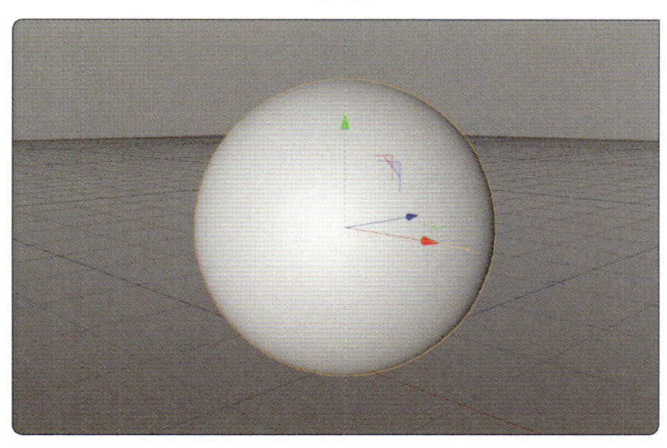

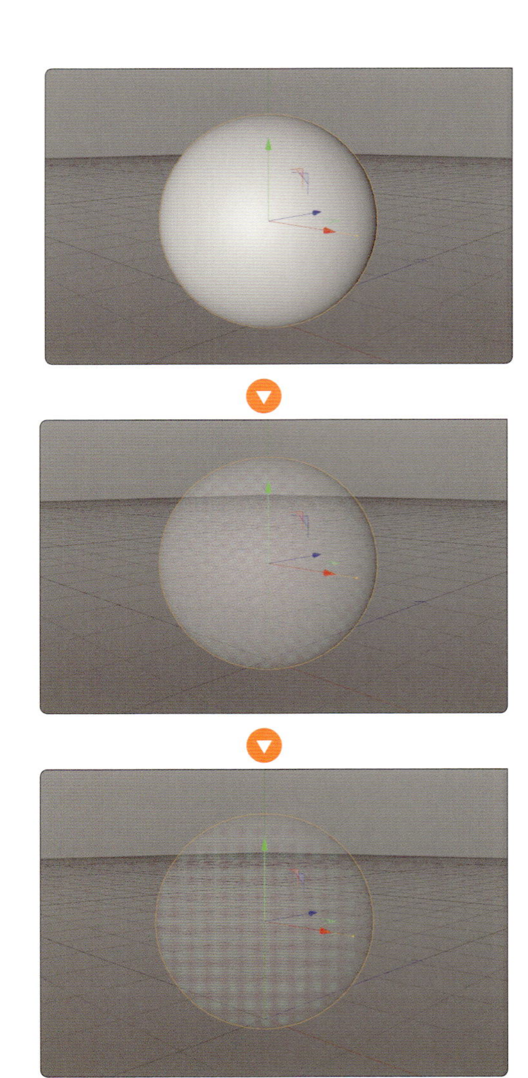

06

After Effectsとの連携

C4D LTで作成したアニメーションや
3DCGは、After Effectsのフッテージとして
読み込むと映像として出力できます。ここでは、
C4D LTで作成したシーンを
After Effectsで利用する方法を紹介します。

01 AEでC4Dのシーンを利用する

After EffectsでC4Dで作成したシーンをコンポジットのフッテージとして利用するには、いくつかの方法があります。

After Effects の新規から Cinema 4D ファイルを作成して読み込む方法と、保存されている Cinema 4D ファイルをフッテージとして直接読み込む方法です。

▶▶▶Cinema 4Dファイルを新規に作成して利用する

STEP 01 Cinema 4Dファイルを作成する

まずは、After Effectsを起動します。

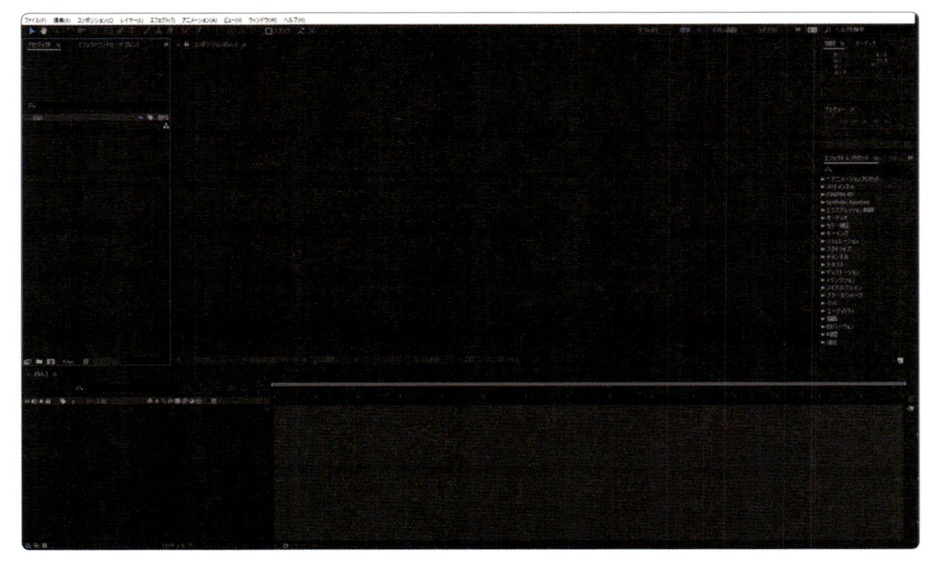

つぎに作成したい映像のフォーマットに合わせてコンポジションを作成します。コンポジションは、「コンポジション」メニューの「新規コンポジション」を選択して作成します。

「コンポジション」から「新規コンポジション」を選択

「コンポジション設定」ウィンドウが表示されるので、作成する映像のフォーマットに合わせて設定していきます。ここでは、ハーフサイズのHDTVで映像を作成したいので、「プリセット」から「HDV/HDTV 720 29.97」を選択しました。「デュレーション」は10秒に設定し、「背景色」は暗いグレーにしてあります。

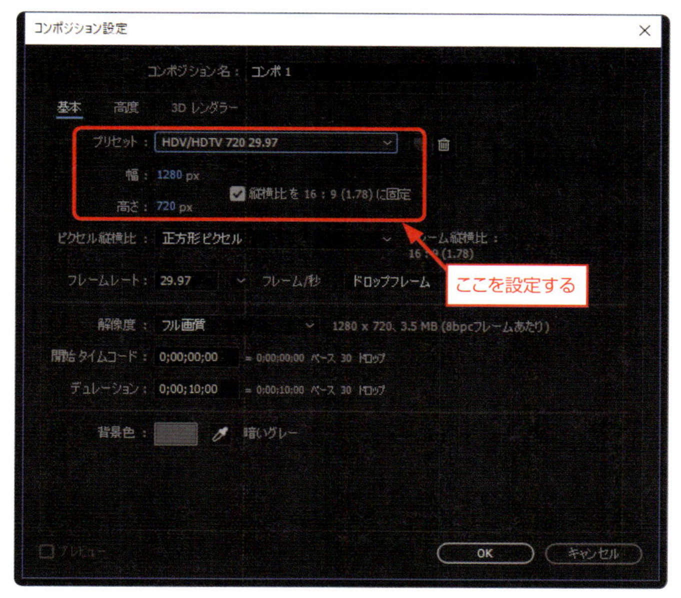

1章でも簡単に解説しましたが、「ファイル」メニューの「新規」から「MAXON CINEMA 4Dファイル…」を選択して、C4D LTを起動します。

「MAXON CINEMA 4Dファイル」を選択する

「新規MAXON CINEMA 4Dファイル」ウィンドウが表示されるので、ファイル名をつけて保存します。

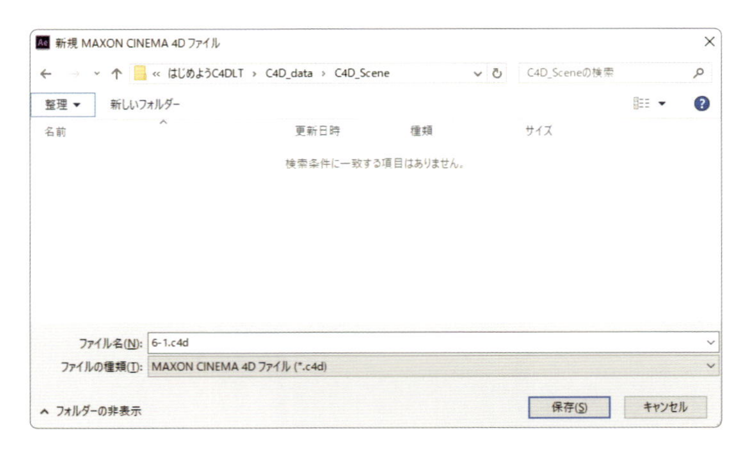

C4D LTが起動するので、シーンを作成していきます。

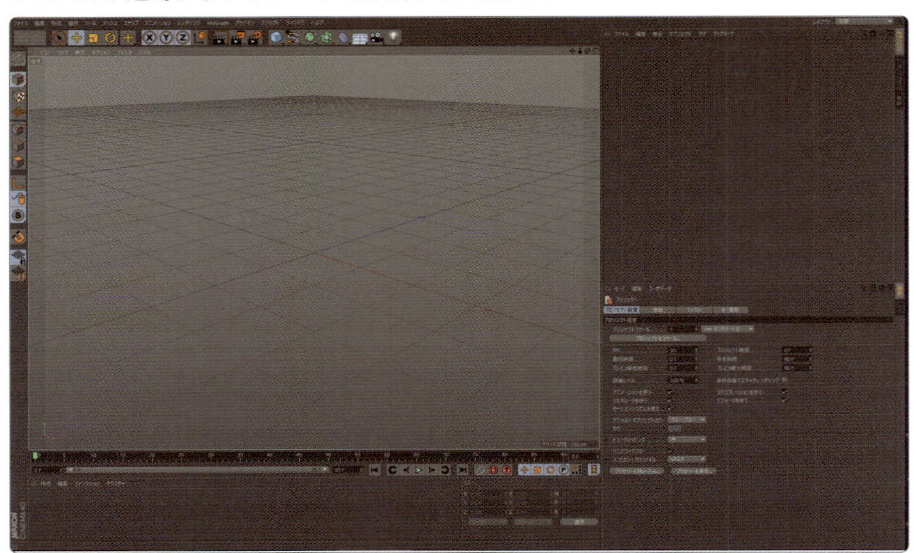

ここでは、図のような回転するテキストをカメラを引きながら全体を表示するようなアニメーションを作成しました。エリアライトも2つ配置されています。解像度はコンポジションと同様にHDTV 720 29.93fpsで作成しています。
作例では、テキストのシェイプに「押し出し」デフォーマを適用したオブジェクトにさらに「屈曲」デフォーマーを使って円形にまとめています（詳しくは7章04参照）。作成したテキストのオブジェクトには360°回転するアニメーションをつけ、カメラは回転するテキストのアップから全体が入るぐらいまでのトラックバックのアニメーションが付けられています。

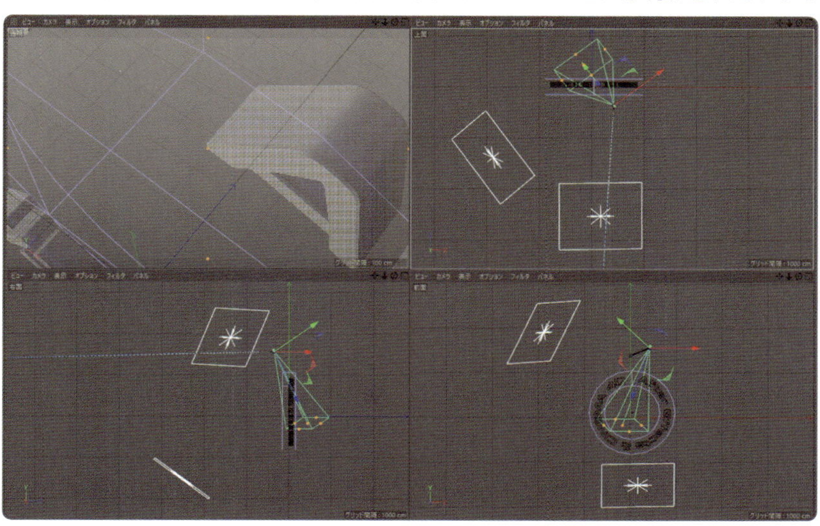

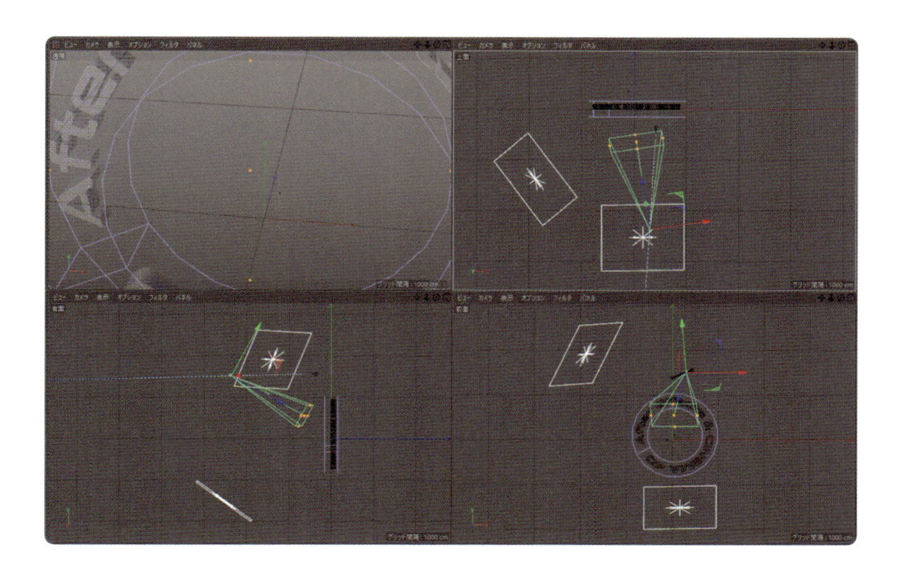

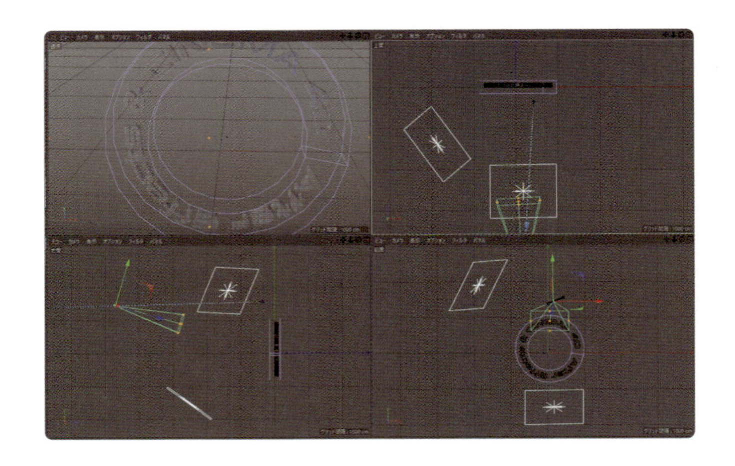

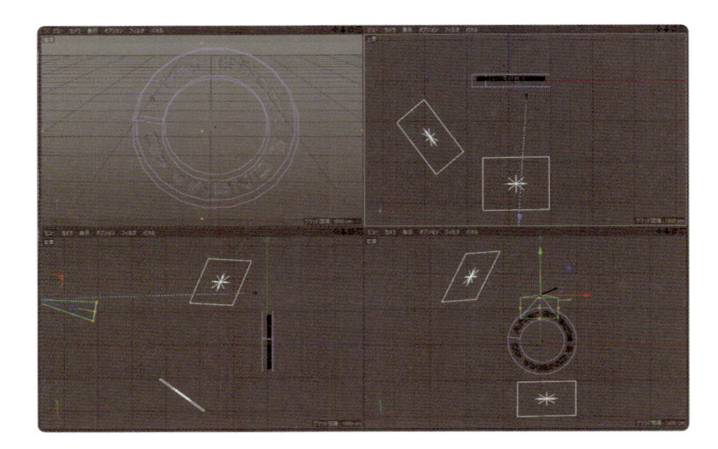

シーンができたところで保存します。

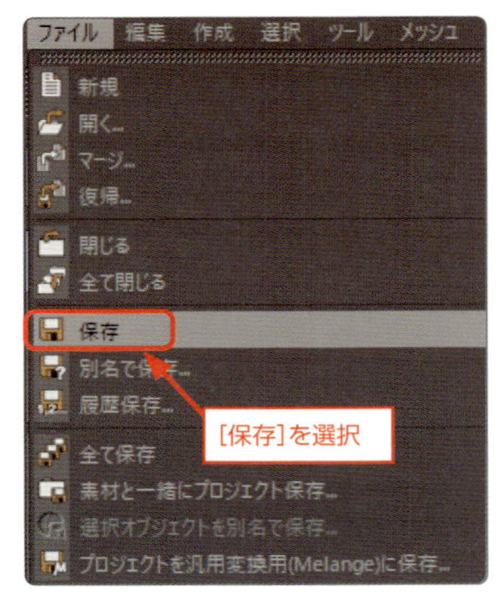

「ファイル」メニューから「保存」を選択

After Effectsに戻ると、プロジェクトにC4Dファイルが追加されています。

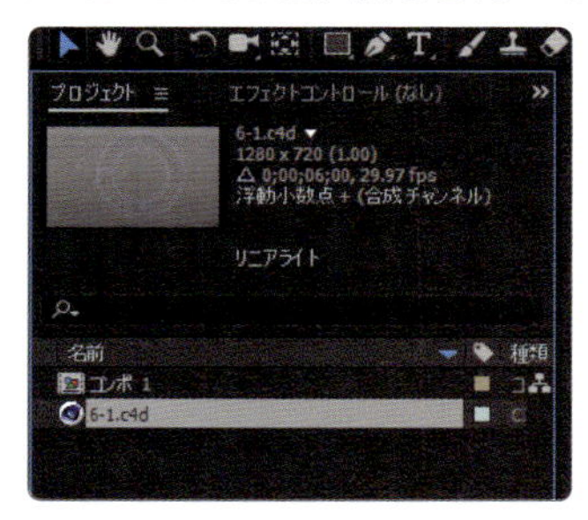

追加されたC4Dファイルを、タイムラインパネルにドラッグ&ドロップします。

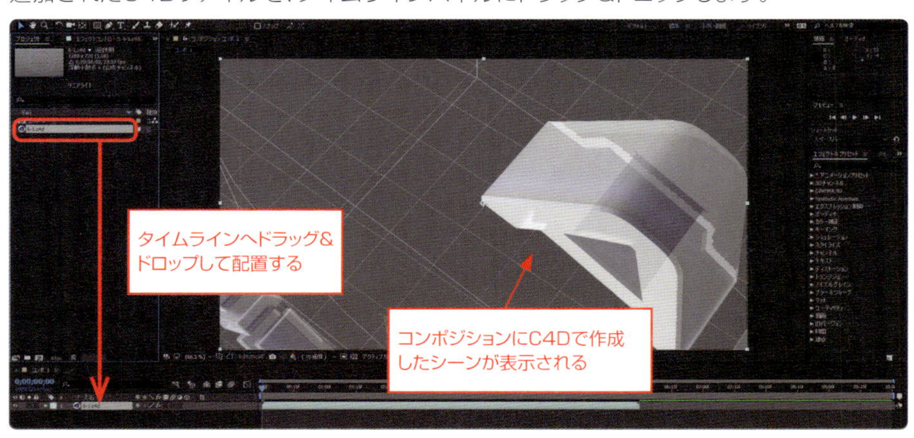

タイムラインにドラッグ&ドロップする

プレビューすると、C4D LTで付けたアニメーションどおりに再生されます。

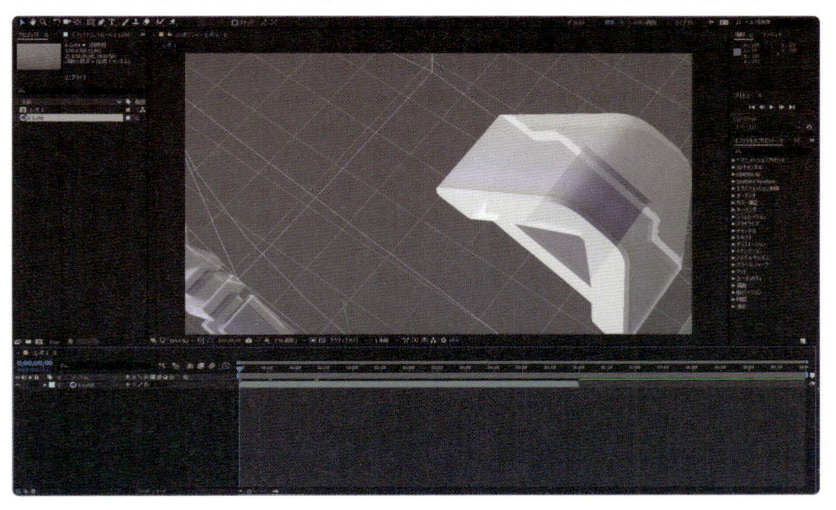

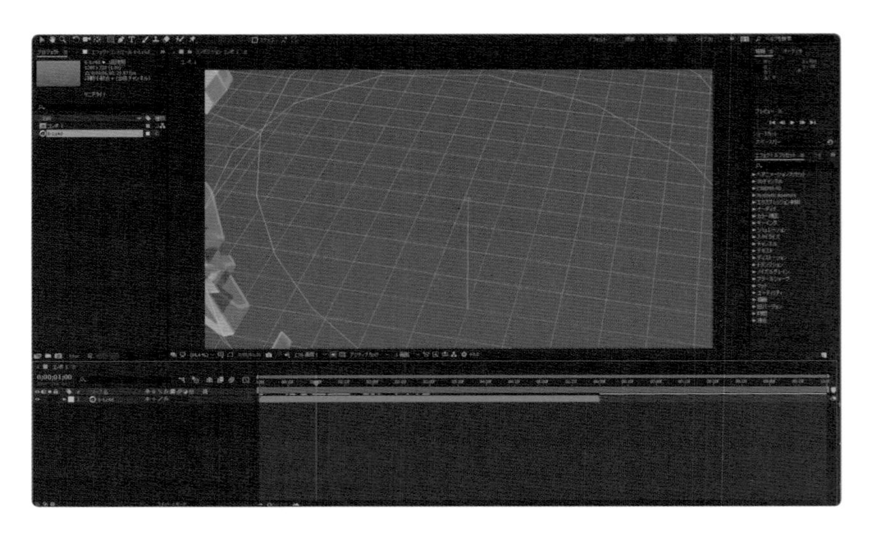

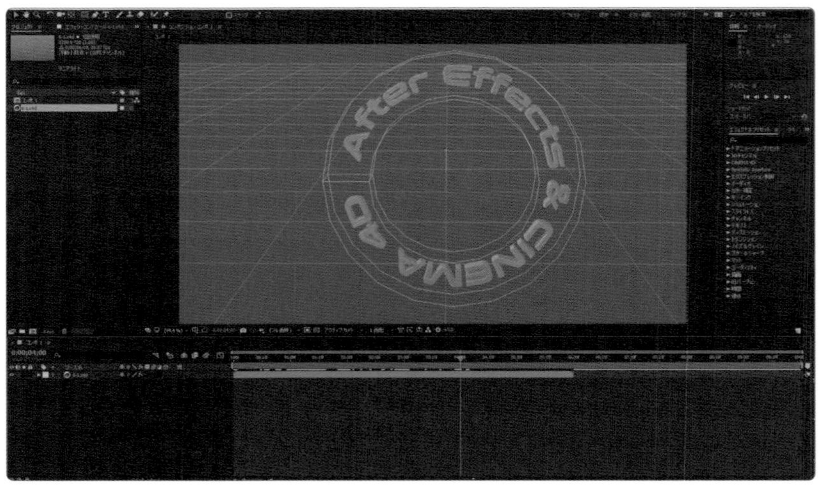
After Effects & CINEMA 4D

▶▶▶C4Dファイルを直接読み込む方法

過去に作成したC4DファイルをAfter Effectsに読み込みたい場合は、「ファイル」メニューの「読み込み」から「ファイル」を選択します。

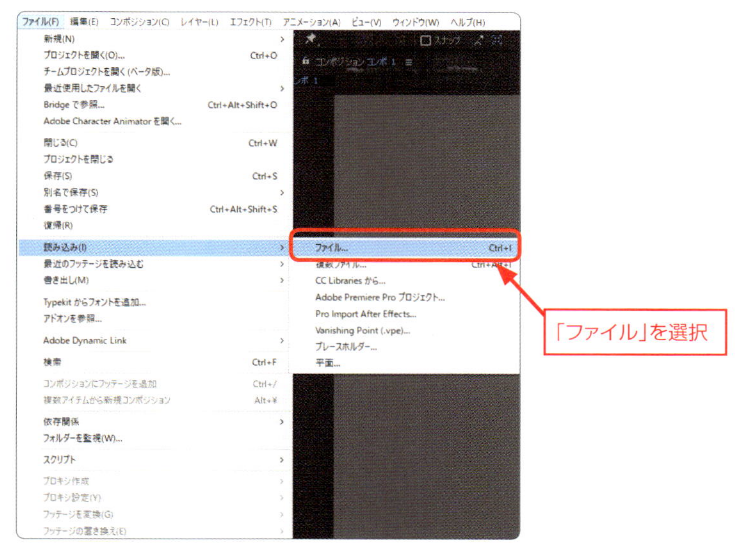

「ファイルの読み込み」ウィンドウが表示されるので、読み込みたいC4Dファイルを選択して読み込みます。

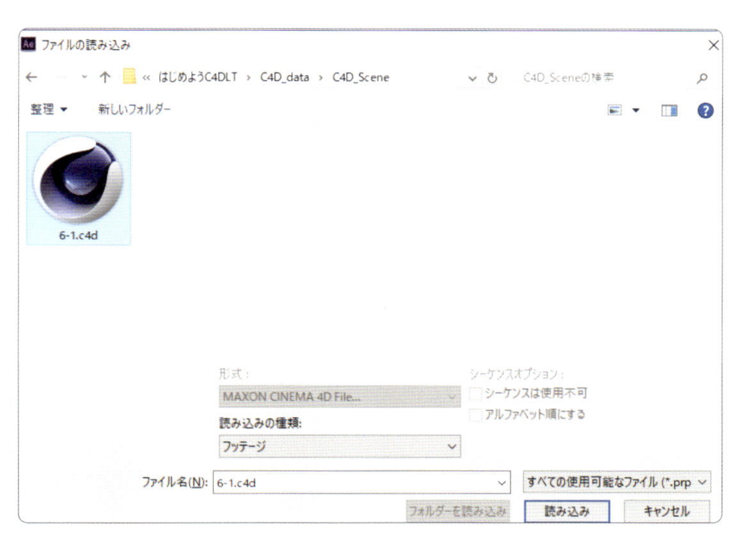

▶▶▶C4Dファイルを編集する

After Effectsに読み込んだC4Dファイルを、C4D LTを使って編集したい場合は、プロジェクトパネルで、編集したいC4Dファイルを選択して、「編集」メニューから「オリジナルを編集」を選択します。

C4Dファイルを選択

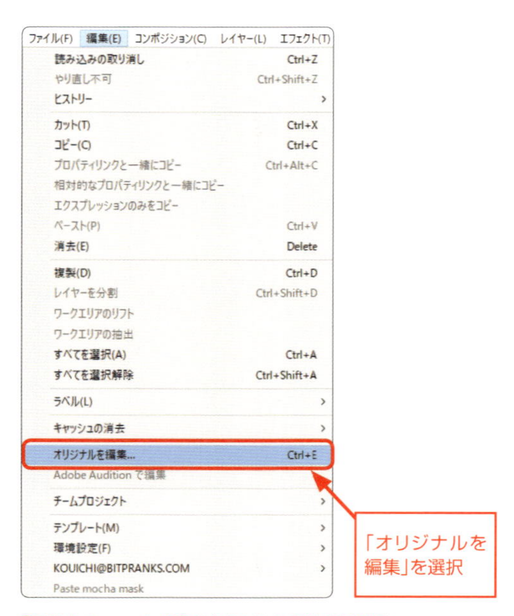

「編集」メニューから「オリジナルを編集」を選択

C4D LT が起動して、After Effects に読み込まれていたファイルが開きます。

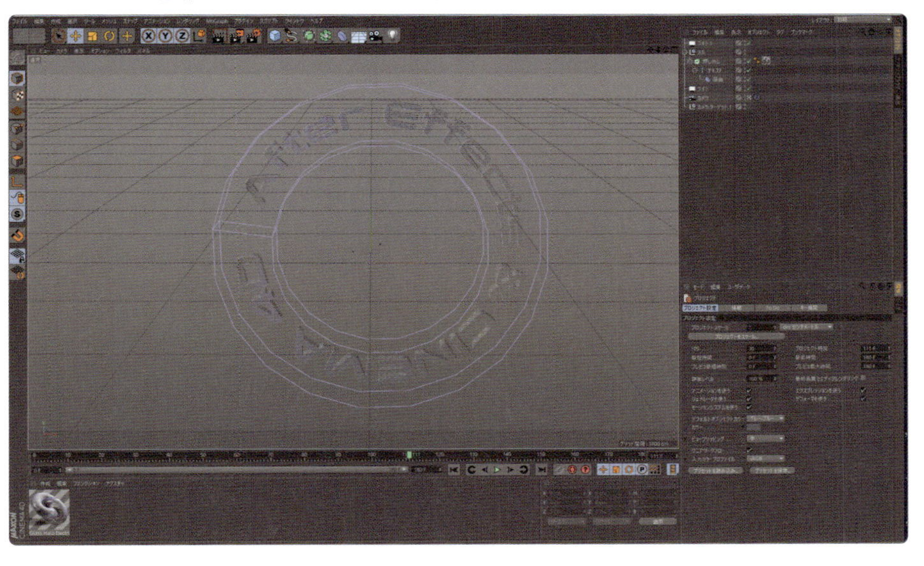

ここでは、テキストに適用されているマテリアルを変更してみました。修正作業が終わったら、名前を変えずに保存します。

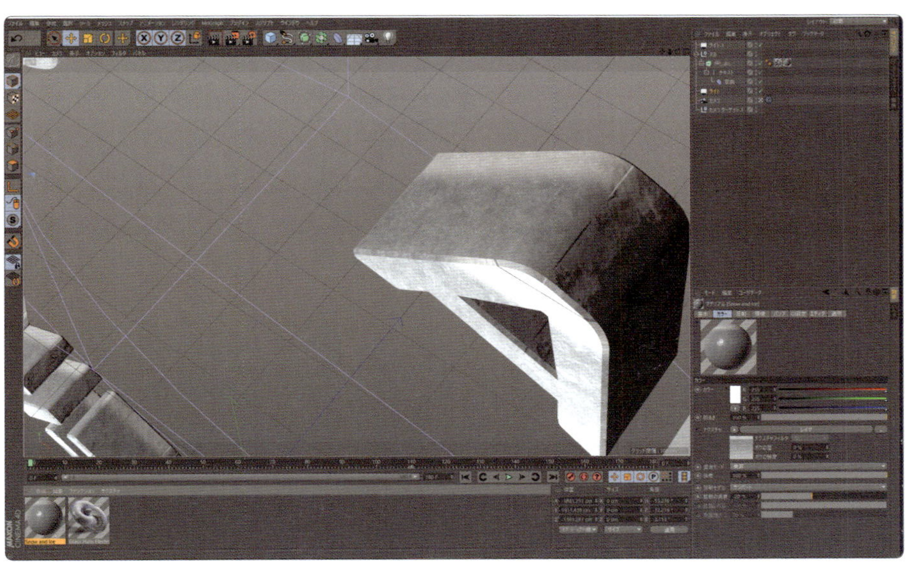

マテリアルを変更して保存

After Effects に戻ると、C4D ファイルの内容が変更されます。

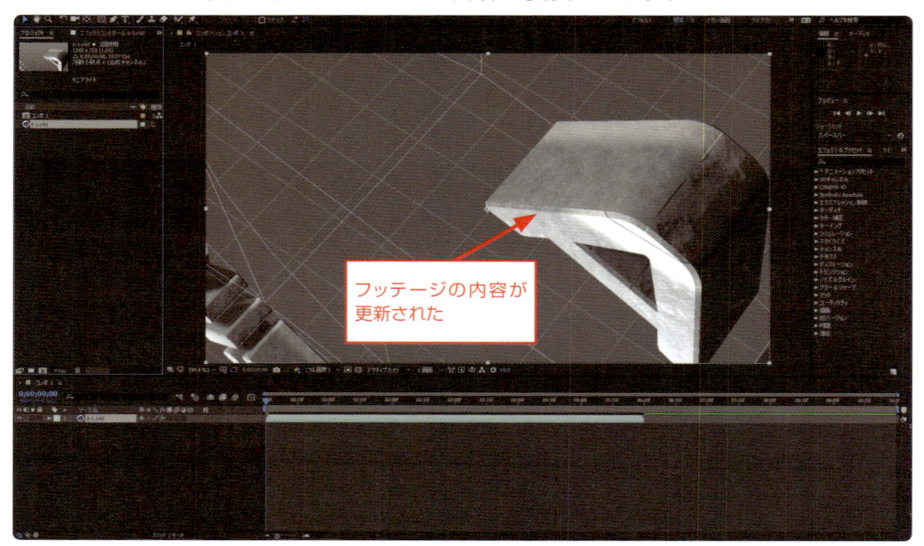

02
CINEWAREを編集する

After Effectsに読み込まれたC4Dファイルは、CINEWAREというエフェクトで管理されます。コンポジションでの表示の方法などをコントロールすることができます。

▶▶▶CINEWAREの設定を変更する

STEP 01 CINEWAREを表示する

CINEWAREの設定は、エフェクトコントロールパネルでおこないます。C4Dファイルをタイムラインにドラッグ&ドロップすると、コンポジションパネルにC4Dファイルの内容が表示されますが、同時にエフェクトコントロールパネルにCINEWAREが追加されます。

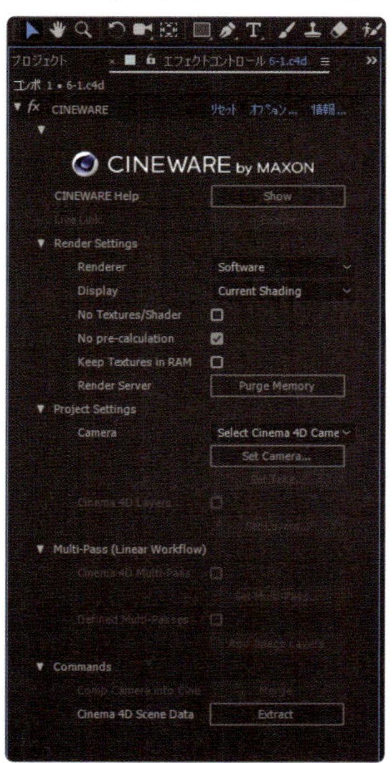

エフェクトコントロールパネルにCINEWAREが表示される

表示の仕方を変更する

コンポジションパネルに表示されている、C4Dファイルのシーンの表示方法を変更するには、CINEWAREの「Render Settings」で変更します。

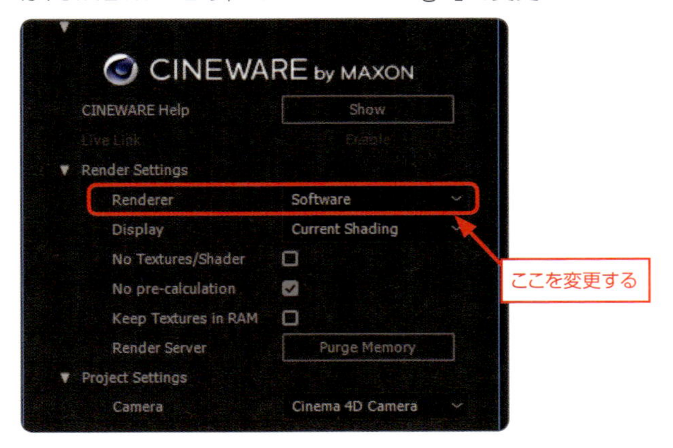

「Render Settings」の「Renderer」から必要なクオリティの表示方法を設定します。

「Standard(Final)」

「Standard(Final)」は最終的なレンダリングクオリティで表示します。

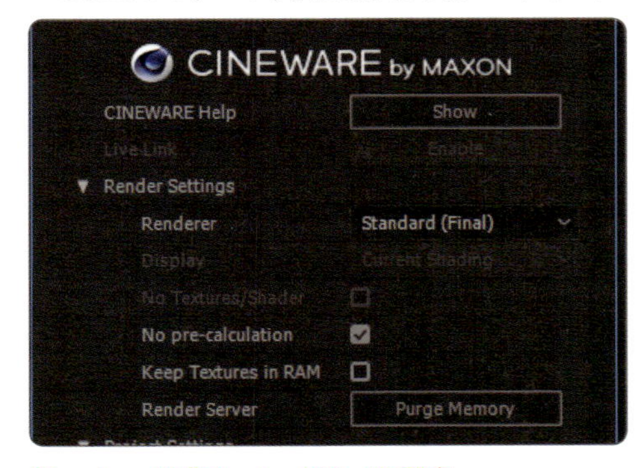

「Renderer」を「Standard(Final)に設定

「Standard(Draft)」

「Standard(Draft)」は、マテリアルの反射や屈折など処理に時間がかかる処理は省略して表示されます。

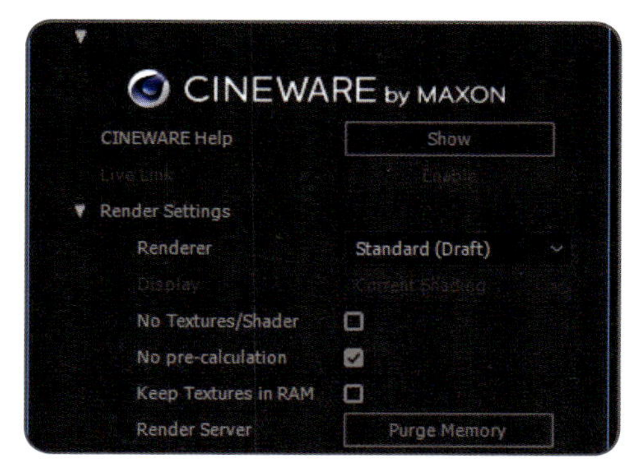

「Renderer」を「Standard(Draft)」に設定

・「Software」

「Software」は、CINEWAREのレンダリングエンジンを使ってレンダリングします。最低限のシェーディングが施された状態ですが、処理も速く、グリッドも表示されるのでコンポジット作業するには効率のよい表示方法です。

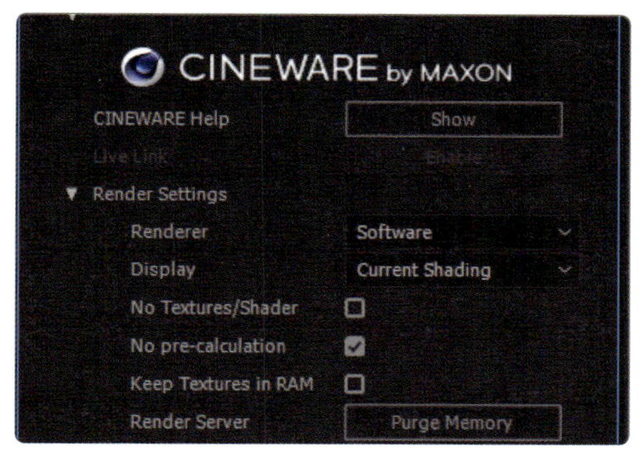

「Renderer」を「Software」に設定

「Software」に設定すると、「Display」でさらに表示方法を選択することができます。

「Current Shading」はオブジェクトに陰影が付いた状態で表示します。

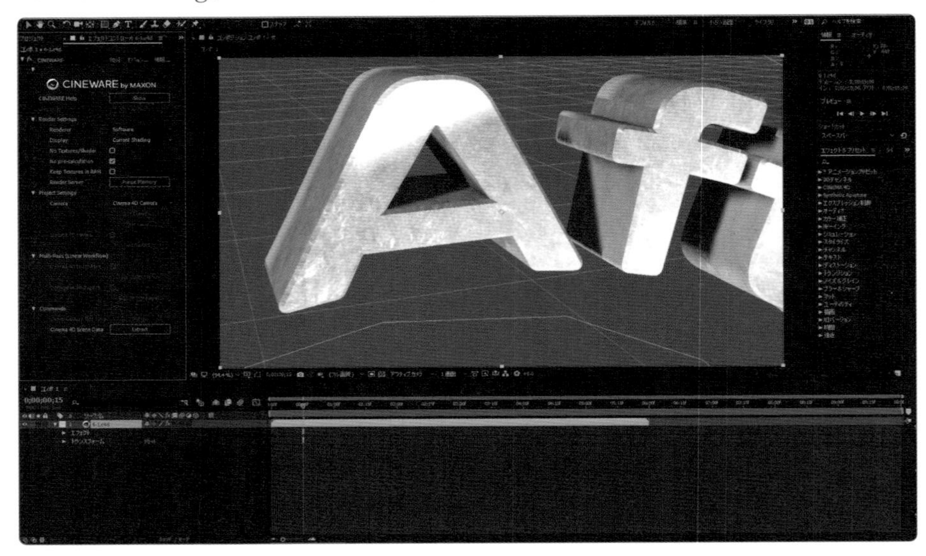

「Wireframe」は、オブジェクトをワイヤーフレームで表示します。

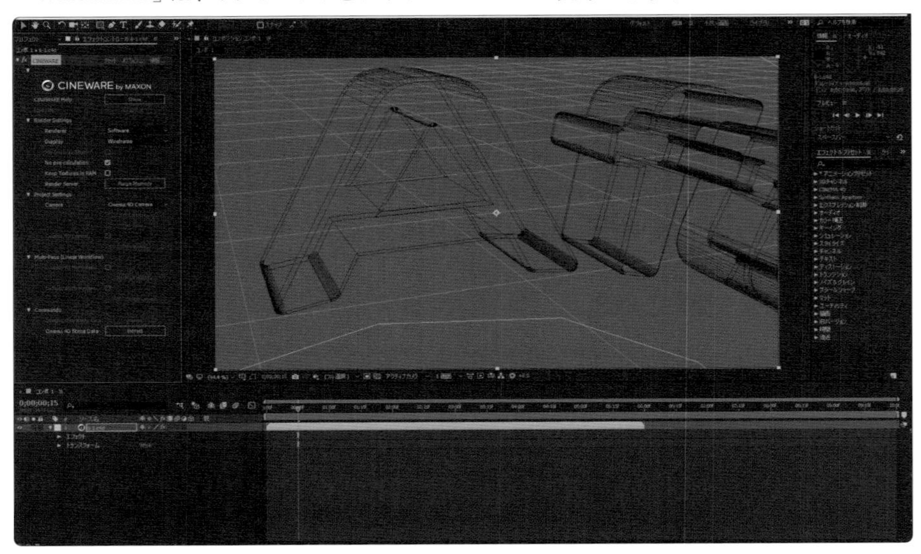

「Box」は、オブジェクトを囲むボックス（バウンディングボックス）だけで表示します。

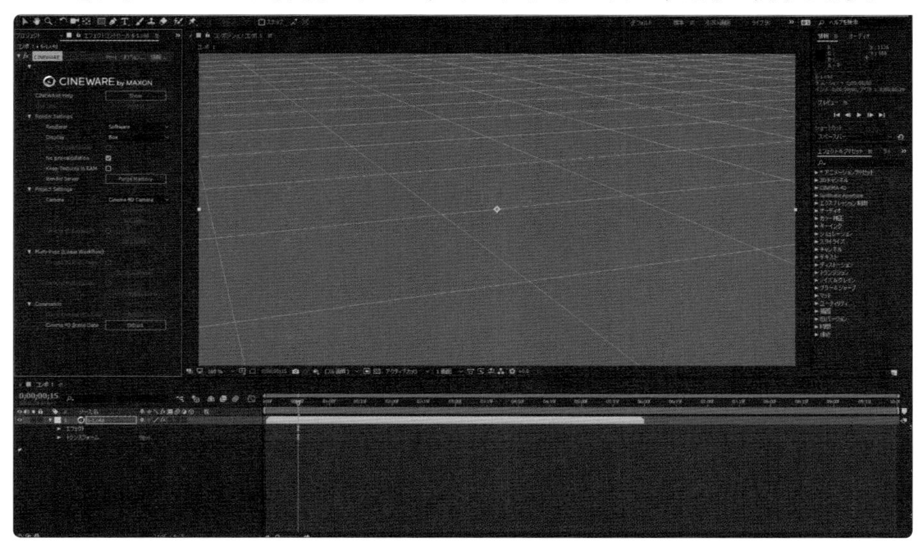

・「OpenGL」

「OpenGL」は、GPU を使ってレンダリングします。オブジェクトの表示は「Software」とほぼ変わりませんが、パソコンに搭載されているグラフィックスボードの性能によっては、「Software」よりも処理が速くなります。グリッドなどは表示されません。

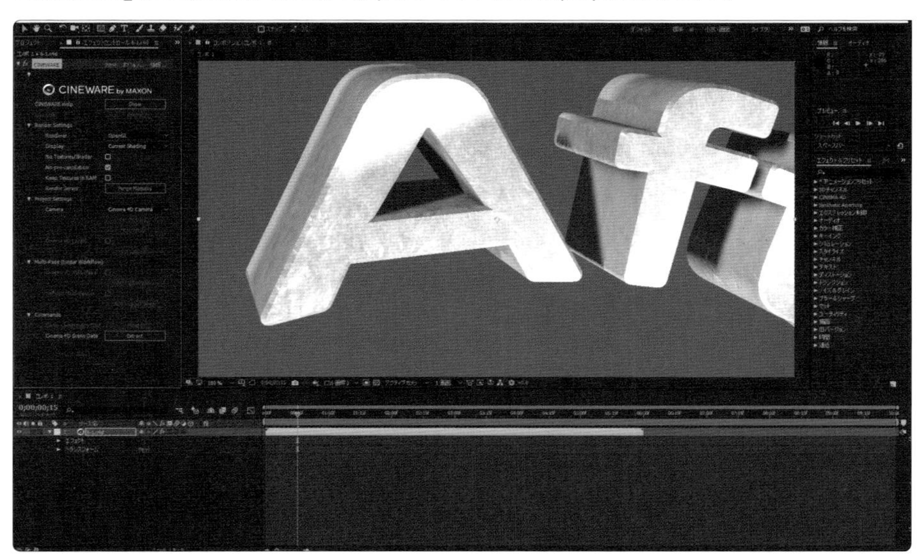

・その他の「Render Setting」のオプション

「No Texture/Shader」オブジェクトに適用されているテクスチャやシェーダーを非表示にします。

「No pre-calculation」オンになっていると、パーティクルシミュレーションなどの処理の重い計算をオフにすることができます。ただし、C4D LTではシミュレーションなどの機能が搭載されていないため、影響がありません。

「Keep Texture in RAM」テクスチャをRAMに保持して（キャッシュして）処理をし、フレーム毎の表示を速くします。

「Render Sever」Purge Memoryをクリックするとキャッシュされているデータをクリアします。

STEP 02 カメラを切り替える

C4Dファイルに複数のカメラがある場合、「Project Settings」の「Camera」でカメラを切り替えることができます。デフォルトの「Cinema 4D Camera」はC4Dファイルを保存した時にアクティブになっていたカメラがAfter Effectsでもアクティブになります。カメラが複数あって、切り替えたい場合は「Select Cinema 4D Camera」を選択します。

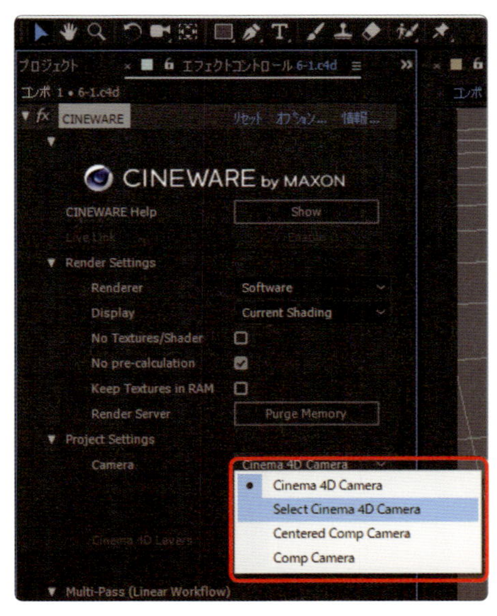

選択すると、「Set Camera」がアクティブになるので、クリックして表示を切り替えたいカメラを選択します。

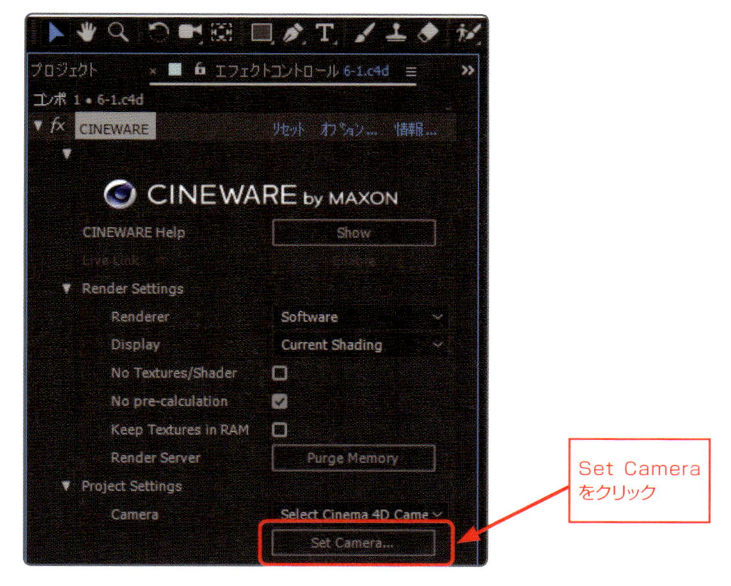

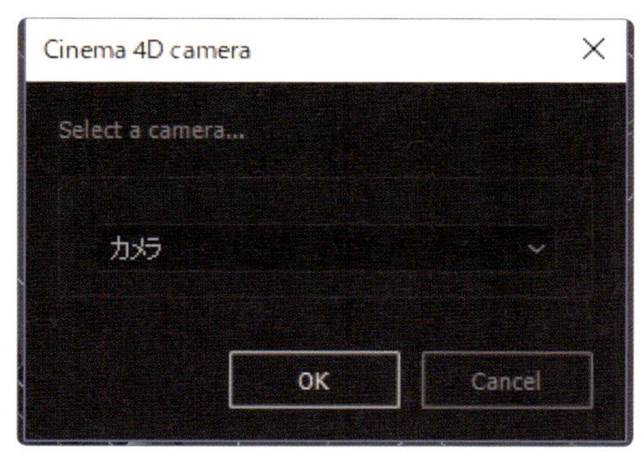

CINEWAREでは、After Effectsで作成したカメラレイヤーを使って視点を変更することもできます。「Centered Comp Camera」にするとAfter Effectsの中心座標にカメラを合わせます。

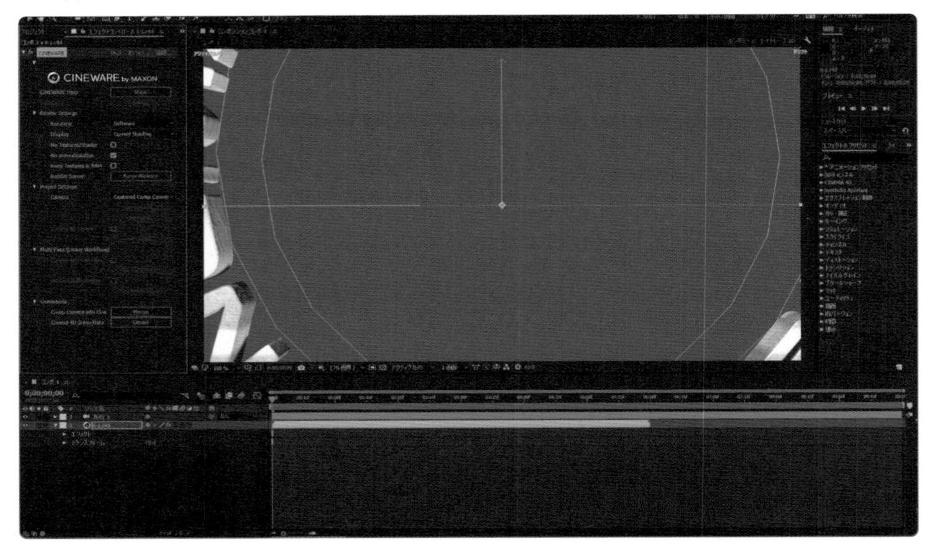

「Comp　Camera」に設定すると、コンポジションに作成されているカメラレイヤーを使用することができます。

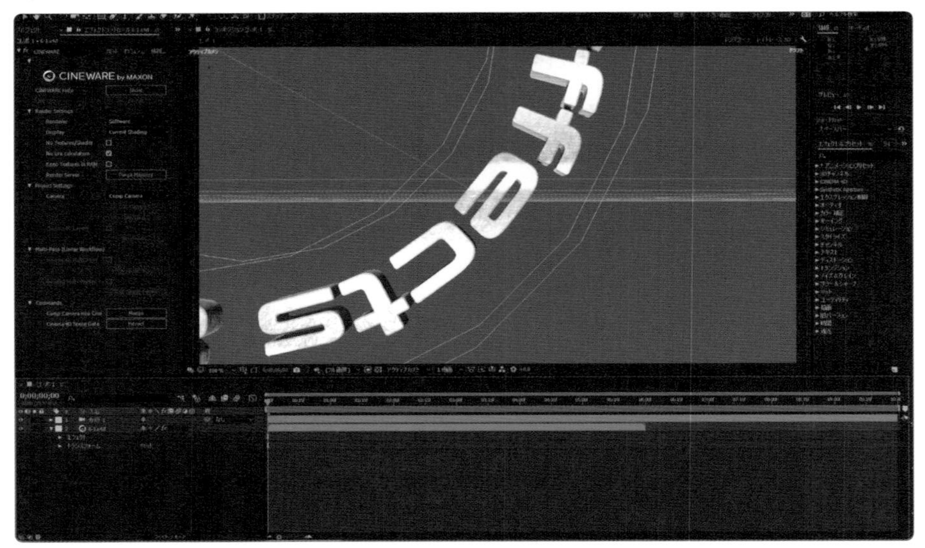

STEP 03 After EffectsでC4Dのカメラを編集する

After Effectsに読み込んだC4Dファイルに含まれているカメラやライトは、After Effectsのカメラレイヤーやライトレイヤーとして読み込んで、After Effectsの3Dレイヤーのカメラやライトレイヤーとして使用することができます。C4Dのカメラやライトをレイヤーとして読み込むには、「Project Settings」で「Camera」を「Cinema 4D Camera」に切り替えて、「Commands」の「Cinema 4D Scene Data」で「Extract」をクリックします。

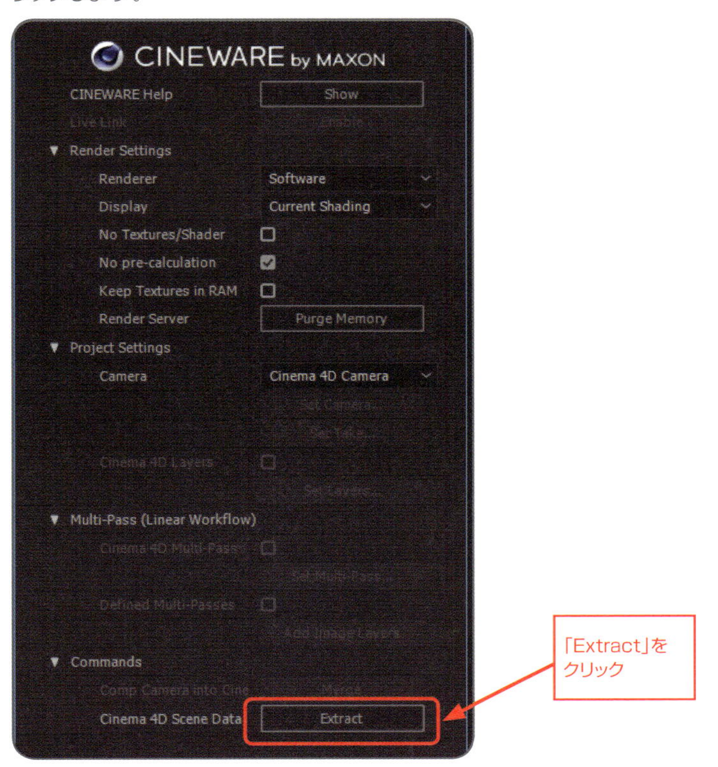

「Extract」をクリックすると、C4Dファイルに含まれるカメラやライトがAfter Effectsのカメラレイヤーとライトレイヤーに変換されます。

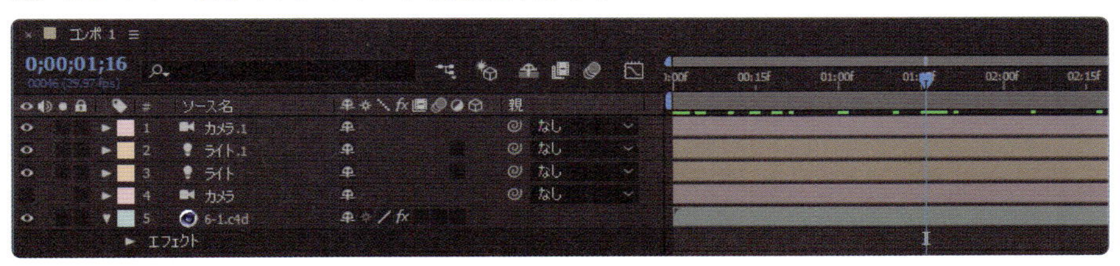

例えば、図のように、平面レイヤーをC4Dファイルのレイヤーの下に作成して、3Dレイヤーに設定しグリッドエフェクトを適用して、C4Dファイルレイヤーの背景にグリッドが表示されるように配置しました。

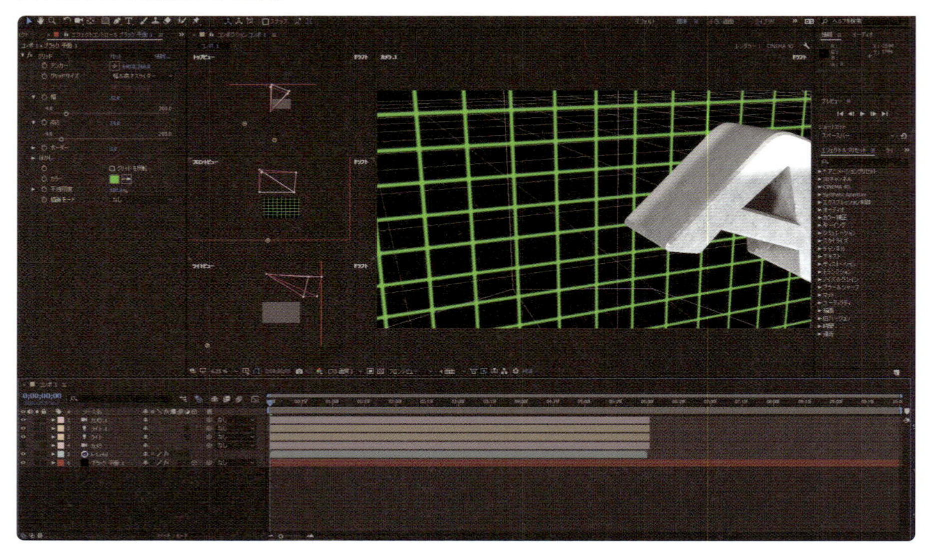

コンポジションビューの分割を1画面に戻して、アクティブカメラを「Project Setting」で選択したカメラと同じカメラに切り替えます。

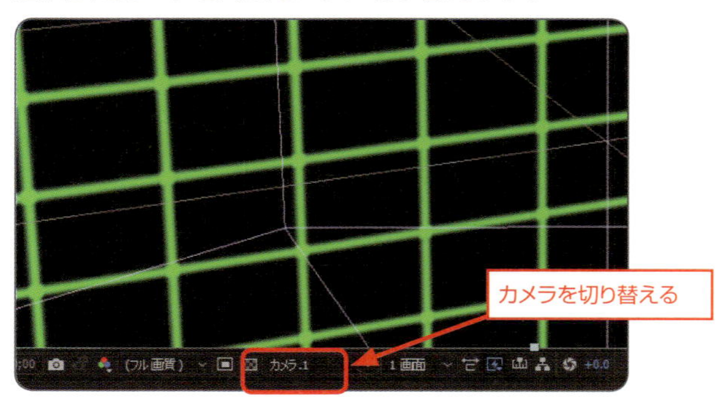

プレビューすると、C4Dファイルのカメラの動きに合わせて、背景も動いているのがわかります。

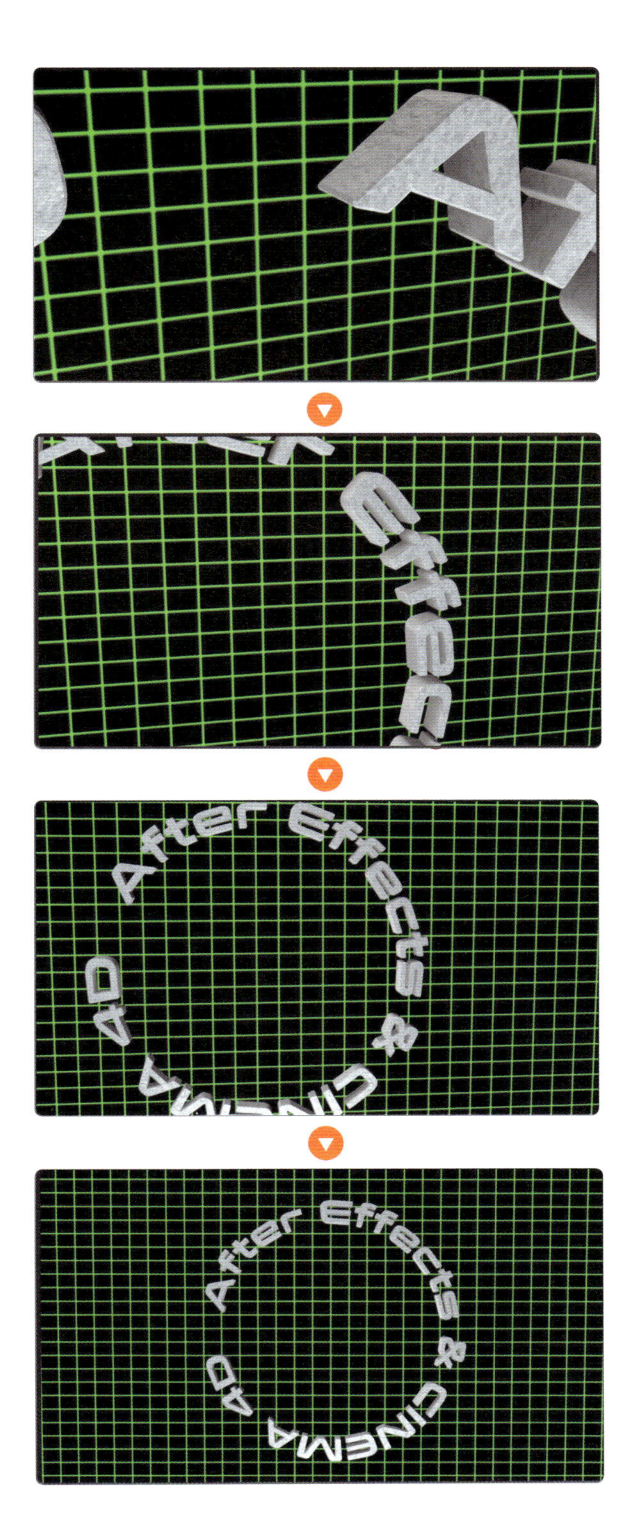
After Effects & CINEMA 4D

03 マルチパスを使った映像加工

C4D LTとAfter Effectsを連携する利点には、マルチパスを利用してAfter Effectsでの絵作りが容易にできるという点があります。

「マルチパス」とは、カラーや透過、反射や影といったマテリアルを構成する要素や、深度などカメラによって発生する効果をそれぞれ画像として出力できる機能です。マルチパスで素材を出力することで、要素ごとに強調したり、エフェクトの加工が可能になってくるので、絵作りに幅が出てきます。

STEP 01 マルチパスを利用するための準備

マルチパスの機能を利用するには、C4D LTで幾つか設定しておかなければいけないことがあります。まず、図のようなシーンを作成しました。このシーンをAfter Effectsに読み込んでマルチパスを利用して加工していきます。

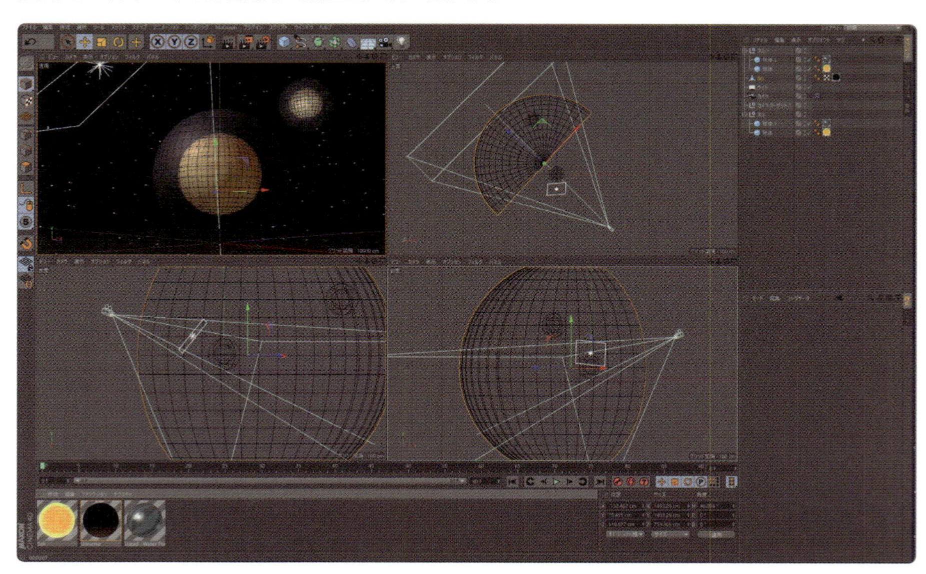

マルチパスを利用するには、「レンダリング」メニューから「レンダリング設定を編集」を選択するか、コマンドパレットで「レンダリング設定を編集」のアイコンをクリックします。

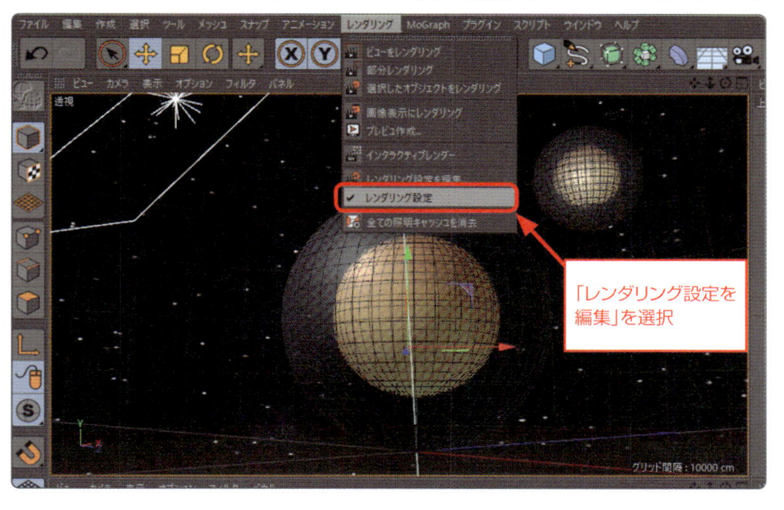

「レンダリング設定」ウィンドウが表示されるので、「マルチパス」にチェックを入れて、「マルチパス」ボタンをクリックします。

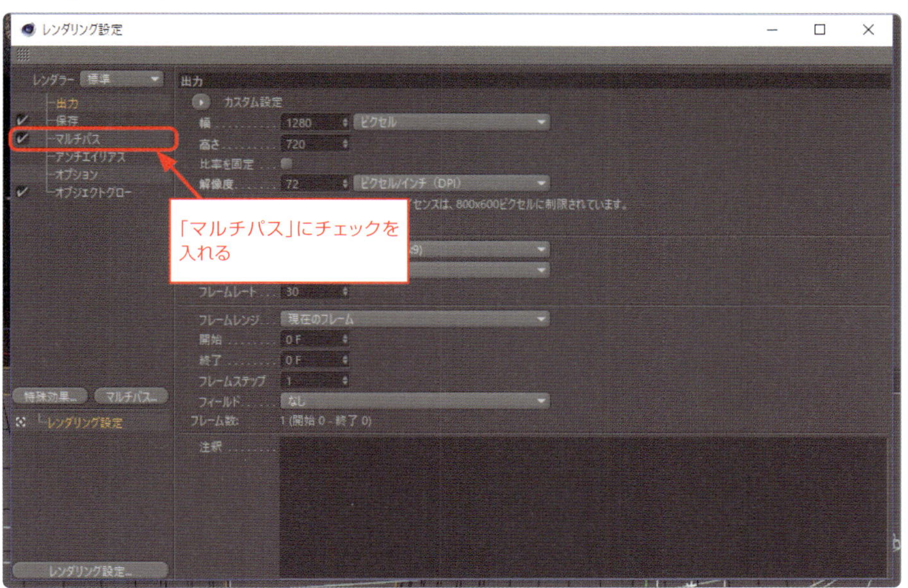

「マルチパス」ボタンをクリックすると、パスとして出力する要素のリストが表示されます。ここから出力するパスを選択していきます。ここでは、「全て追加」を選択しておきます。

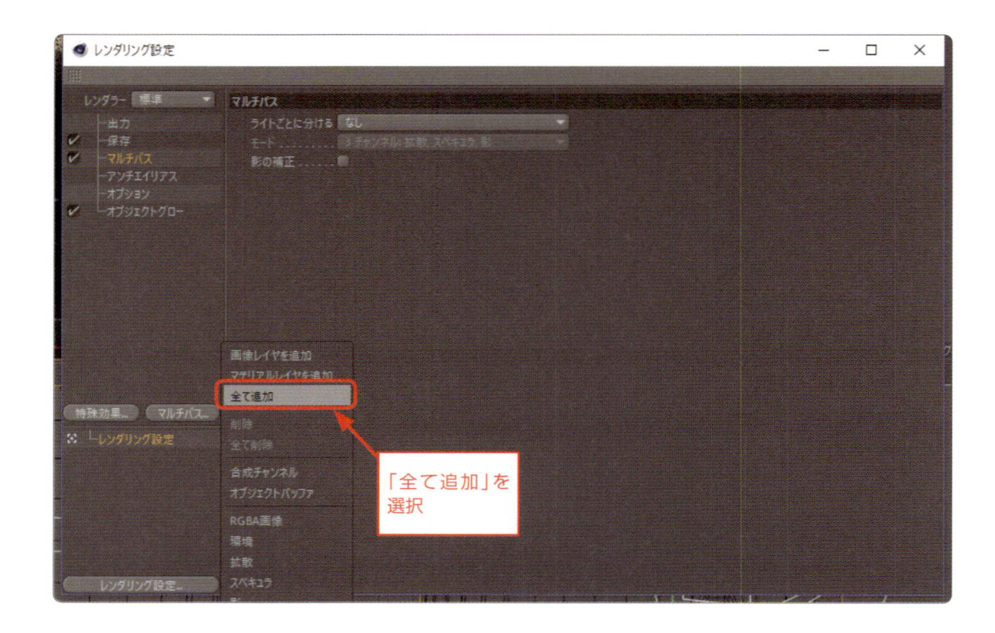

「マルチパス」に出力するパスが登録されました。

「レンダリング設定」ウィンドウを閉じて保存し、After Effectsに戻ります。

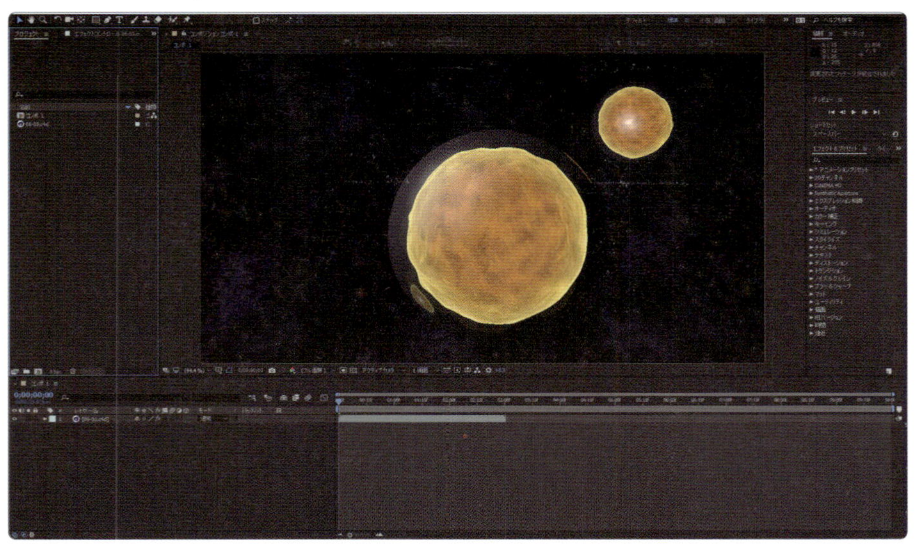

STEP 02 マルチパスをAfter Effectsで利用する

After EffectsでC4D LTで設定したマルチパスを利用するには、読み込んだC4Dファイルを選択して、エフェクトコントロールに表示されるCINEWAREから、「Multi-Pass(-Linear Workflow)」で「Defined Multi-Passes」にチェックを入れて、「Add Image Layers」をクリックします。

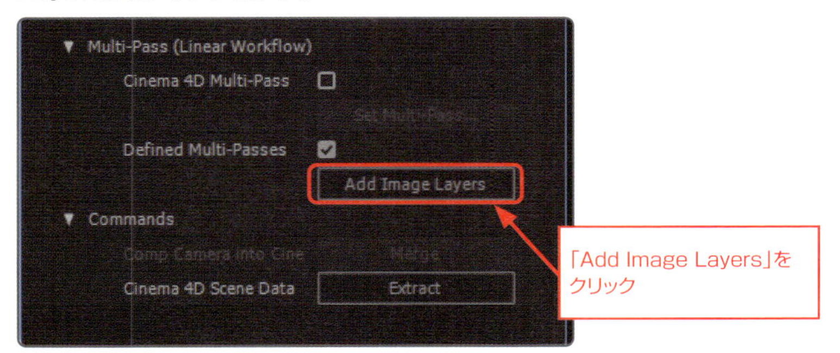

レンダリングが始まり、タイムラインにレイヤーとしてパスが追加されていきます。パスのレイヤーは加算、乗算などの最低限の設定はされていますが、全ての素材が全て重なっているので、RGBイメージとはかなり変わっています。

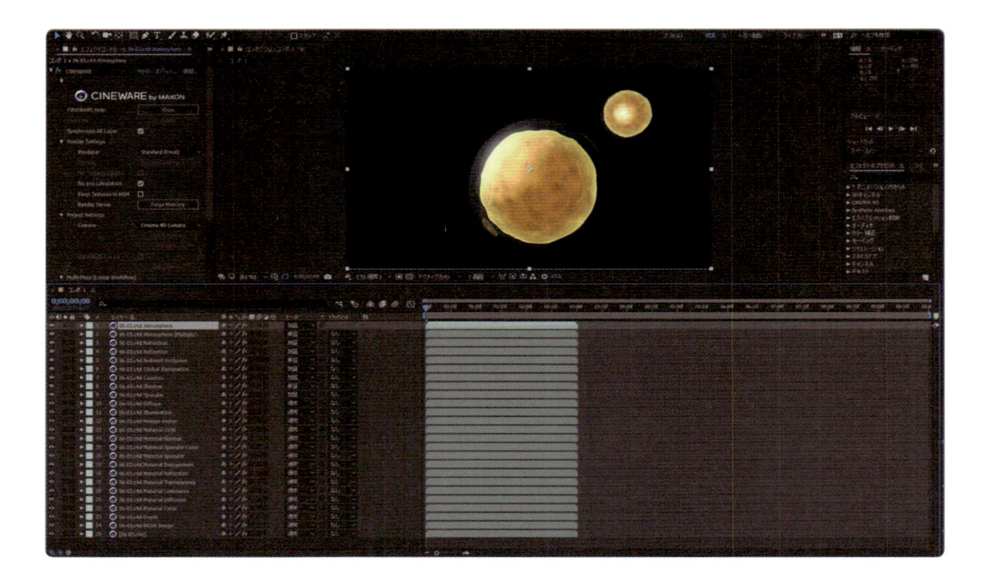

図は、使用しないパスを削除して、先頭レイヤーに調整レイヤーを追加してブラー（カメラレンズ）を適用し、そのブラーマップにC4DのDepthパスを使用してボケを作成したり、Refractionやdiffuseにもブラー（ガウス）を適用して加算で合成したものです。マルチパスを使用することで、After Effectsのエフェクトを使用して絵作りを進めることができます。

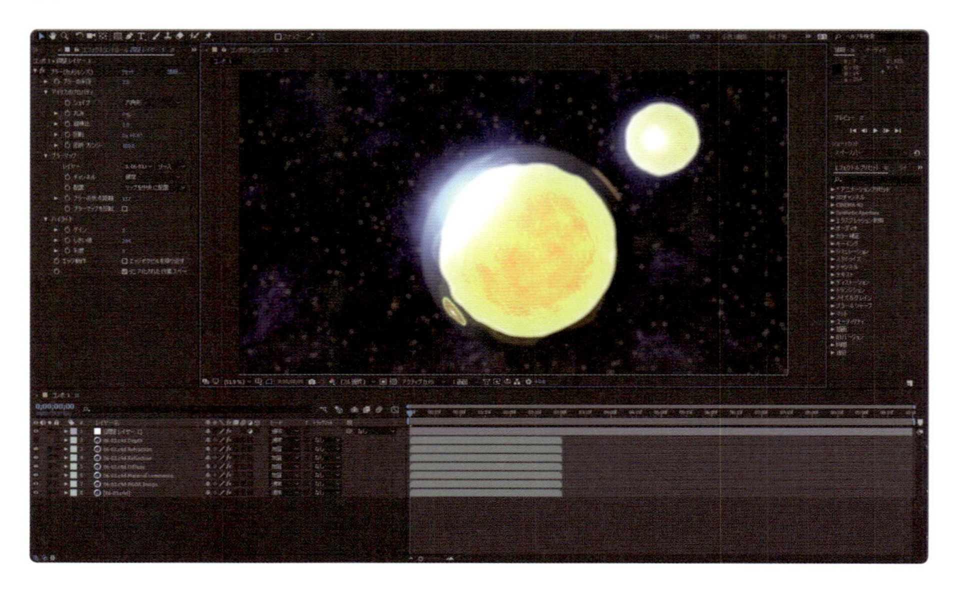

「ファイル」メニューの「新規」から「MAXON CINEMA 4Dファイル」を選択して、C4D LTを起動します。

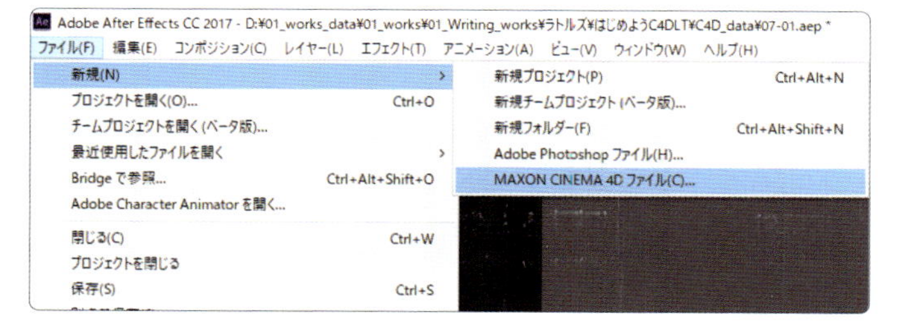

作成するC4Dファイルの名前を付けて保存します。

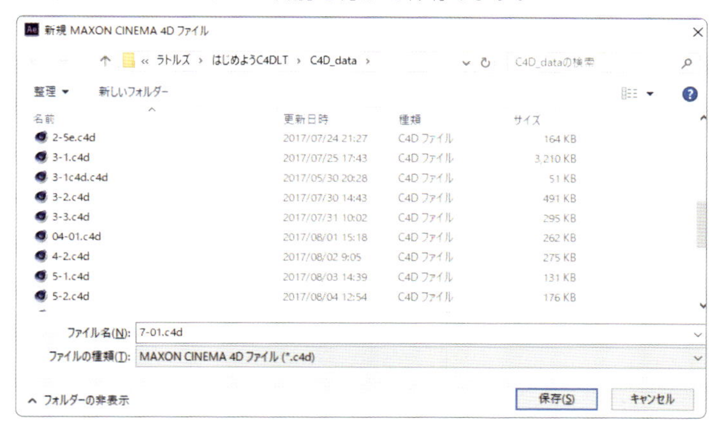

STEP 02 C4D LTで太陽系のモデルを作成する

C4D LTが起動したら、球体を3つ作成して図のようにスケールツールを使って大きさを変更します。

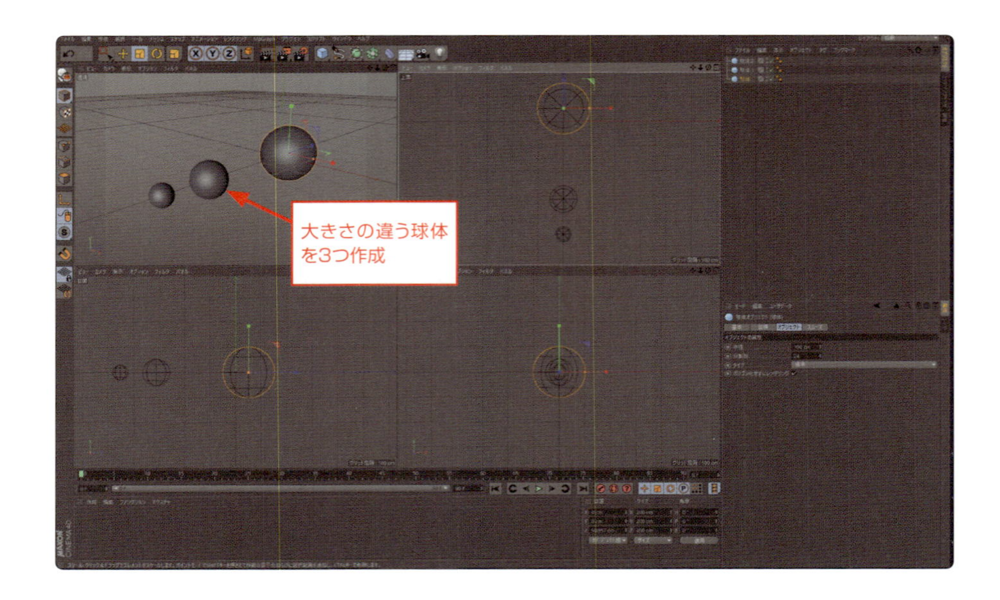

作成した球体は、大きい順番に「太陽」、「地球」、「月」と名前を変えておきます。

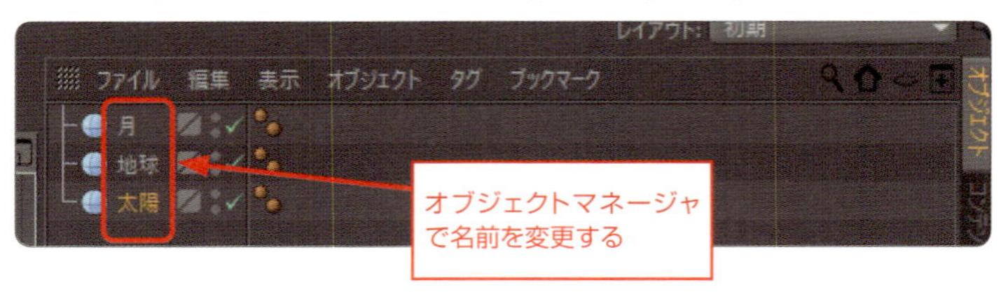

STEP 03 球体にマテリアルを適用する

球体にマテリアルを適用していきます。太陽と月のマテリアルは、マテリアルマネージャーの「マテリアルプリセットの読み込み」の「Sci-Fi」に用意されているので、それを使用します。

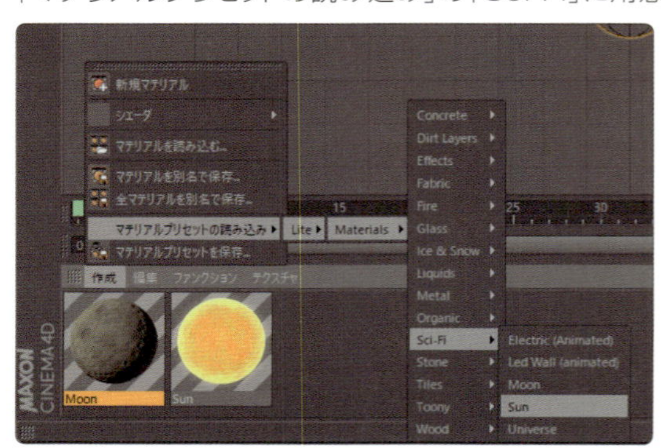

地球のマテリアルはプリセットがありませんが、テクスチャが用意されているので、新規マテリアルを作成して、属性マネージャーの「カラー」にある「テクスチャ」をクリックして、「サーフェイス」から「地球」を選択します。

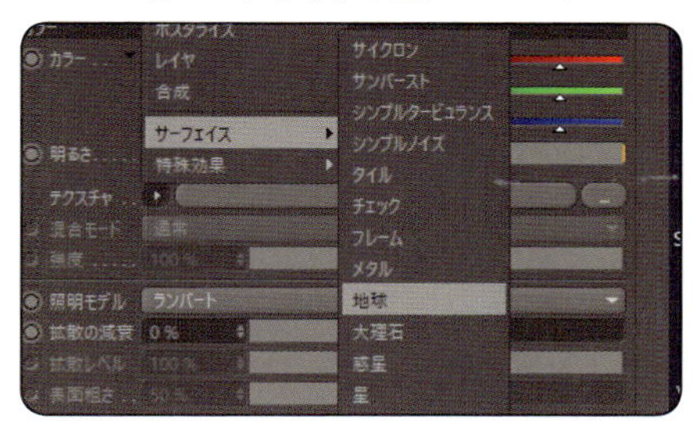

「基本」を表示して、「バンプ」にチェックを入れて凹凸を付けます。

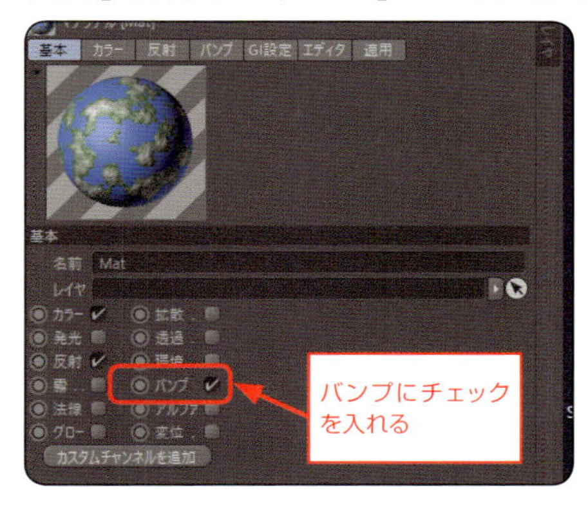

表示された「バンプ」をクリックして、「テクスチャ」から「地球」を選択して、「バンプ強度」を80%に設定します。

マテリアルマネージャーに読み込んだマテリアルを各球体オブジェクトにドラッグ&ドロップして適用します。

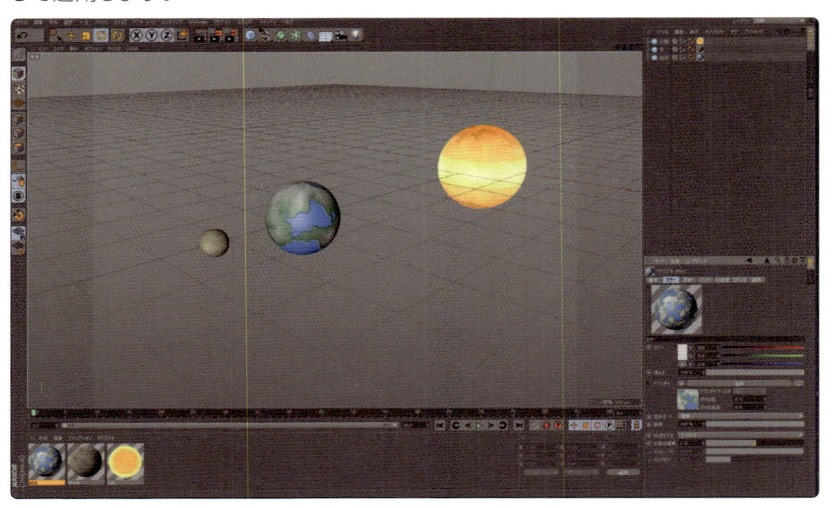

STEP 03

階層構造を作成する

マテリアルが適用できたら、アニメーションのために階層構造を作成していきます。オブジェクト同士の階層構造は、オブジェクトマネージャーで、下の階層にしたいオブジェクトを、上の階層にしたいオブジェクトにドラッグ&ドロップするだけで階層構造を作成できますが、ここではアニメーションに自由度を与えるため、オブジェクト同士を直接リンクして階層構造を作るのではなく、ヌルオブジェクトを介して階層構造を作成していきます。まずは、コマンドパレットの「作成」をクリックして「ヌル」を選択します。

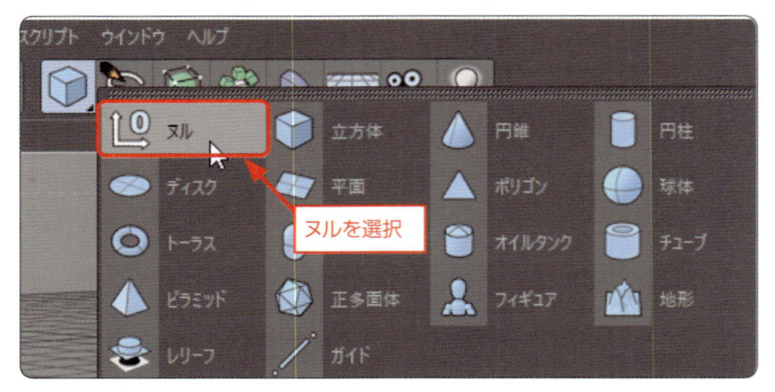

ヌルオブジェクトが原点に作成されるので、オブジェクトマネージャーでヌルを選択して、属性マネージャーの「オブジェクト」で、「表示」を「ポイント」に切り替えます。

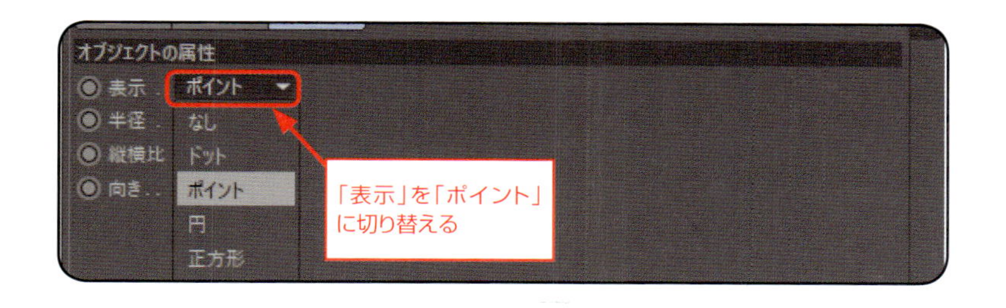

ヌルの大きさを「半径」の値で調整します。ここでは200cmに設定しました。

このヌルのオブジェクトは、太陽の中心に位置を合わせます。太陽も原点(X=0, Y=0,Z=0)にあるのでヌルオブジェクトも原点に配置しました。

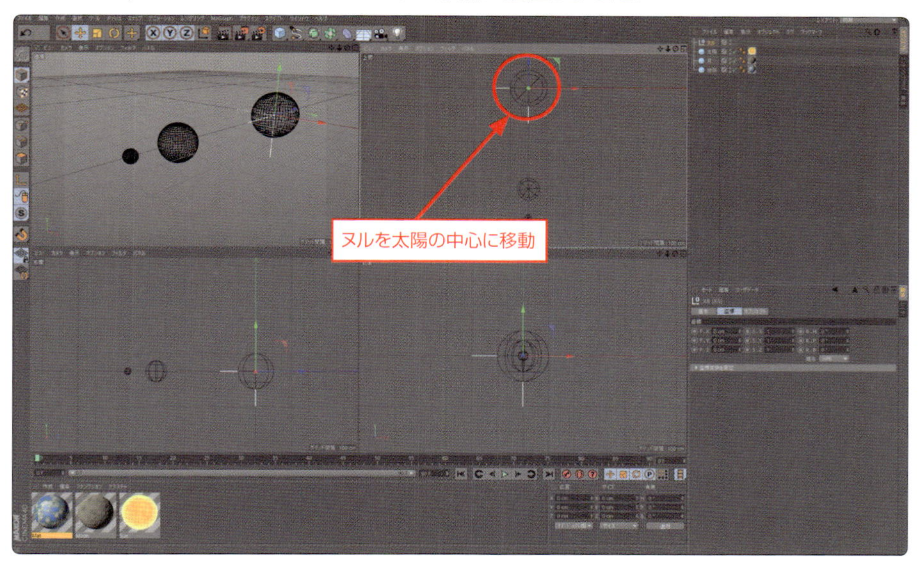

次にヌルオブジェクトを増やして、惑星の中心に追加します。ヌルオブジェクトを増やすには、太陽の中心にあるヌルオブジェクトを選択して、Ctrlキー(mac OSの場合はcommandキー)を押しながらドラッグすると簡単に複製することができます。

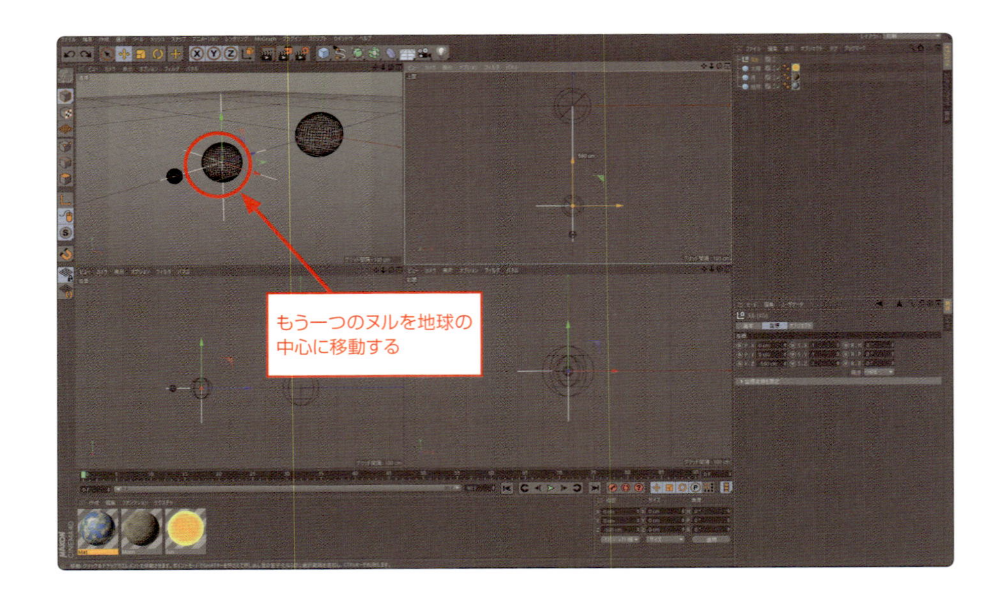

まずは、地球のオブジェクトを太陽の位置に作ったヌルオブジェクトの子オブジェクトにします。オブジェクトマネージャーで、地球のオブジェクトを最初に作ったヌルオブジェクトにドラッグ&ドロップします。

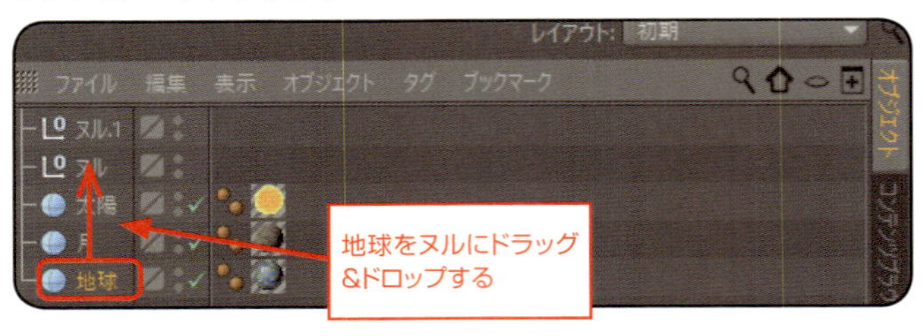

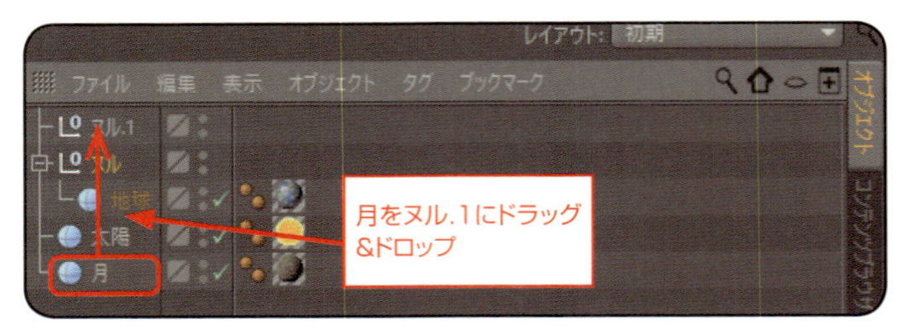

次に、同様の手順で月を地球オブジェクトの中心に作成したヌルオブジェクト(ヌル.1)にドラッグ&ドロップして、ヌル.1の子オブジェクトにします。

最後にオブジェクトマネージャーでヌル.1を地球オブジェクトにドラッグ&ドロップして、子オブジェクトにします。これでシーン全体の階層構造ができました。

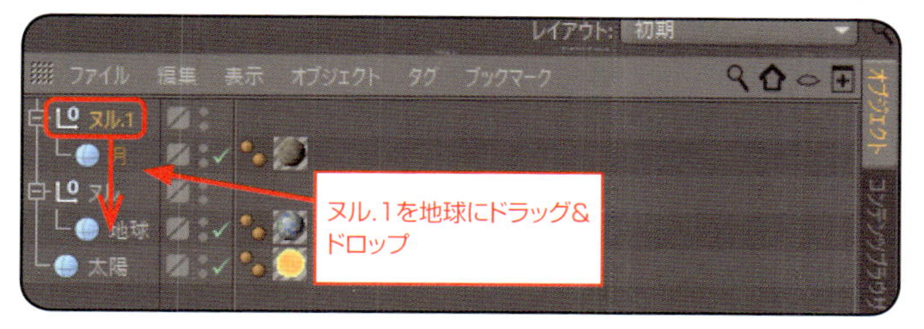

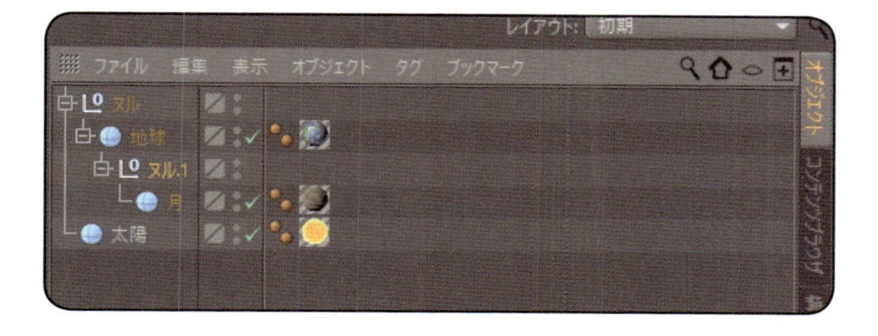

STEP 04 シーンの設定を行う

アニメーションを作成する前に、シーンの設定を行なっておきます。まずはレンダリング設定を表示して、「出力」のプリセットから「HDV/HDTV 720 29.97」を選択します。

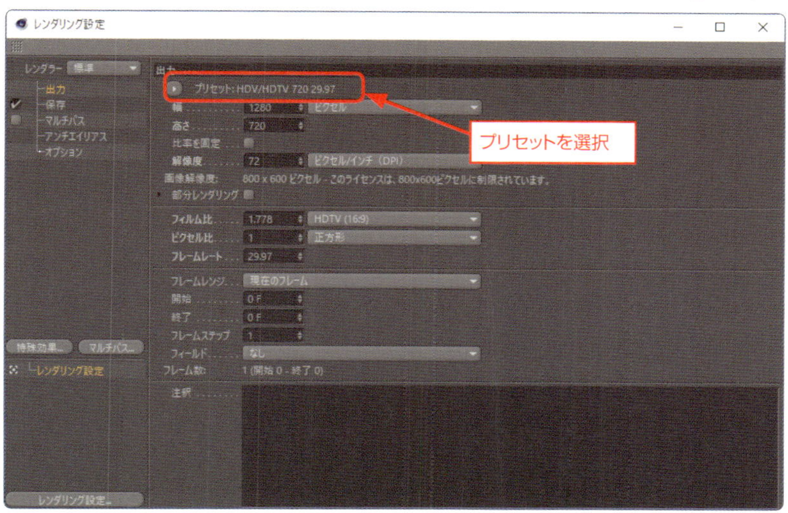

「レンダリング設定」のウィンドウを閉じて、次にプロジェクトの尺の長さを変更します。属性マネージャーで「プロジェクト設定」を表示し、「最長時間」の値を150Fに設定します。FPSが30に設定してあるので、5秒分のタイムラインが作成されたことになります。

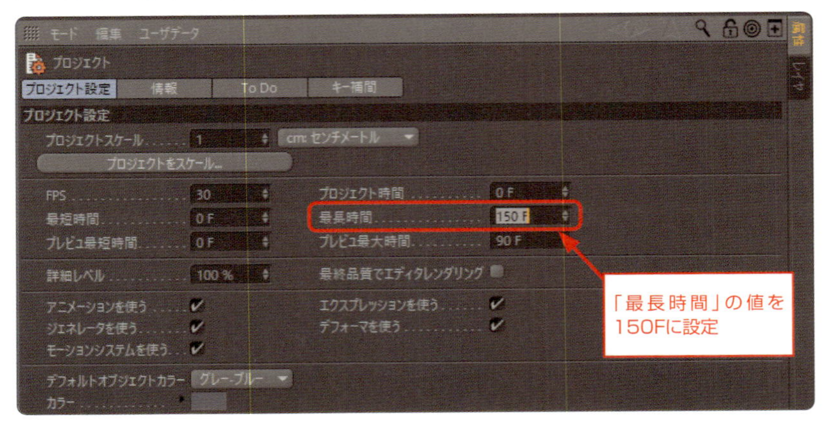

STEP 05 アニメーションを作成する

プロジェクトの設定ができたところでアニメーションを付けていきます。まずは、地球の周りを回る月を作成します。タイムラインを0Fにして、月オブジェクトの親になっているヌル.1オブジェクトを選択して、回転ツールを選択した状態で「キーを記録」アイコンをクリックします。

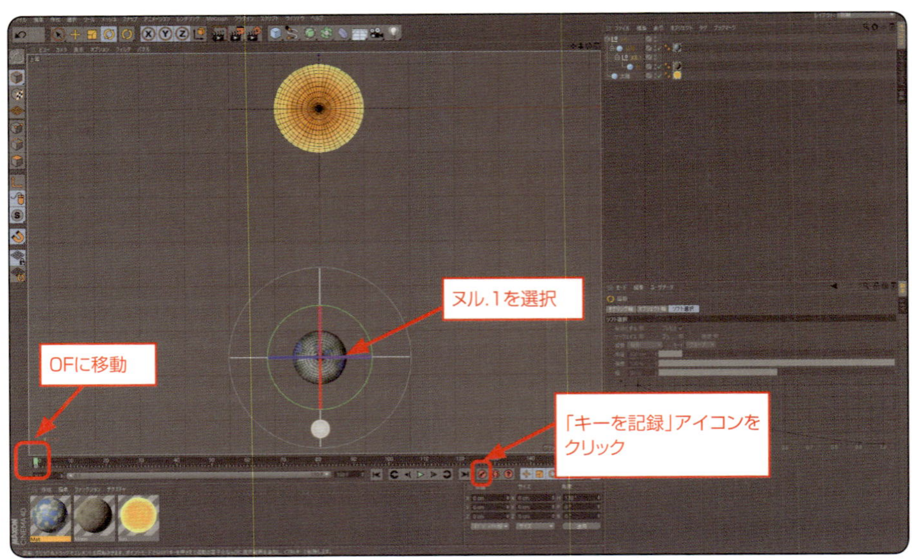

タイムラインを120Fに移動して、360°回転させて「キーを記録」アイコンをクリックしてキーフレームを作成します。

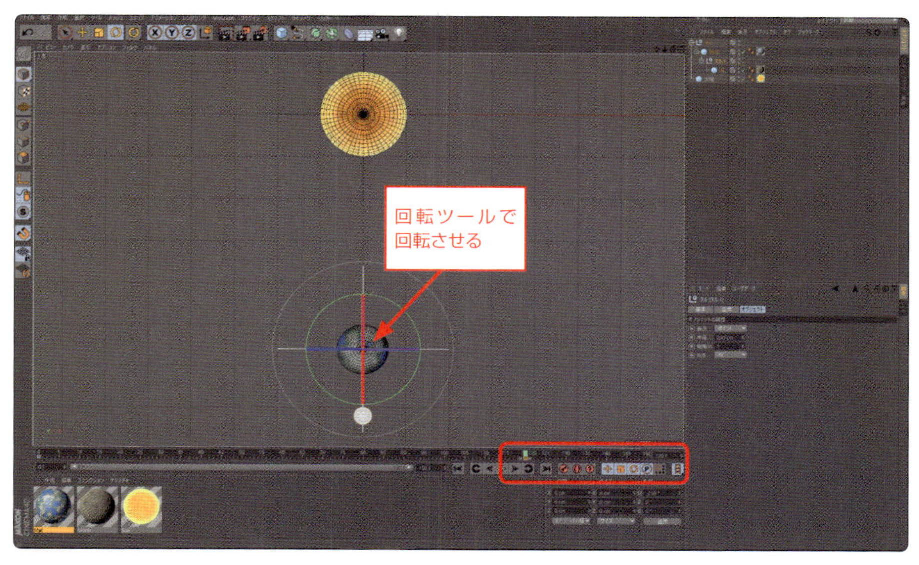

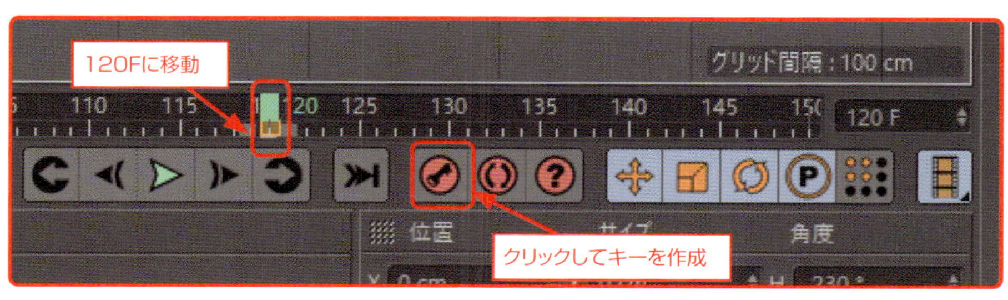

再生すると図のようなアニメーションになります。

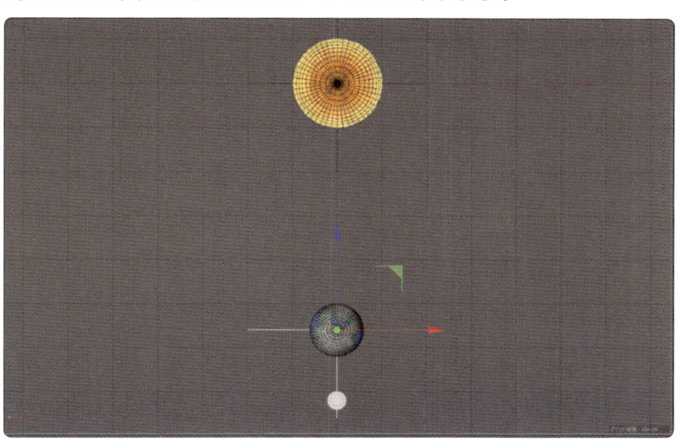

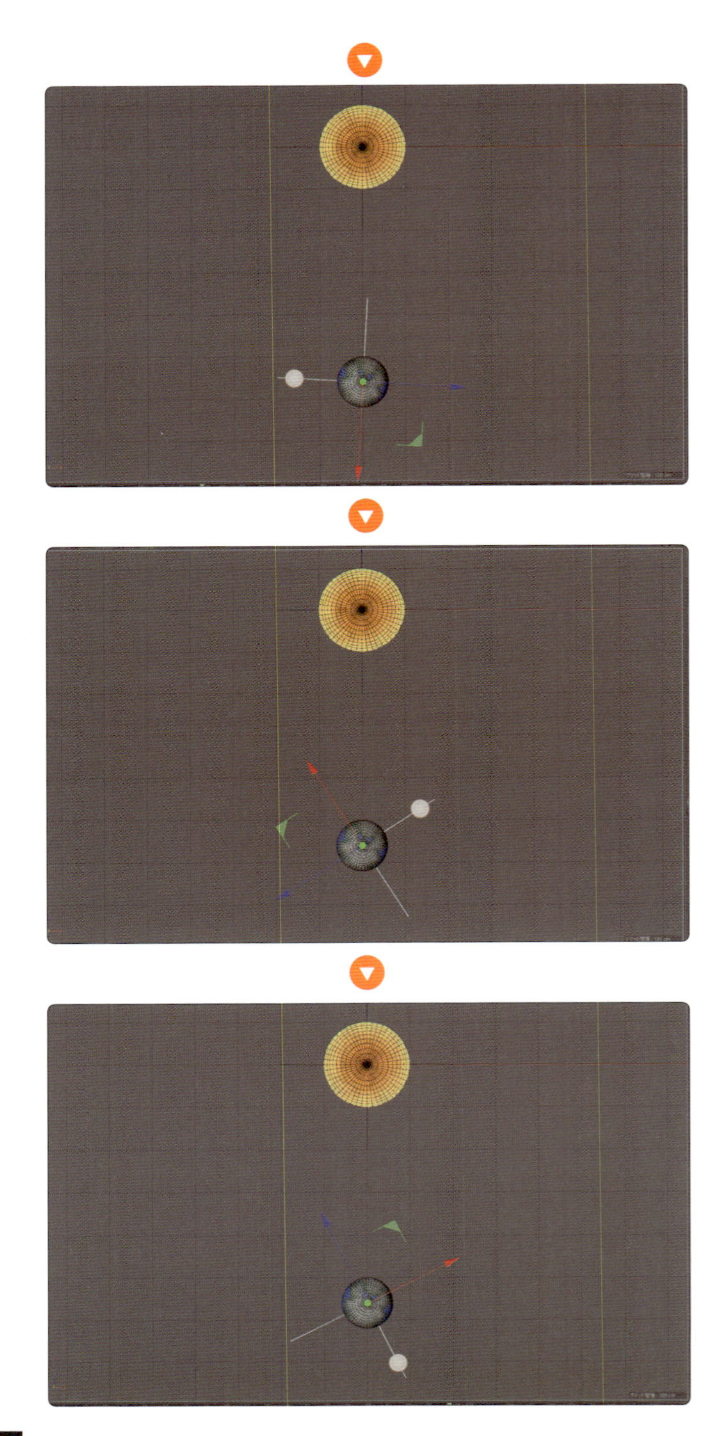

次に地球オブジェクトの親にしたヌルに回転アニメーションを付けます。タイムラインを0Fに戻して、回転ツールのままヌルを選択し、「キーを記録」アイコンをクリックしてキーフレームを作成します。

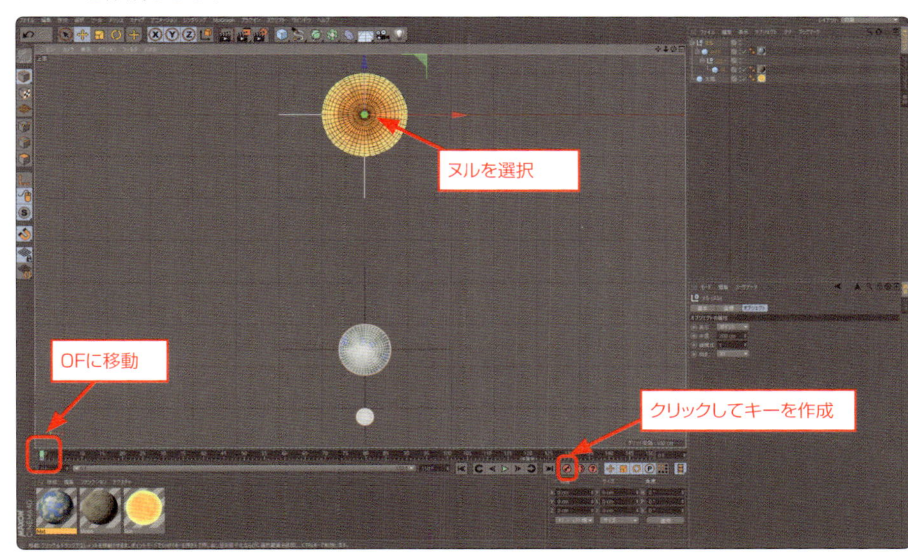

タイムラインを120Fまで動かして、地球オブジェクトの親になっているヌルを-45°回転させて、「キーを記録」アイコンをクリックします。

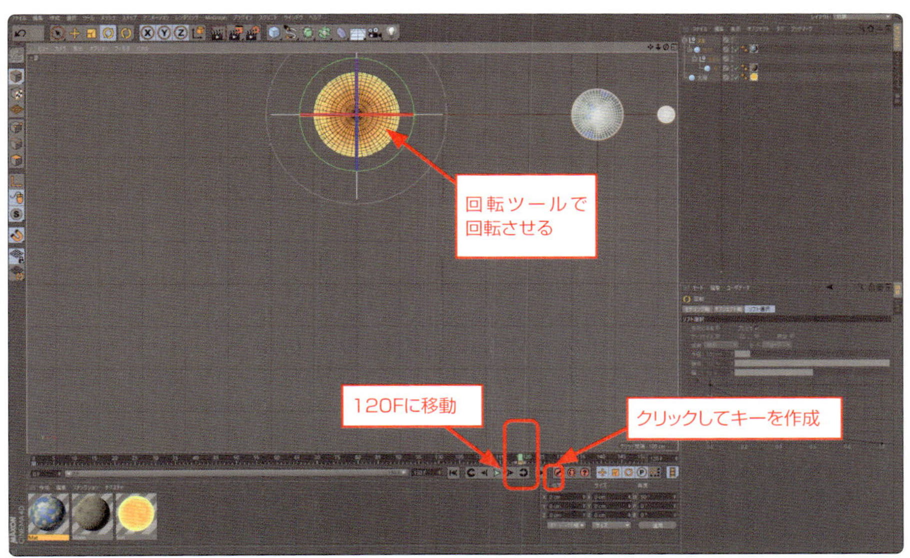

再生すると、月が地球の周りを回転しながら、地球が太陽の周りを回るアニメーションになっています。

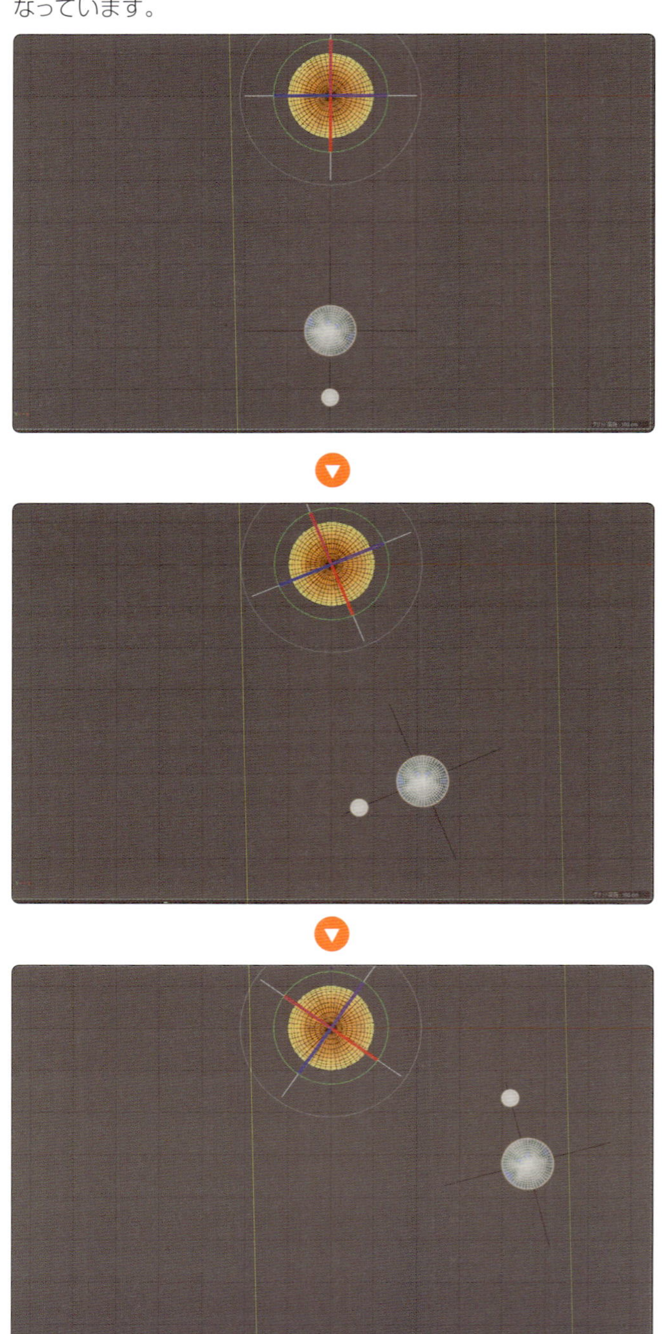

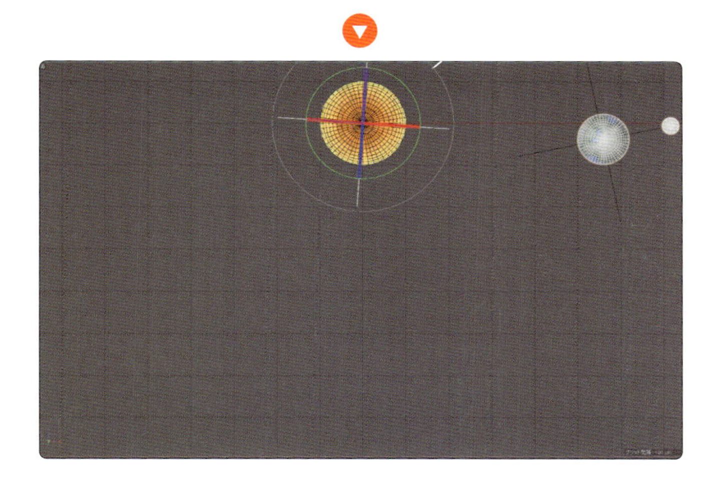

STEP 06 カメラを追加する

After Effectsのフッテージとして使用するためにカメラを追加して、構図を決めていきます。「透視」ビューをアクティブにして、コマンドパレットの「カメラ」から「カメラ」を選択します。

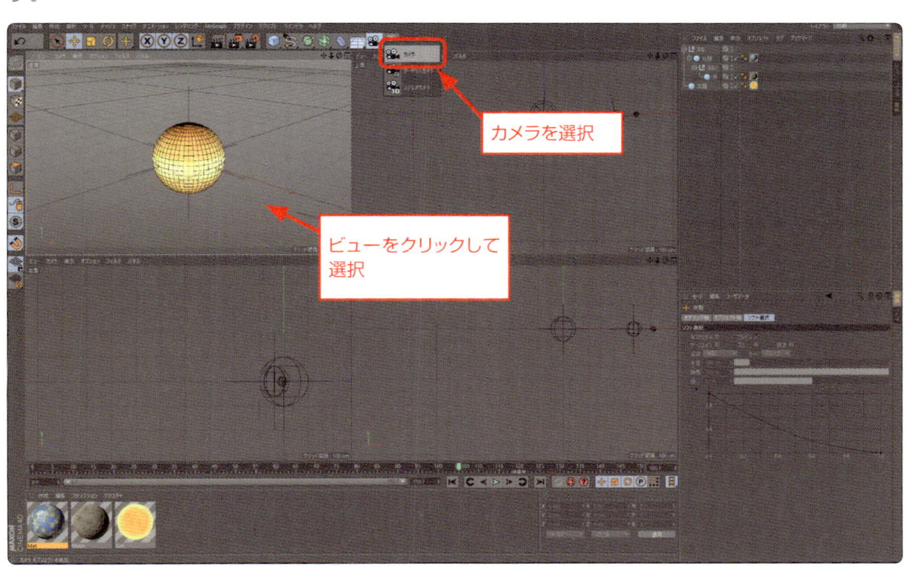

「透視」ビューにあわせた、カメラがシーンに追加されます。

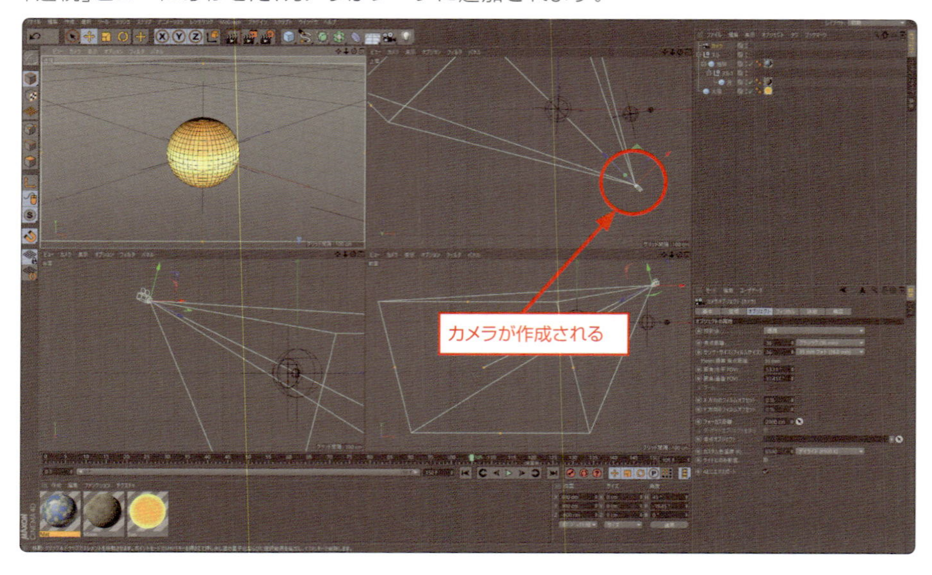

「透視」ビューのカメラを作成したカメラに切り替えます。

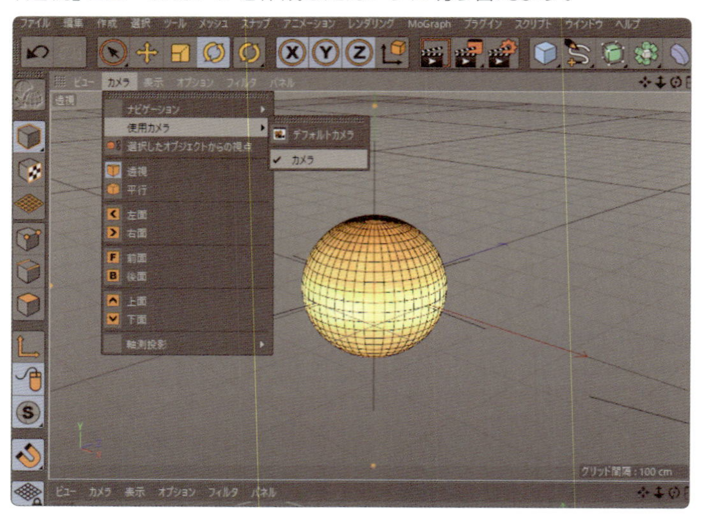

カメラを移動させて、構図を決めていきます。カメラの焦点距離は「広角(25mm)」に設定しました。

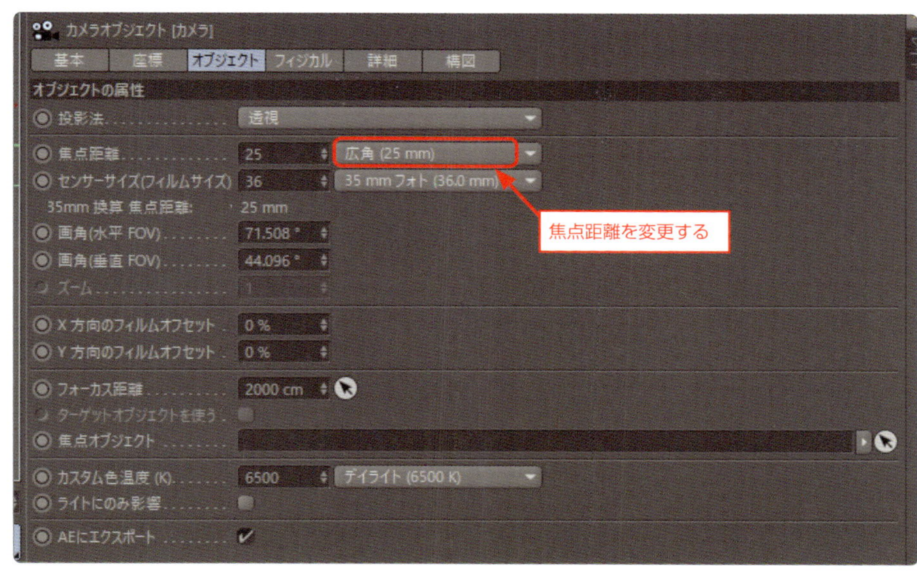

STEP 07 ライトを追加する

最後に陰影の方向をはっきりさせるためライトを追加します。ライトの種類は「ライト」を使用します。

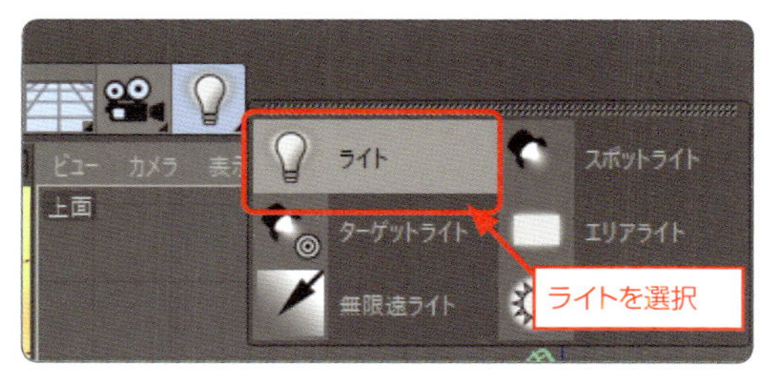

ライトの位置は、太陽から光が出ているようにしたいのですが、完全に太陽の中に入れてしまうと、影になって地球や月まで光が届かなくなってしまうので、太陽のオブジェクトのすぐ外側に配置します。

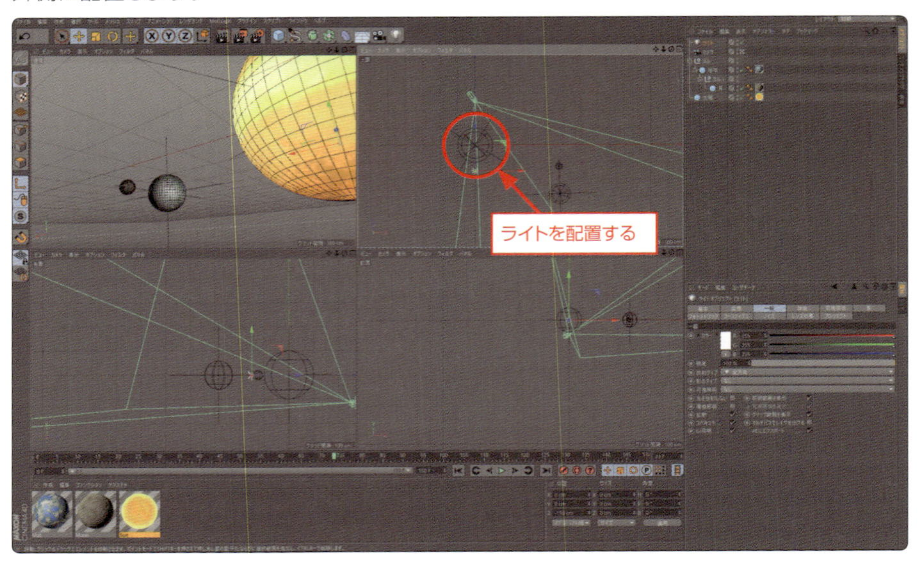

ビューをレンダリングすると図のようになります。

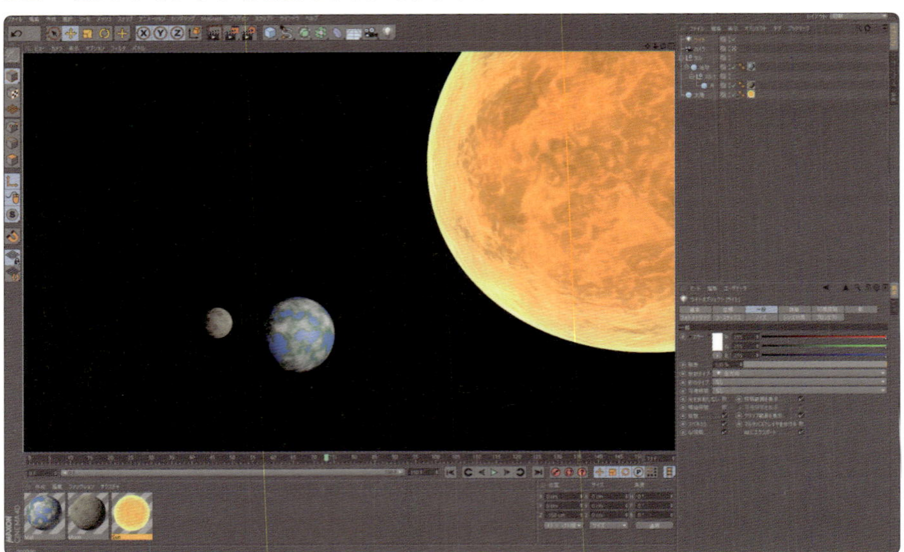

STEP 08 レンダリングの設定をして保存する

ライトの設定ができたところで「レンダリング設定」ウィンドウを表示して、「マルチパス」をオンにします。マルチパスの要素は、最低限の要素として「RGBA画像」、「拡散」、「スペキュラ」、「影」、「マテリアルの発光」、「デプス」を選択しました。

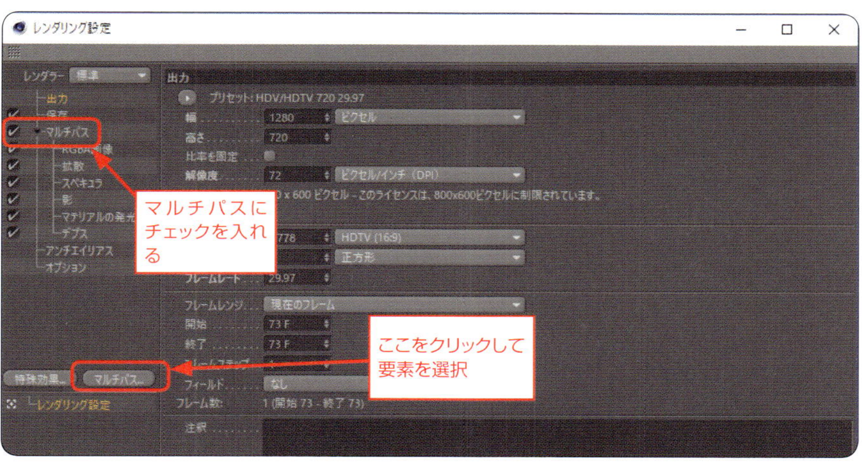

STEP 09 After Effectsで背景を追加する

レンダリングの設定ができたら、C4Dファイルを保存してAfter Effectsに戻ります。プロジェクトパネルにあるC4Dファイルをタイムラインにドラッグ&ドロップします。

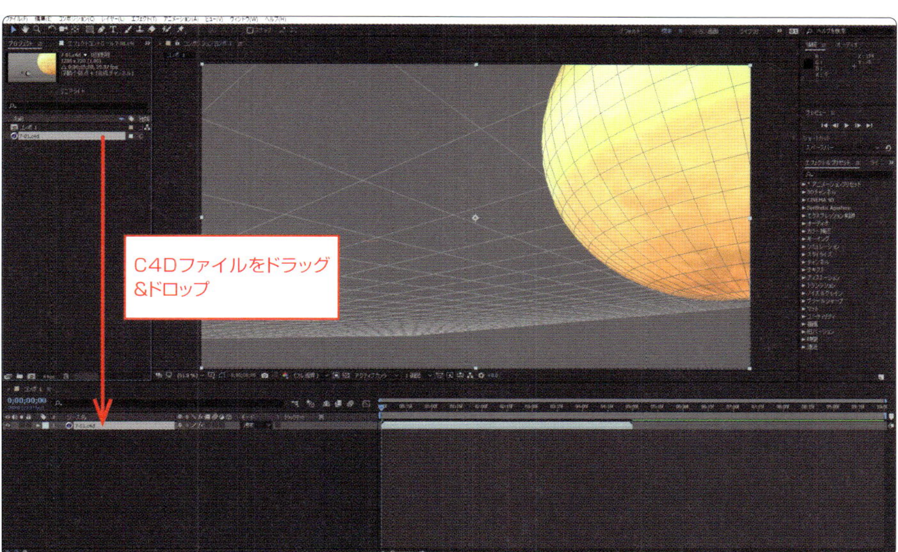

C4D LTで背景の宇宙空間を作成しておくこともできますが、カメラも動かないので、ここでは変更の利便性を考えてAfter Effectsで背景を追加していきます。背景のベースとなる色を平面レイヤーで作成します。タイムラインパネルでコンポジションを選択して、「レイヤー」メニューの「新規」から「平面」を選択します。

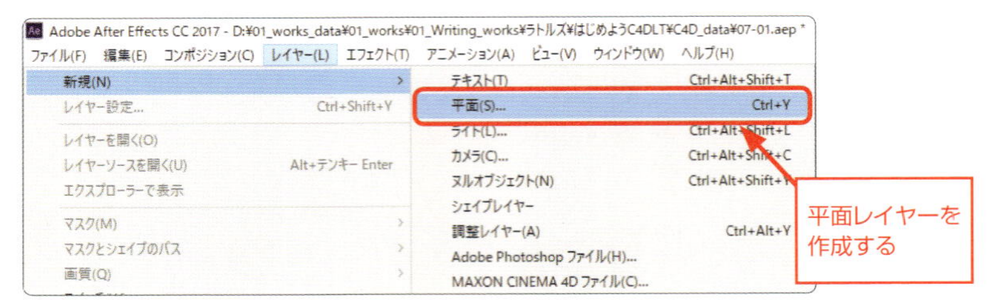

コンポジションの解像度に自動的に設定されるので、「カラー」だけ黒に設定します。

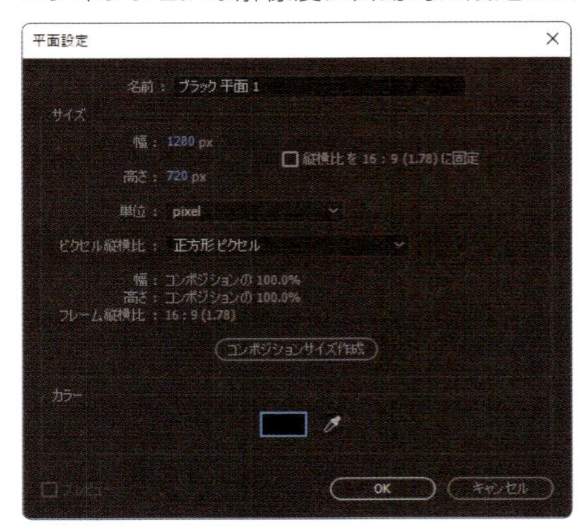

OKボタンを押して平面レイヤーを作成したら、続けて、もう一つ平面レイヤーを作成します。今度は「カラー」を白にします。

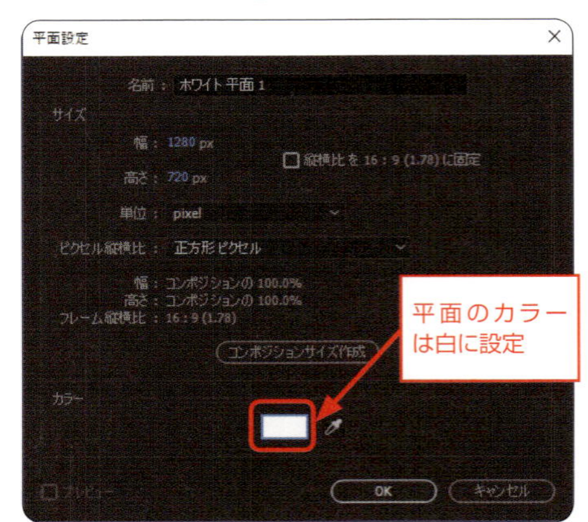

タイムラインのレイヤー構成を、下から「ブラック平面1」、「ホワイト平面1」、C4Dファイルの順番にします。

レイヤーの構造ができたら、宇宙背景を作っていきます「ホワイト平面1」のレイヤーを選択して、「エフェクト」メニューの「シミュレーション」から「CC Star Burst」を選択します。

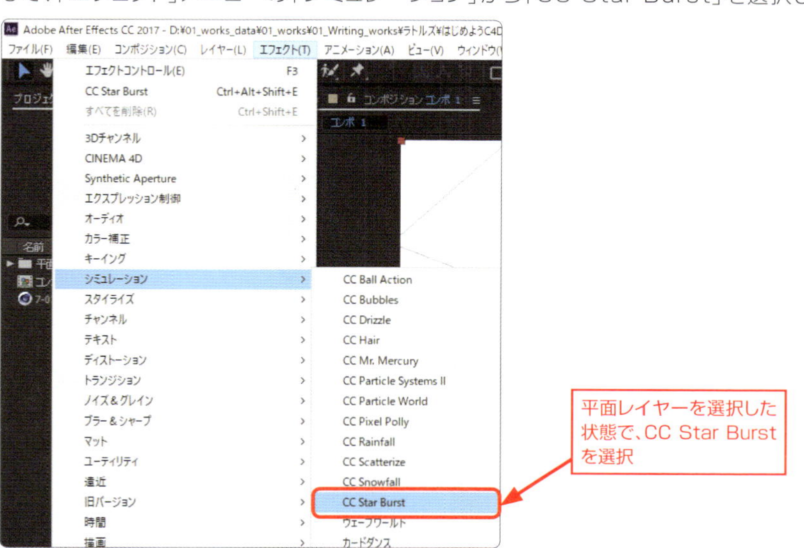

レイヤーに宇宙の背景が生成されます。星の色は「ホワイト平面1」レイヤーの色で黒い部分は下にある「ブラック平面1」レイヤーの色です。

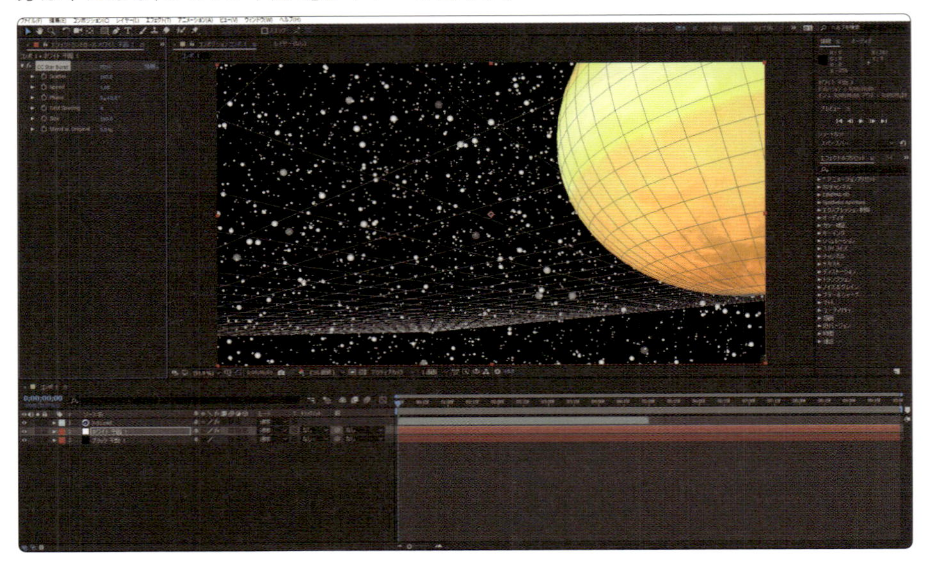

Star Burstの設定を調整していきます。まずは、「Scatter」(散乱の度合い)の値を160に設定し、星の間隔をまばらにしました。

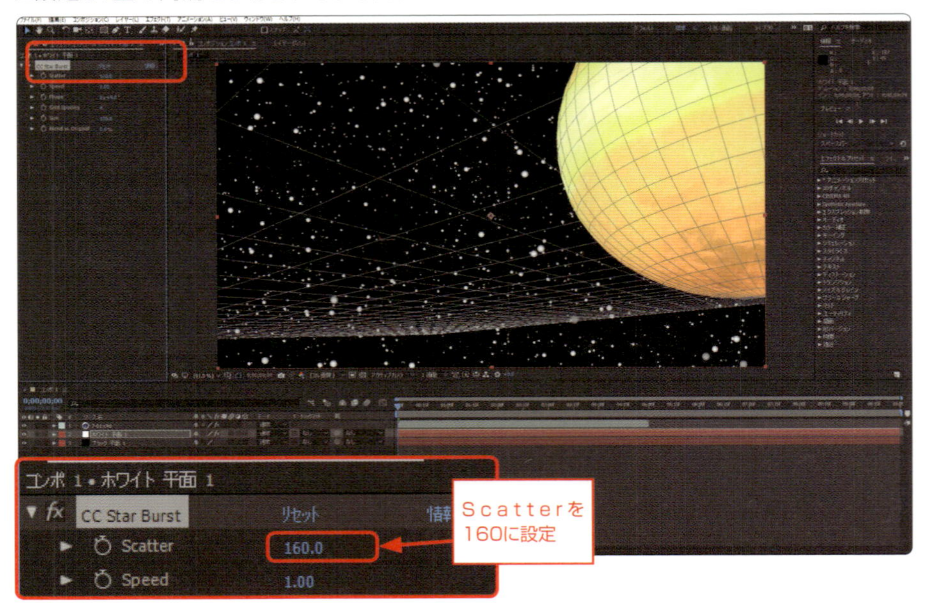

次に「Speed」の値を0にします。Star Burstは星が流れていく効果をつくるエフェクトなので、カメラが動かないシーンでは0にして星の動きを止める必要があります。

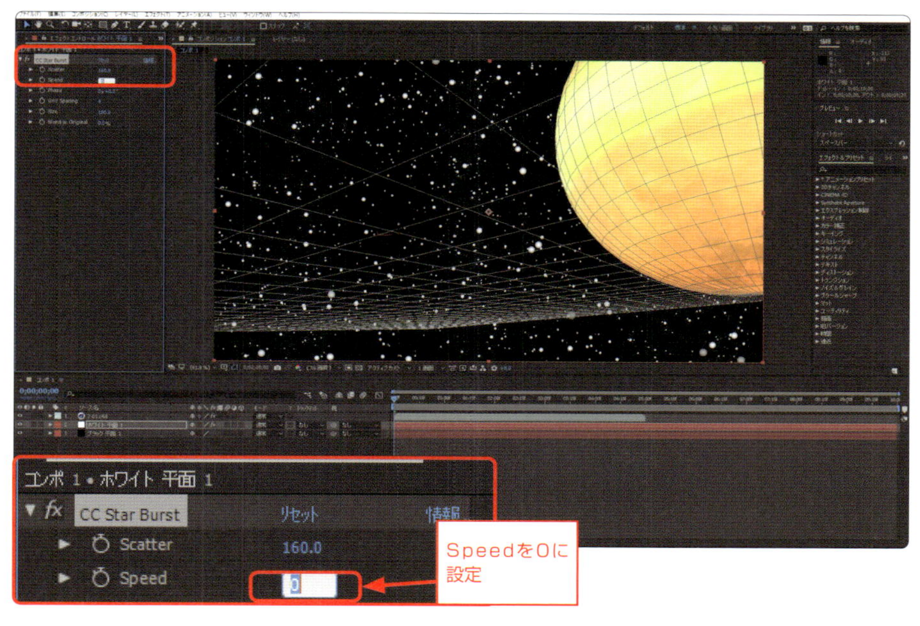

星の数を調整したいので、「Grid Spacing」を2に設定します。

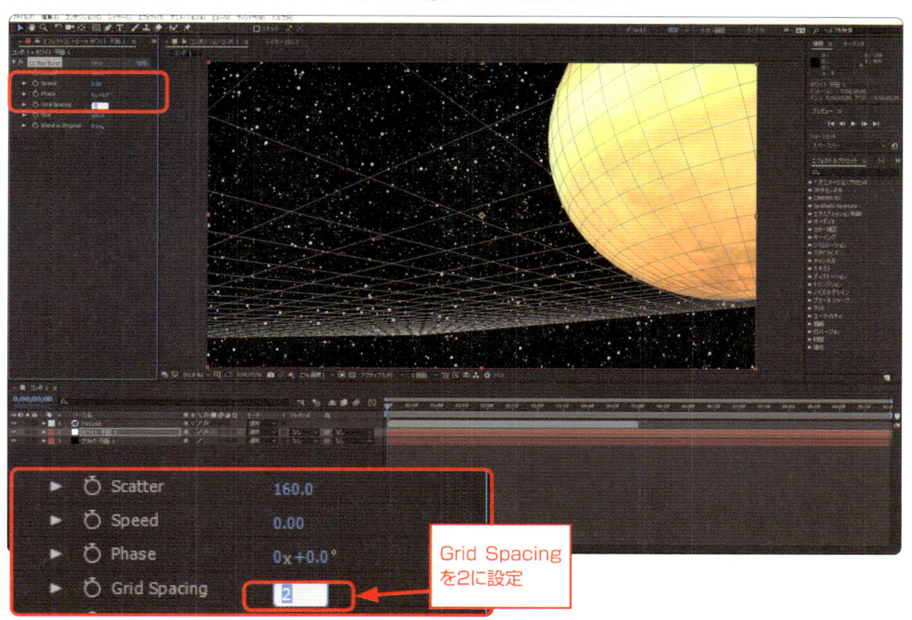

最後に少し大きい星が目立つので、「Size」の値を小さくします。ここでは60ぐらいまで落としました。

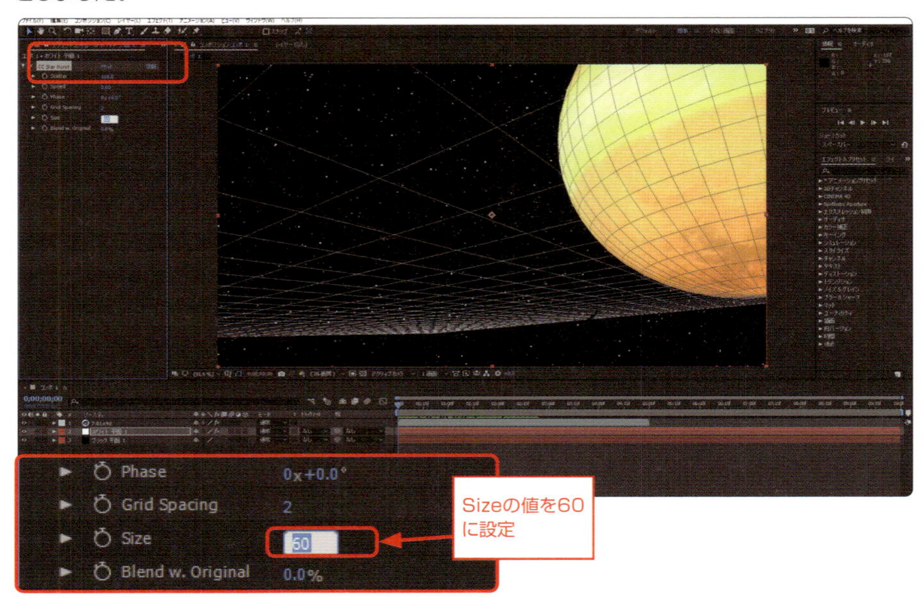

STEP 10 マルチパスをレイヤー化する

素材が揃ったところで全体的な絵作りをしていきます。まずは、C4Dファイルのレイヤーを選択して、エフェクトコントロールパネルの「CINEWARE」にある「Render」を「Standard(Final)」に切り替えて、現状でのルックを確認します。

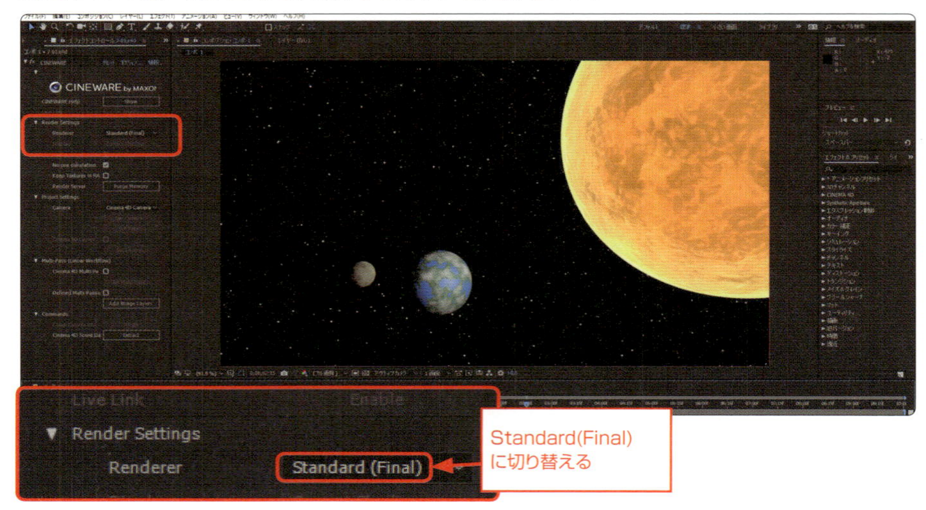

ここからルックを調整する下準備として、マルチパスをレイヤー化します。「CINEWARE」の「Defined Multi-Passe」にチェック入れて、「Add Image Layer」をクリックします。

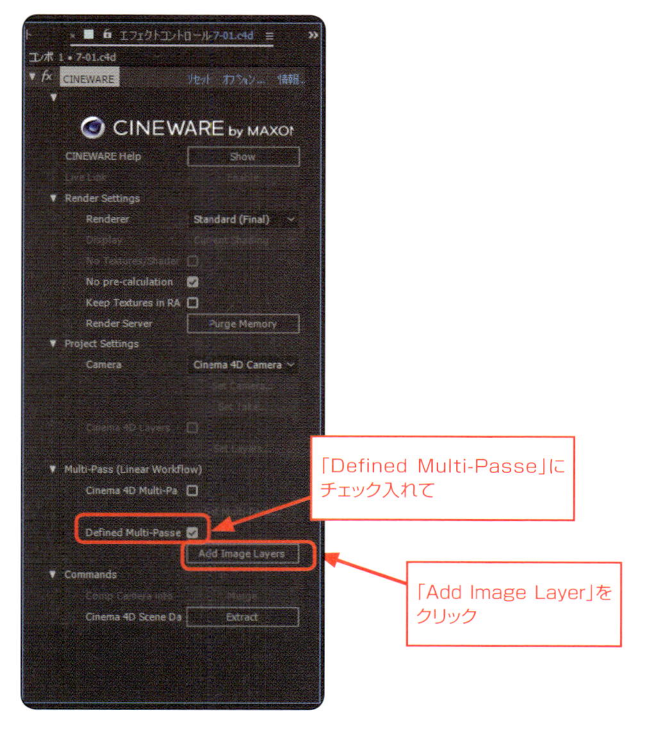

C4D LTで選んでおいたパスがレイヤーとして表示されます。

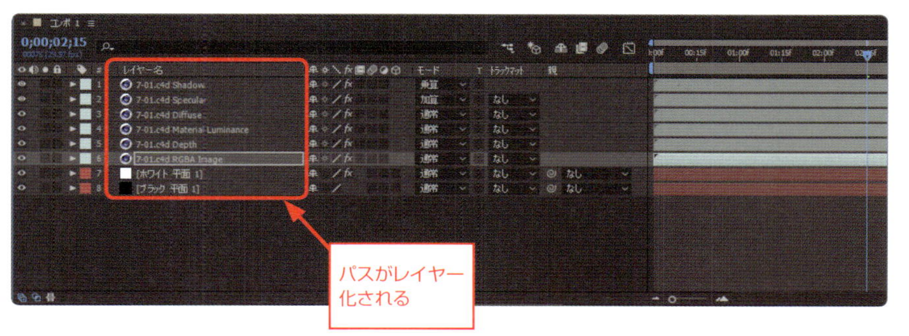

太陽のルミナンスを調整する

現状では太陽のルックがはっきりしすぎているので、ルミナンスのパスを使って加工していきます。C4Dのレイヤーのうち、Material Luminance以外のレイヤーを非表示にします。

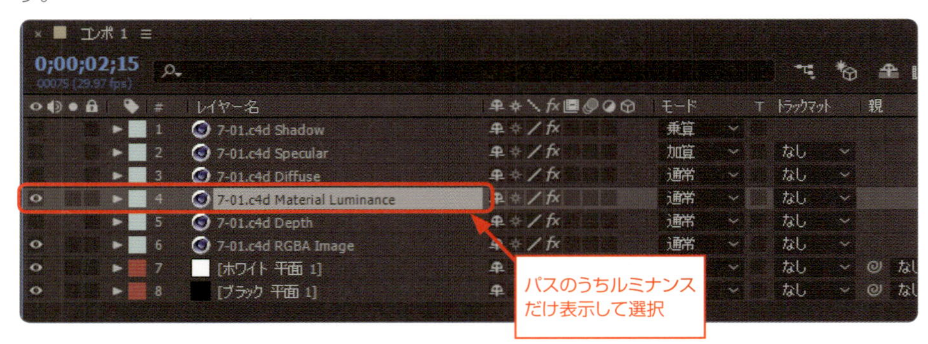

Material Luminanceのレイヤーを選択して、「エフェクト」メニューの「ブラー&シャープ」から「ブラー（ガウス）」を選択します。

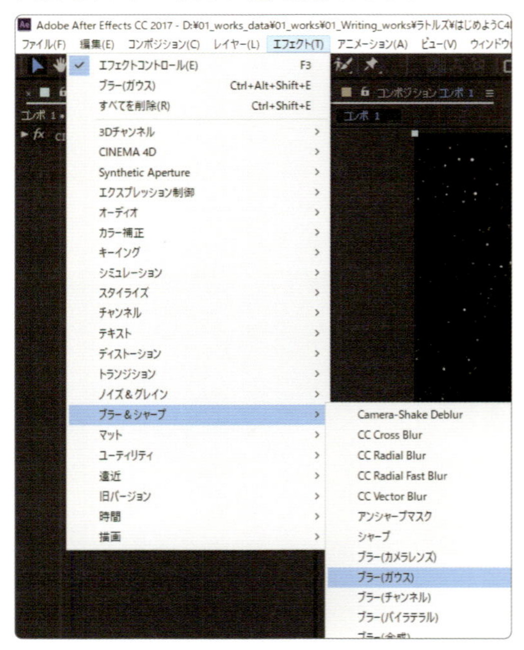

「ブラー（ガウス）」の「ブラー」の値を50に設定してぼかし、レイヤーモードを「ハードライト」に設定します。

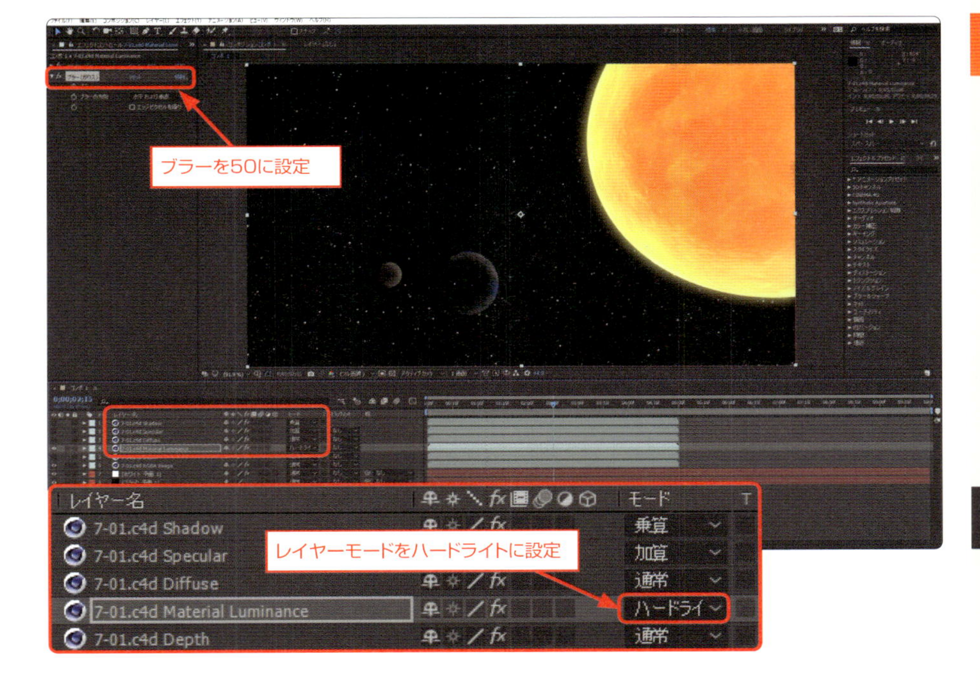

Material Luminanceの影響をうけて地球や月が暗くなってしまっているので、「楕円形ツール」を使って太陽だけをマスクします。

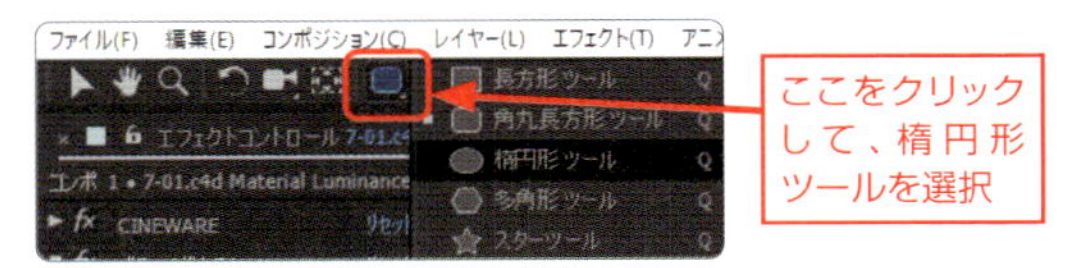

楕円形のベジェマスクを太陽の形に合わせて描いていきます。太陽だけがマスクされるので、地球や月はMaterial Luminanceの影響がなくなりました。

STEP 12

レンズフレアを加える

少し見た目を派手にするため、レンズフレアを加えてみます。黒い平面レイヤーをタイムラインの一番上に作成して、そのレイヤーに「エフェクト」メニューの「描画」から「レンズフレア」を選択して「レンズフレア」を適用します。

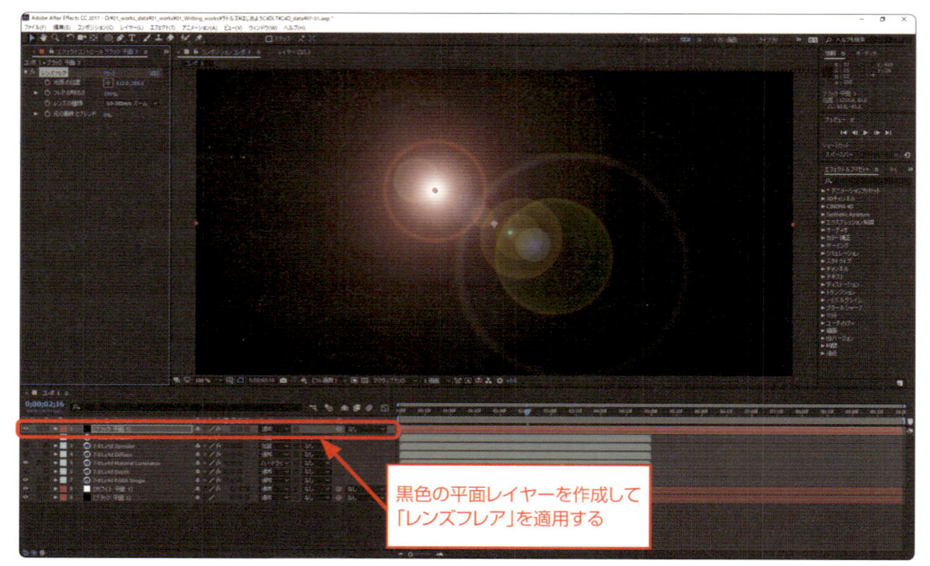

エフェクトコントロールパネルで「レンズフレア」の「レンズの種類」を「105mm」に設定して、「レンズフレア」を適用した平面レイヤーのレイヤーモードを「スクリーン」に切り替えます。

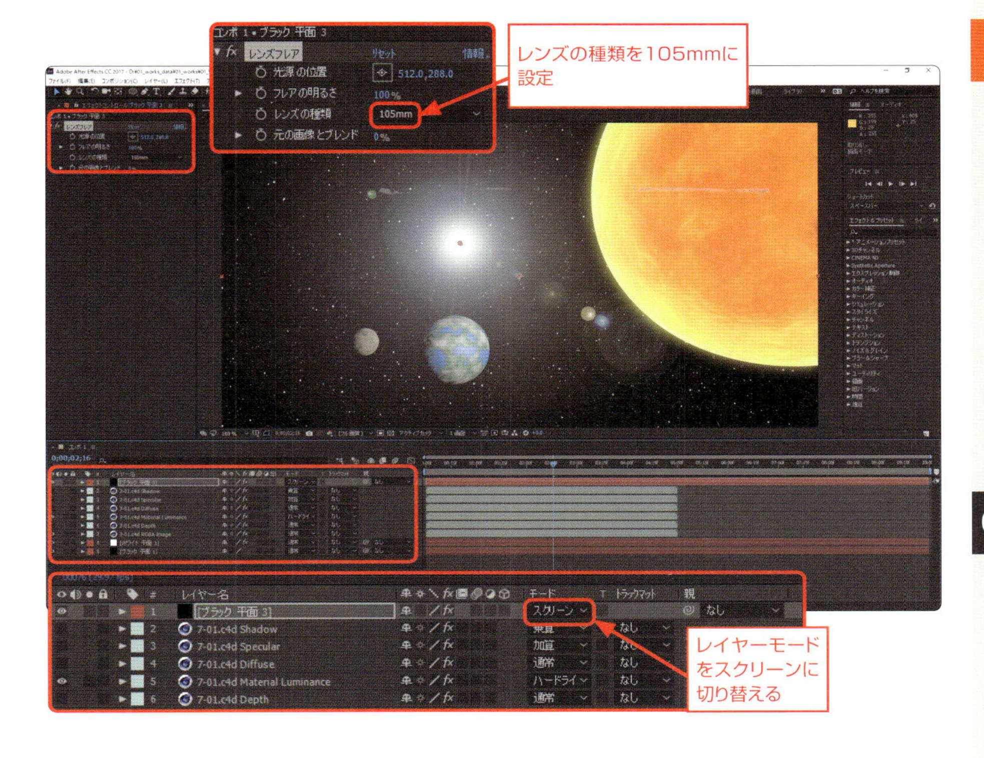

「レンズフレア」の「光源の位置」を変更して、光源が太陽の位置に来るように調整します。

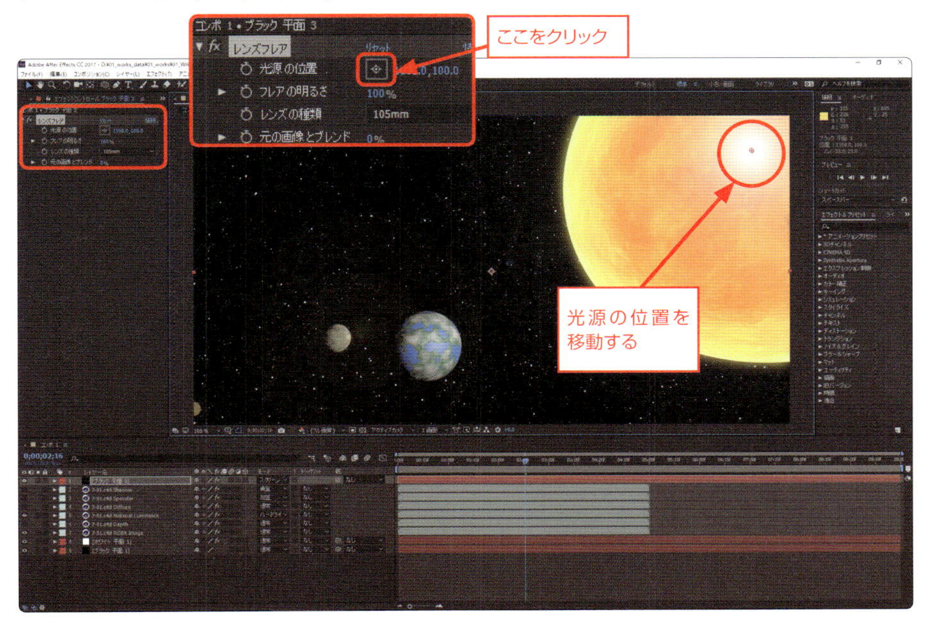

「フレアの明るさ」の値を大きくしていきます。作例では150に設定しました。

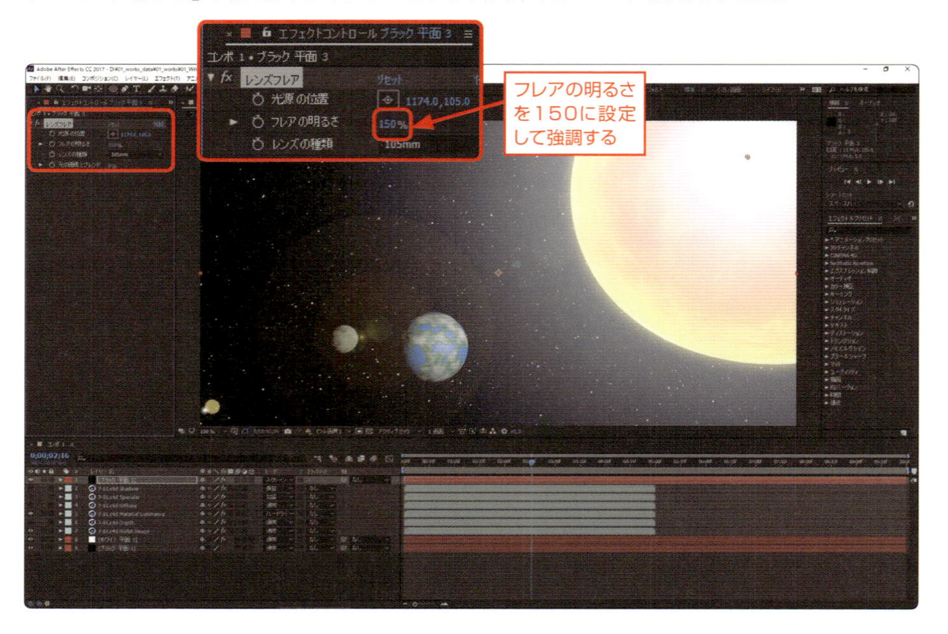

最後に「レンズフレア」の「元の画像とブレンド」を22%ぐらいに調整して完成です。

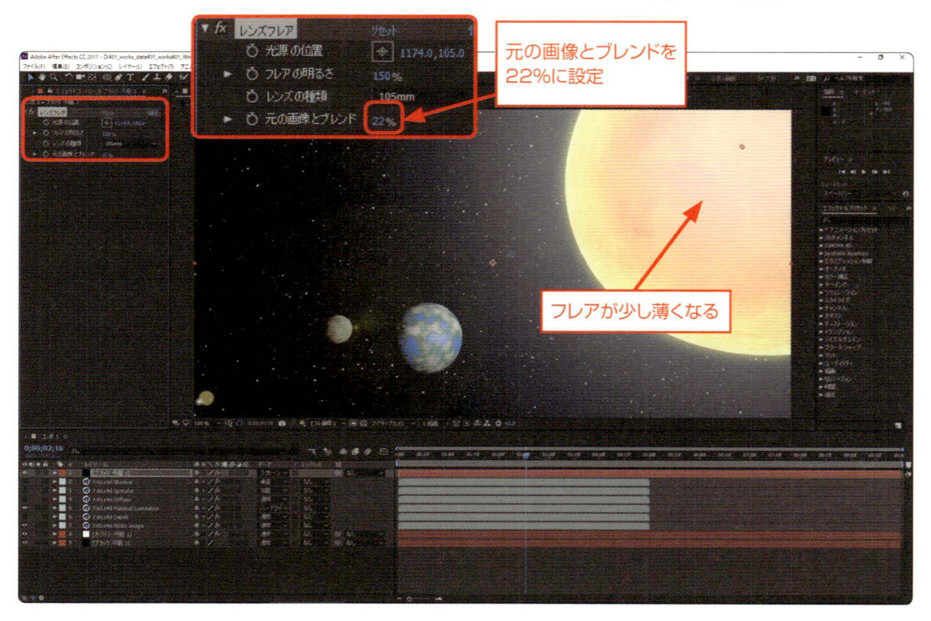

完成例

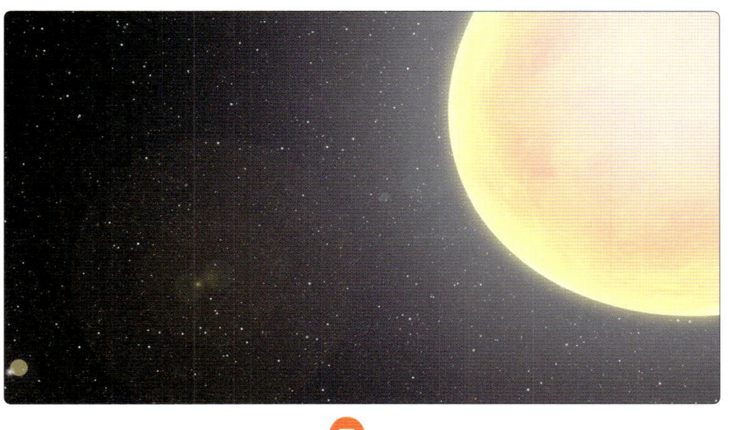

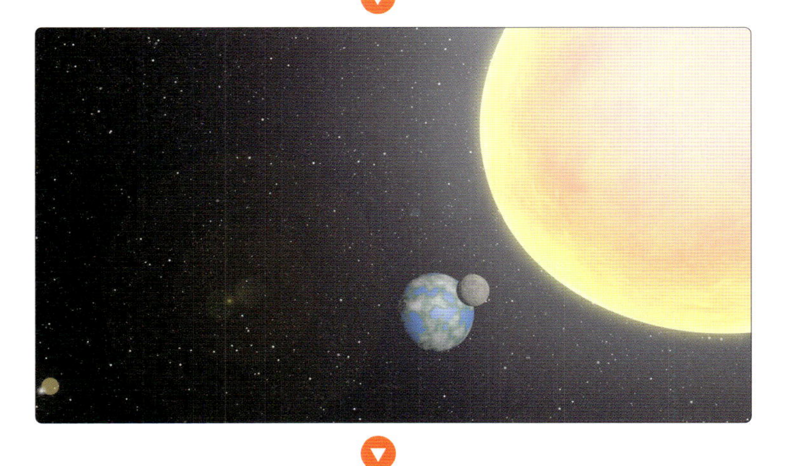

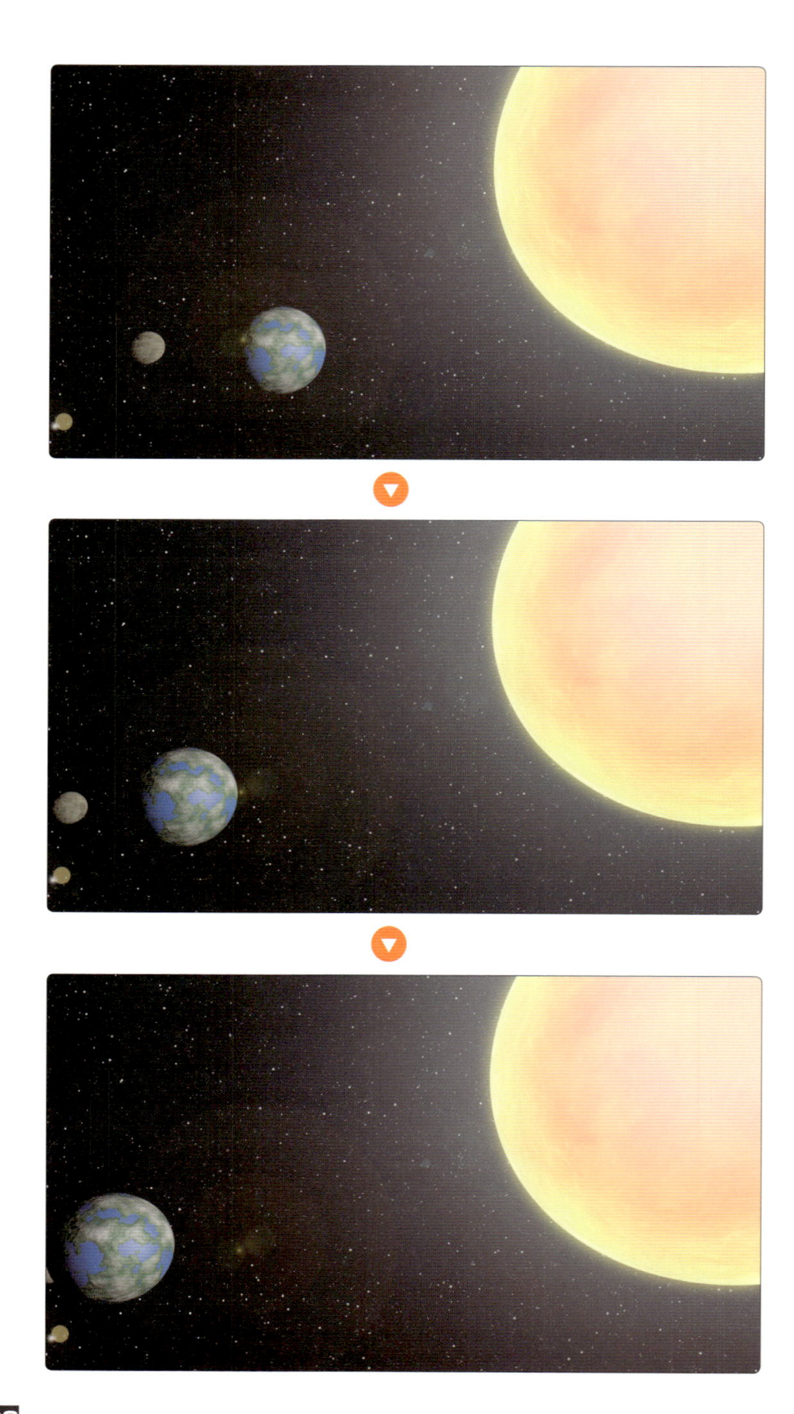

02 オブジェクトをバラバラに分解する

ここでは、ガラスの球体がバラバラにくだけるアニメーションを作成します。オブジェクトをバラバラに分解するには、「爆発FX」デフォーマーを使用します。

STEP 01 ガラスの球体を作成する

After Effectsで新規プロジェクトを作成し、「ファイル」メニューの「新規」から「MAXON CINEMA 4D」を選択して、C4D LTを起動します。起動したら球体オブジェクトを1つ作成します。「分割数」は48に設定しました。

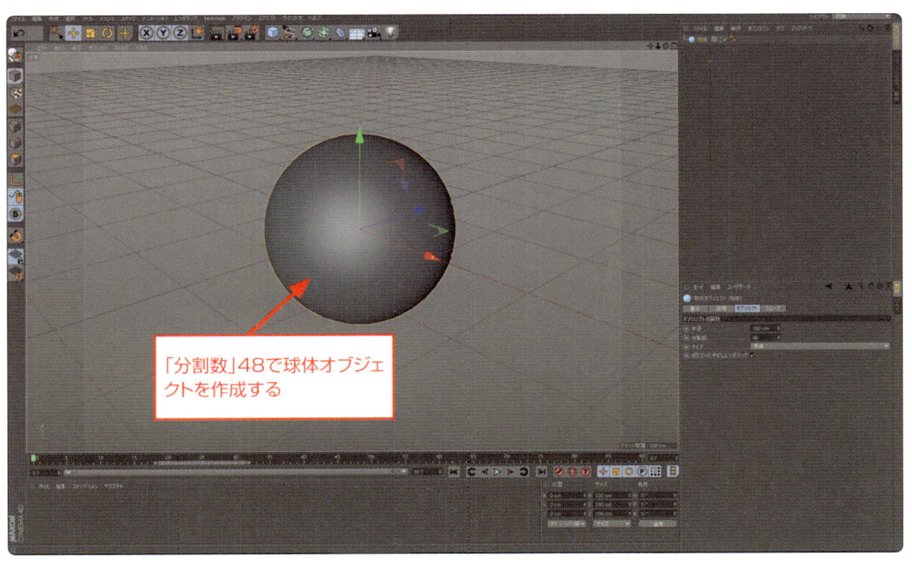

マテリアルをオブジェクトに適用します。ここではマテリアルプリセットにある「Ice Cracked」を適用しました。

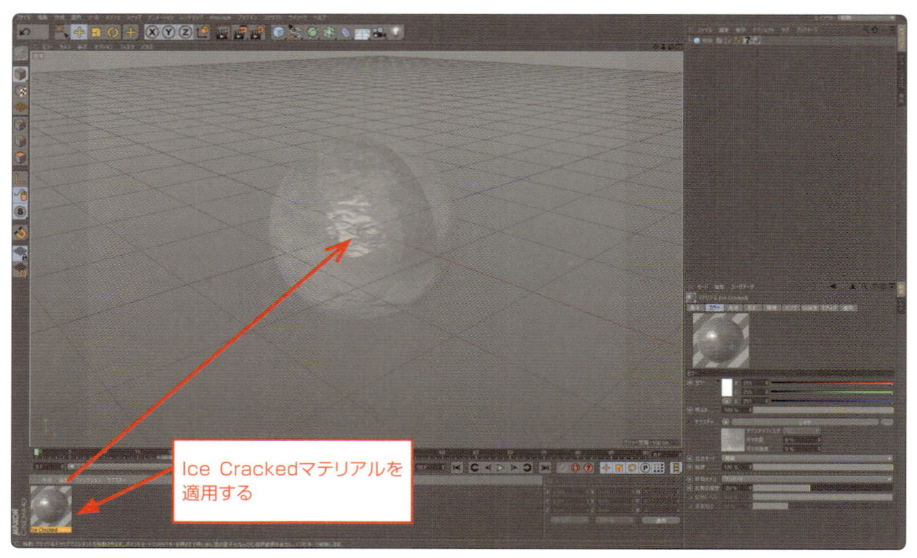

ビューをレンダリングするとこの様になります。

STEP 02 「爆破FX」デフォーマを適用する

コマンドパレットのデフォーマから「爆発FX」デフォーマを選択します。

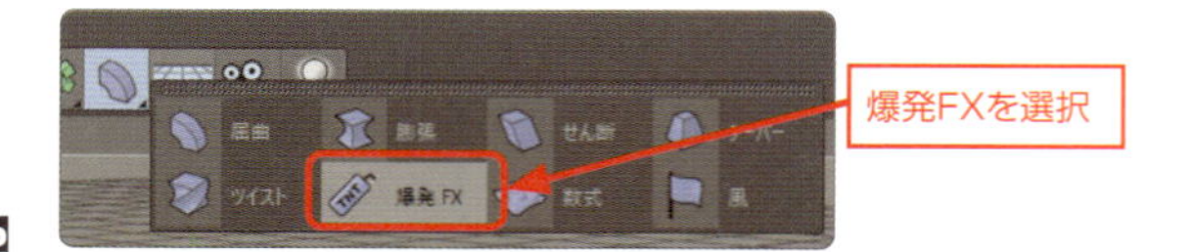

球体オブジェクトを選択して、「編集可能」アイコンをクリックして編集可能に変換します。

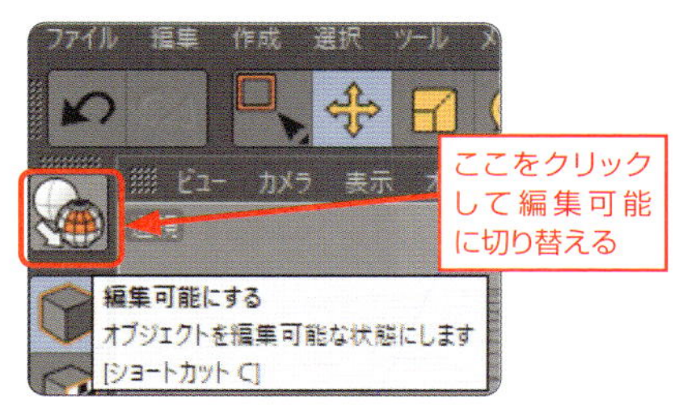

オブジェクトマネージャで「爆発FX」デフォーマを球体オブジェクトにドラッグ&ドロップして下の階層に移動させます。

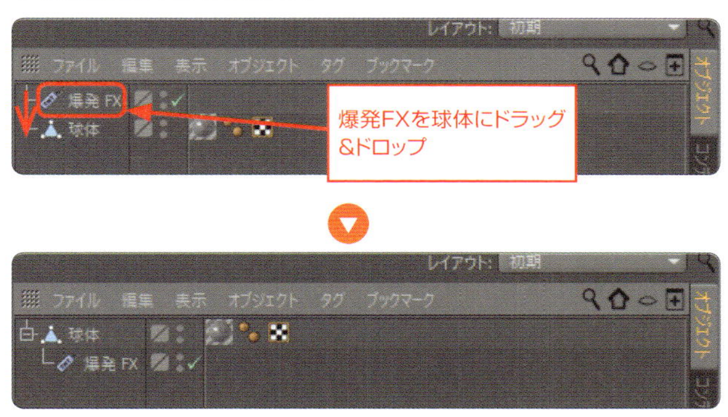

球体オブジェクトに爆発FXデフォーマが適用されて、球体がブロック状に粉砕されます。

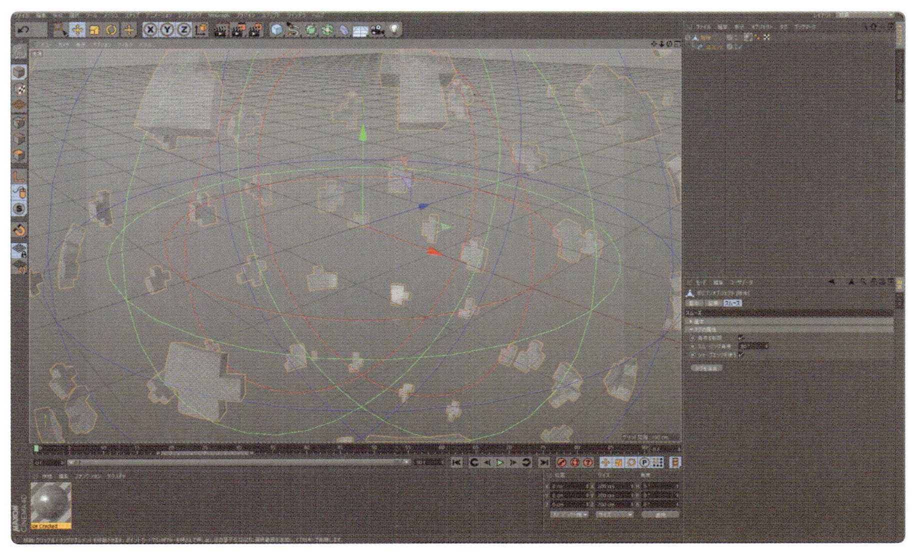

STEP 03 爆発のアニメーションを作成する

最初にベースとなる爆発のアニメーションを作成します。オブジェクトの中心から破片が広がる範囲は、「爆発FX」デフォーマの「爆発」属性にある「強度」で設定します。「強度」の値が大きくなると破片が中心から離れていきます。まずは、この「強度」の値にアニメーションを付けます。タイムラインを0Fに移動させ、「強度」の値を0に設定します。

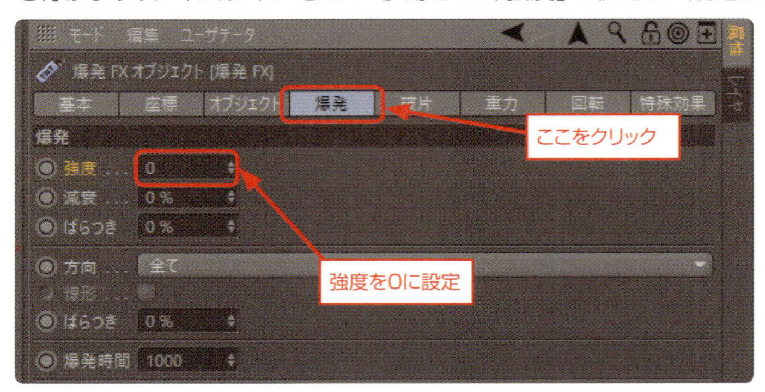

「強度」パラメータのキーフレームボタンをクリックして、キーフレームを作成します。

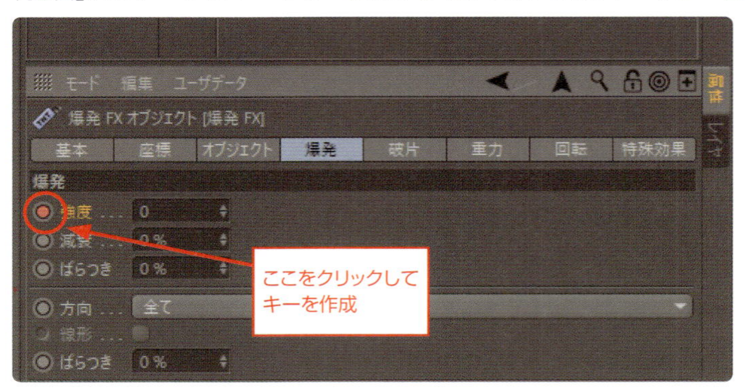

タイムラインを15Fに移動します。強度の値を25に設定し、キーフレームボタンをクリックします。

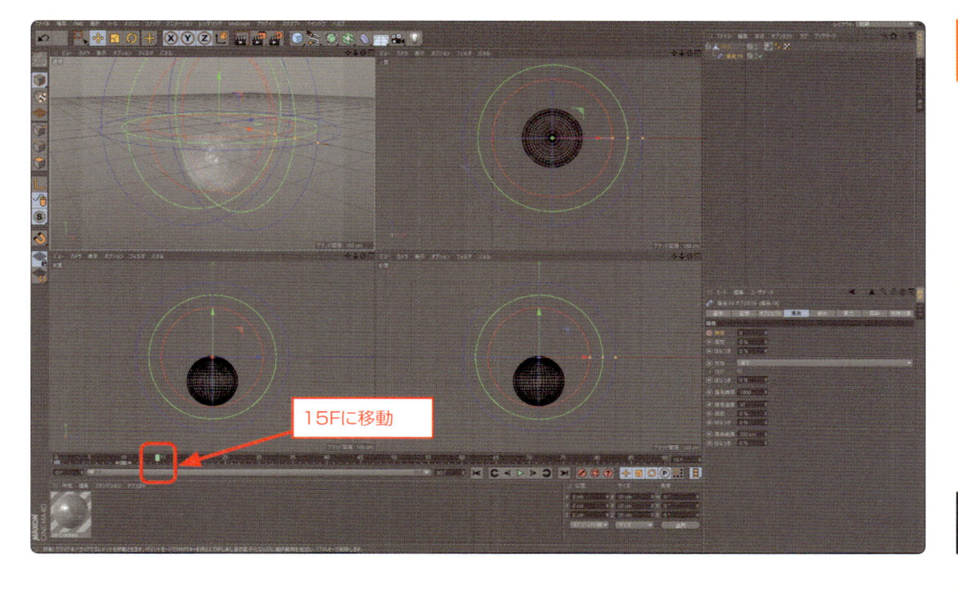

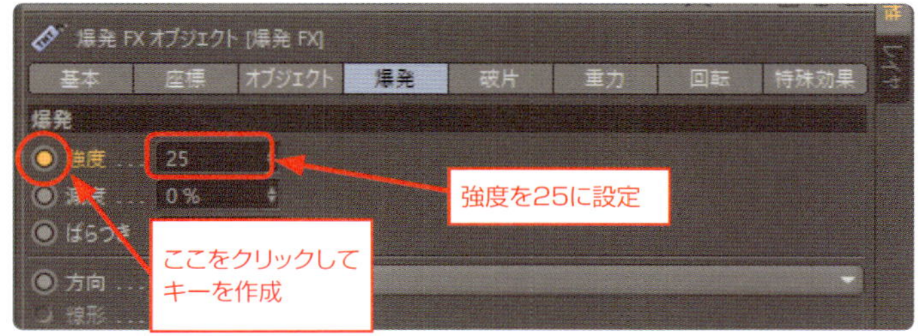

さらにタイムラインを90Fに移動させます。

「強度」の値を100に設定して、キーフレームボタンをクリックします。

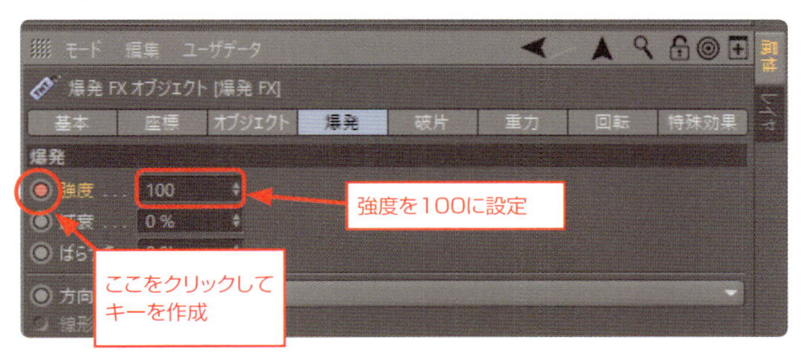

このようなキーフレームを作ることで、破片が散らばるスピードに強弱が生まれます。

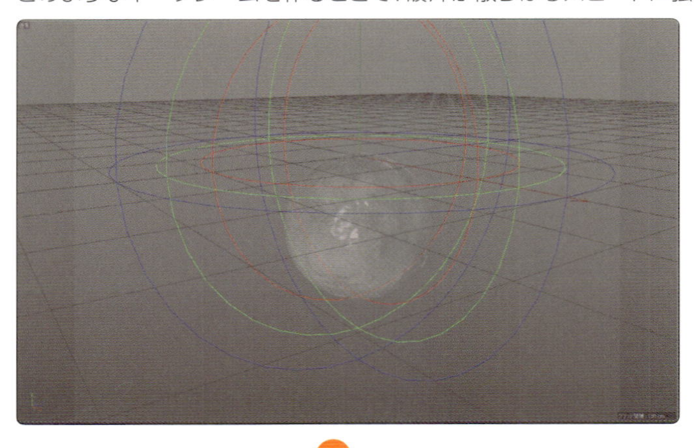

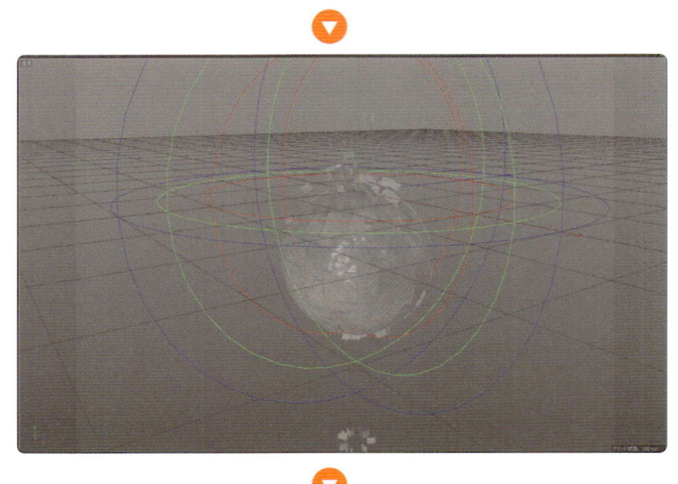

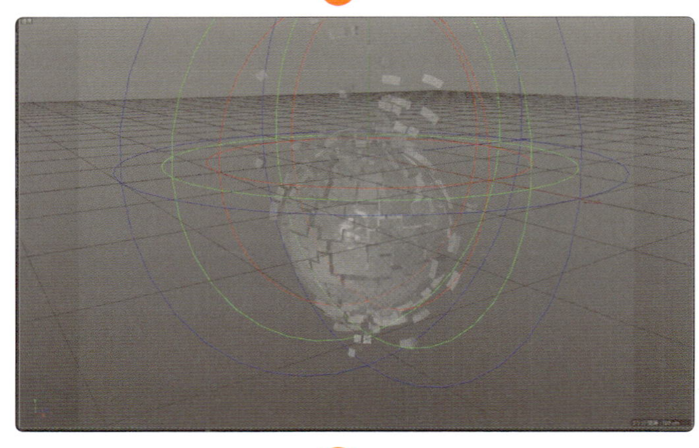

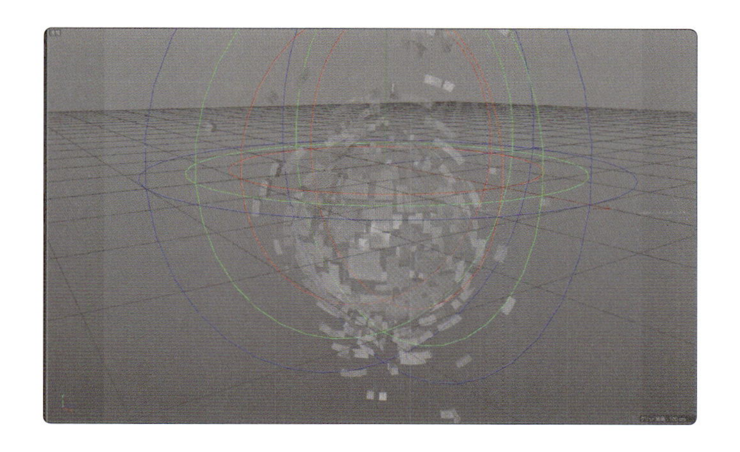

何度も再生しながら、「ばらつき」の値などを調整していきます。「ばらつき」は強度や方向などに強弱を付けて、より自然なアニメーションにすることができます。

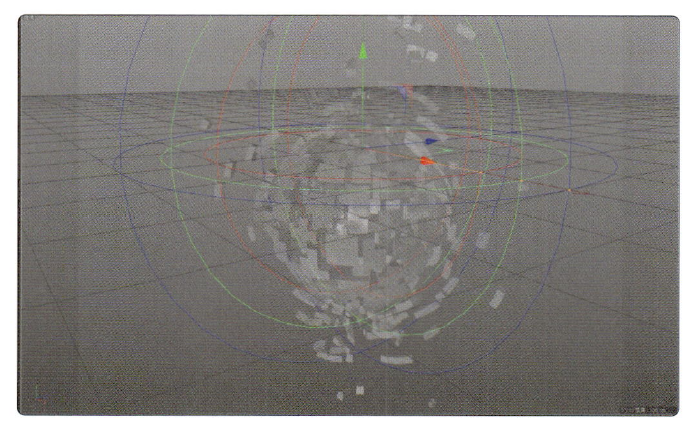

STEP 04 破片の形状を調整する

バラバラになるときの破片の厚みや形状は、「破片」パラメータグループで調整します。「厚み」で破片の厚みを調整して、「破片のタイプ」で破片の形状を変更します。作例では、「厚み」の「ばらつき」を15%程に設定して、「破片のタイプ」は自動にしました。「最小ポリゴン」「最大ポリゴン」を設定すると、破片の大きさに強弱を付けることができます。

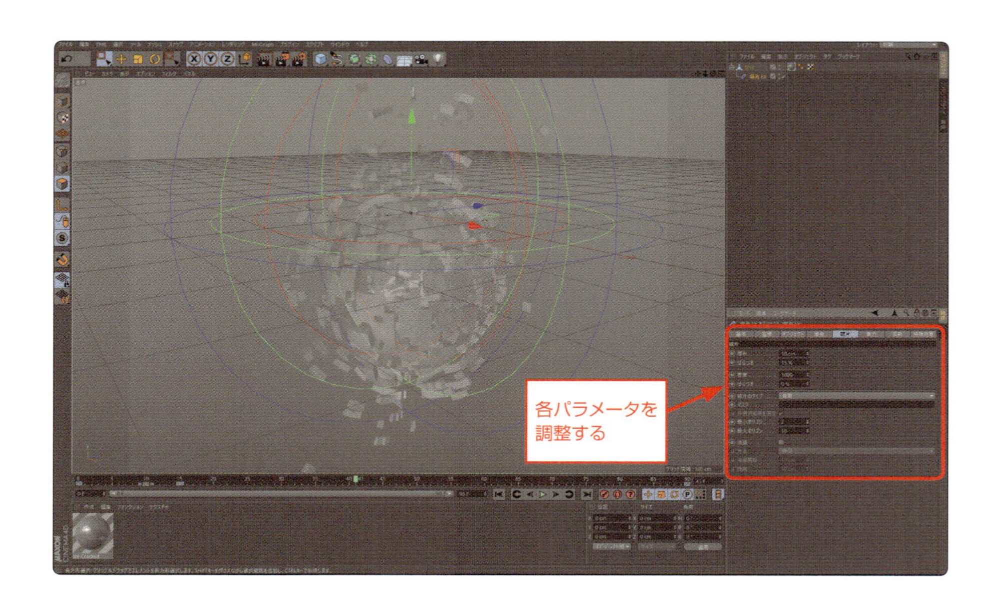

STEP 05

破片に回転を与える

「回転」パラメータグループの「回転速度」にキーフレームを作成すると、破片を回転させることができます。作例では、0F〜90Fで6だけ変わるようにキーフレームを設定しました。

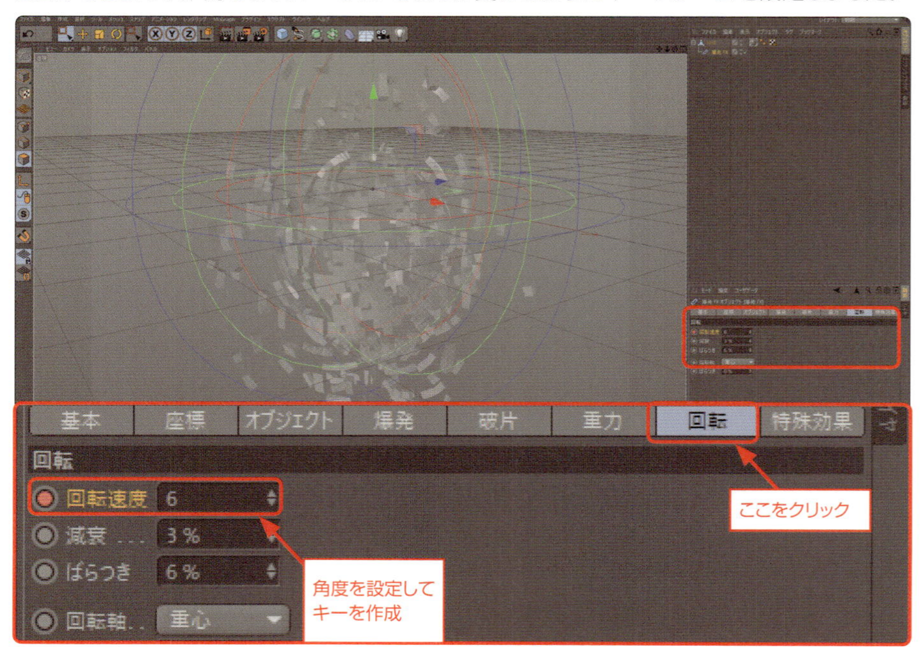

STEP 06 カメラを設定する

動きができたところで、カメラを設定していきます。まずはレンダリング設定で解像度を「HDV/HDTV 720 29.97」に設定します。

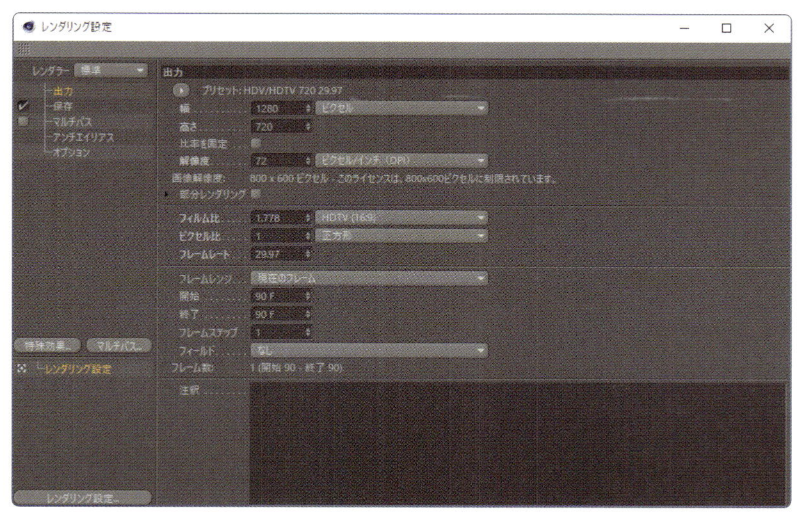

解像度が設定できたら、カメラを追加します。ここでは「カメラ」を追加しました。

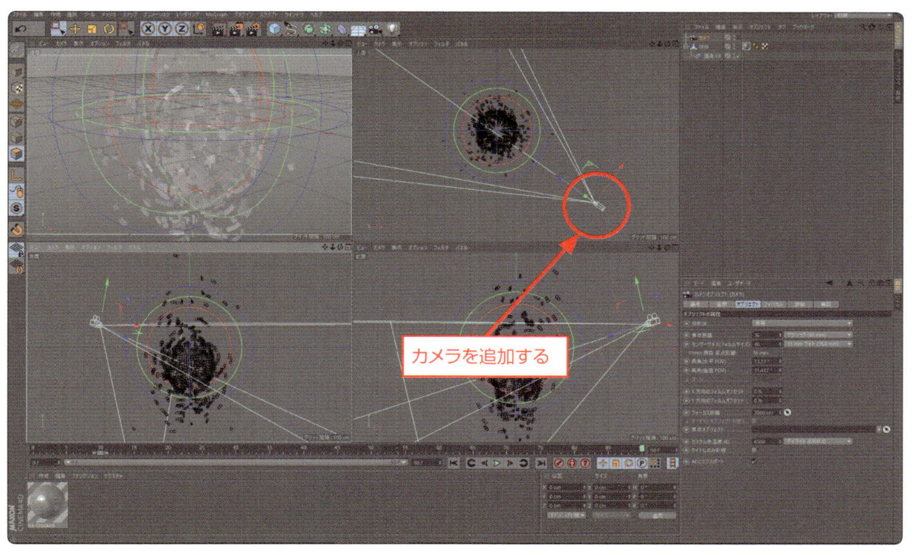

「透視」ビューのカメラを、作成したカメラに切り替えます。

カメラを選択して、「焦点距離」を「望遠(135mm)」に切り替えます。レンズを望遠にすることで、パースを圧縮して画面に密度を出します。

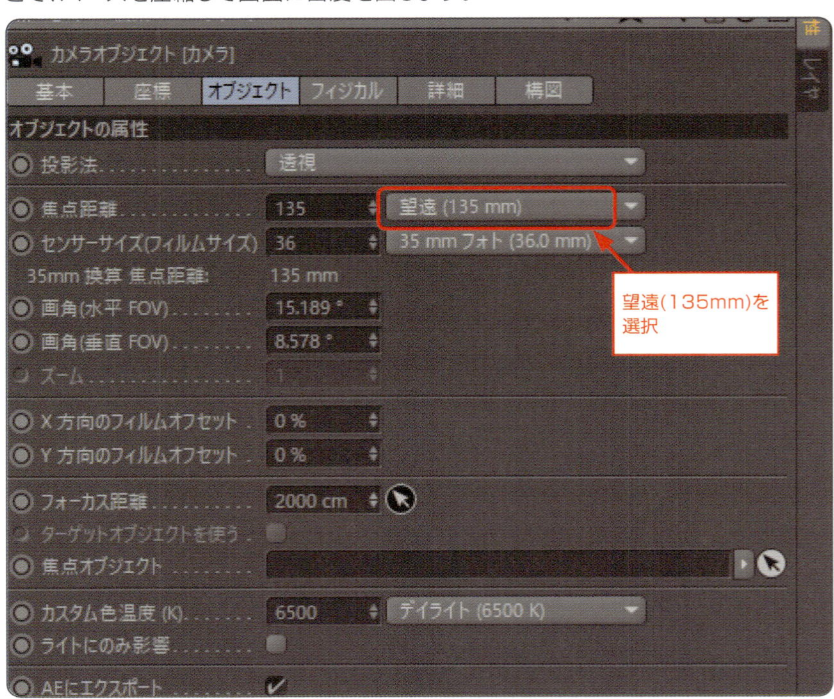

カメラを移動ツールや回転ツールで操作して構図を作成していきます。

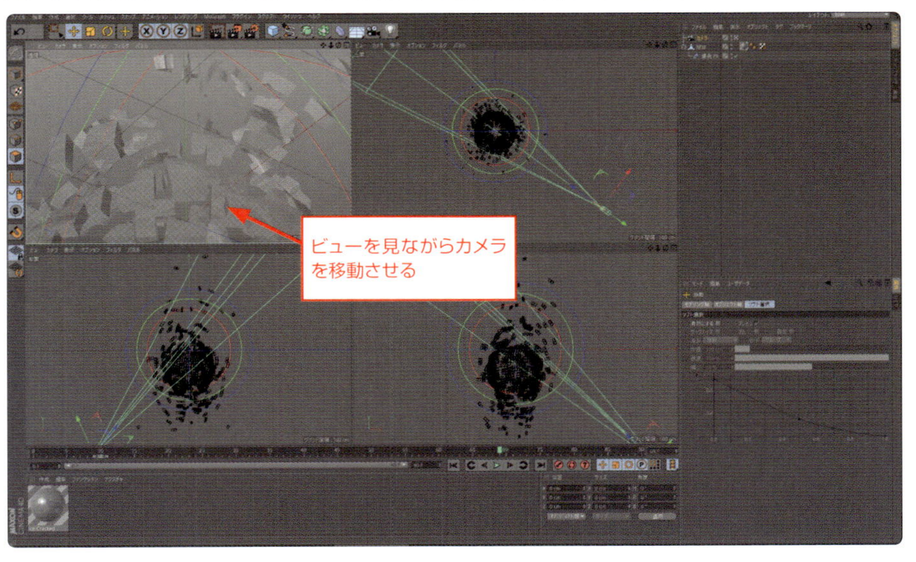

STEP 07 ライトを追加する

カメラの位置が決まったらライトを追加します。ライトは「エリア」ライトを使用します。

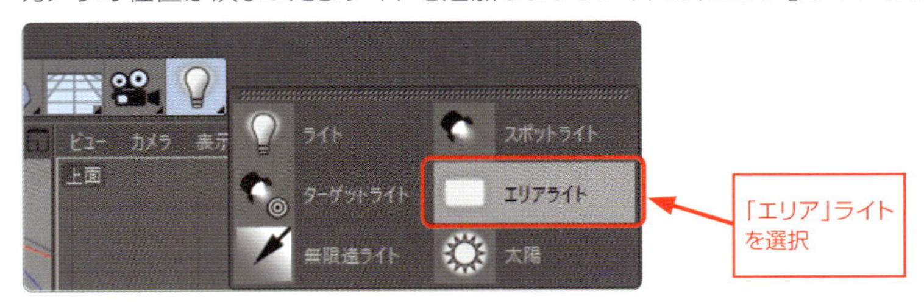

作成したライトは、球体の下に配置します。

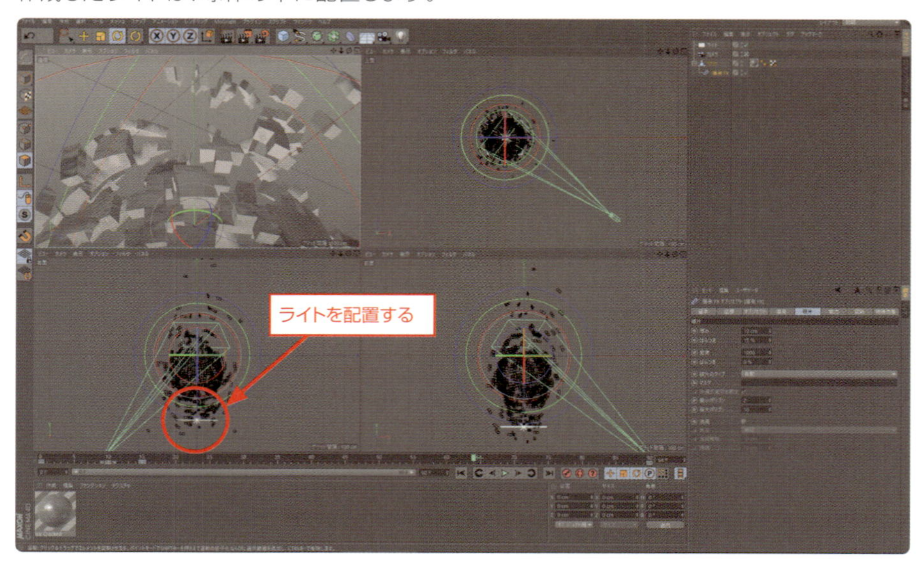

ライトの「強度」を150%に強くして調整したレンダリング画像です。

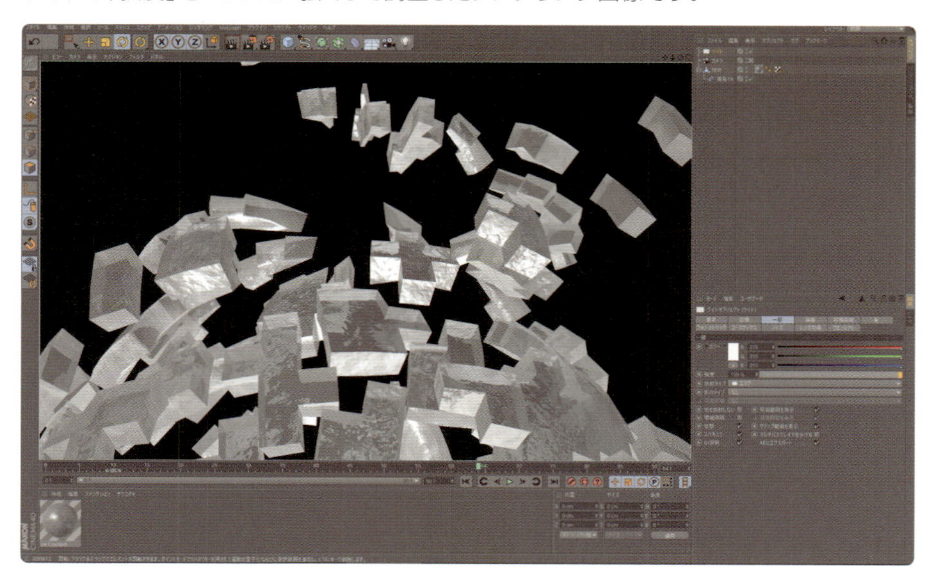

ライティングの状態を見ながら、さらにカメラの角度を上げて最終的な構図を決定しました。

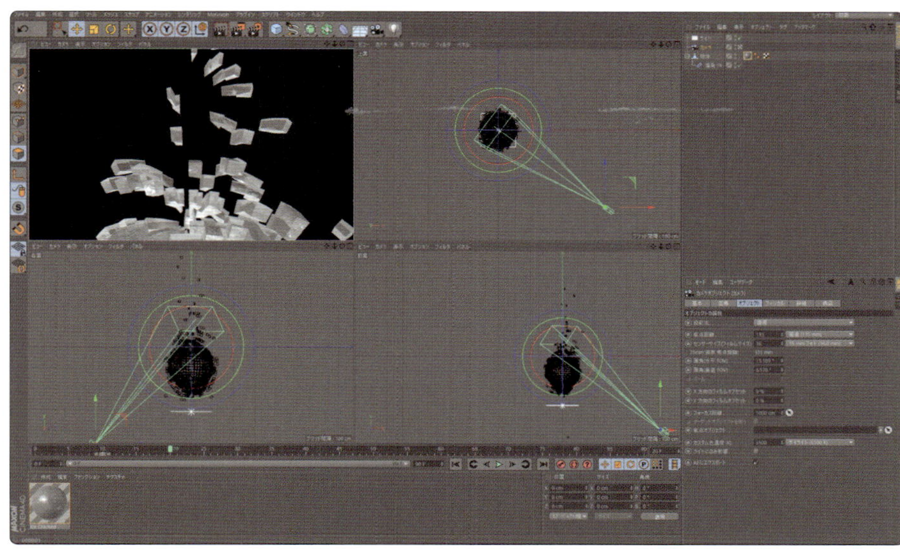

STEP 07 マルチパスの設定をして保存する

「レンダリング設定」ウィンドウを開いて、マルチパスを設定してプロジェクトを保存します。

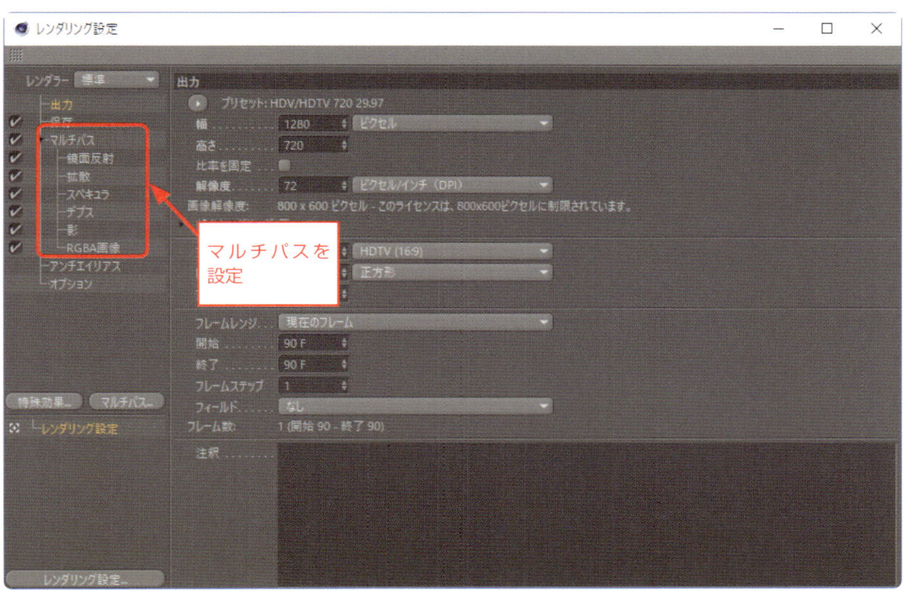

After Effectsで加工する

C4Dファイルを保存したら、After Effectsに移動して新しいコンポジションを作成します。コンポジションの解像度はC4Dのレンダリング設定で設定した値と同じにしておきます。

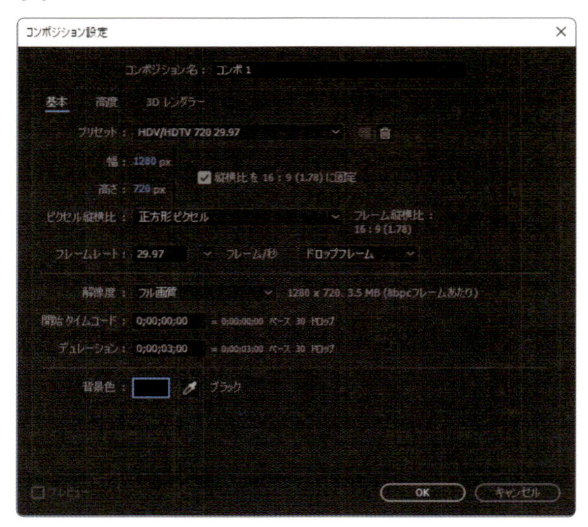

コンポジションが作成できたら、プロジェクトパネルに読み込まれているC4Dファイルをタイムラインにドラッグ&ドロップします。

STEP 09 背景レイヤーを作成する

最初に背景用のレイヤーを作成します。「レイヤー」メニューの「新規」から「平面」を選択して平面レイヤーを作成します。平面レイヤーの色は何色でもいいですが、ここでは黒にしておきます。

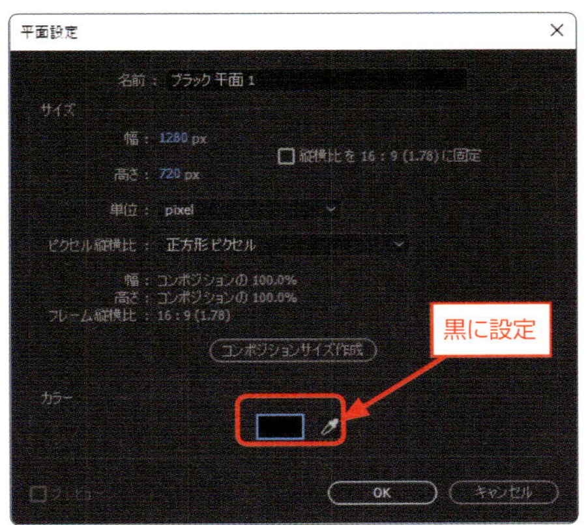

作成したブラック平面レイヤーをC4Dファイルのレイヤーの下へ移動します。

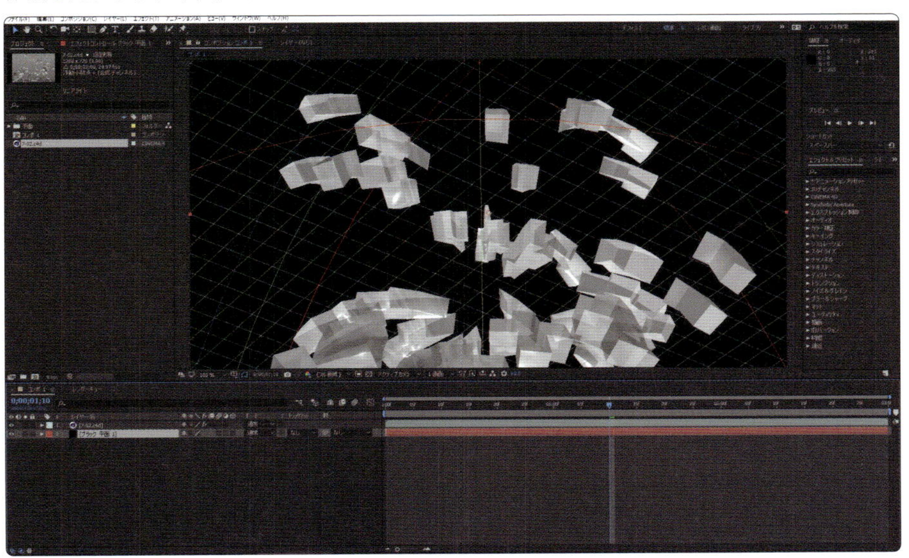

この平面レイヤーには、「グラデーション」エフェクトを使ってグラデーションを作成します。「ブラック平面」レイヤーを選択して、「エフェクト」メニューの「描画」から「グラデーション」を選択します。

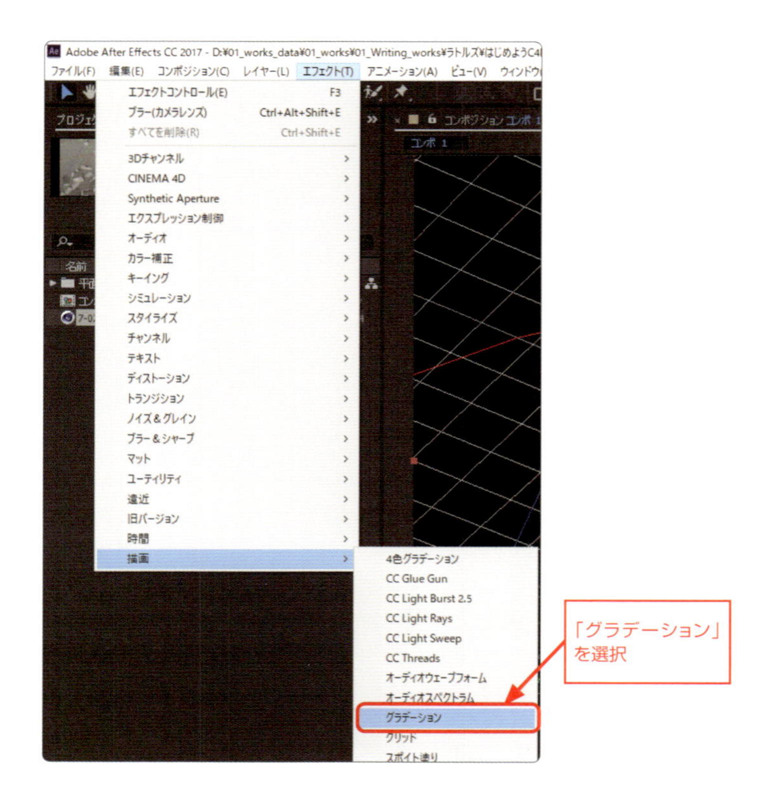

グラデーションの色を変更します。エフェクトコントロールパネルの「グラデーション」のプロパティから、「開始色」を白、「終了色」をグレーに変更します。

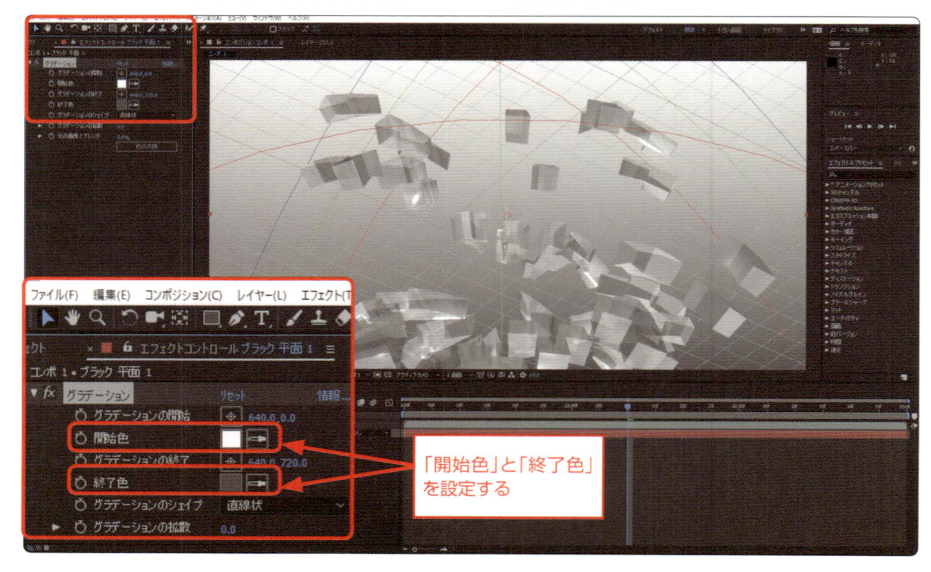

「エフェクトコントロール」で「グロー」のプロパティを調整します。ここでは、「グロー半径」を34、「グロー強度」を1.1に変更しました。

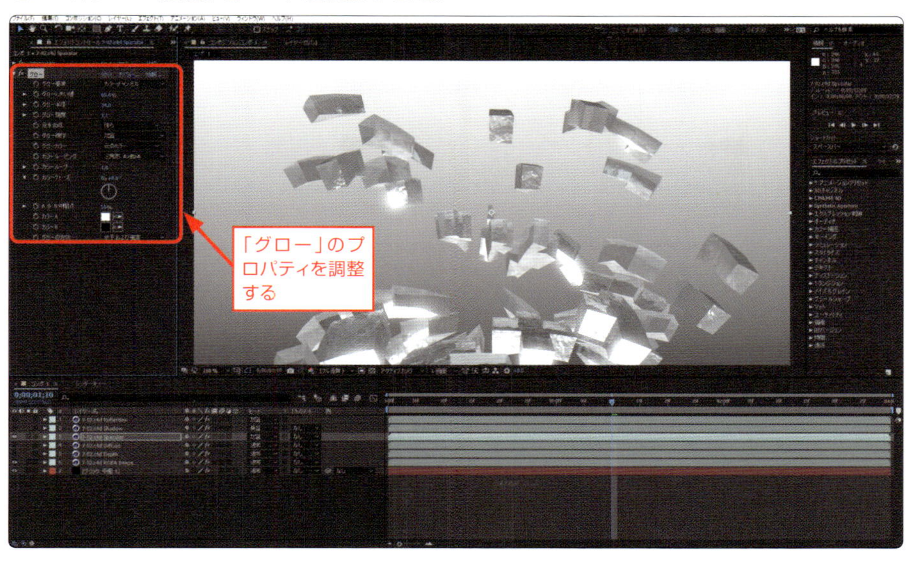

STEP 11 フォーカスを調整する

次に、マルチパスのDepthを使ってフォーカスを調整していきます。まずは「レイヤー」メニュー」の「新規」から「調整レイヤー」を選択して調整レイヤーを作成します。調整レイヤーに適用されたエフェクトは、調整レイヤーの下にあるレイヤー全てに影響を与えます。

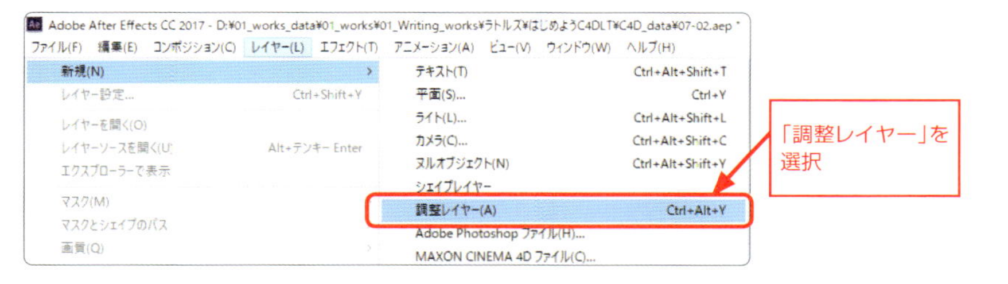

タイムラインに追加された調整レイヤーを選択して、「エフェクト」メニューの「ブラー&シャープ」から「ブラー(カメラレンズ)」を選択します。

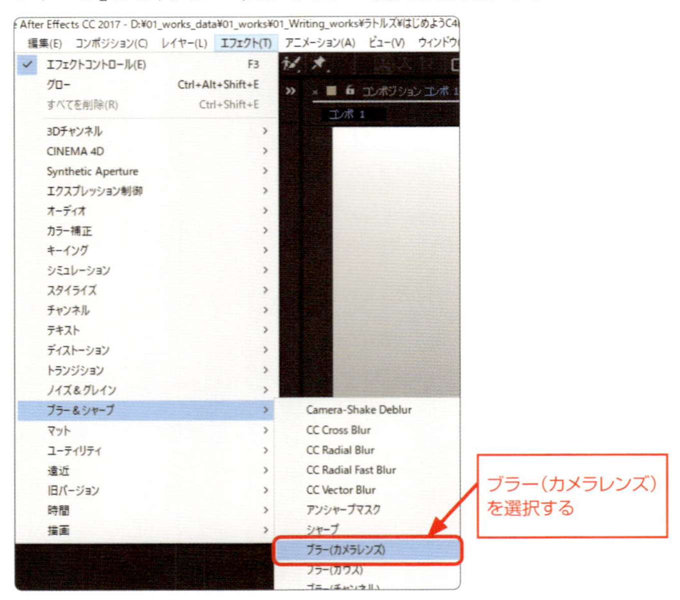

「エフェクトコントロール」を開いて、「ブラー(カメラレンズ)」の「ブラーマップ」にある「レイヤー」の「なし」という部分をクリックして、Depthのレイヤーを選択します。ブラーマップにDepthパスを使用することで、カメラからの距離に応じたフォーカスの調整を行うことができます。

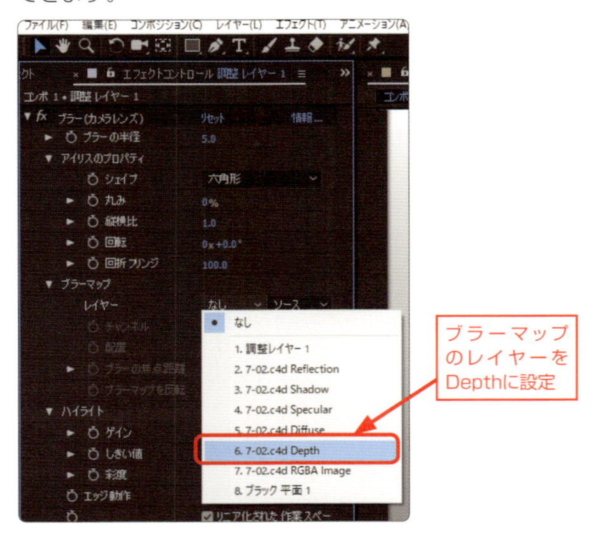

フォーカスが合う位置を調整していきます。わかりやすいように、「ブラー半径」を少し大きめに設定しておきます。ここでは12に設定しました。

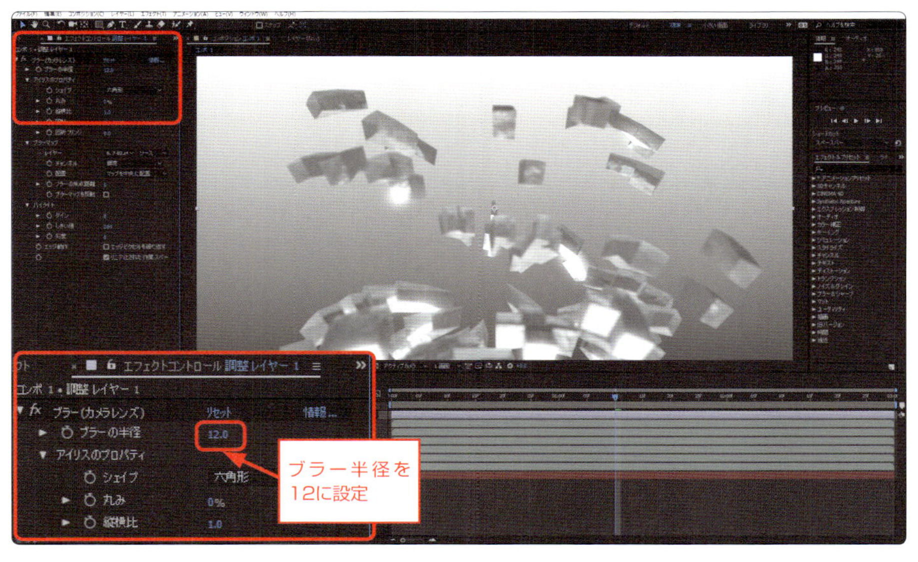

フォーカスが合う位置を調整するには「ブラーマップ」にある「ブラーの焦点距離」の値を調整します。値を動かしながらフォーカスの合う位置を決めていきます。作例では、手間の破片にフォーカスが合うように「ブラーの焦点距離」を94に設定しました。

フォーカスが合う位置が決まったら、「ブラーの半径」を調整します。ここでは6まで落としました。

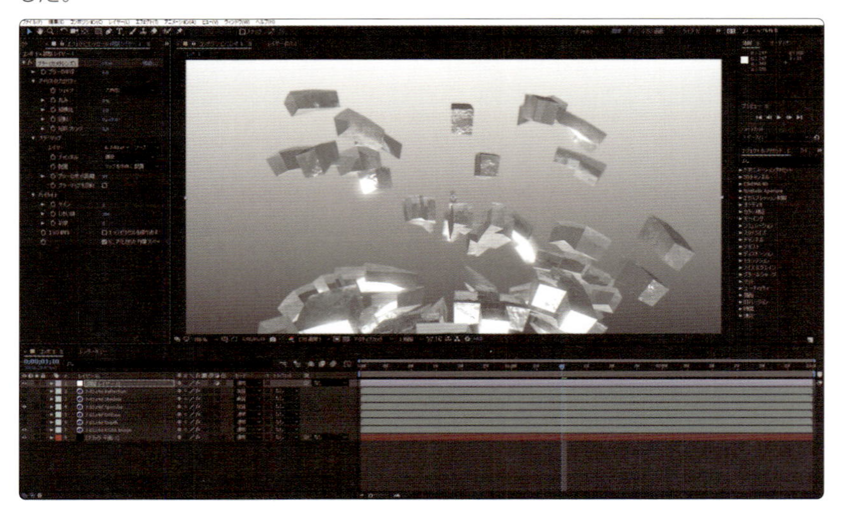

STEP 12

粒子を追加する

最後に、空間を漂う粒子を追加します。C4D LTではパーティクル（粒子）を作成することができないので、After Effectsの「CC Snowfall」エフェクトを使って粒子を加えます。まずは黒い平面レイヤーを作成します。

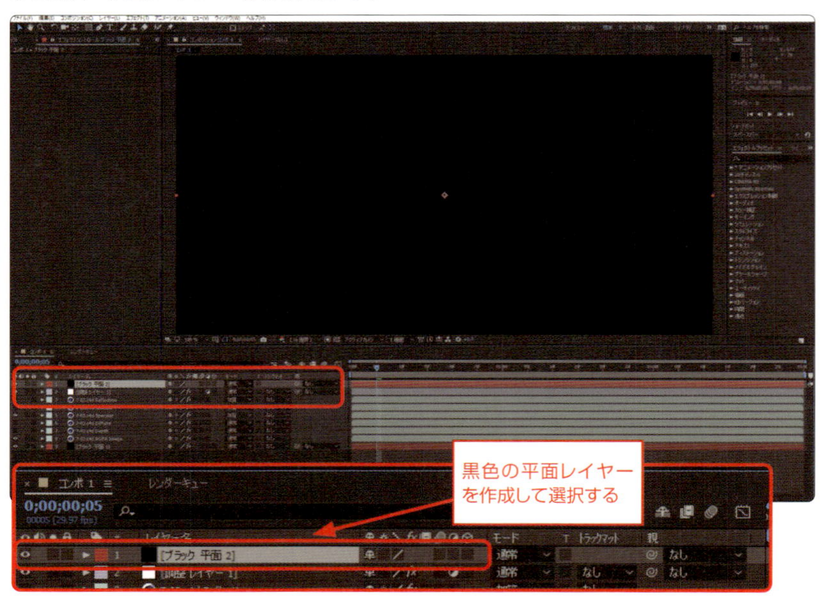

作成した平面レイヤーを選択し、「エフェクト」メニューの「シミュレーション」から「CC Snowfall」を選択してレイヤーに適用します。

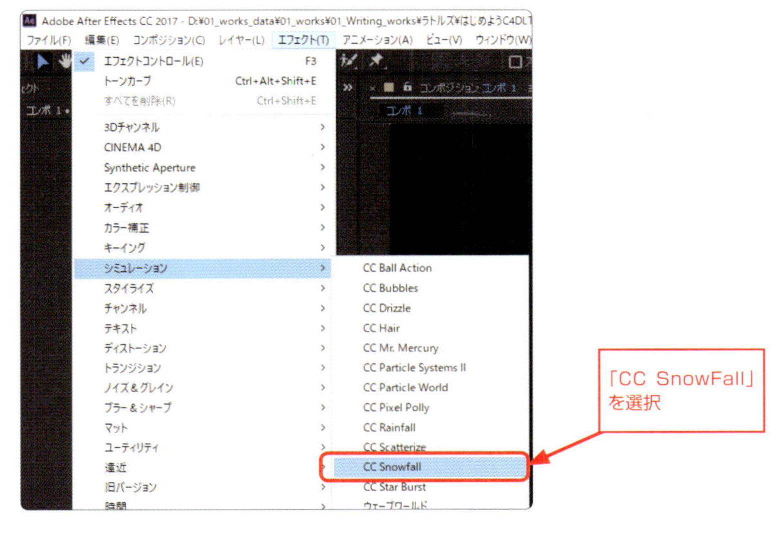

粒子の色が暗くてわかりにくいので、「エフェクトコントロール」パネルで「CC Snowfall」エフェクトの「Opacity」の値を100%にします。

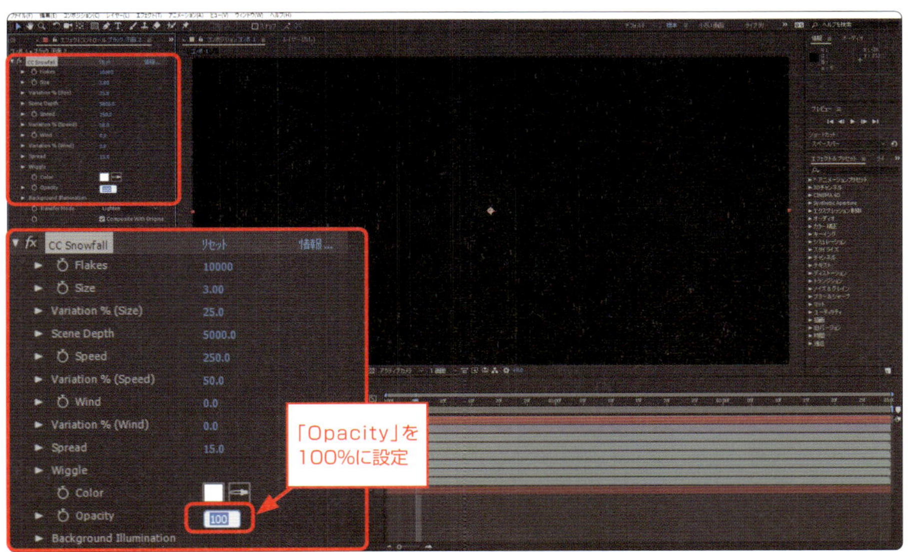

「CC Snowfall」エフェクトは雪を生成するエフェクトなので、雪片の動きが上から下へ向けて動いています。そこで、エフェクトを適用したレイヤーの▶をクリックしてプロパティを表示して、「スケール」の縦横比固定のスイッチをクリックしてオフにして、Y方向の値だけを-100に設定します。この状態で再生すると下から上へ雪が上がっていく動きを作成することができます。

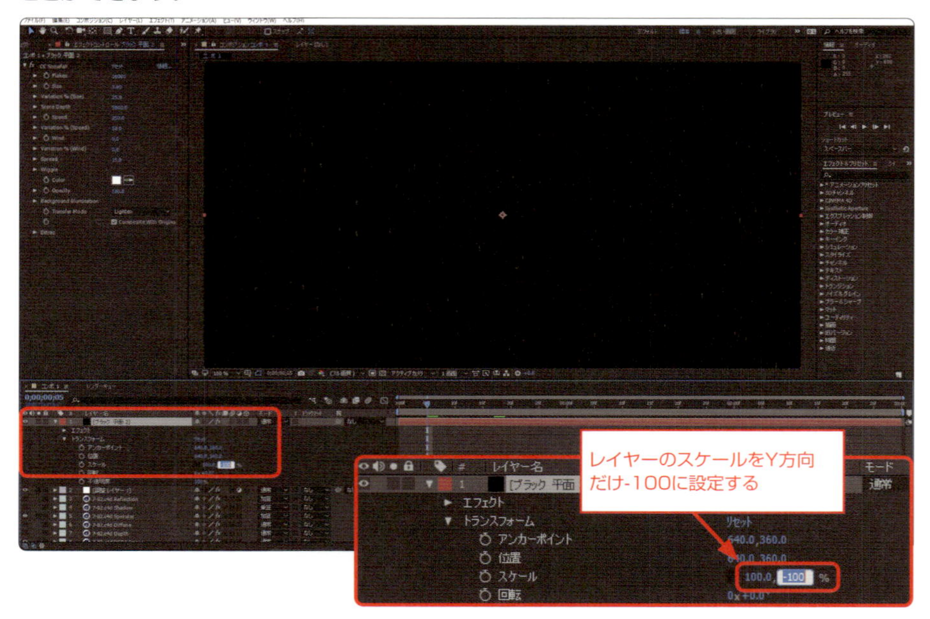

ここでは、舞い上がる塵のようなエフェクトにしたいので、「Size」は6に設定し少し大きめにして、「スピード」を25に設定しました。

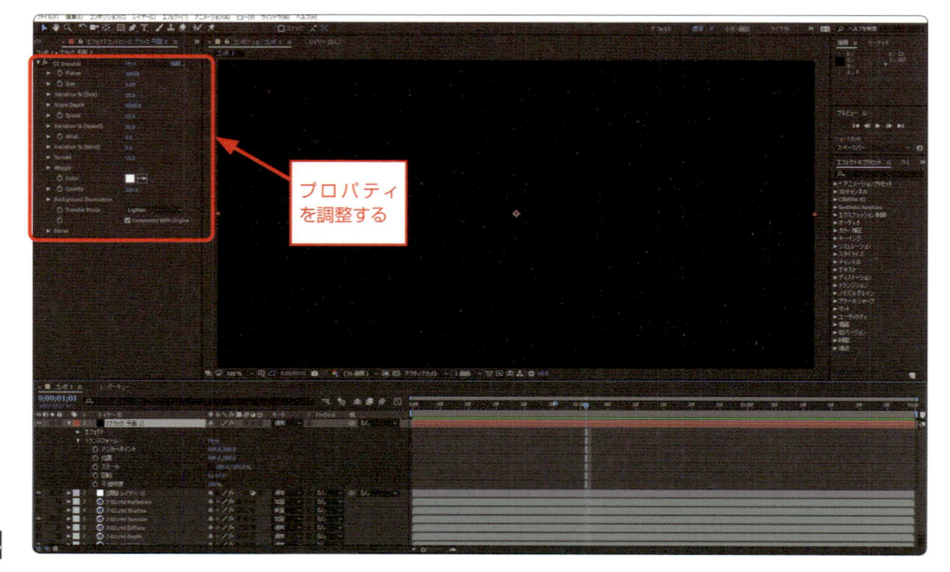

「CC Snowfall」エフェクトを適用したレイヤーのレイヤーモードを「加算」に設定します。

「CC Snowfall」エフェクトを適用したレイヤーを調整レイヤーの下にドラッグして移動すると、粒子にもフォーカスのボケを適用することができます。

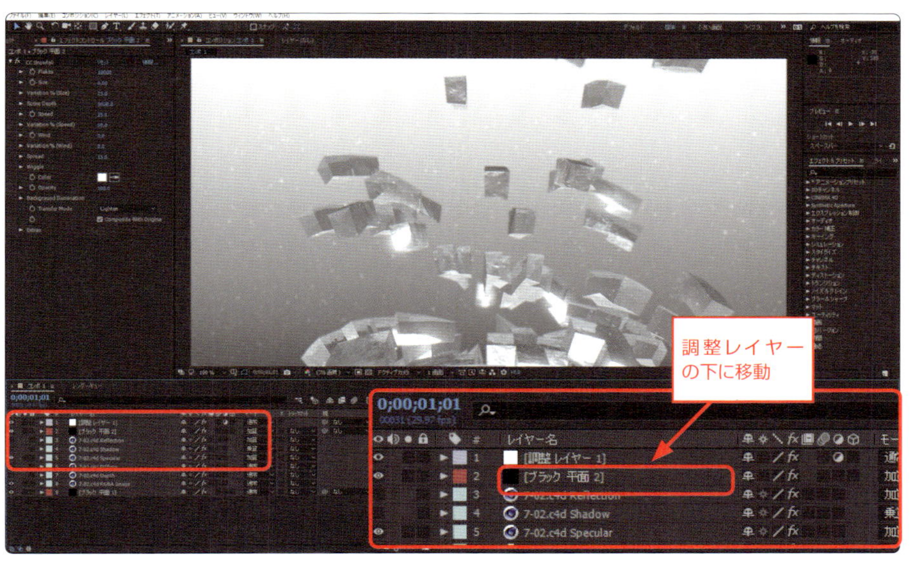

これで完成です。

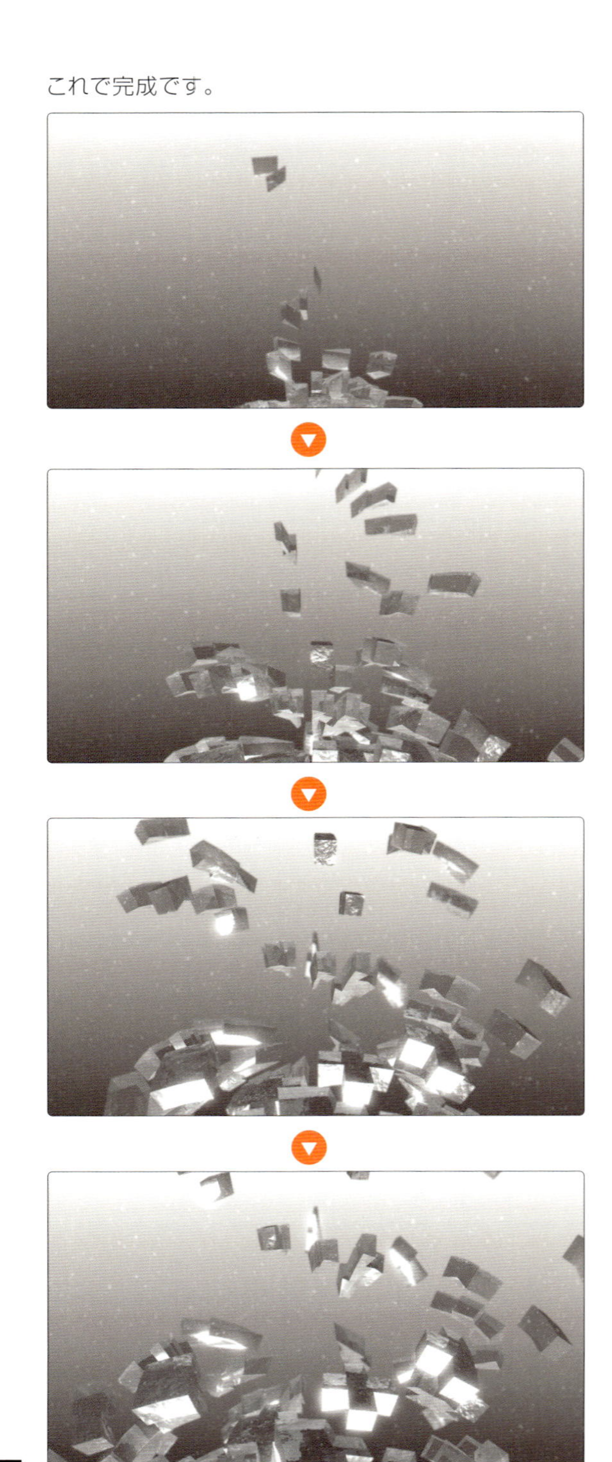

03 チューブの中を液体が流れるアニメ

ここでは、「スイープ」ジェネレーターを使って、透明なチューブの中を液体が流れていくアニメーションを作成してみます。グラフのアニメーションや、道が延びていくようなアニメーションに応用ができます。

STEP 01 カールしたチューブを作成する

まずは実験室にあるようなカールしたチューブを作成します。コマンドパレットの「スプライン」から「らせん」を選択します。

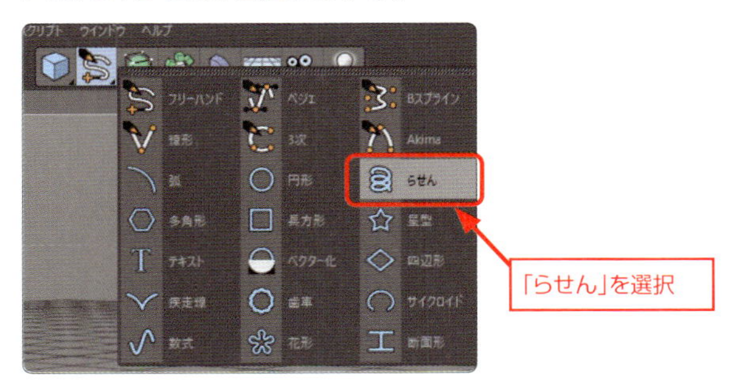

らせん状のスプラインが作成されるので、属性マネージャの「オブジェクト」で「開始半径」を2cm、「終了半径」を2cm、「終了角度」を2200°、「高さ」を13cmに設定します。

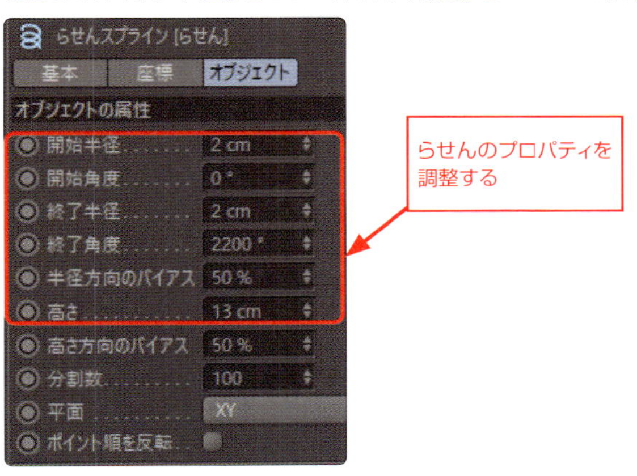

チューブの断面を作成します。断面は「スプライン」の「円形」を使います。

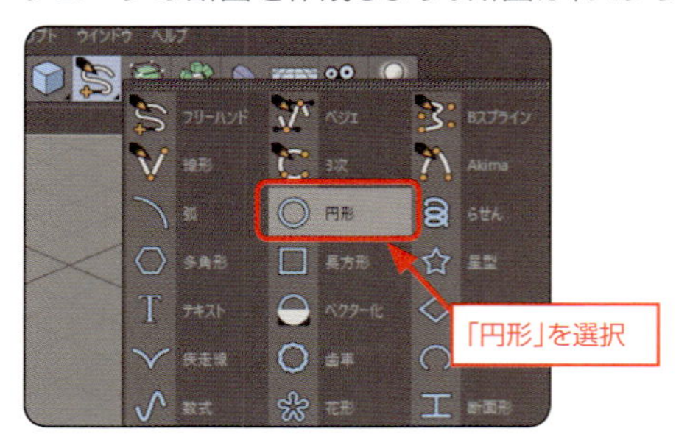

円のスプラインが作成されるので、属性マネージャの「オブジェクト」で半径を1cmにして、「平面」はXYに設定します。「リング」をオンにして、「内側の半径」を0.8cmに設定するとリング状のスプラインが作成されます。

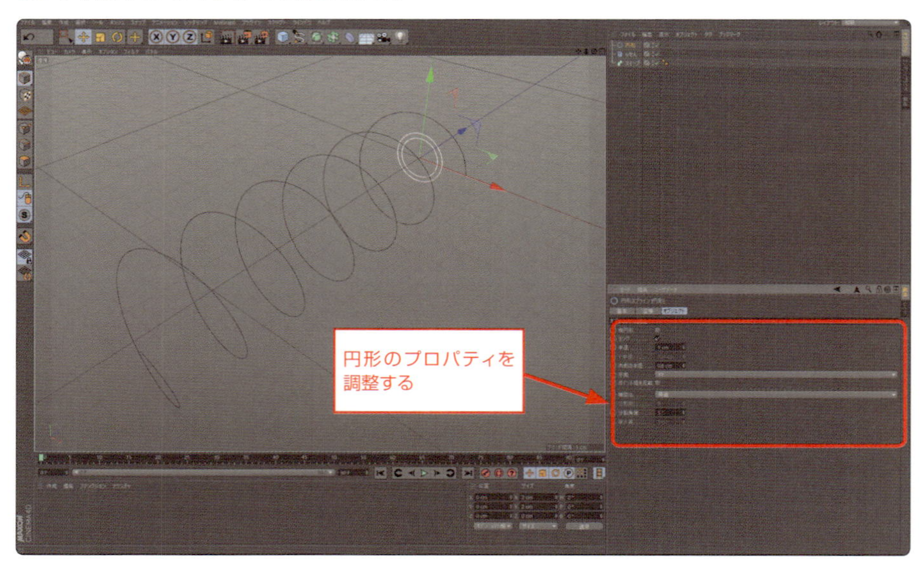

「スイープ」ジェネレータを使ってらせんのチューブを作成します。コマンドパレット「ジェネレータ」から「スイープ」を選択します。

オブジェクトパネルに「スイープ」ジェネレータが追加されるので、「らせん」オブジェクト、「円形」オブジェクトの順番に「スイープ」オブジェクトへドラッグ&ドロップします。

チューブ状のらせんができました。

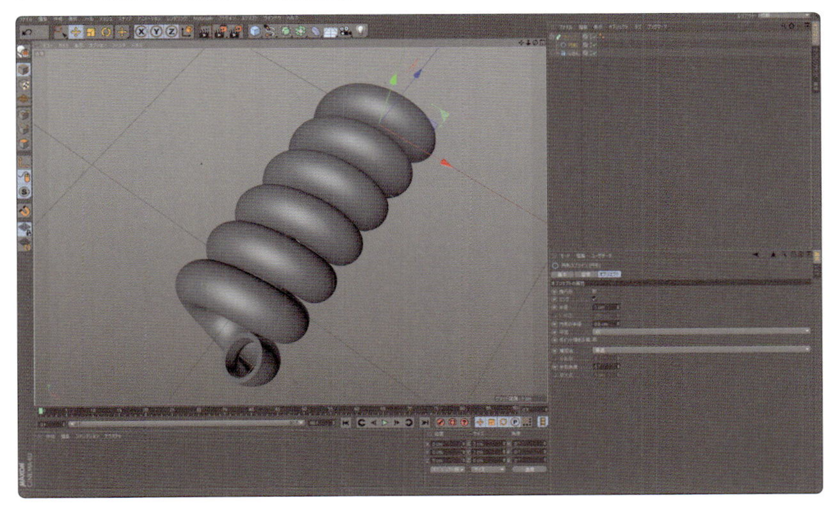

チューブを回転させて直立させます。

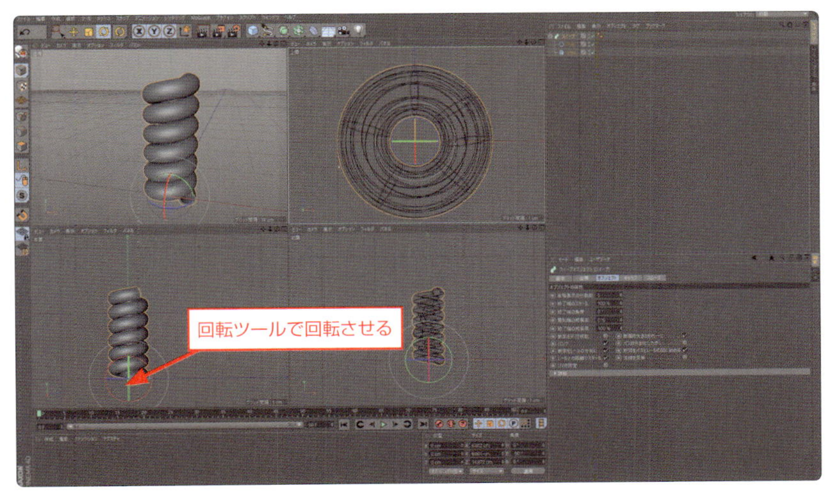

STEP 02 チューブを流れる液体を作成する

チューブができたところで、中を流れる液体を作成します。液体はチューブを複製して利用します。「スイープ」ジェネレータ、「円形」オブジェクト、「らせん」オブジェクトの3つを選択して、「編集」メニューから「コピー」を選択します。

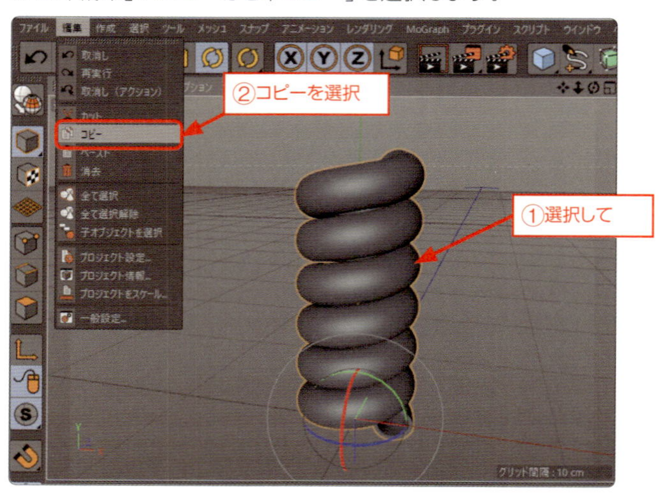

コピーができたら、「編集」メニューから「ペースト」を選択します。

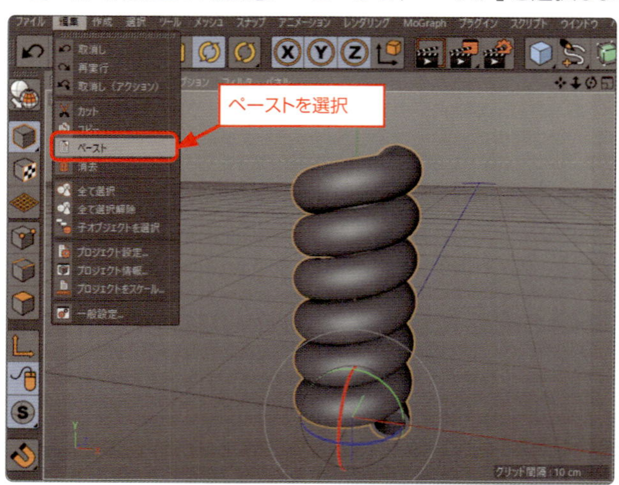

オブジェクトマネージャを見ると、オブジェクトが複製されています。「スィープ.1」となっている方を液体のオブジェクトにします。複製されたオブジェクトの位置は動かさないということがポイントです。

液体はチューブの内側にフィットしていないといけないので、スイープ.1の円形オブジェクトを編集します。「リング」をオフにして、「半径」を0.8cmに設定します。

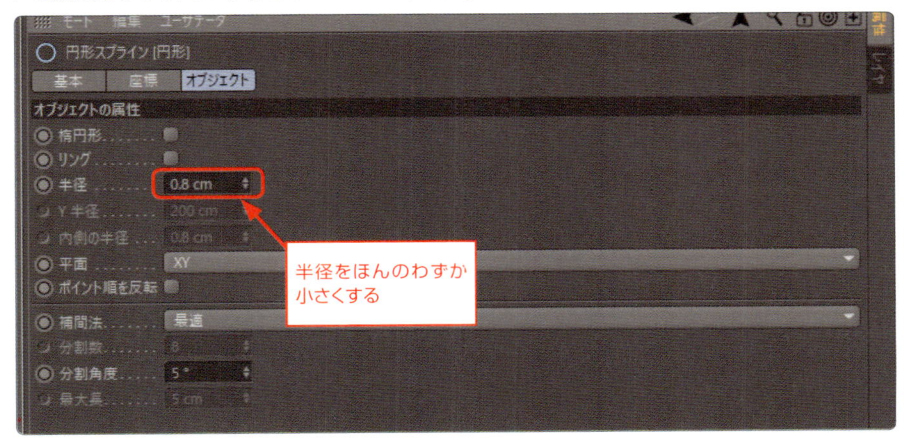

STEP 03 マテリアルを適用する

チューブと液体のオブジェクトが作成できたら、マテリアルを設定していきます。まずはチューブのオブジェクトにマテリアルプリセットにある「Grass-Simple」を適用します。

液体のオブジェクトには、マテリアルプリセットの「Grass-Simple Red」を適用しました。

水とガラスでは屈折率が違うので、Glass Simple Redマテリアルを選択して、「透過」の「屈折率」の値を1.333に設定します。

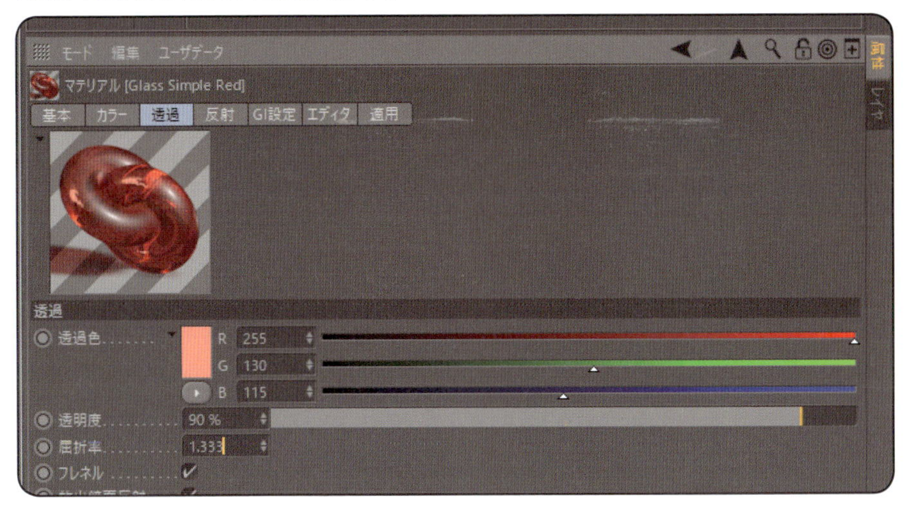

一度ビューをレンダリングしてみます。ただし、液体とチューブの内側の半径が同じ大きさなので、干渉が起きています。

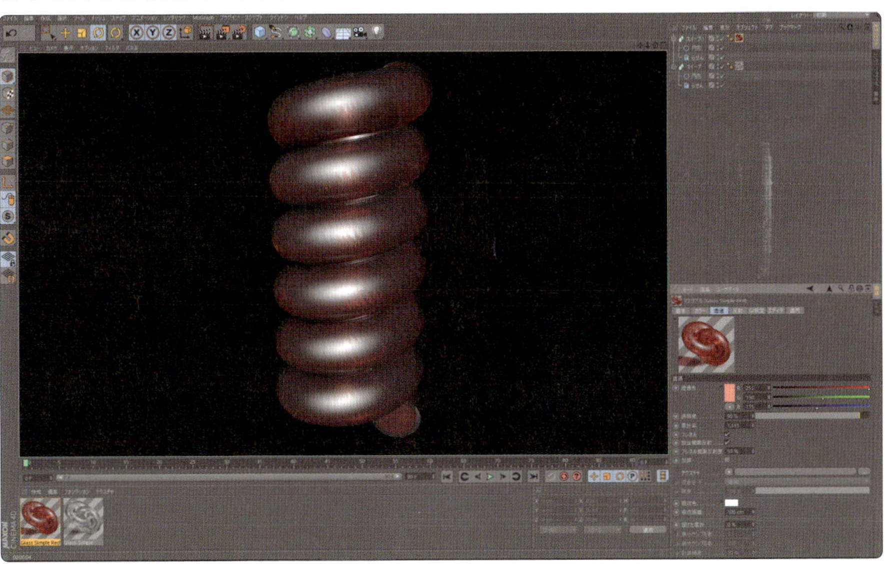

「スイープ.1」オブジェクトの「円形」の「半径」を0.75cmに設定しました。

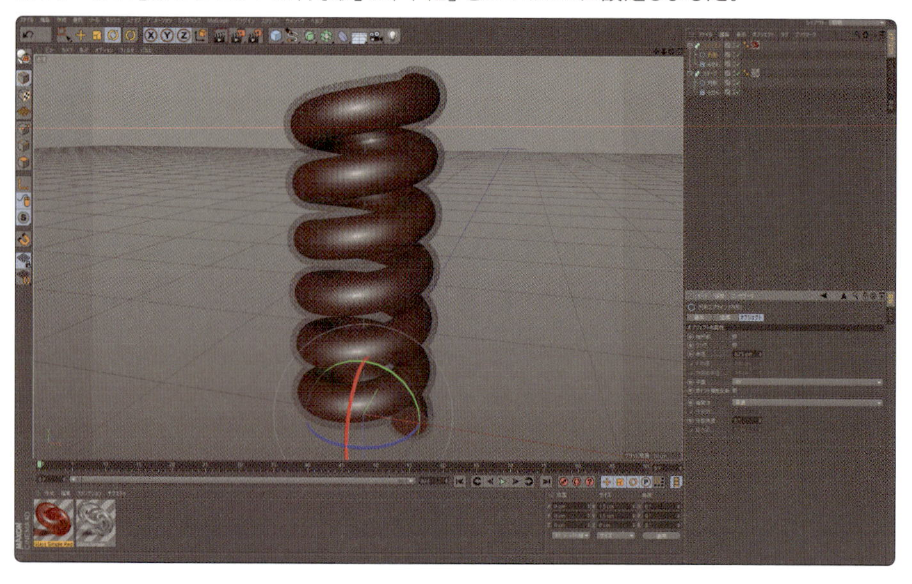

ビューをレンダリングすると、今度は干渉せずにきれいにレンダリングされました。

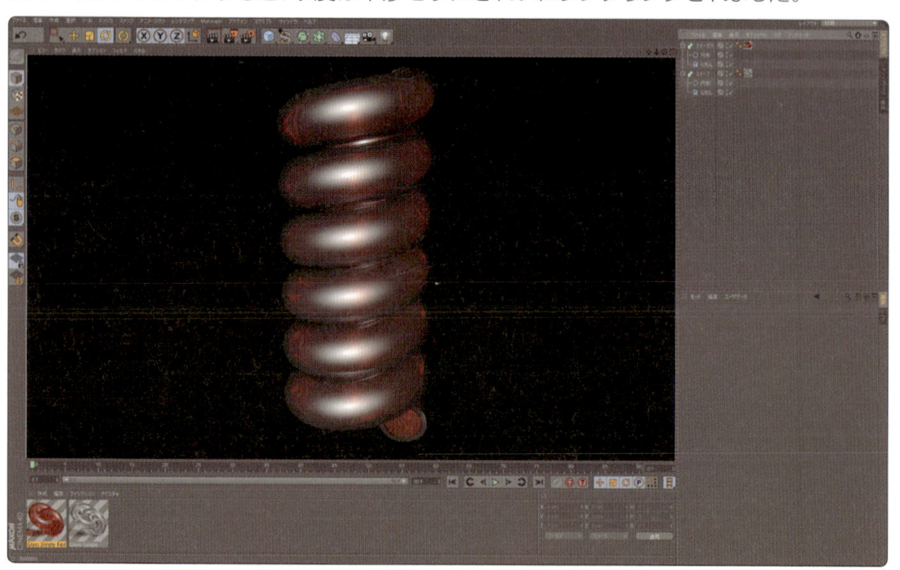

STEP 04 カメラワークをつけていく

質感が整ってきたところで、カメラを追加します。ここではターゲットカメラを追加します。

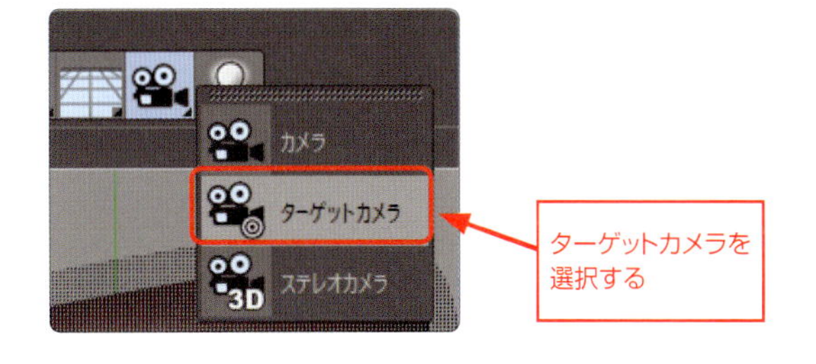

「透視」ビューのカメラを作成したターゲットカメラに切り替えます。

カメラの「焦点距離」を広角（25mm）に設定し、カメラの位置を決めていきます。出力する解像度は、HDV/HDTV 720 29.97に設定しています。

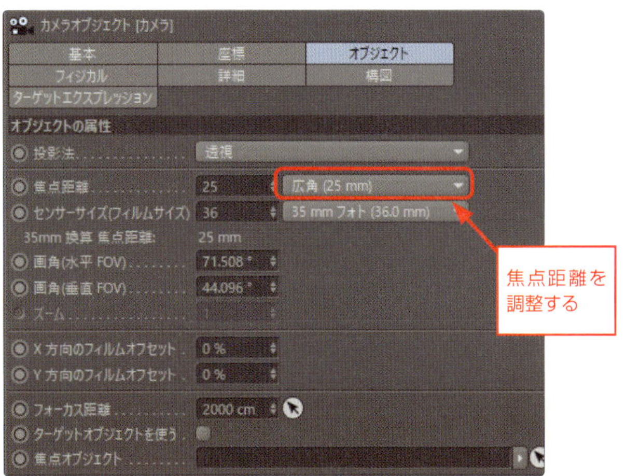

この状態でレンダリングすると背景が黒なので、チューブのガラスの部分がAfter Effectsに読み込んだときに黒くなってしまいます。そこで「空」オブジェクトを作成して、白い色が映り込むようにします。

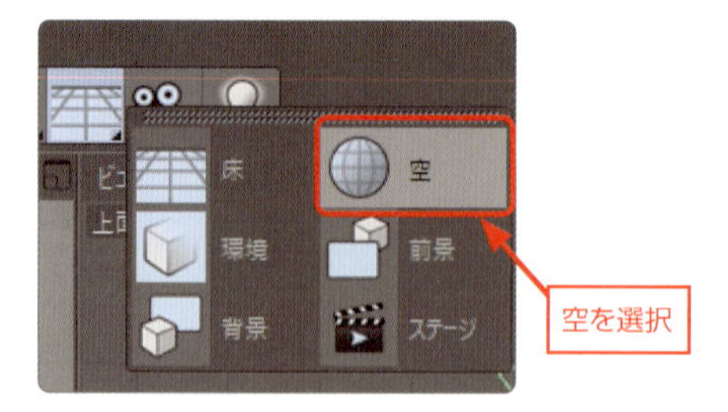

新規マテリアルを作成し、カラーを白にして空オブジェクトに適用します。

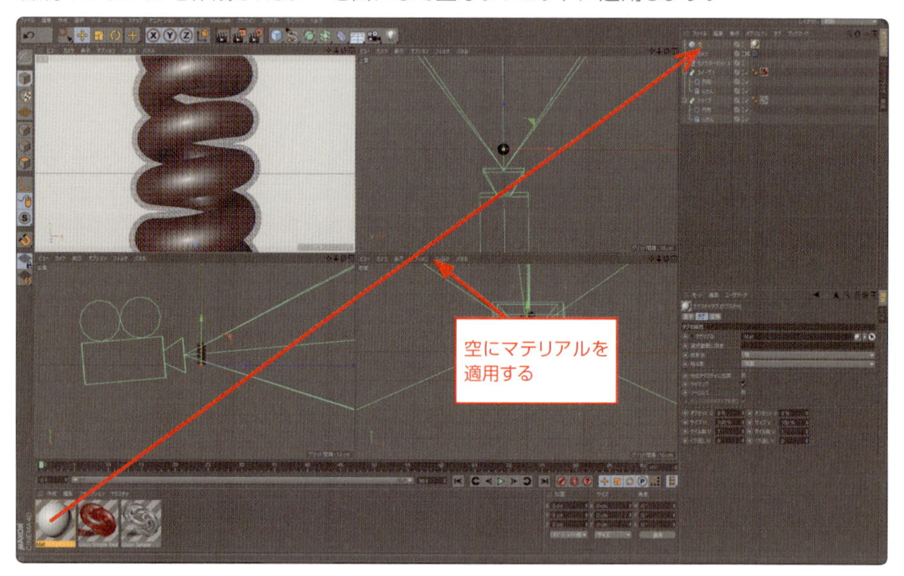

ライトも追加していきます。ここでは、エリアライトを追加しました。

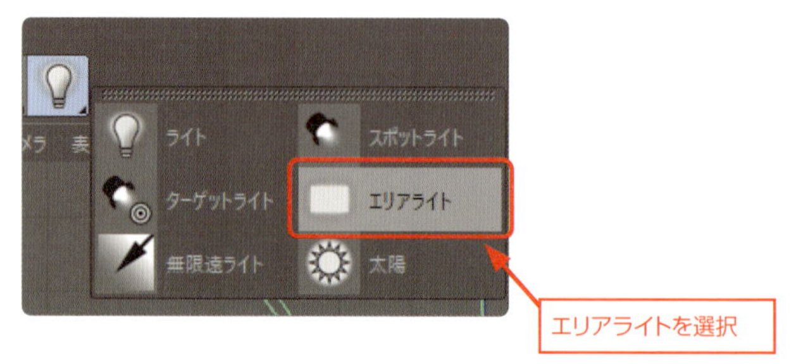

エリアライトは2つ追加して、1つは斜め左から、もう一つは下から光が当たるように位置を調整します。

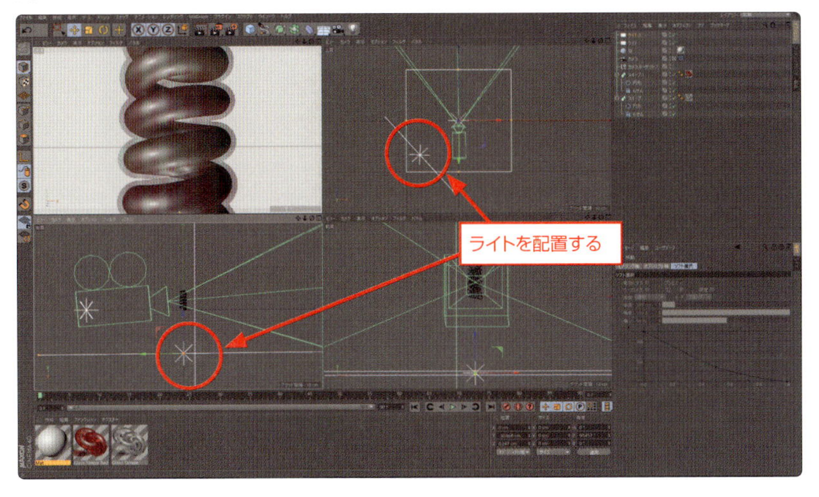

レンダリングすると図のようになります。

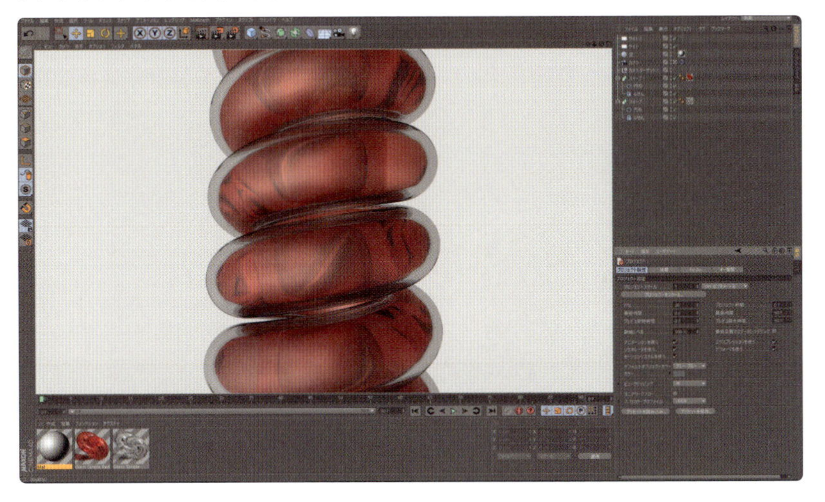

STEP 05 液体が上がっていくアニメーションを作る

液体が上がっていくアニメーションを作成します。「スイープ」ジェネレータは、「開始端の成長率」もしくは「終了端の成長率」にキーフレームを作成するとスプラインに沿って形状が伸びていくアニメーションを作成できます。タイムラインを0Fに移動して、「終了端の成長率」をクリックしてキーフレームを作成し、値を液体がフレームの外に隠れる程度に調整します。ここでは15%に設定しています。

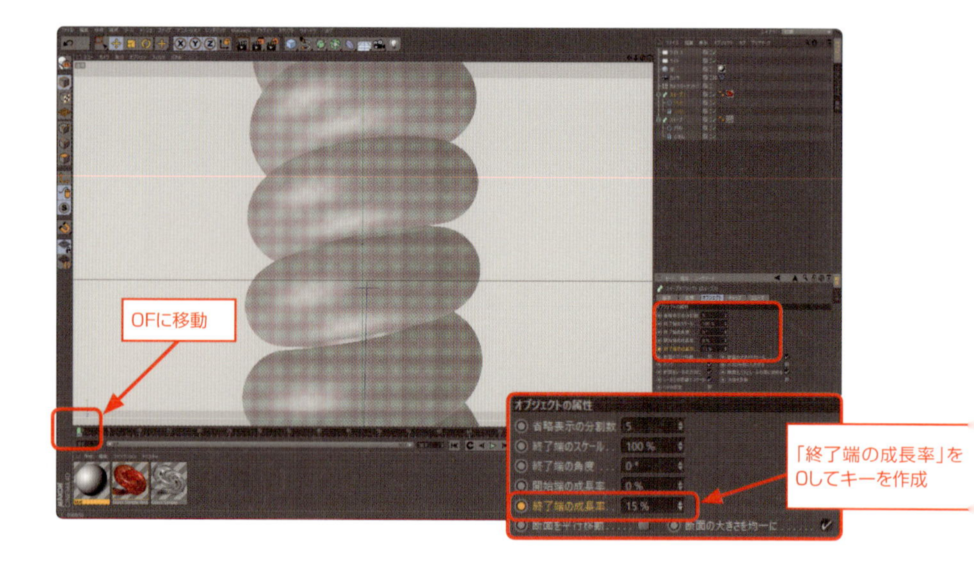

次に、タイムラインを90Fに移動し、「終了端の成長率」のキーフレームボタンをクリックして100%に設定します。

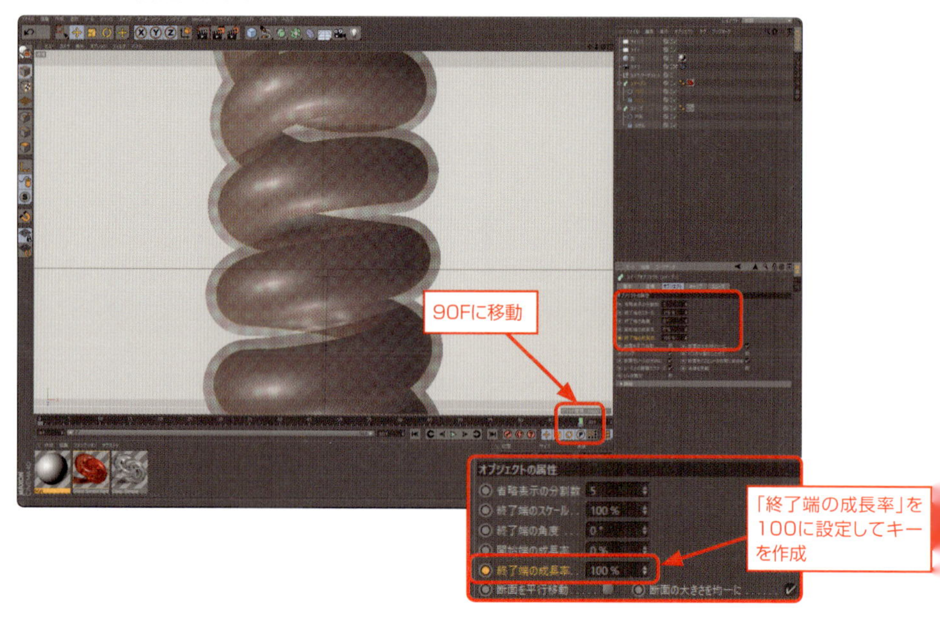

アニメーションを再生すると、下から液体が上がってくるアニメーションが作成されます。After Effectsに戻ってレンダリングして完成です。

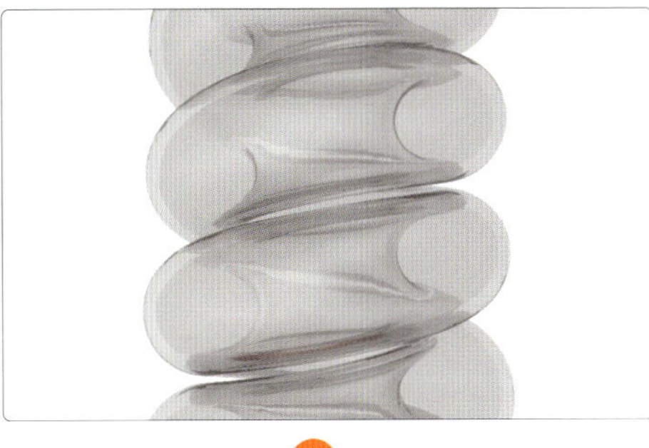

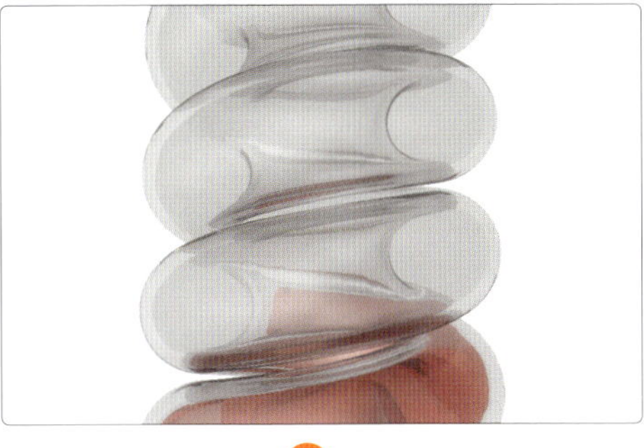

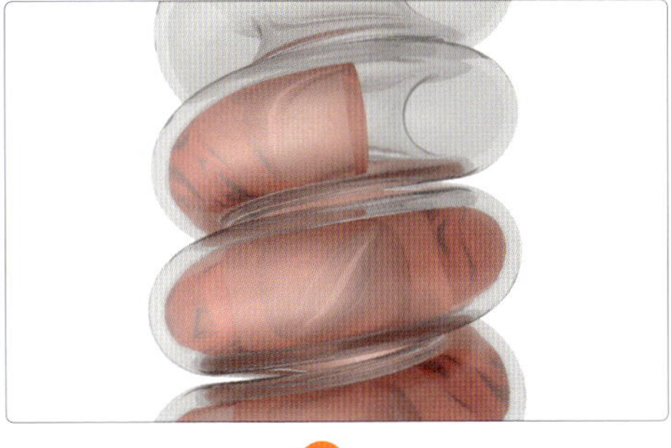

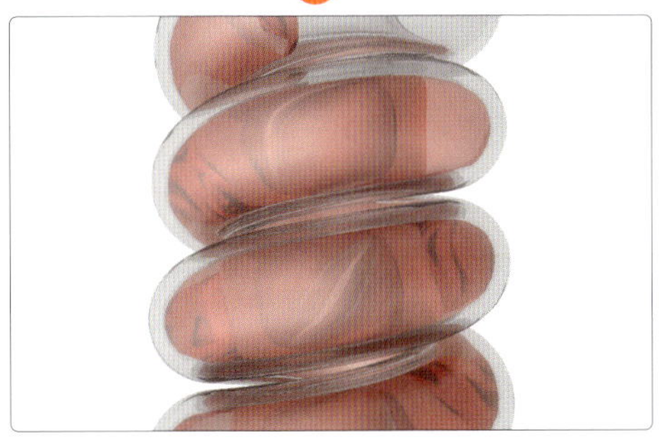

04 メダルへの刻印と分裂アニメ

ここでは、メダルに文字が刻印されていくアニメーションと、球体が階層的に複製されていくアニメーションを使った短いジングルを作成してみます。

文字が刻印されていくアニメーションにはブール演算、階層的に複製されるアニメーションは配列を使用します。

STEP 01 メダルの形状を作成する

まずは文字が刻印されるベースとなるメダルを作成します。メダルの形状は円柱を使って作成します。コマンドパレットから「円柱」を選択します。

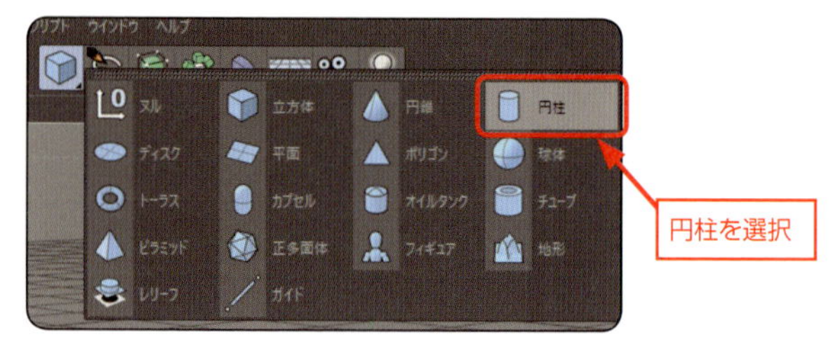

作成された円柱を加工していきます。デフォルトでは半径50cmとなっているので少し大きく感じますが、このままの半径で加工してきます。属性マネージャーの「オブジェクト」で「高さ」の値を10cmに設定します。

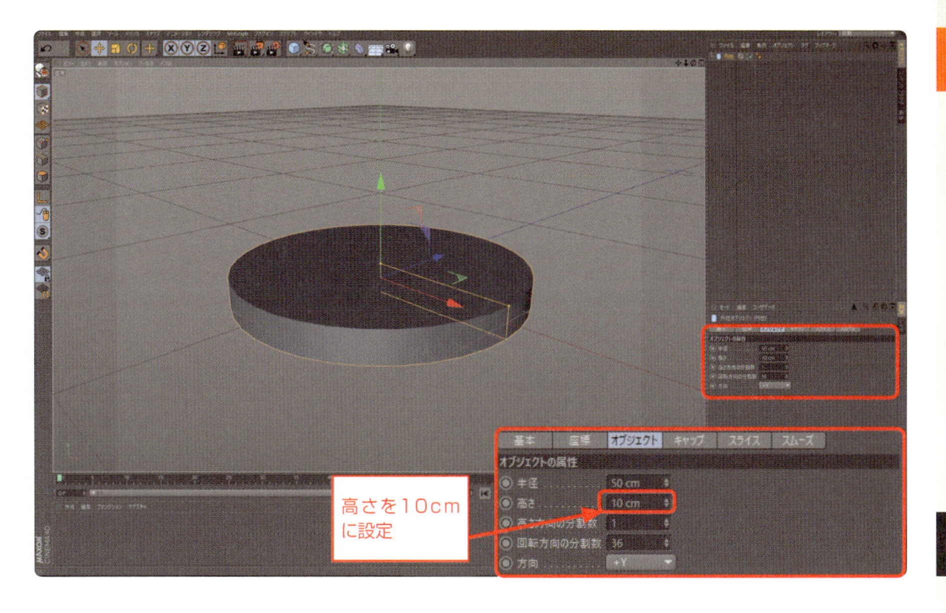

メダルの形状を8角形にします。「回転方向の分割数」を8に設定します。

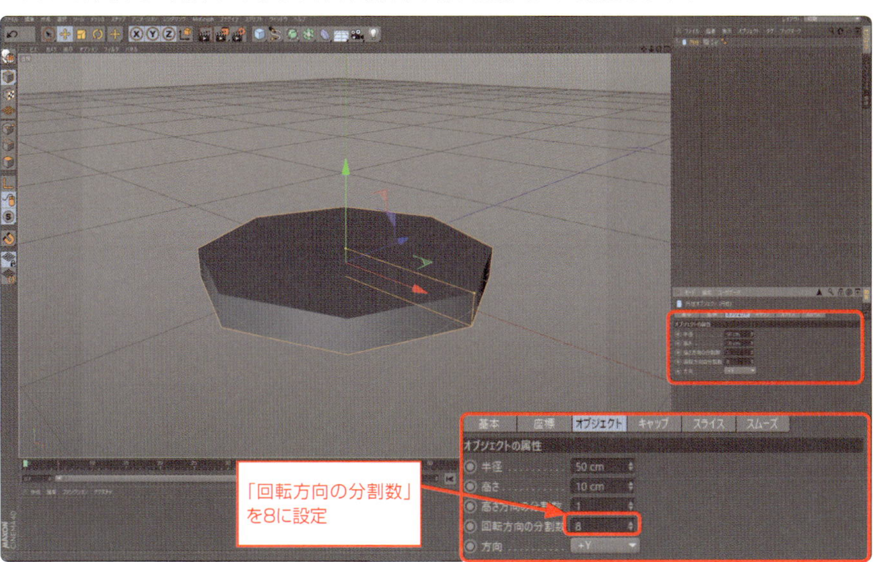

円柱の角にフィレットを設定して、角を落とします。フィレットは属性マネージャーの「キャップ」にある「フィレット」にチェックを入れてオンにします。「分割数」は2、「半径」は2cmに設定します。

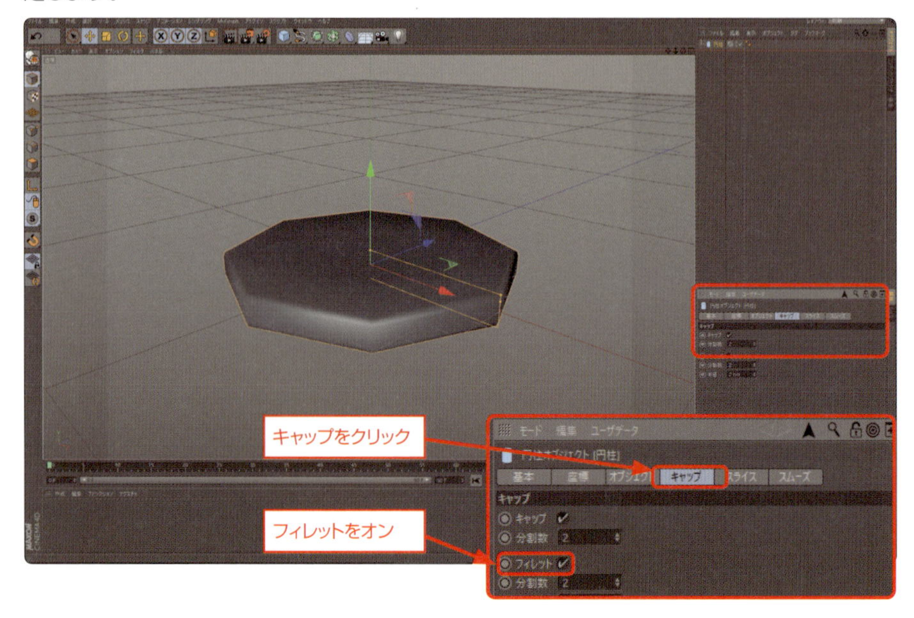

この状態ではフィレットにスムーズが付いて角が丸くなってしまうので、属性マネージャーの「スムーズ」で「角度を制限」にチェックが付いている状態で、「スムージング角度」を15°に設定します。

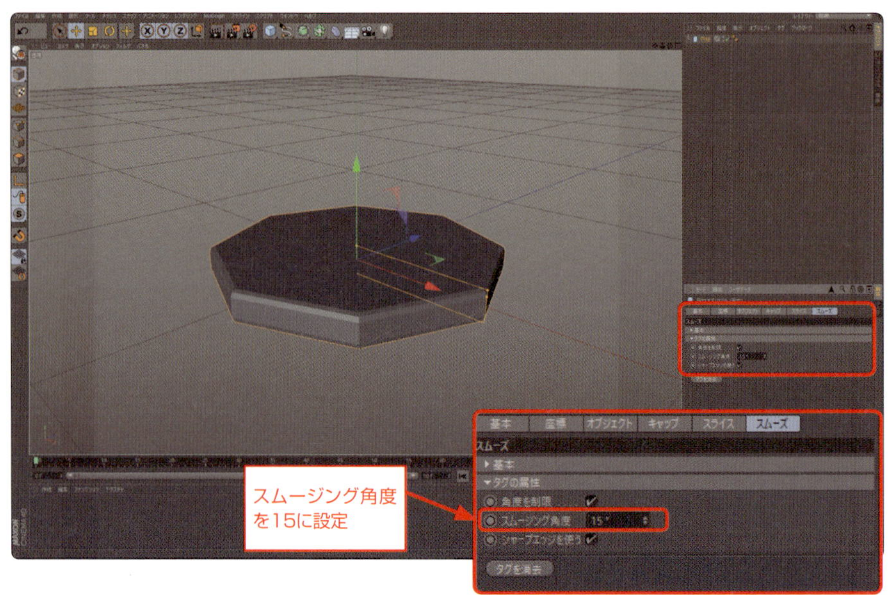

STEP 02

メダルにマテリアルを設定する

ベースの形状ができたので、マテリアルを設定してきます。マテリアルはマテリアルプリセットの「Metal-Awards Gold」を使用します。

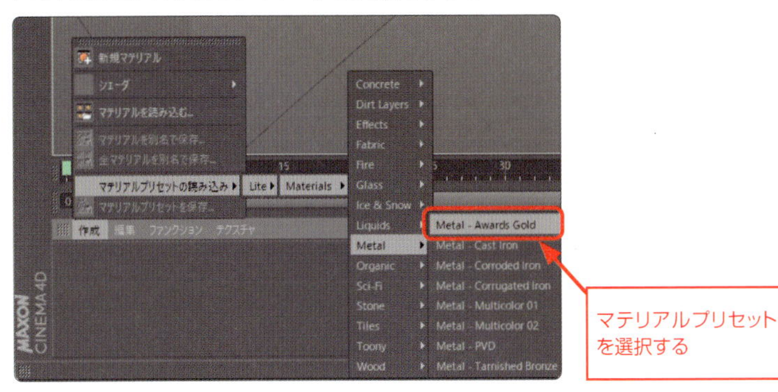

作成されたマテリアルをメダルのオブジェクトにドラッグ&ドロップして適用します。

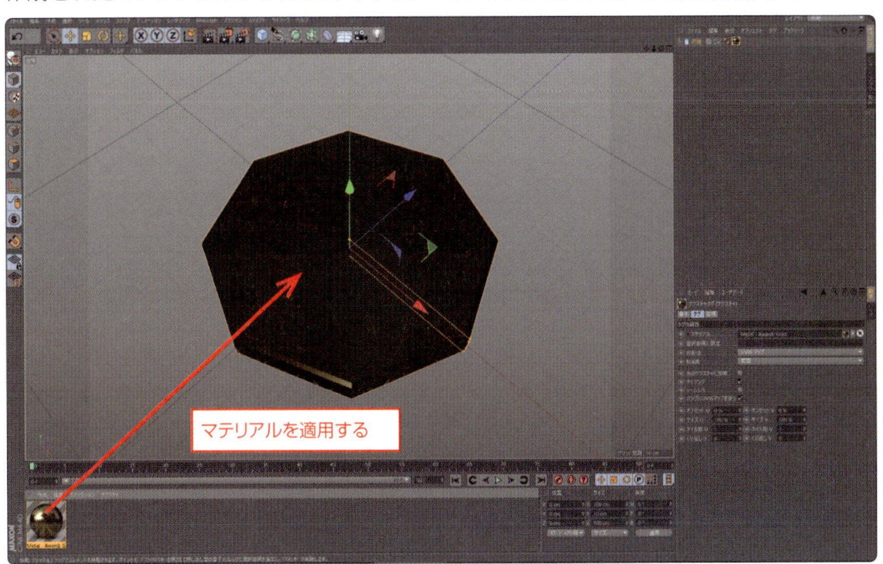

メダルの表面に模様を付けたいので、テクスチャを作成します。ここではメダルが彫られているようにするために、IllustratorとPhotoshopを使って図のようなバンプ用のテクスチャを作成しました。バンプはテクスチャの明度が高い部分が盛り上がるので、凹凸を想像しながら、グレースケールで作成します。

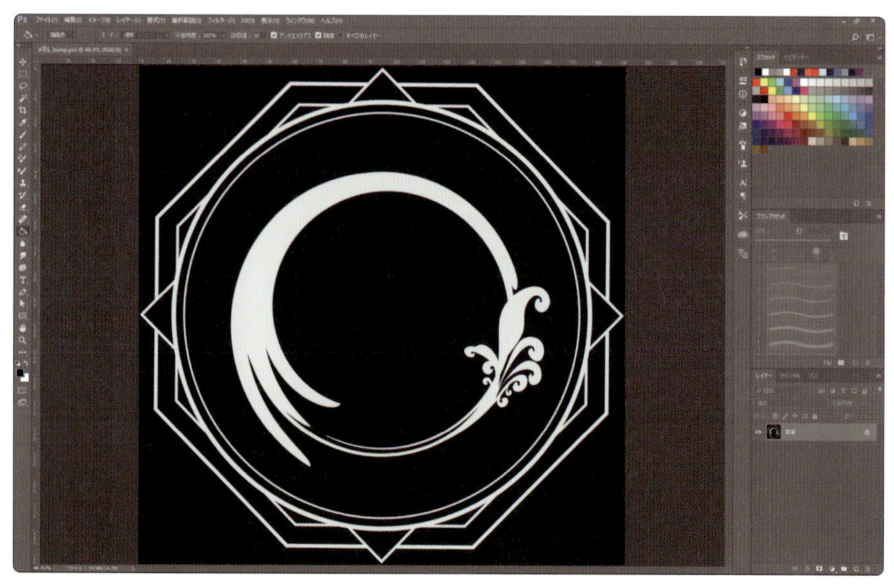

マテリアルに作成したバンプ用のテクスチャを読み込むために、「Metal-Awards Gold」マテリアルを選択して、属性マネージャーの「基本」で「バンプ」にチェックを入れます。

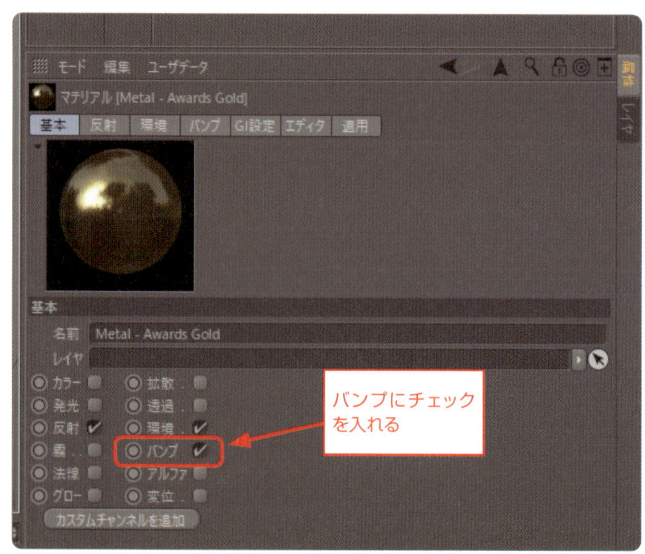

「バンプ」の属性を表示して、「テクスチャ」をクリックします。そして「画像を読み込む」を選択して、作成したバンプ用のテクスチャを読み込みます。

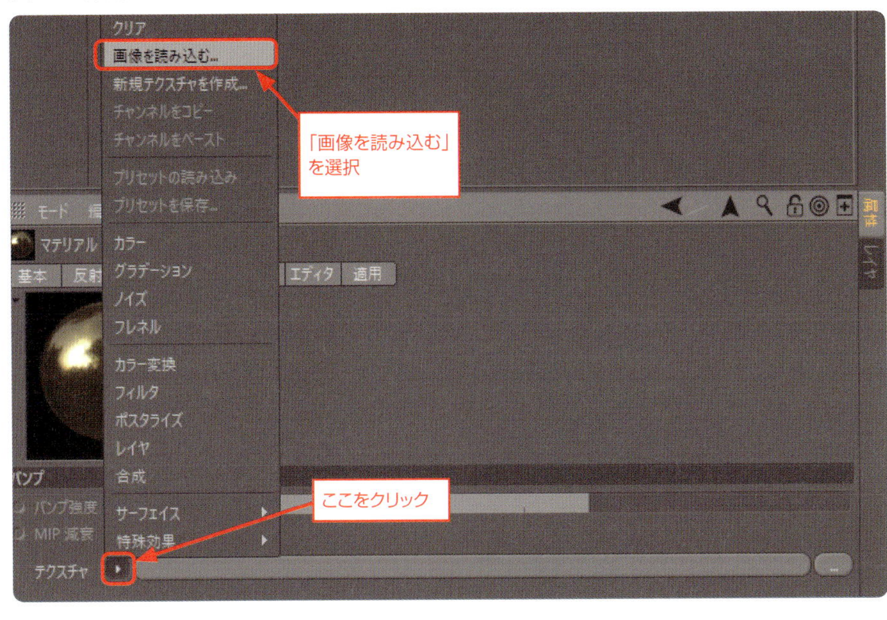

読み込んだ直後は、図のように位置がずれてしまっているので、修正していきます。

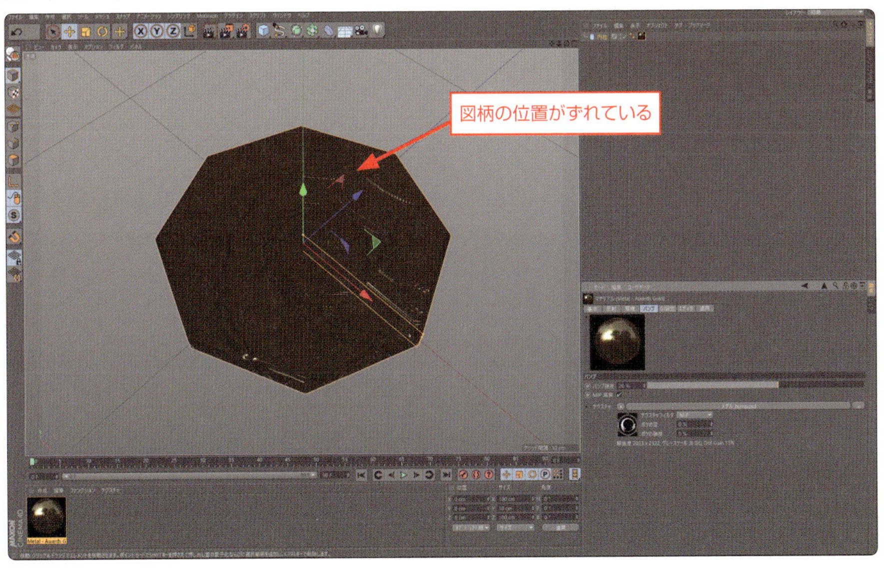

オブジェクトマネージャーで円柱オブジェクトの「テクスチャ」タグをクリックして、属性マネージャーにテクスチャタグを表示します。

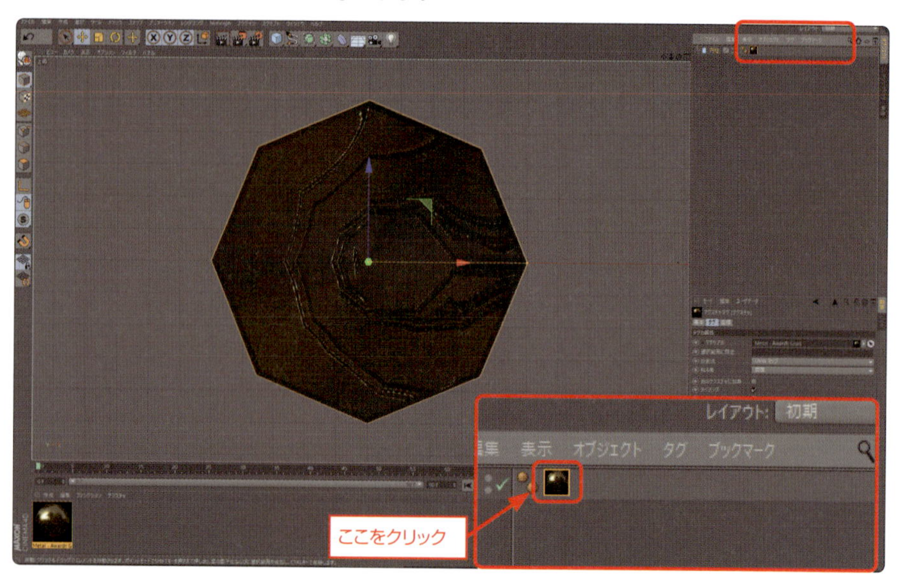

「投影法」を「平行」に切り替えます。

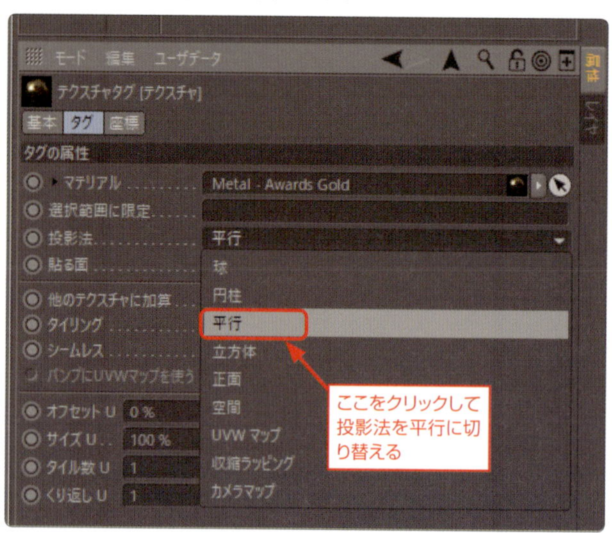

テクスチャタグを「座標」に切り替えて、テクスチャがオブジェクトに合うようにスケールや回転角度を調整していきます。ここでは、スケールをX=46cm、Y=-46cm、Z=46cm、回転をH=-22°、P=90°、B=0°に設定しました。

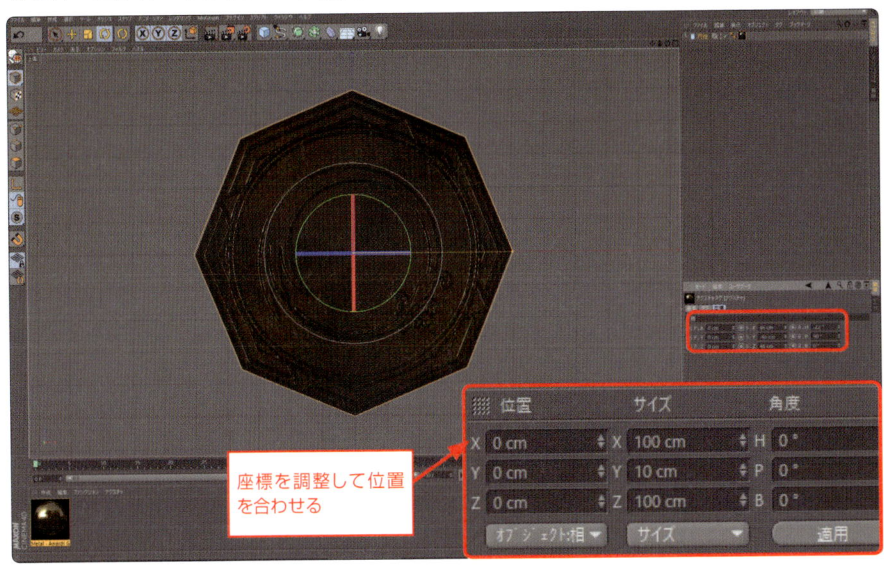

STEP 03

刻印用のテキストオブジェクトを作成する

メダルのオブジェクトができたところで、メダルに刻印するテキストのオブジェクトを作成します。まずは、「スプライン」から「テキスト」を選択します。

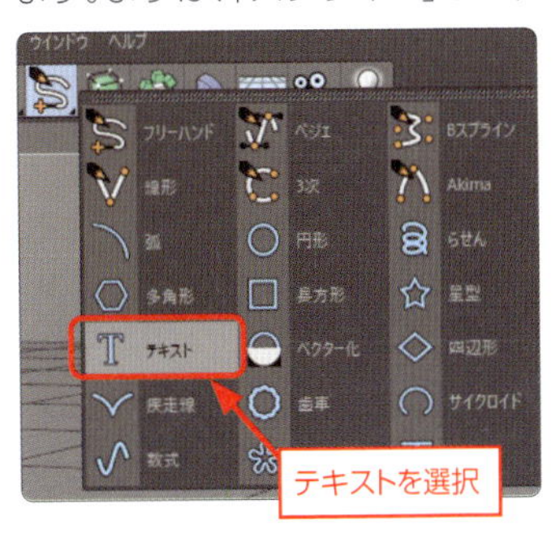

オブジェクトマネージャーで作成されたテキストオブジェクトを選択して、「オブジェクト」にある「テキスト」に文字を入力します。

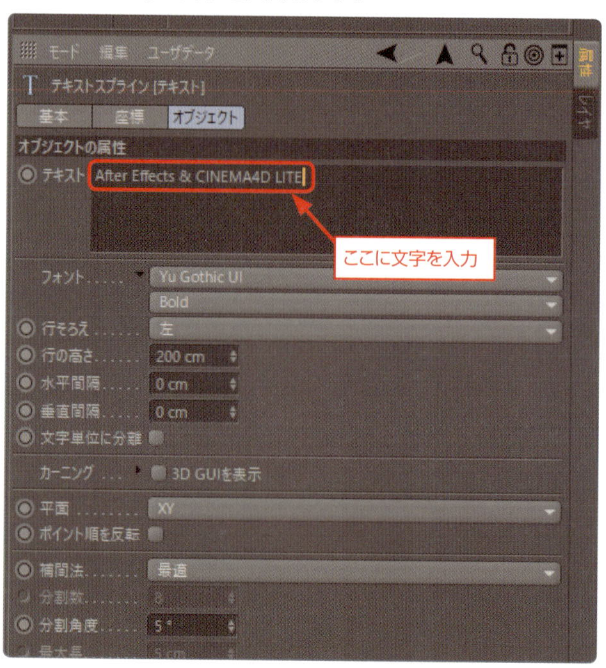

「フォント」をYu Gothic UIのBoldに設定し、「行の高さ」を8cmに設定しました。

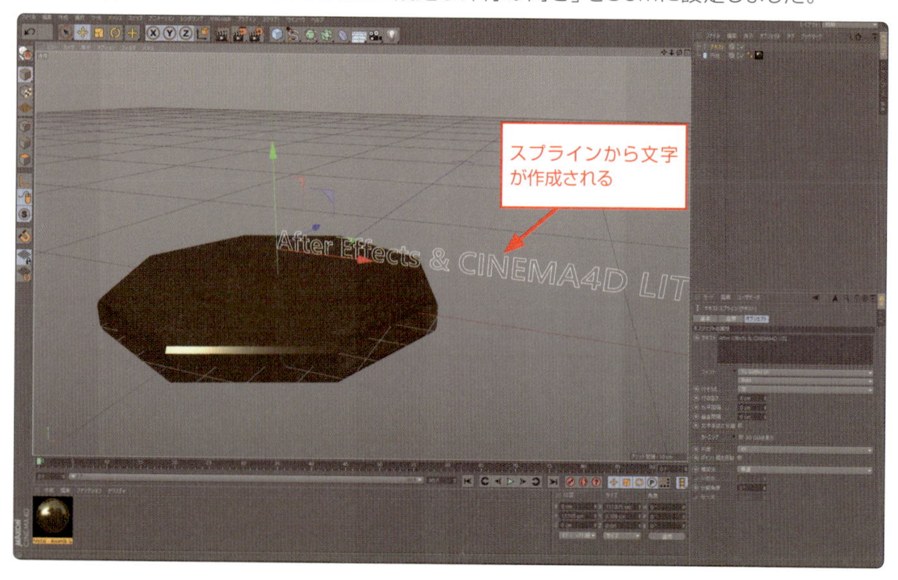

作成したテキストに厚みを付けます。「ジェネレーター」から「押し出し」を選択します。

オブジェクトマネージャーで作成された「押し出し」ジェネレーターに「テキスト」オブジェクトをドラッグ&ドロップして下の階層に移動させます。

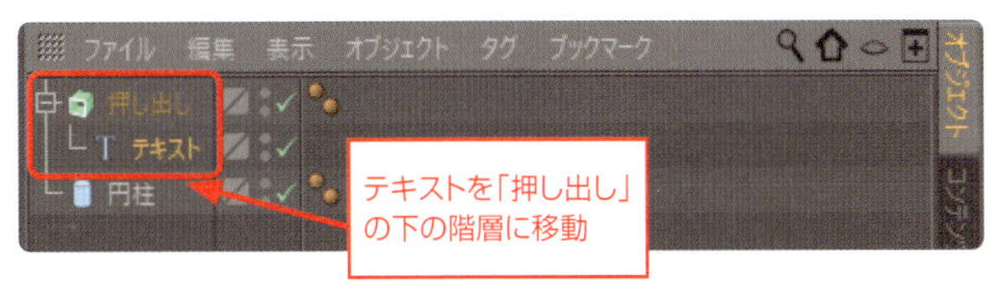

オブジェクトマネージャーで「押し出し」ジェネレーターを選択し、属性マネージャーの「オブジェクト」で「押し出し量」を0cm,0cm,5cmに設定します。

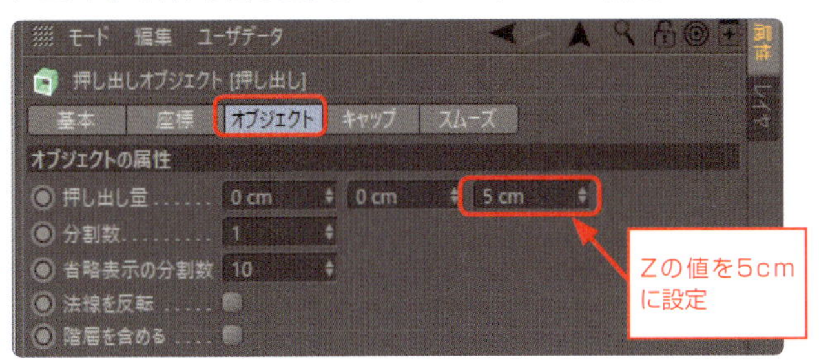

テキストに厚みがつきました。

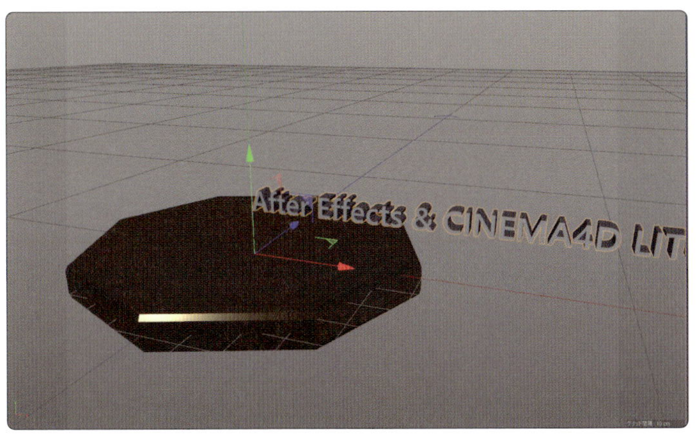

作成したテキストをメダルに合わせて円形に変形させます。「デフォーマー」から「屈曲」を選択します。

オブジェクトマネージャーで「屈曲」デフォーマーを選択して、「属性マネージャー」の「オブジェクト」で作成したテキストオブジェクトの大きさに合わせてサイズを変更します。まずは、X=6cm、Y=90cm、Z=10cmに設定して縦長の範囲を作成します。

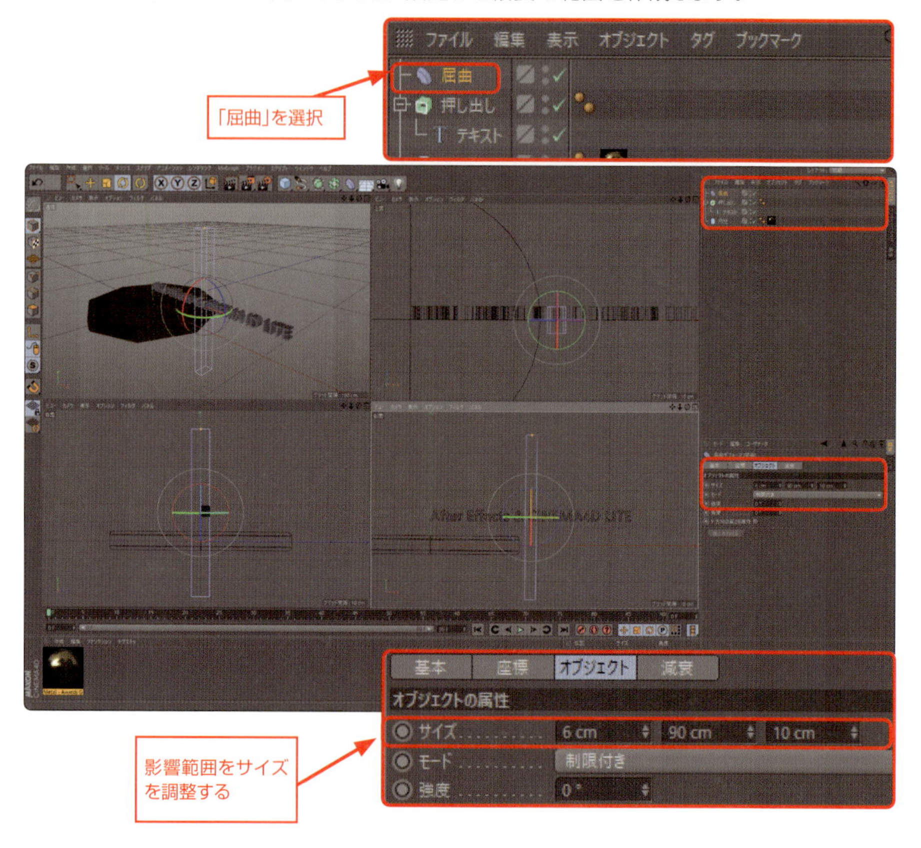

回転ツールを使って屈曲の範囲を90°回転させて、テキストが中に入るように移動ツールを使って位置を調整します。同時に、「屈曲」の「オブジェクト」で「サイズ」を変更してテキストが中に入るように範囲の大きさを調整します。

ここではX=9cm、Y=115cm、Z=10cmに設定してあります。

オブジェクトマネージャーで「屈曲」デフォーマーを「テキスト」オブジェクトにドラッグ&ドロップして下の階層に移動させます。

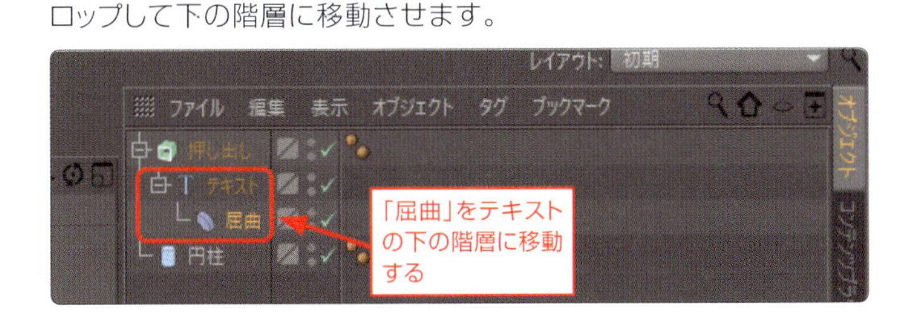

属性マネージャーで「屈曲」デフォーマーの「オブジェクト」で「強度」を360°に設定します。

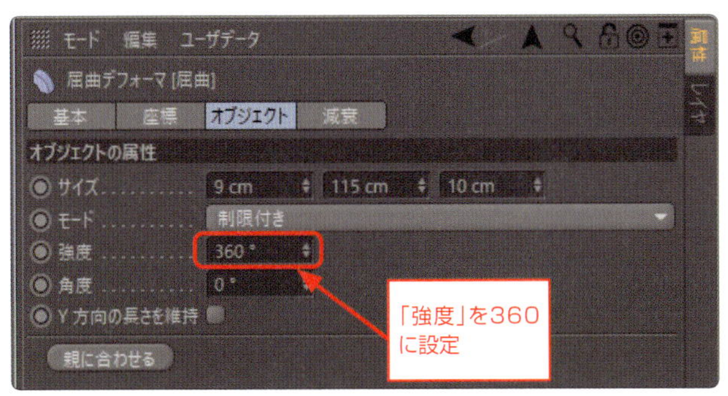

テキストが円形に変形されました。

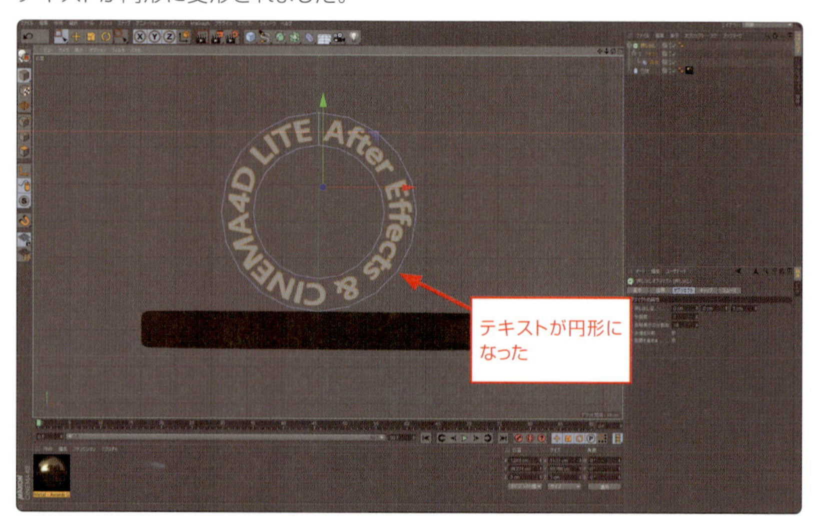

STEP 04 ブールを使ってメダルにテキストを刻印する

メダルのオブジェクトをテキストオブジェクトを使って刻印するには、「モデリング」にある「ブール」を使用します。まずは、メダルとテキストのオブジェクトがキチンと組み合わせるように位置を調整していきます。メダルのオブジェクトを選択して回転させてテキストが組み合わさるように起こします。テキストのオブジェクトは、幅の4分の1程度がメダルと交差するように配置します。

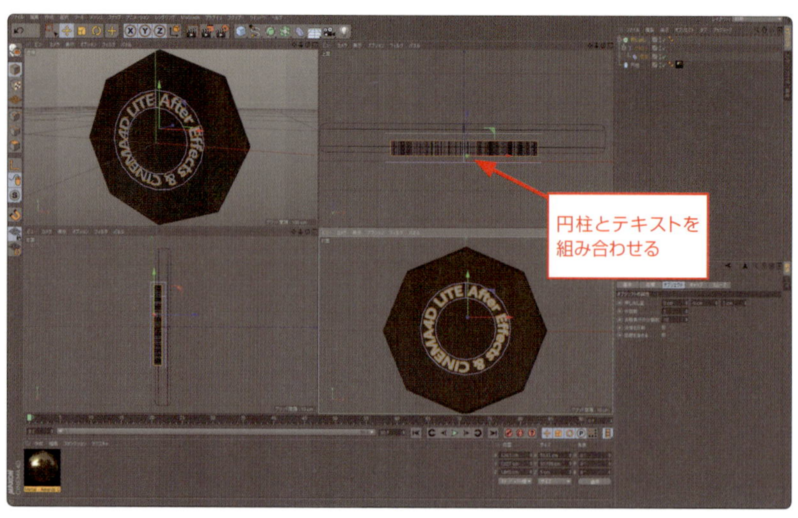

テキストオブジェクトが模様とずれてしまっているので、「屈曲」デフォーマーの「オブジェクト」の「サイズ」でY方向の長さを調整しながら、大きさを合わせていきます。

「屈曲」デフォーマーの大きさを調整していくと、テキストの長さが足りなくなってしまうので、一度、「屈曲」の「強度」を0°に戻して、屈曲の範囲にテキストが収まるようにテキストの「水平間隔」の値を調整します。

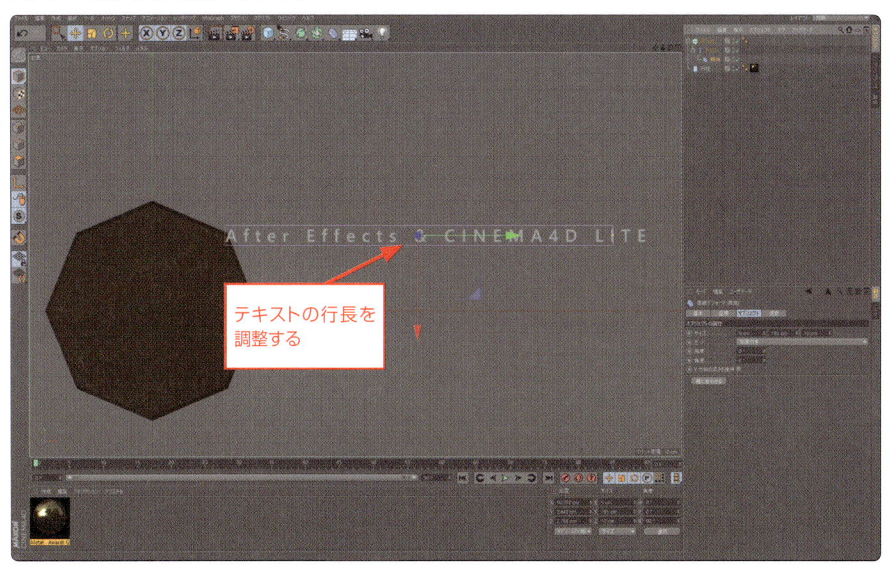

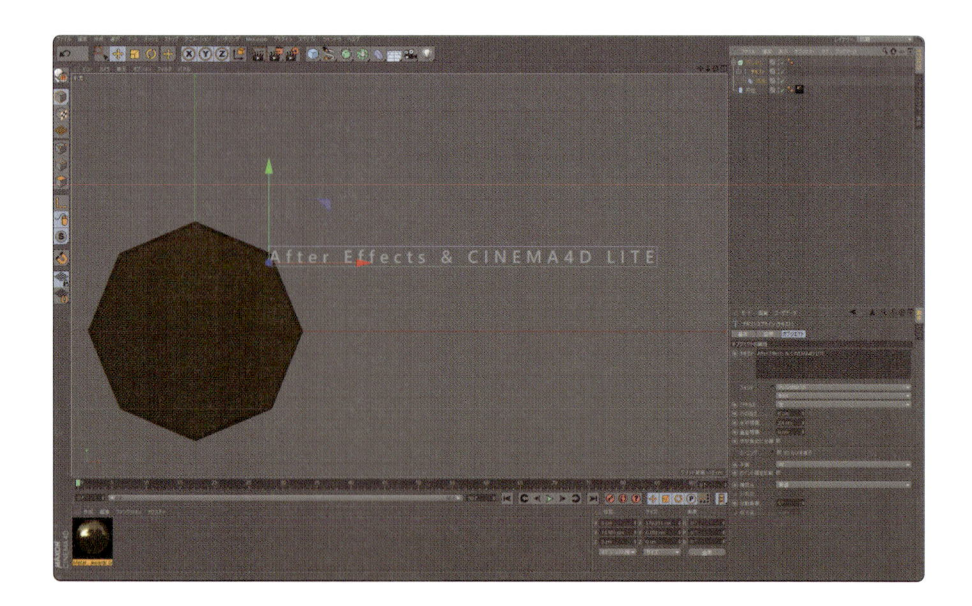

再び「屈曲」デフォーマーの「強度」を360°に戻して、位置を整えます。このとき必要に応じてテキストの大きさや水平間隔を調整しながら、バランスを整えていきます。文字の修正もこの段階でも可能です、LITEと言う文字をLiteに変更しました。

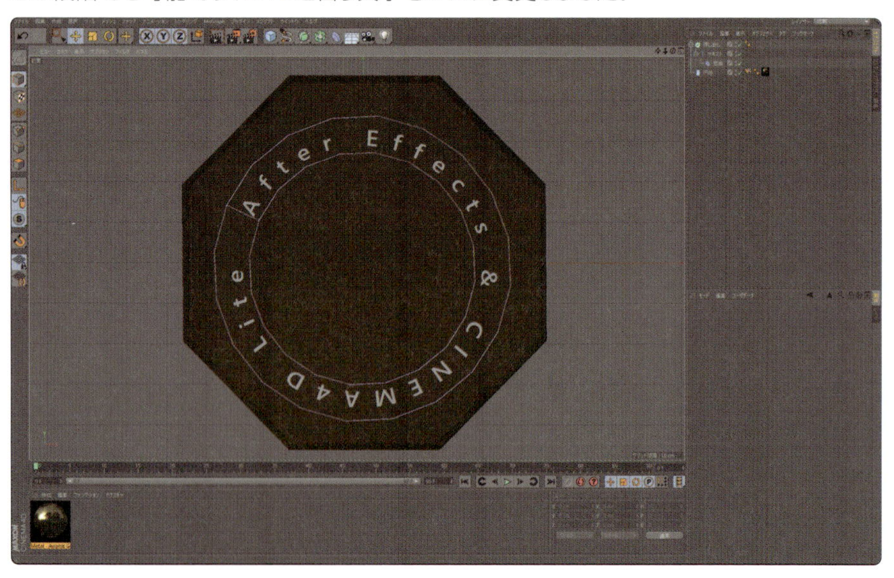

メダルとテキストの位置が決まったら、「モデリング」から「ブール」を選択します。

オブジェクトマネージャーに作成された「ブール」に「押し出し」デフォーマー、「円柱」の順番にドラッグ&ドロップします。最初にドラッグ&ドロップしたオブジェクトがB、次にドラッグ&ドロップしたオブジェクトがAになります。

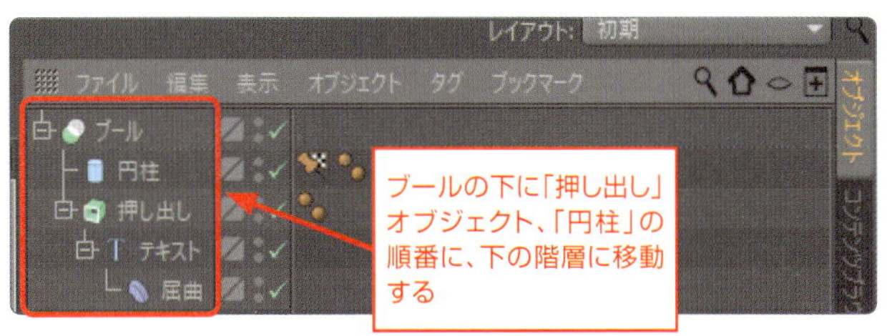

オブジェクトマネージャーで「ブール」を選択すると、属性マネージャーにブールの属性が表示されます。「ブールタイプ」は演算の方法を選択することができます。作例のような形状から形状をくり抜くような場合は「AからBを引く」を選択します。その他にも、2つの形状を加算する「AとBを合体」、重なった部分だけを残す「AとBの共通部分」、2つの形状の交差部分の輪郭だけを生成する「Bを含まないA」などがあります。属性では、「高品質」をオン、「一体化」をオンにしておきます。

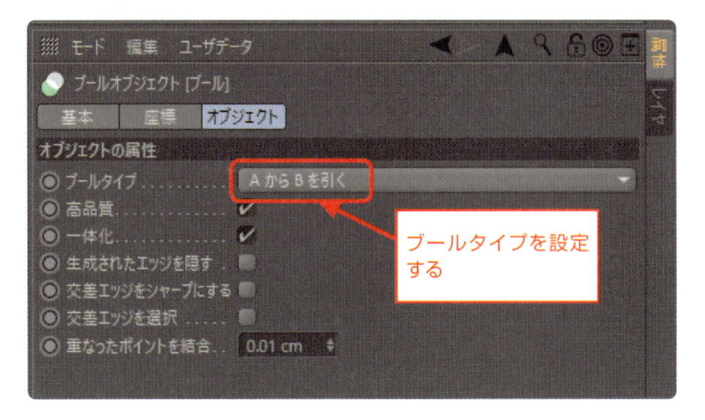

ブールによってメダルに文字が刻印されました。

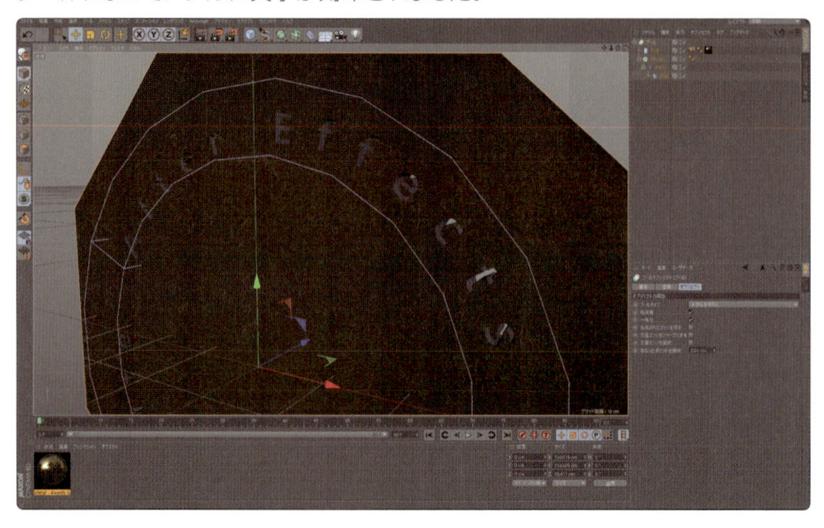

ブールでくり抜かれた部分は、テキストオブジェクトのマテリアルが適用されます。新しくマテリアルを作成して、カラーを赤にして「押し出し」デフォーマーに適用します。テキストオブジェクトにマテリアルを適用することで、くり抜かれた部分に色がつきます。

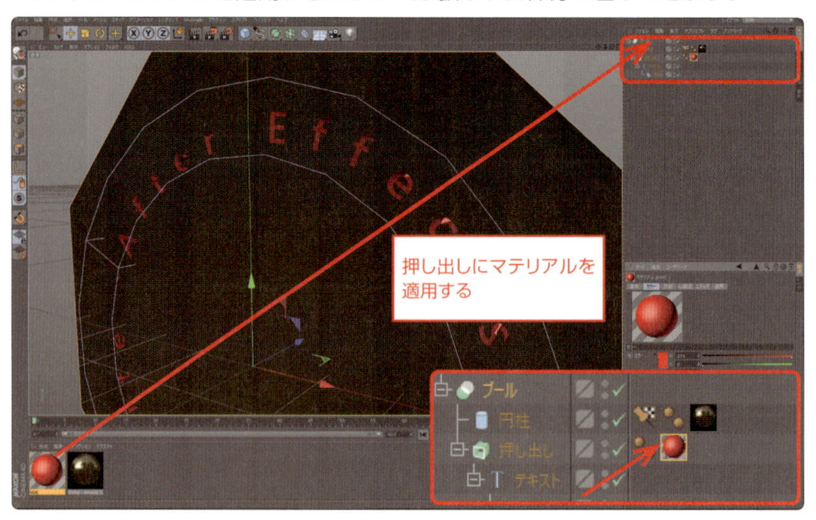

STEP 05 刻印されるアニメーションを作成する

ブールも適用できたところで、メダルに文字が刻印されるアニメーションを作成します。テキストオブジェクトの「押し出し」デフォーマーの「押し出し量」をアニメーションさせることで、徐々に文字の形にメダルの表面が押し込まれていくアニメーションを作成することができます。タイムラインを0Fに移動し、「押し出し」デフォーマーの「押し出し量」のZの値を0に設定し、キーフレームボタンをクリックします。

タイムラインを90Fに移動して、「押し出し量」を5cmに設定し、キーフレームボタンをクリックしてキーフレームを作成します。

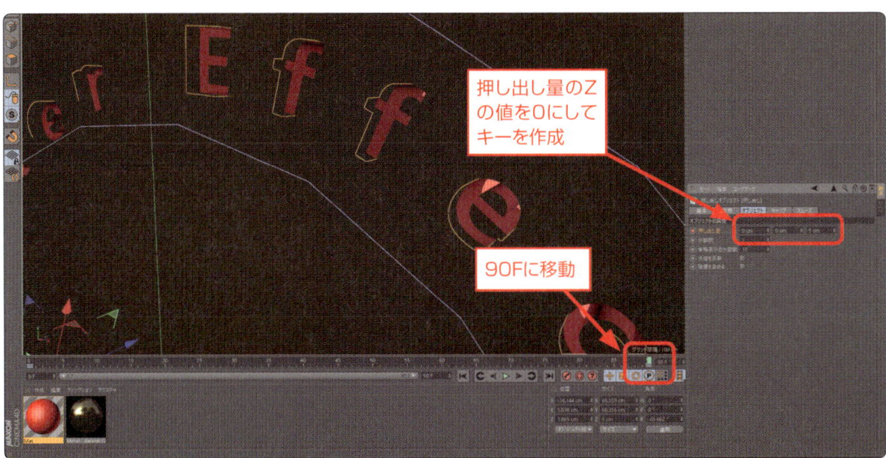

再生するとメダルの表面が徐々にテキストの形に凹んでいきます。

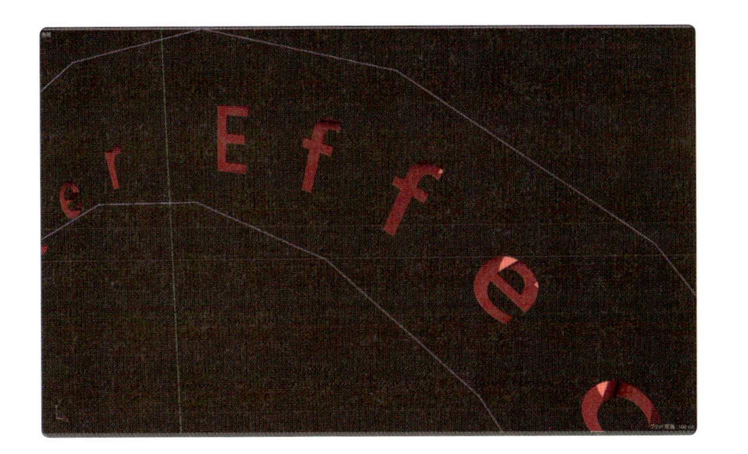

STEP 06

球体が分裂しながら広がっていくアニメーションを追加する

最後に、メダルの中央に現れた球体が分裂しながら広がっていくアニメーションを作成します。まずは、中央に球体のオブジェクトを作成します。

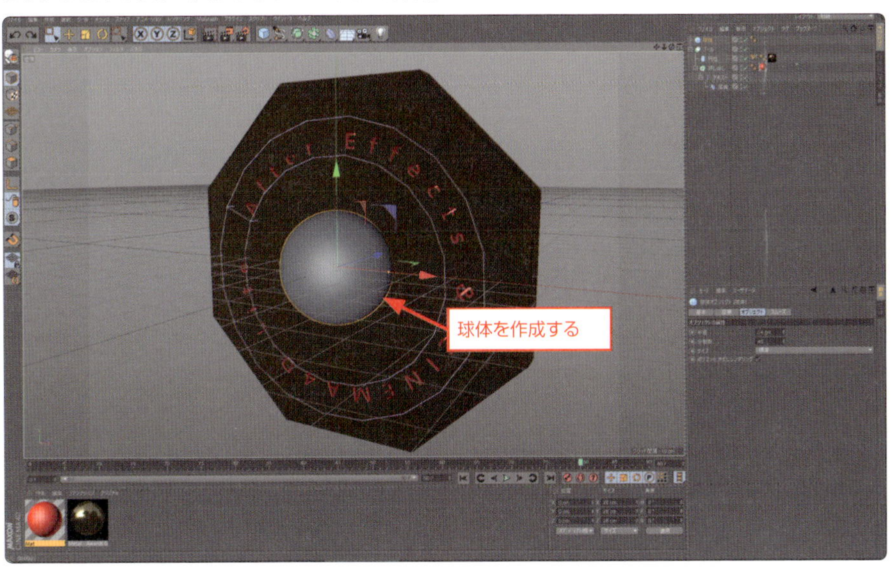

作成した球体オブジェクトにマテリアルを適用します。ここではマテリアルプリセットの「Metal-Multicolor 01」を適用しました。

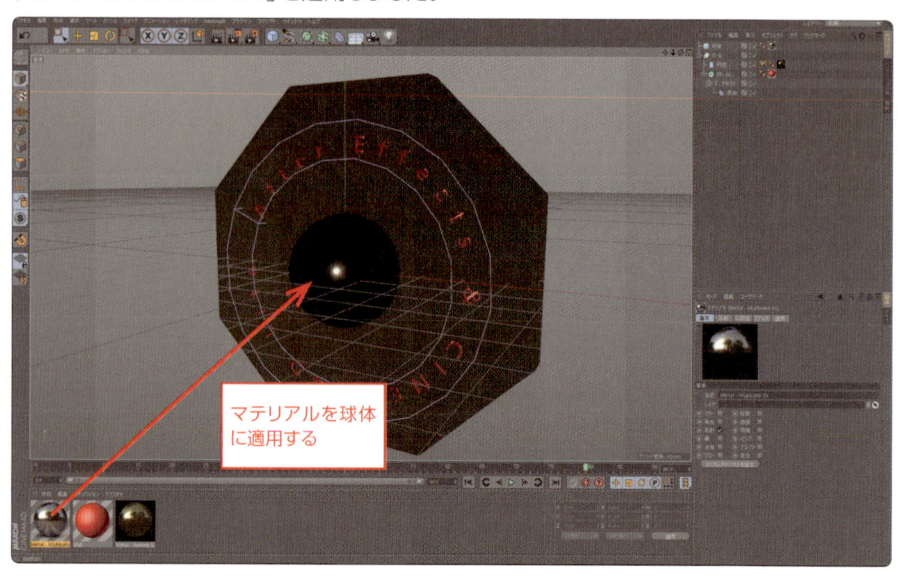

アニメーションを作成する前に、フレーム数を延長しておきます。「プロジェクト設定」で「最長時間」と「プレビュー最大時間」を共に240Fに設定します。

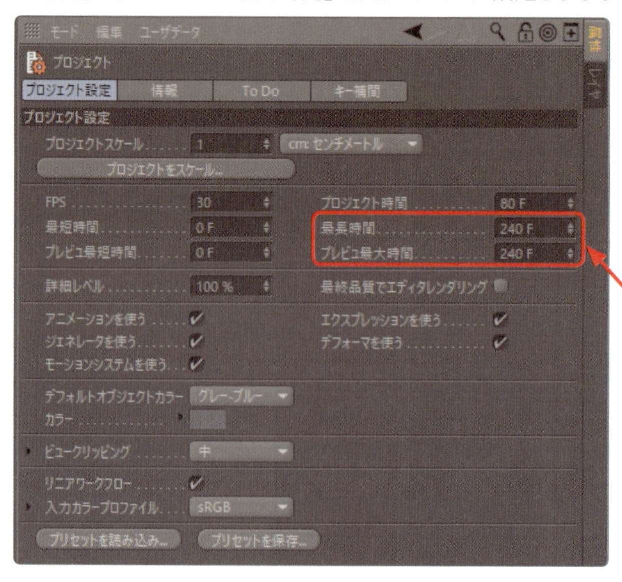

球体オブジェクトを分裂させるには、「モデリング」の「配列」を使用します。

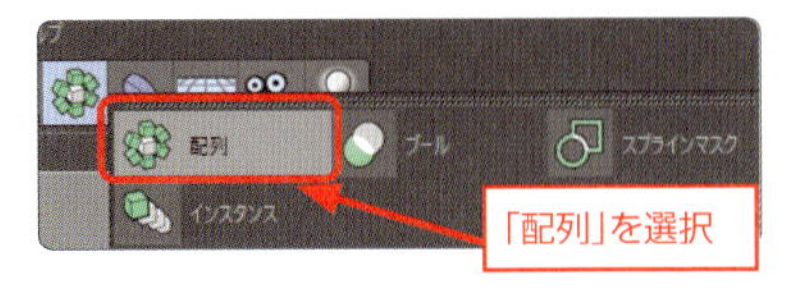

オブジェクトマネージャーで球体オブジェクトを「配列」にドラッグ&ドロップした下の階層に移動させます。

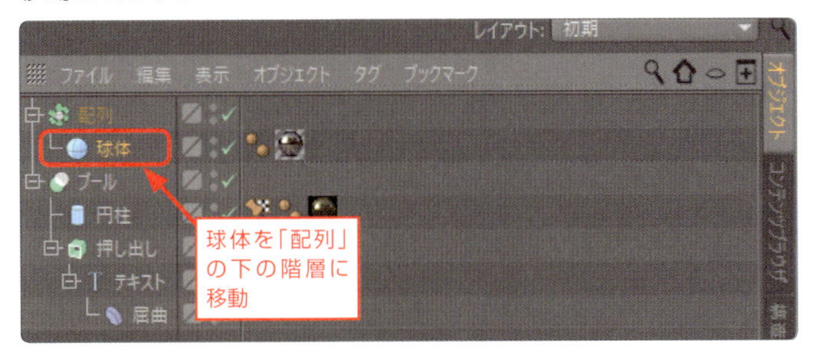

「配列」を選択して、「オブジェクト」で「半径」を0cm、「複製数」を8に設定します。

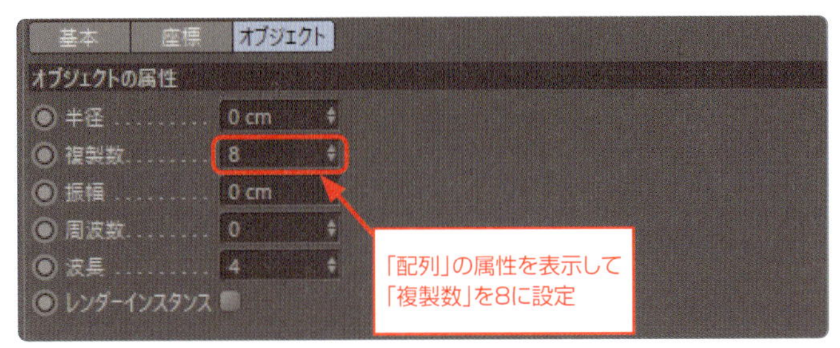

このままではXZ平面方向に複製されていくので、「座標」に切り替えて「R.P」の値を90°に設定しておきます。

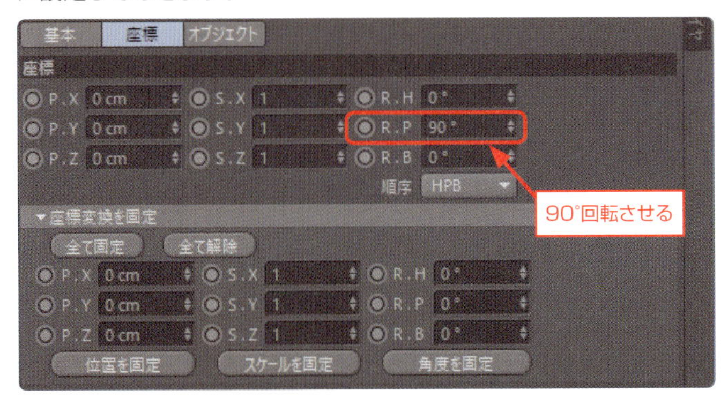

再び「オブジェクト」に切り替えて、タイムラインを80Fに移動して「半径」のキーフレームボタンをクリックします。

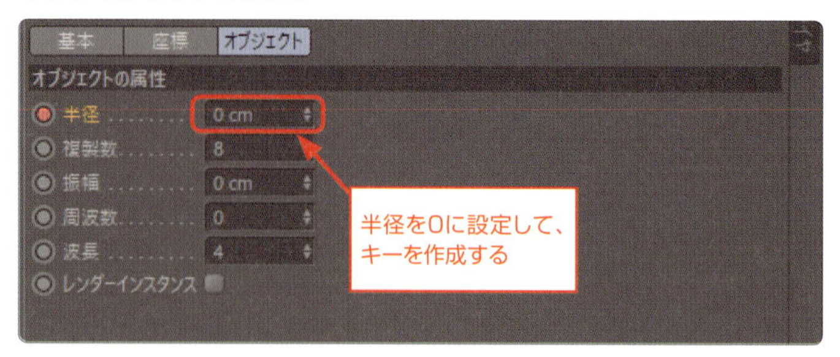

タイムラインを110Fに移動して、「半径」を35cmにしてキーフレームボタンをクリックします。球体オブジェクトが8個に分裂しました。

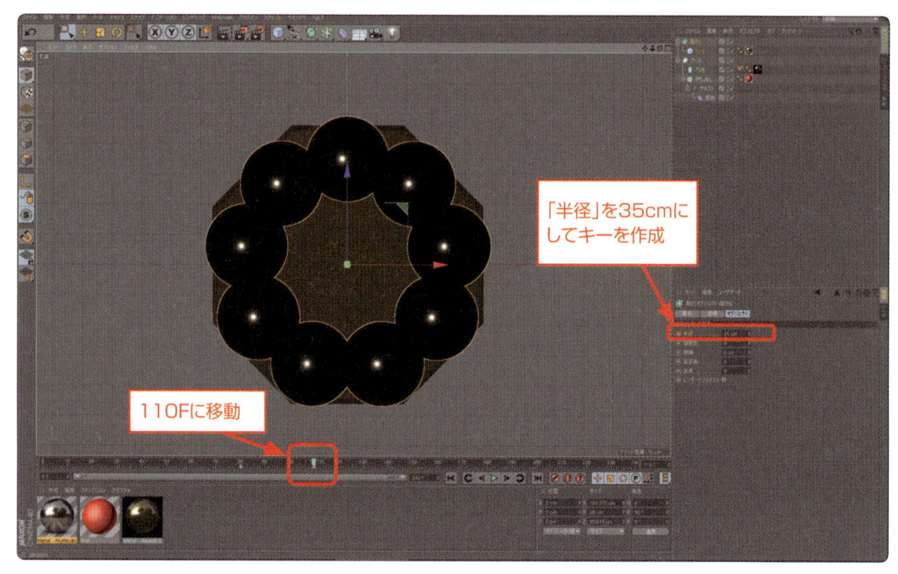

この状態をさらに複製したいので、2つ目の「配列」を追加します。

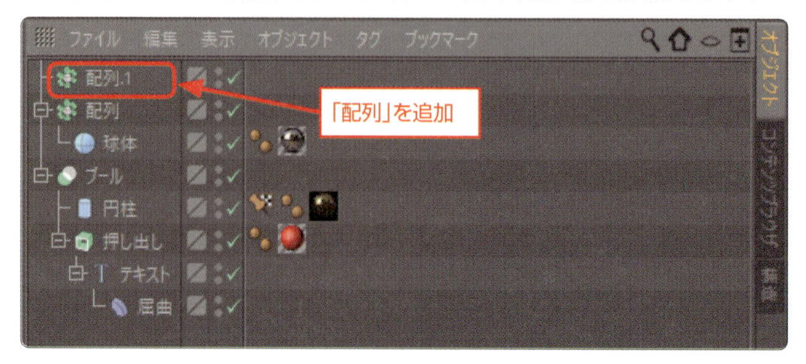

最初の「配列」を追加した「配列.1」にドラッグ&ドロップして下の階層に移動させます。

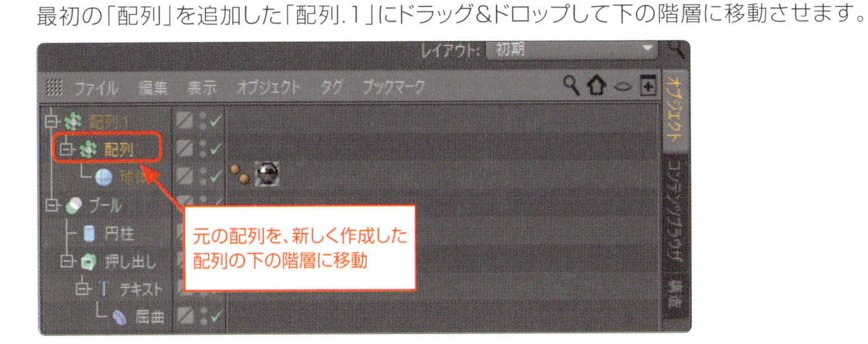

「配列.1」を選択して、「座標」で「R.P」の値を90°に設定します。

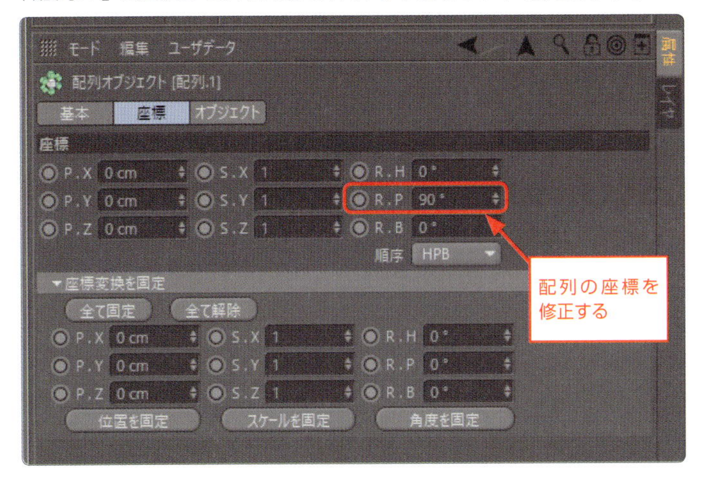

タイムラインを80Fに戻し、「オブジェクト」の「半径」を0cmにしてキーフレームボタンをクリックします。

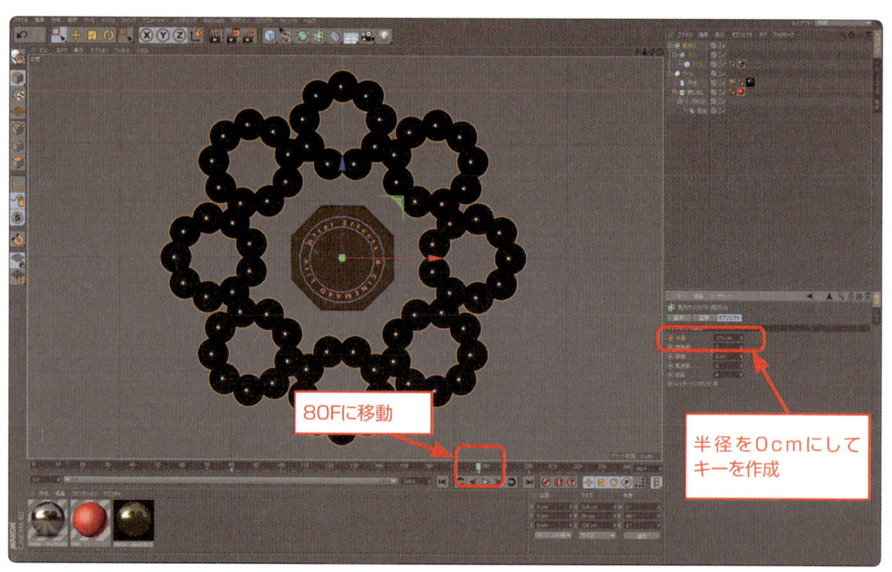

タイムラインを180Fに移動して、「半径」を115cmに設定してキーフレームボタンをクリックしてキーフレームを作成します。

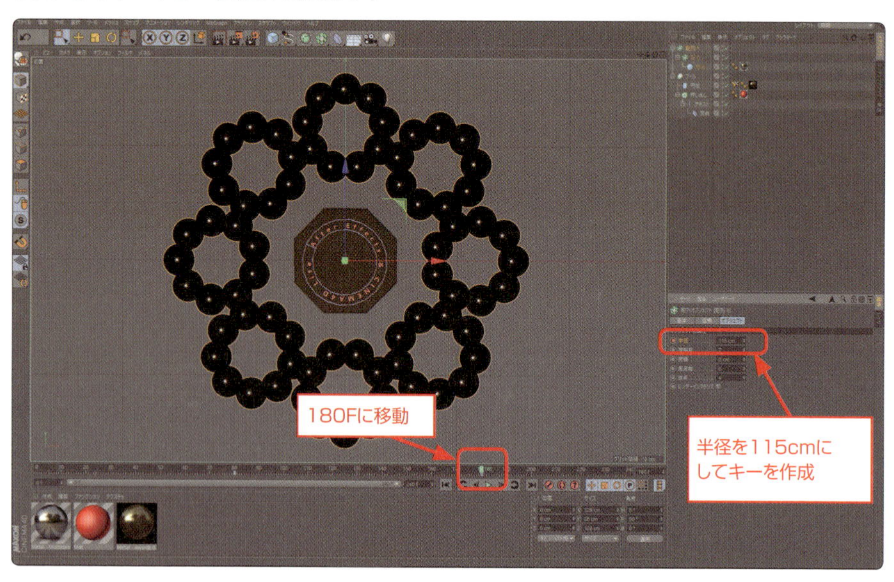

再生すると球体が複製されながら広がっていくアニメーションになります。

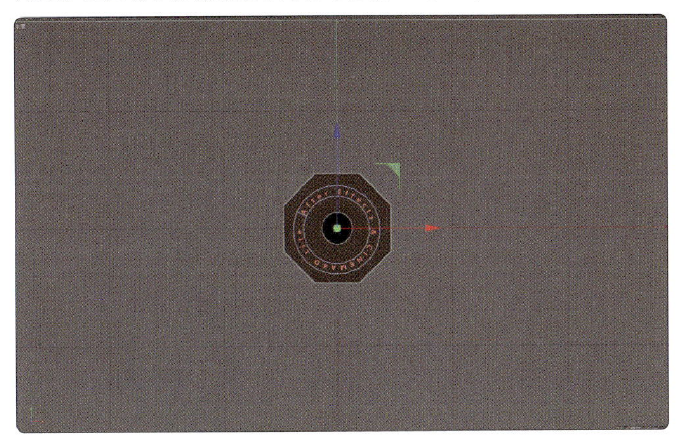

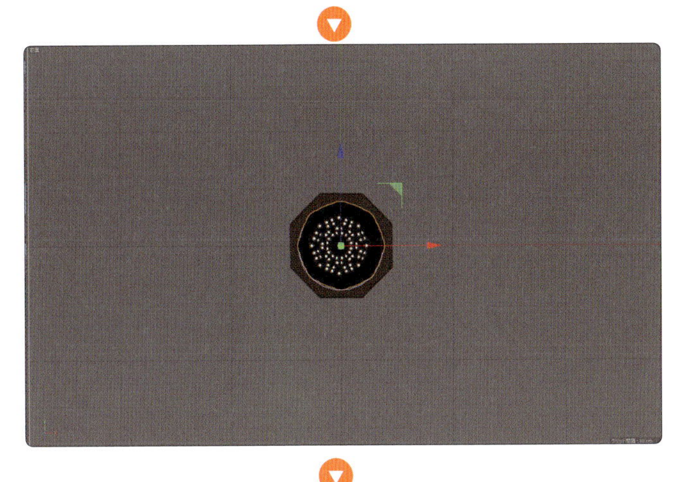

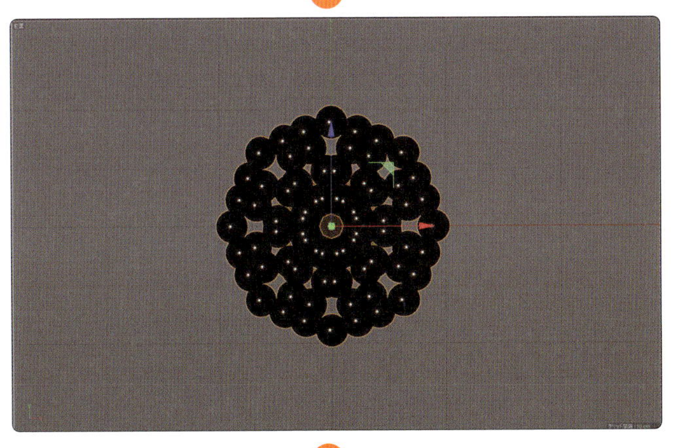

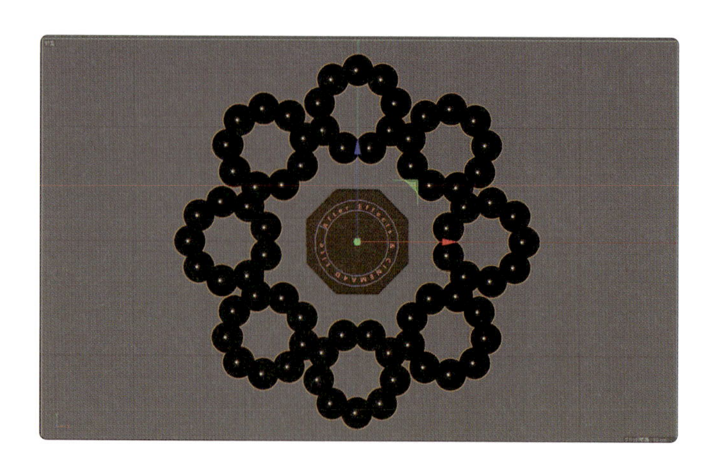

STEP 07

映り込みを作成する

球体やメダルへの映り込みを作成します。映り込みには空オブジェクトを使用します。

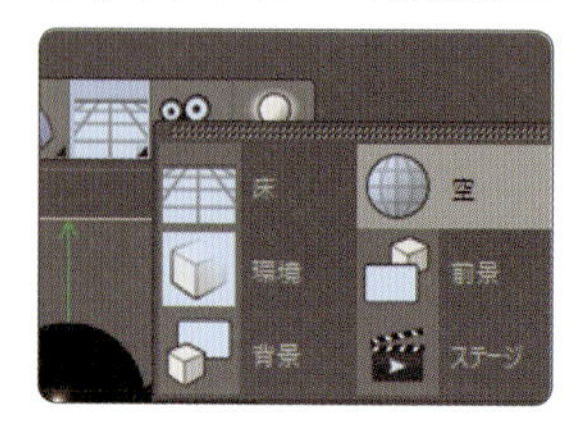

作成された空には、マテリアルプリセットの「Electric(Animated)」を適用します。

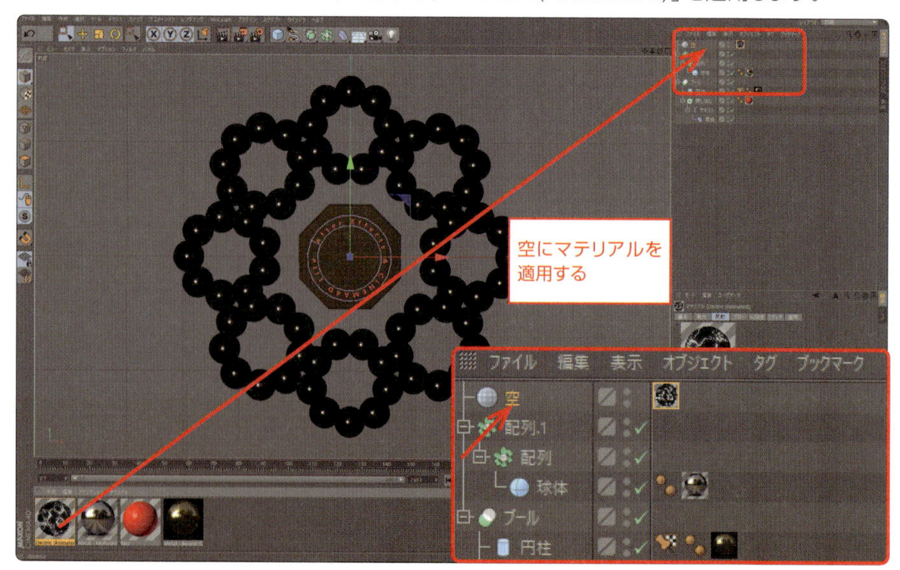

ビューをレンダリングすると球体に映り込んでいます。

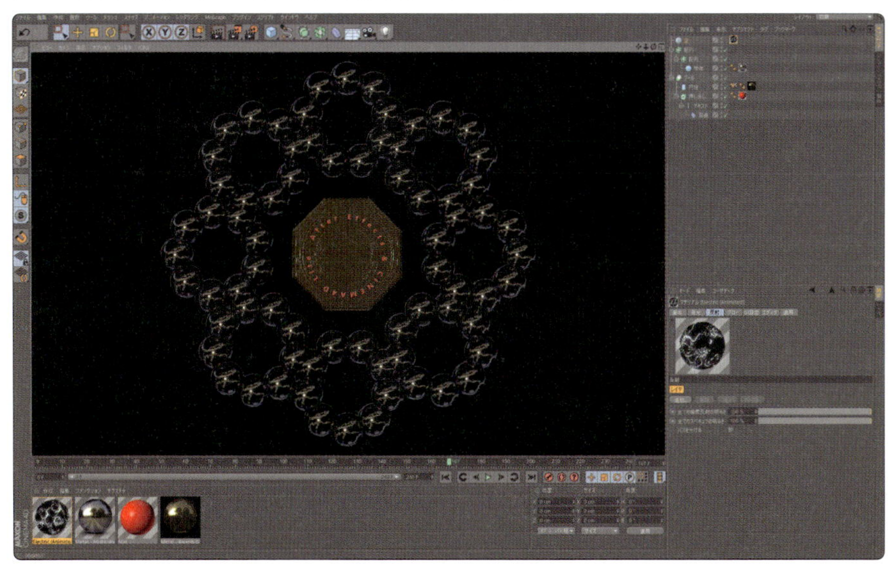

カメラワークを追加する

オブジェクトのアニメーションができたところで、カメラを追加してカメラワークのアニメーションを作成していきます。最初は文字のアップから、徐々にカメラが後退して、球体全体が入るような構図にしていきます。ここではターゲットカメラを使ってアニメーションさせてみます。

レンダリング設定で、出力解像度をHDV/HDTV 720 29.97に設定します。

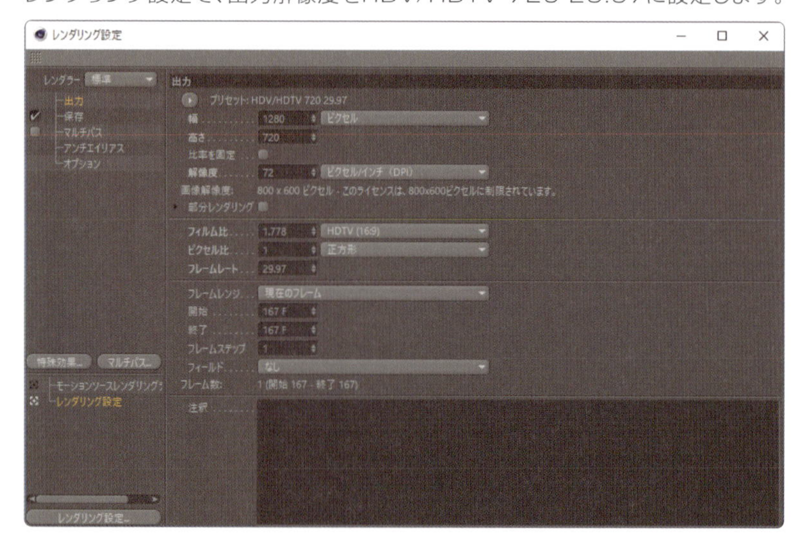

まずは、ターゲットをAの文字のところに合わせます。

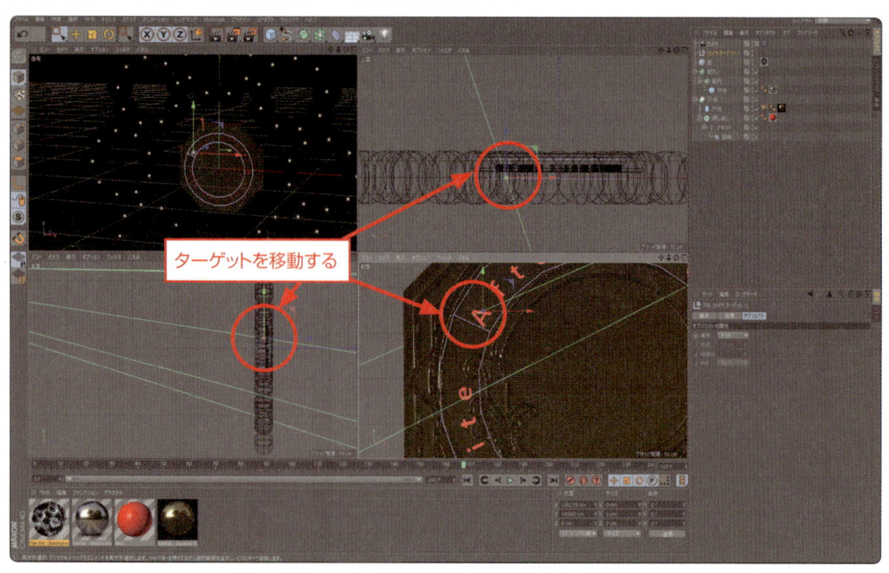

次にカメラの本体を選択して、Aの文字がアップになる位置に移動させます。文字が凹んでいる状態が分かりやすい角度がいいでしょう。構図を確認しながら、カメラの「焦点距離」も調整しておきます。ここでは「ポートレート(80mm)」に設定しました。

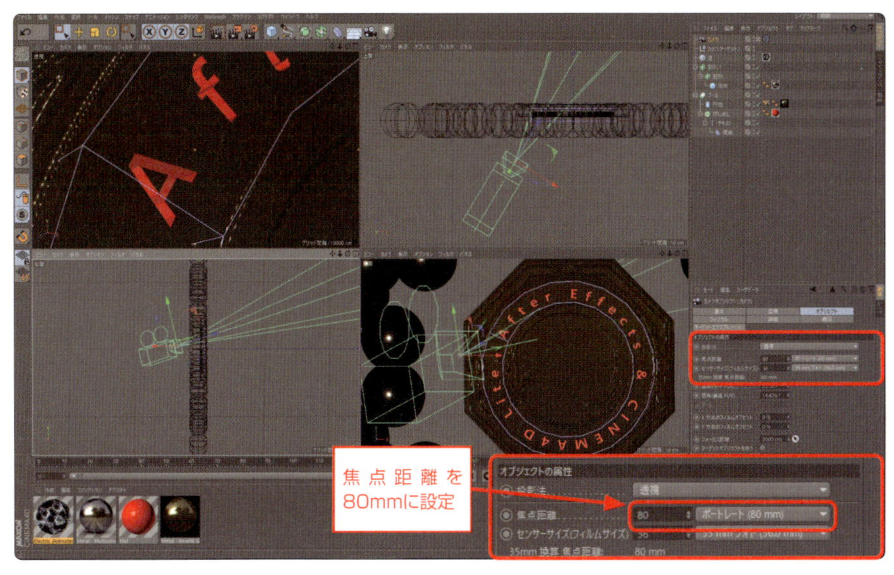

タイムラインを0Fに戻して、カメラとターゲットを選択した状態で「キーを記録」ボタンをクリックします。

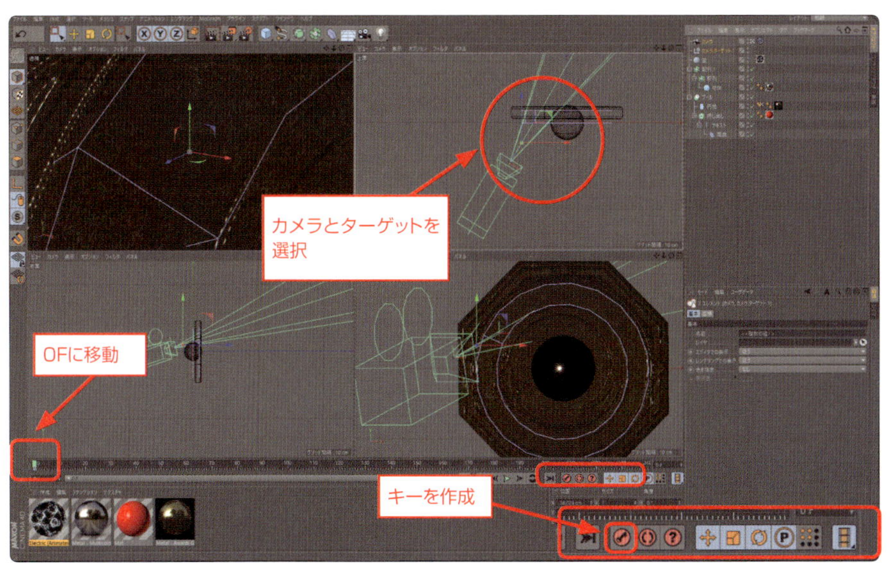

タイムラインを60Fまで動かして、カメラを少し移動して、カメラとターゲットを選択した状態で「キーを記録」ボタンをクリックします。

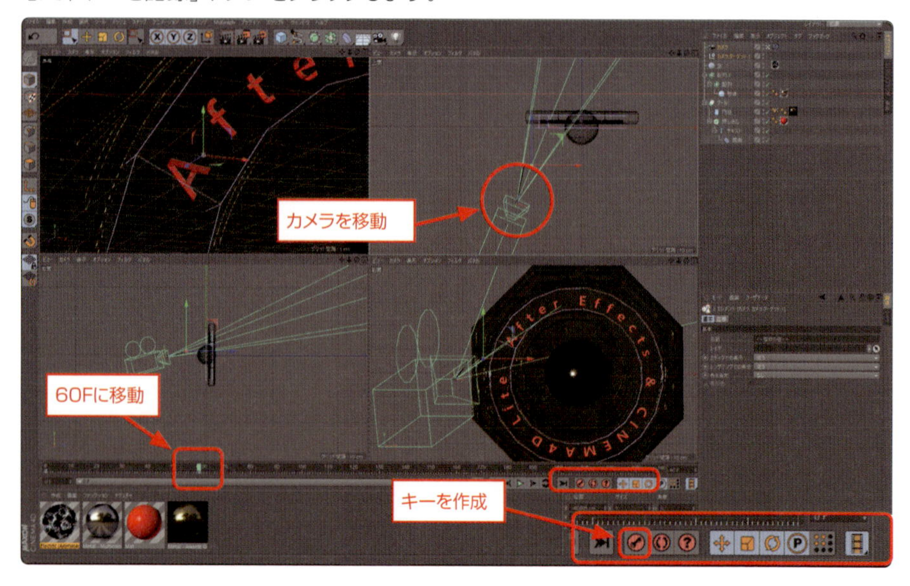

タイムラインを200Fまで移動して、球体オブジェクト全体が入るようにカメラをターゲットを移動させせて、最後の決め構図を作成し、カメラとターゲットを選択して「キーを記録」ボタンをクリックします。

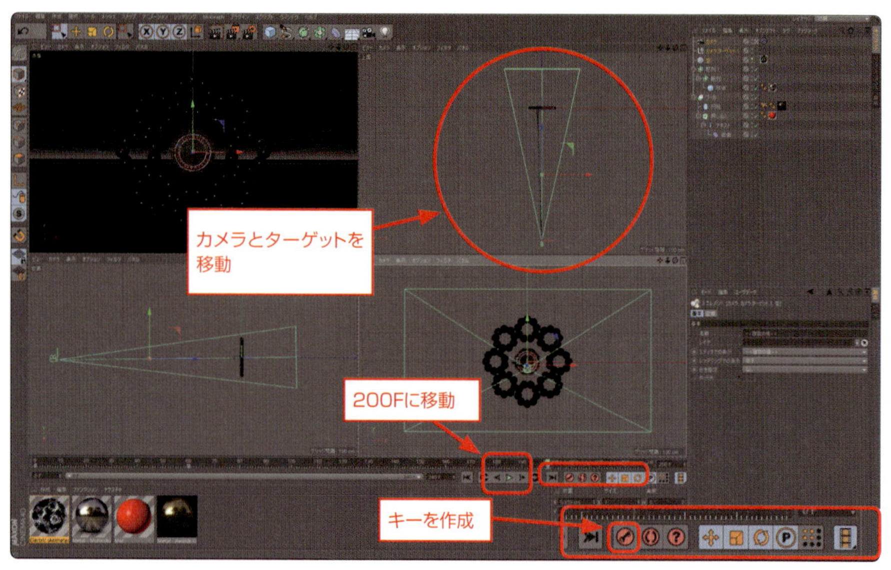

アニメーションを再生しながら、カメラの動きを確認していきます。タイムラインのファンクションカーブを表示して調整するとスムーズに動きを調整することができます。

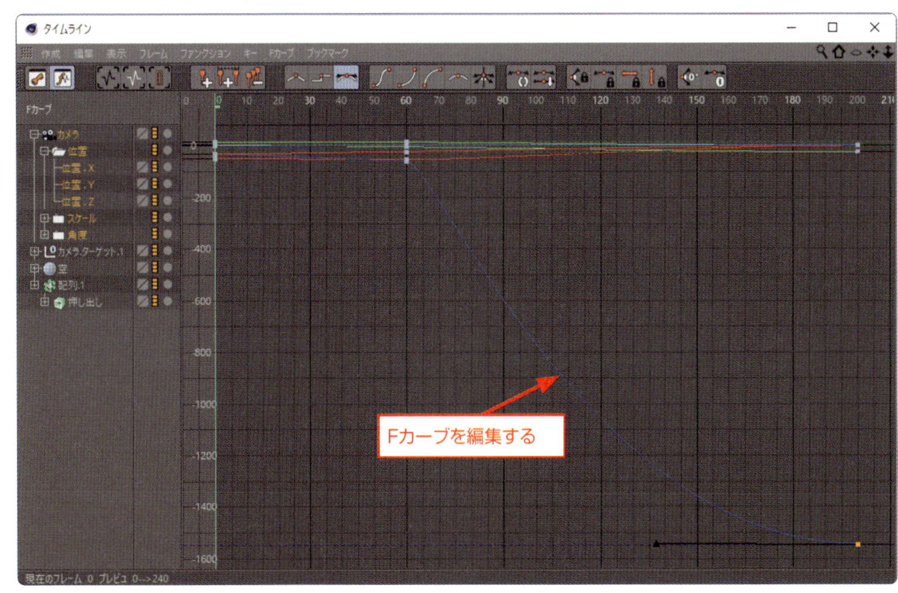

STEP 09 ライトを追加する

最後にライトを追加していきます。ここではエリアライトを使ってライティングしていきます。

キーライト、フィルライト、リムライトの3つのライトを使ってライティングします。キーライトはカメラの後ろから、フィルライトは横から、リムライトは後ろに配置しました。「強度」はキーライトを100%として、そのほかは80%に落としてあります。

キーライトとは、一番強い光源で影を出す方向を決めるライトです。フィルライトは、キーライトによってできた陰影の明度を調整するライトです。リムライトは、オブジェクトの後ろに配置して、オブジェクトの輪郭にハイライトを発生させて輪郭を強調するライトです。

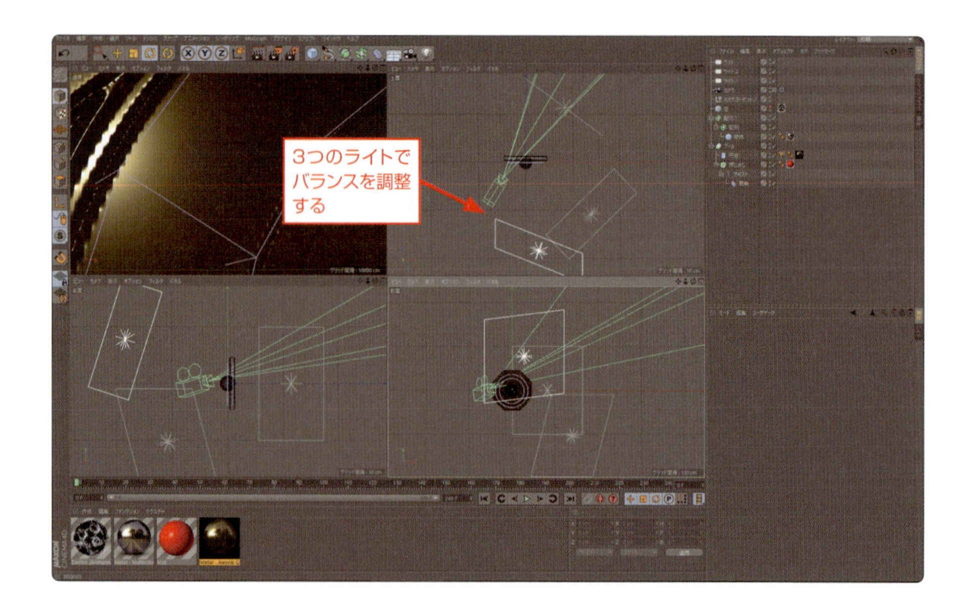

ライトの設定ができたら、「レンダリング設定」のマルチパスをオンにして、必要なパスを追加してプロジェクトを保存します。

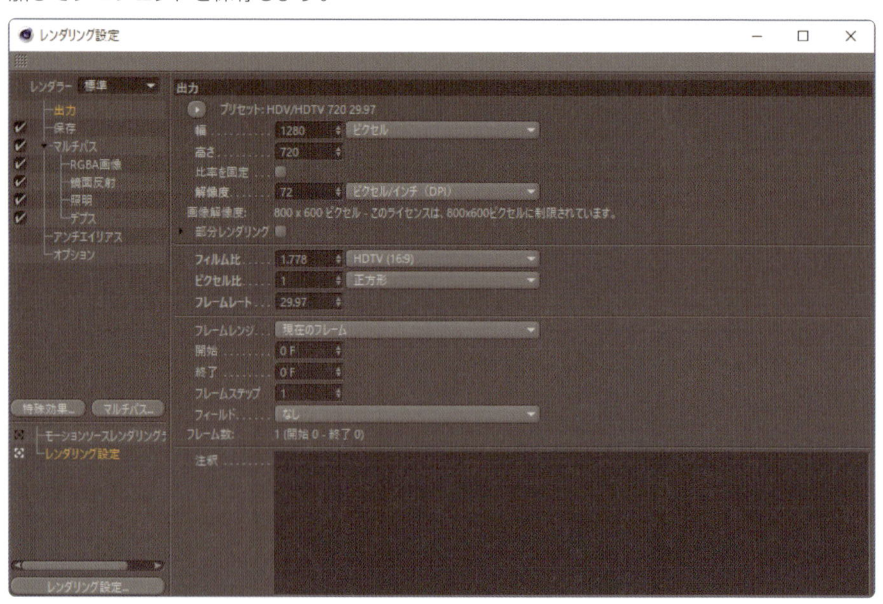

STEP 09 After Effectsで加工して仕上げる

C4D LTで作成したプロジェクトを保存したら、After Effectsに戻ります。エフェクトコントロールのCINEWAREで、「Render Setting」の「Renderer」を「Standard(Final)」に切り替えて、「Multi-Pass(Linear Workflow)」の「Defined Multi-Passes」にチェックを入れて、「Add Image Layers」をクリックします。

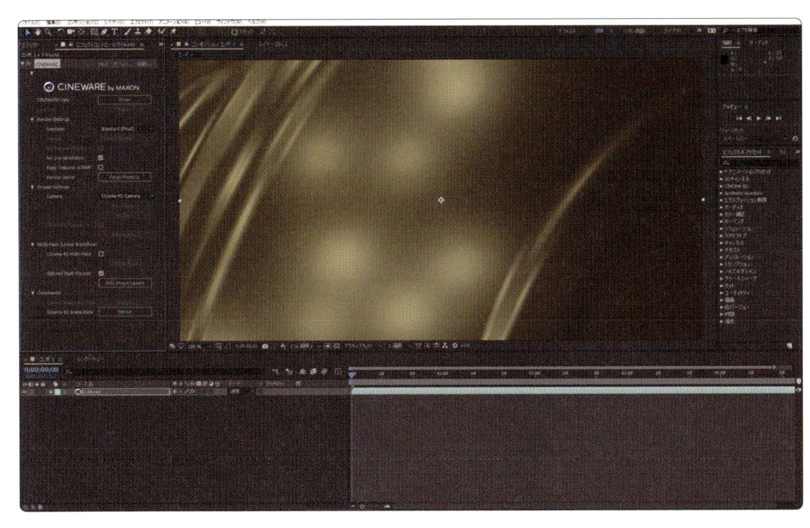

新しく平面レイヤーを作成して、「グラデーション」エフェクトを適用して背景を作成します。

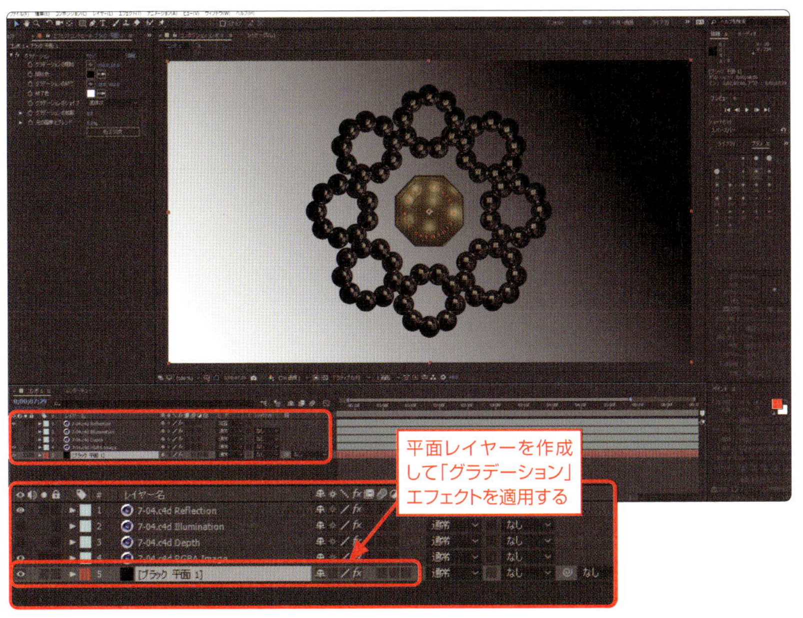

「Reflection」のレイヤーを選択して、「トーンカーブ」エフェクトを適用して明度が高い部分を強調します。

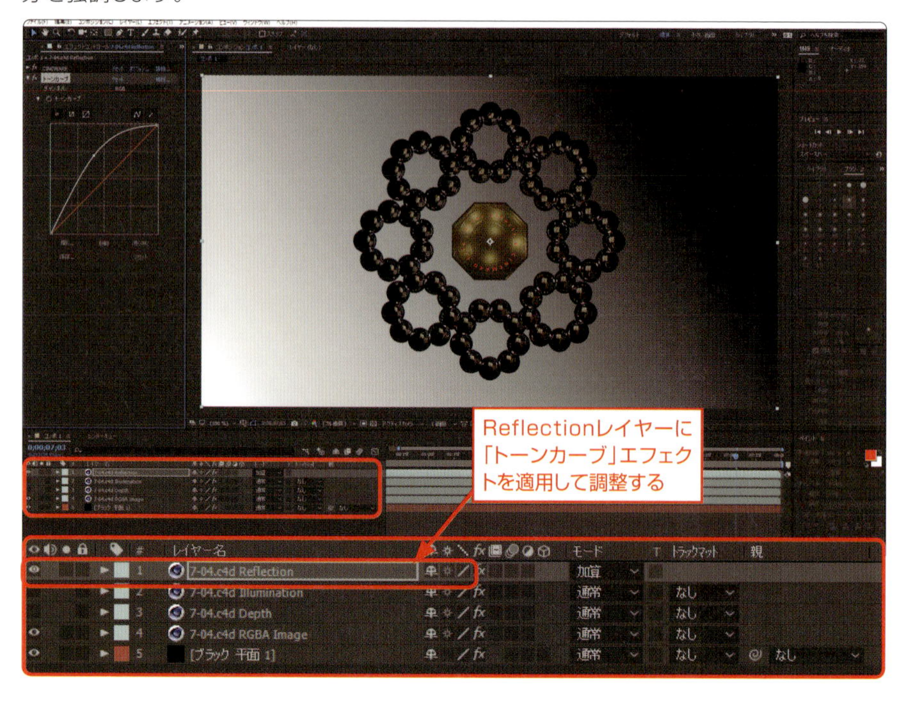

さらに「ブラー(ガウス)」エフェクトを追加して、ハイライトをぼかします。

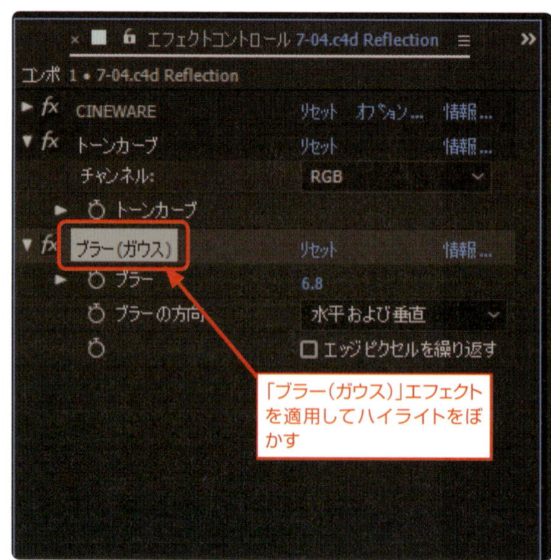

効果を強調したいので、Reflectionのレイヤーを複製して重ねました。

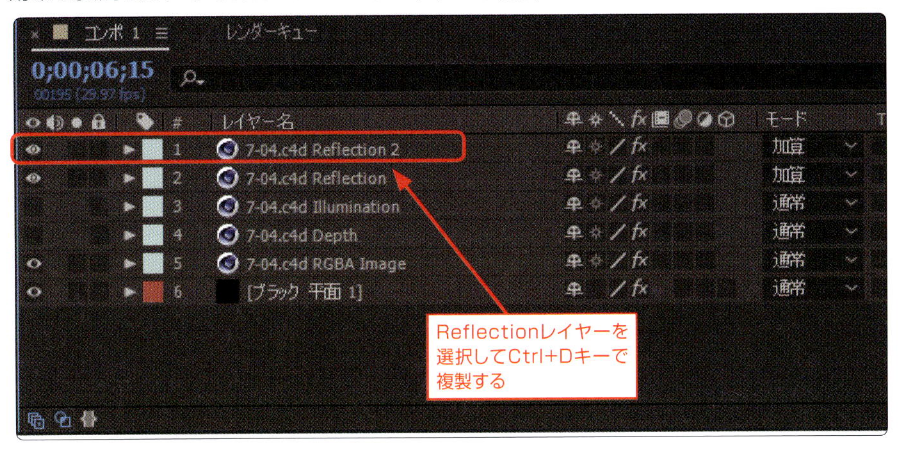

最後に調整レイヤーを追加して、「ガウス（カメラレンズ）」エフェクトを適用して、「ブラーマップ」にデプスのレイヤーを指定してフォーカスを調整します。

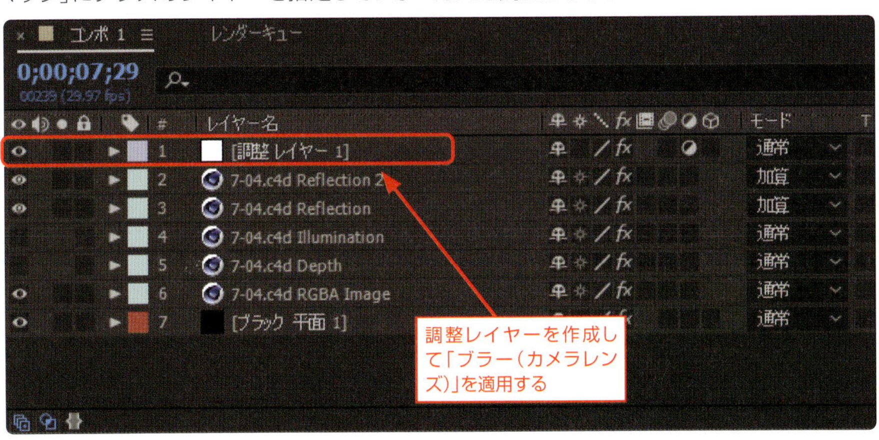

これで完成です。レンダリングすると図のようになります。

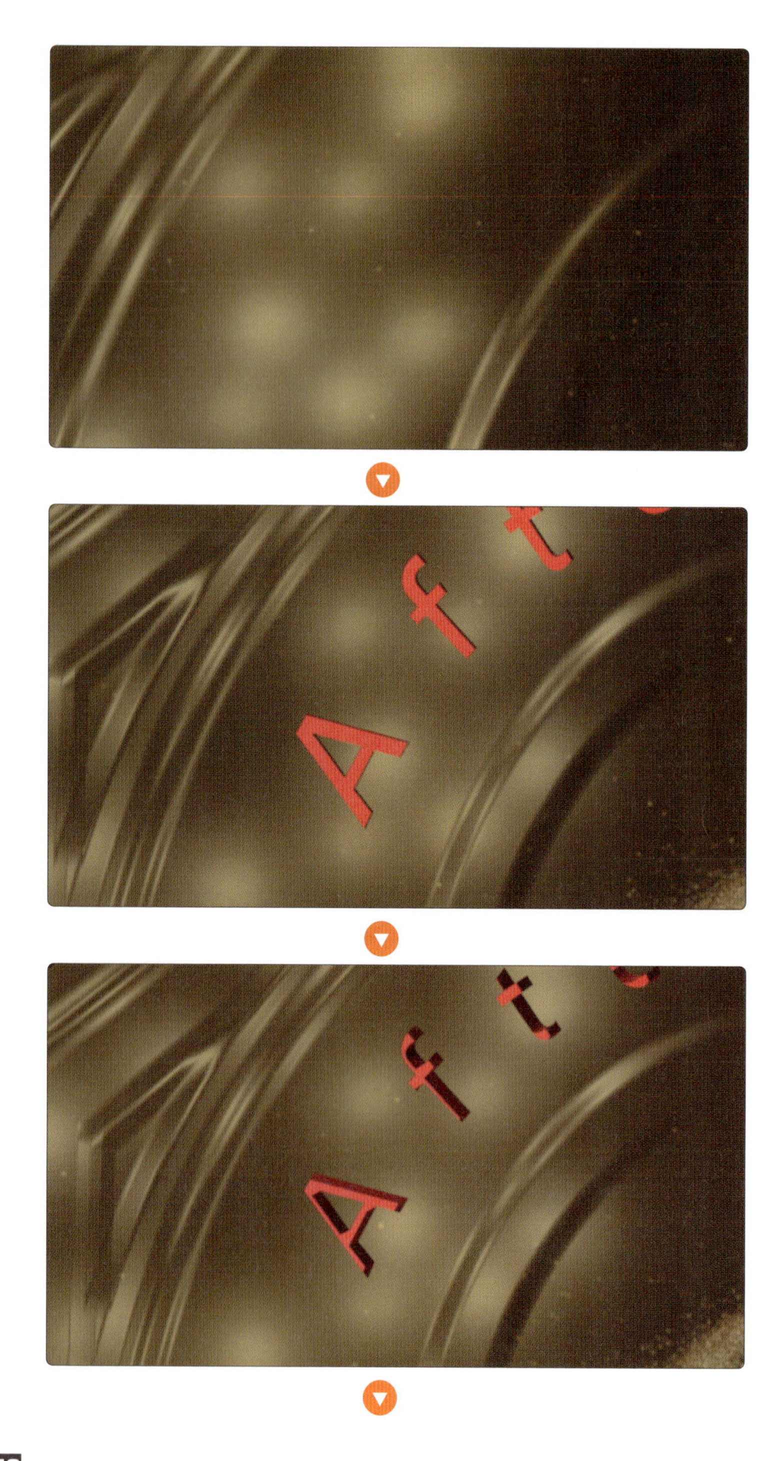
A f t
A f t

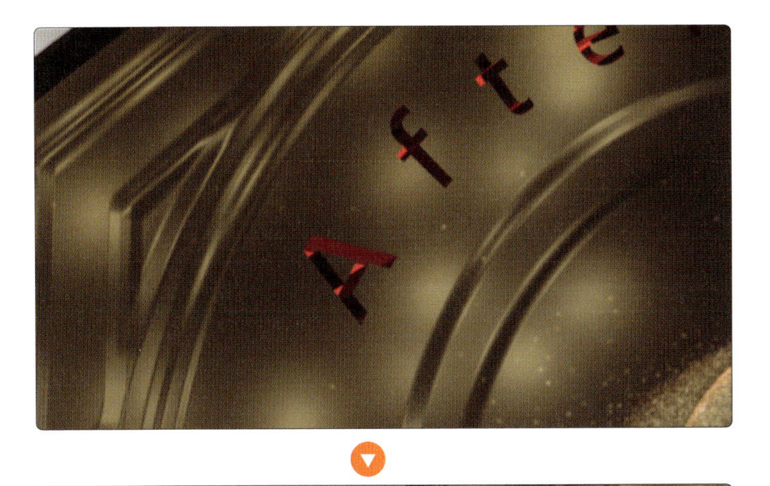

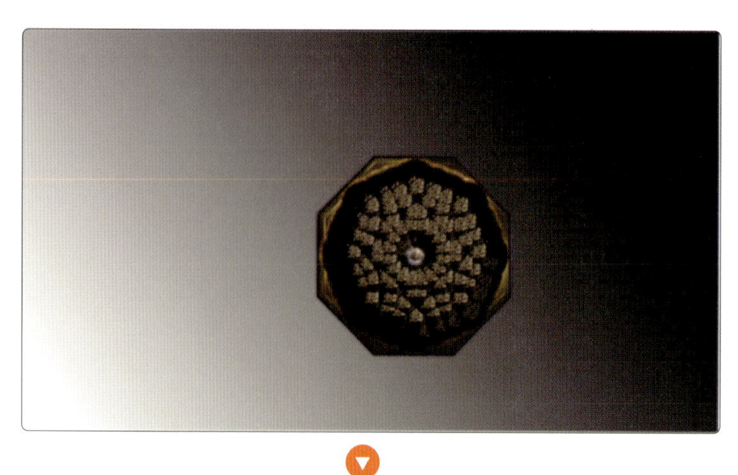

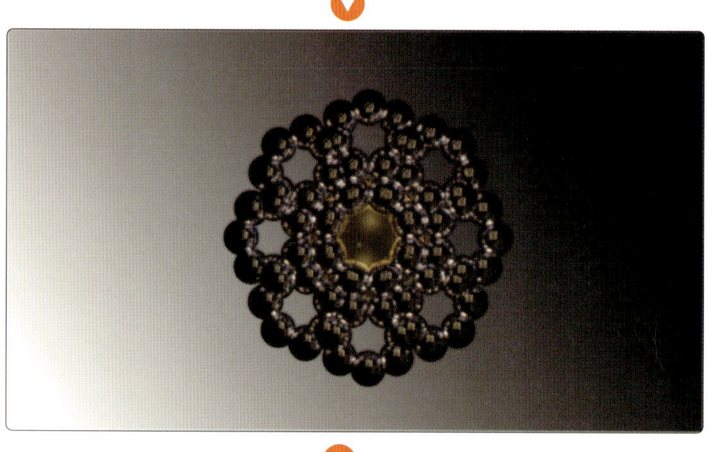

索引 | INDEX

数字

アルファベット

かな

索引 | INDEX